Morgantina Studies

III

Le fornaci

Morgantina Studies

Volume III

RESULTS OF THE EXCAVATIONS
CONDUCTED AT MORGANTINA
BY PRINCETON UNIVERSITY,
THE UNIVERSITY OF ILLINOIS,
AND THE UNIVERSITY
OF VIRGINIA

EDITORS
MALCOLM BELL, III
CHRISTOPHER MOSS

PRINCETON, NEW JERSEY · 1992

Fornaci e Officine da Vasaio Tardo-Ellenistiche

BY

NININA CUOMO DI CAPRIO

PRINCETON UNIVERSITY PRESS

PUBLISHED BY PRINCETON UNIVERSITY PRESS, PRINCETON, NEW JERSEY

IN THE UNITED KINGDOM: PRINCETON UNIVERSITY PRESS, OXFORD

CLOTHBOUND EDITIONS OF PRINCETON UNIVERSITY PRESS BOOKS ARE PRINTED ON ACID-FREE PAPER, AND BINDING MATERIALS ARE CHOSEN FOR STRENGTH AND DURABILITY

PRINTED IN THE UNITED STATES OF AMERICA BY PRINCETON UNIVERSITY PRESS, PRINCETON, NEW JERSEY

Library of Congress Cataloging-in-Publication Data

Morgantina Studies

Includes bibliographical references and indexes.
CONTENTS: v. 1. The terracottas / M. Bell.—v. 2. The coins. / Theodore V. Buttrey . . . et al.—v. 3. Fornaci e officine da vasaio tardo-ellenistiche / Ninina Cuomo di Caprio.
1. Morgantina (Extinct city) I. Bell, Malcolm, 1941–
DG70.M66M67 937'.8 80-8537
ISBN 0-691-03946-1 (v. 1)
ISBN 0-691-04013-3 (v. 2)
ISBN 0-691-04014-1 (v. 3: alk. paper)

Indice

Editors' Preface

LATE HELLENISTIC Morgantina saw the insertion of potters' workshops into almost every area of the city, including the public buildings of the agora, the residential quarters, and even the fortifications. This ubiquitous industrial activity evidently superceded the hierarchical system of land-use at Morgantina prior to the Roman conquest, when industry occupied more peripheral areas. The pattern appears to be a significant consequence of the economic, social, and political transformation that followed upon the Second Punic War.

For the most part the late Hellenistic kilns are in good condition, and several are located within well-preserved workshops. All were discovered during the first period of U.S. research at Morgantina, from 1955 until 1963. More recently, in the decade 1981–1990, archaeological probes have been conducted in and around several kilns.

The U.S. excavators of Morgantina are fortunate in having gained as a collaborator the author of the present volume, who brings to the kilns wide experience in the study of the technology of ancient ceramics. Dr. Cuomo di Caprio's detailed descriptions and analyses offer much new information about both kiln construction and firing techniques in the late Hellenistic period. She has also investigated such topics as the production of individual kilns, the characteristics of local clay, and the social and economic role of pottery production at late Hellenistic Morgantina, and has worked closely with William Hodges Hendrix, chief expedition architect, who is responsible for the new drawings. Dr. Cuomo di Caprio has been an active and generous colleague, and the U.S. excavators of Morgantina are pleased that her work now becomes the first contribution by an Italian scholar to appear in *Morgantina Studies*.

It is our duty as well to express the gratitude of the U.S. project to the Italian authorities. We express our warm thanks to Dr. Alberto Bombace, Director General of the Assessorato dei Beni Culturali ed Ambientali in Palermo, to Prof. Luigi Bernabò Brea, former Superintendent at Syracuse, and to his successors Prof. Paola Pelagatti and Dr. Giuseppe Voza, and to Prof. Ernesto De Miro, former Superintendent at Agrigento, and to his successor Dr. Graziella Fiorentini. Morgantina now falls under the authority of the new Soprintendenza ai Beni Culturali in Enna, and we are also deeply indebted to the Superintendent, Dr. Giuseppe Lo Iacono, and to the Director of the Archaeological Office at Enna, Dr. Enza Cilia. Without the generous support of all these individuals, and many others who must remain nameless, our research at Morgantina could not have been accomplished.

Publication of this volume has been aided by the Publications Committee of the Department of Art and Archaeology of Princeton University.

Malcolm Bell, III
University of Virginia

William A. P. Childs
Princeton University

Abbreviazioni

Le abbreviazioni sono così suddivise:

Bibliografia generale

Ballardini 1964	Ballardini, G. *L'eredità ceramistica dell'antico mondo romano* (Roma 1964).
Bell 1984	Bell, M. Recenti scavi nell'agorà di Morgantina, in *Kokalos* 30–31 (1984–1985) II,1, pp. 501–520.
Bell 1986	Bell, M. La fontana ellenistica di Morgantina, in *Quaderni Ist. Arch. Università di Messina* 2 (1986–1987) pp. 111–124.
Beltrán Lloris 1978	Beltrán Lloris, M. *Cerámica romana: tipología y clasificación* (Zaragoza 1978).
Bejor 1983	Bejor, G. Aspetti della romanizzazione della Sicilia, in *Modes de contacts et processus de transformation dans les sociétés anciennes. Actes du Colloque de Cortone, 24–30 mai 1981*, Collection de l'École française de Rome 67 (Pisa-Roma 1983) pp. 345–374.
Blake 1947	Blake, M. E. *Ancient Roman Construction in Italy from the Prehistoric Period to Augustus*, Carnegie Institution of Washington, Publication 570 (Washington, D.C. 1947; ristampa New York 1968).
Bonacasa - Joly 1985	Bonacasa, N. - Joly, E. L'ellenismo e la tradizione ellenistica, in *Sikanie, Storia e civiltà della Sicilia greca* (Milano 1985, 2 ediz. 1986) pp. 277–358.
Calderone 1976	Calderone, S. Storia della Sicilia romana, in *Kokalos* 22–23 (1976–1977) I, pp. 363–380.
Clemente 1980	Clemente, G. Considerazioni sulla Sicilia nell'impero romano (III sec. a.C.–V sec. d.C.), in *Kokalos* 26–27 (1980–1981) I, pp. 192–219.
Coarelli 1980	Coarelli, F. La cultura figurativa in Sicilia. Dalla conquista romana a Bisanzio, in *Sicilia antica*, II,2, pp. 373–392.
De Ruyt 1983	De Ruyt, Cl. *Macellum. Marché alimentaire des romains*, Publications d'histoire de l'art et d'archéologie de l'Université catholique de Louvain 35 (Louvain-La-Neuve 1983).

Dictionnaire méthodique	GINOUVES, R. - MARTIN, R., *Dictionnaire méthodique de l'architecture grecque et romaine* (Paris-Roma 1985).
DYSON 1976	DYSON, S. L. *Cosa: the Utilitarian Pottery*, *MAAR* 33 (Roma 1976).
Economic Survey	*An Economic Survey of Ancient Rome*, T. FRANK, ed., I-V (Baltimore 1933-1940).
FALLICO 1971	FALLICO, A. M. Siracusa: saggi di scavo nell'area di Villa Maria, in *NSc* 25 (1971) pp. 581-639.
FINLEY 1968	FINLEY, M. I. *A History of Sicily. Ancient Sicily to the Arab Conquest* (London 1968); traduz. ital. *Storia della Sicilia antica* (Bari 1975).
GENTILI 1969	GENTILI, G. V. *Piazza Armerina. Le anonime città di Montagna di Marzo e di Monte Navone*, *NSc* 23, 1969, Suppl. (Roma 1971).
GOUDINEAU 1968	GOUDINEAU, C. *Bolsena* IV, *La céramique aretine lisse* (Paris 1968).
Hellenismus in Mittelitalien	*Hellenismus in Mittelitalien. Kolloquium in Göttingen 5-9 Juni 1974* (Göttingen 1976).
HERES 1982	HERES, T. L. *Paries. A Proposal for a Dating System of Late-Antique Masonry Structures in Rome and Ostia* (Amsterdam 1982).
LAMBOGLIA 1950	LAMBOGLIA, N. *Gli scavi di Albintimilium e la cronologia della ceramica romana* (Bordighera 1950; ristampa Bordighera 1979).
LAMBOGLIA 1951	LAMBOGLIA, N. Ceramica presigillata a Ventimiglia, a Minorca e in Sicilia, in *ArchEspArq* 24 (1951) pp. 35-41.
LAMBOGLIA 1952	LAMBOGLIA, N. Per una classificazione preliminare della ceramica campana, in *Atti del Primo Congresso Int. Studi Liguri, Bordighera-Genova Aprile 1950* (Bordighera 1952) pp. 139-206.
LUGLI 1957	LUGLI, G. *La tecnica edilizia romana* (Roma 1957).
MANGANARO 1972	MANGANARO, G. Per una storia della Sicilia romana, in *ANRW* I.1 (Berlin 1972) pp. 442-461.
MANNI 1981	MANNI, E. *Geografia fisica e politica della Sicilia antica*, Testimonia Siciliae antiquae I,1, Supplementi a Kokalos 4 (Roma 1981).
MARCHETTI 1971	MARCHETTI, P. La datation du denier romain et les fouilles de Morgantina, in *RBN* 117 (1971) pp. 81-114.
MARABINI 1973	MARABINI MOEVS, M. T. *The Roman Thin-walled Pottery from Cosa*, *MAAR* 32 (Roma 1973).
MOREL 1976	MOREL, J. P. Céramiques d'Italie et céramiques hellénistiques (150-30 av. J.C.), in *Hellenismus in Mittelitalien*, pp. 471-497.
MOREL 1980	MOREL, J. P. La céramique campanienne: acquis et problèmes, in *Céramiques hellénistiques et romaines*, Annales littéraires de l'Université de Besançon 242 (Paris 1980) pp. 85-122.
MOREL 1981	MOREL, J. P. *Céramique campanienne: les formes*, *BEFAR* 244 (Roma 1981).

MS I	BELL, M. *Morgantina Studies* I, *The Terracottas* (Princeton 1981).
MS II	BUTTREY, T. V. - ERIM, K. T. - GROVES, T. - HOLLOWAY, R. ROSS. *Morgantina Studies* II, *The Coins* (Princeton 1989).
PACE 1935-1938	PACE, B. *Arte e civiltà della Sicilia antica*, I-II (Milano 1935-1938).
PELAGATTI 1969	PELAGATTI, P. Stato e prospettive degli studi di ceramica romana in Sicilia, in *ReiCretRomFautActa* 11-12 (1969-1970) pp. 76-84.
PELAGATTI 1970	PELAGATTI, P. Akrai (Siracusa). Ricerche nel territorio, in *NSc* 24 (1970) pp. 436-499.
PR I	STILLWELL, R. - SJÖQVIST, E. Excavations at Serra Orlando, Preliminary Report, in *AJA* 61 (1957) pp. 151-159.
PR II	SJÖQVIST, E. Excavations at Serra Orlando (Morgantina), Preliminary Report, in *AJA* 62 (1958) pp. 155-164.
PR III	STILLWELL, R. Excavations at Serra Orlando 1958, Preliminary Report III, in *AJA* 63 (1959) pp. 167-173.
PR IV	SJÖQVIST, E. Excavations at Morgantina (Serra Orlando) 1959, Preliminary Report IV, in *AJA* 64 (1960) pp. 125-135.
PR V	STILLWELL, R. Excavations at Morgantina (Serra Orlando) 1960, Preliminary Report V, in *AJA* 65 (1961) pp. 277-281.
PR VI	SJÖQVIST, E. Excavations at Morgantina (Serra Orlando) 1961, Preliminary Report VI, in *AJA* 66 (1962) pp. 135-143.
PR VII	STILLWELL, R. Excavations at Morgantina (Serra Orlando) 1962, Preliminary Report VII, in *AJA* 67 (1963) pp. 163-171.
PR VIII	SJÖQVIST, E. Excavations at Morgantina (Serra Orlando) 1963, Preliminary Report VIII, in *AJA* 68 (1964) pp. 137-147.
PR IX	STILLWELL, R. Excavations at Morgantina (Serra Orlando) 1966, Preliminary Report IX, in *AJA* 71 (1967) pp. 245-250.
PR X	ALLEN, H. L. Excavations at Morgantina (Serra Orlando) 1967-69, Preliminary Report X, in *AJA* 74 (1970) pp. 359-381.
PR XI	ALLEN, H. L. Excavations at Morgantina (Serra Orlando) 1970-72, Preliminary Report XI, in *AJA* 78 (1974) pp. 361-382.
PR XII	BELL, M. Excavations at Morgantina 1980-1985. Preliminary Report XII, in *AJA* 92 (1988) pp. 313-342.
PRITCHARD 1970	PRITCHARD, R. T. Cicero and the Lex Hieronica, in *Historia* 19 (1970) pp. 352-368.
SARTORI 1974	SARTORI, F. Le condizioni giuridiche del suolo in Sicilia, in *Atti Convegno Int. I diritti locali nelle province romane con particolare riguardo alle condizioni giuridiche del suolo*. Acc. Lincei 371, Quaderno 194 (Roma 1974) pp. 225-252.

SCRAMUZZA 1937	SCRAMUZZA, V. M. Roman Sicily, in *Economic Survey*, III (Baltimore 1937) pp. 225-377.
Sicilia antica	*La Sicilia antica*, a cura di E. GABBA - G. VALLET, voll. I,1, I,2, I,3, II,1, II,2 (Napoli 1980).
Società romana	*Società romana e produzione schiavistica* a cura di A. GIARDINA - A. SCHIAVONE. I, *L'Italia : insediamenti e forme economiche*. II, *Merci, mercati e scambi nel Mediterraneo* (Bari 1981).
SJÖQVIST 1973	SJÖQVIST, E. *Sicily and the Greeks. Studies in the Interrelationship between the Indigenous Populations and the Greek Colonists* (Ann Arbor 1973).
STONE Diss.	STONE, S. C. Roman Pottery from Morgantina in Sicily, *Dissertation* (Princeton University 1981).
STONE 1983	STONE, S. C. Sextus Pompey, Octavian and Sicily, in *AJA* 87 (1983) pp. 11-22.
STONE 1987	STONE, S. C. Presigillata from Morgantina, in *AJA* 91 (1987) pp. 85-103.
TSAKIRGIS Diss.	TSAKIRGIS, B. The Domestic Architecture of Morgantina in the Hellenistic and Roman Periods, *Dissertation* (Princeton University 1984).
VEGAS 1973	VEGAS, M. *Ceràmica comùn romana del Mediterràneo occidental*, Universidad de Barcelona, Publicationes eventuales 22 (Barcelona 1973).
WINTER 1971	WINTER, F. E. *Greek Fortifications* (London 1971).

Periodici, serie, corpora

AA	*Archäologischer Anzeiger*
AAA	Ἀρχαιολογικὰ ἀνάλεκτα ἐξ Ἀθηνῶν
Acquarossa	*Acquarossa. Results of Excavations Conducted by the Swedish Institute of Classical Studies at Rome and the Soprintendenza alle antichità dell'Etruria meridionale*
ActaPrHistA	*Acta praehistorica et archaeologica*
Agora	*The Athenian Agora. Results of Excavations Conducted by the American School of Classical Studies at Athens*
AJA	*American Journal of Archaeology*
AJP	*American Journal of Philology*
Ancient TL	*Ancient TL. TL Laboratory, Durham, England*
ANRW	*Aufstieg und Niedergang der römischen Welt*, H. TEMPORINI, ed. (Berlin 1972—)
AntAfr	*Antiquités africaines*
AntJ	*The Antiquaries Journal. The Journal of the Society of Antiquaries of London*
AquilNost	*Aquileia nostra*

Archaeometry	*Archaeometry. Bulletin of the Research Laboratory for Archaeology and the History of Art, Oxford University*
ArchCl	*Archeologia classica*
ArchDelt	Ἀρχαιολογικὸν Δελτίον
ArchEph	Ἀρχαιολογικὴ Ἐφημερίς
ArchEspArq	*Archivo español de arqueología*
ArchJ	*Archaeological Journal*
ArchKorrBl	*Archaeologisches Korrespondenzblatt*
ArchStorSicilia	*Archivio storico per la Sicilia orientale*
ArchVen	*Archeologia veneta*
AttiMGrecia	*Atti e memorie della Società Magna Grecia*
Atti Taranto	*Atti del Convegno di studi sulla Magna Grecia, Taranto*
BAAlg	*Bulletin d'archéologie algérienne*
BABesch	*Bulletin antieke beschaving. Annual Papers on Classical Archaeology*
BAMaroc	*Bulletin d'archéologie marocaine*
BAR	British Archaeological Reports
BayVgBl	*Bayerische Vorgeschichtsblätter*
BCASic	*Beni culturali e ambientali, Sicilia. Bollettino*
BCH	*Bulletin de correspondance hellénique*
BdA	*Bollettino d'arte*
BEFAR	*Bibliothèque des Écoles françaises d'Athènes et de Rome*
BJb	*Bonner Jahrbücher des Rheinischen Landesmuseums in Bonn und des Vereins von Altertumsfreunden im Rheinlande*
Bolsena	*Fouilles de l'École française de Rome à Bolsena (Poggio Moscini), MEFR* Supplément 6
BSR	*Papers of the British School at Rome*
BullCom	*Bullettino della Commissione archeologica comunale di Roma*
CIL	*Corpus inscriptionum latinarum*
Corinth	*Corinth. Results of Excavations Conducted by the American School of Classical Studies at Athens*
CPCA	*University of California Publications in Classical Archaeology*
CRAI	*Comptes rendus des séances de l'Académie des inscriptions et belles-lettres (Paris)*
CronPomp	*Cronache pompeiane*
CVA	*Corpus vasorum antiquorum*
DialArch	*Dialoghi di archeologia*
DocAMérid	*Documents d'archéologie méridionale*
DossAlet	*Le dossiers du Centre régional archéologique d'Alet*

EAA	*Enciclopedia dell'arte antica, classica e orientale*
FA	*Fasti archaeologici*
Figlina	*Figlina. Documents du Laboratoire de céramologie de Lyon*
Gallia	*Gallia. Fouilles et Monuments archéologiques en France métropolitaine*
Germania	*Germania. Anzeiger der Römisch-Germanischen Kommission des Deutschen Archäologischen Instituts*
Habis	*Habis. Arqueología. Filología clásica*
HelvArch	*Helvetia archaeologica*
Hesperia	*Hesperia. Journal of the American School of Classical Studies at Athens*
Historia	*Historia. Zeitschrift für alte Geschichte*
ILS	*Inscriptiones latinae selectae*, H. DESSAU, ed. (1892–1916)
JAS	*Journal of Archaeological Science*
JberProVindon	*Jahresbericht. Gesellschaft Pro Vindonissa*
JbSchwGesUrgesch	*Jahrbuch der Schweizerischen Gesellschaft für Ur- und Frühgeschichte*
JdI	*Jahrbuch des Deutschen Archäologischen Instituts*
JFA	*Journal of Field Archaeology*
JRS	*The Journal of Roman Studies*
Karthago	*Karthago. Revue d'archéologie africaine*
Klearchos	*Klearchos. Bollettino dell'Associazione amici del Museo nazionale di Reggio Calabria*
Kokalos	Κώκαλος. *Studi pubblicati dall'Istituto di storia antica dell'Università di Palermo*
Latomus	*Latomus. Revue d'études latines*
Levant	*Levant. Journal of the British School of Archaeology in Jerusalem and the British Institute at Amman for Archaeology and History*
LibAnt	*Libya Antiqua*
LibSt	*Libyan Studies*
MAAR	*Memoirs of the American Academy in Rome*
MASCAJ	*MASCA Journal. Museum Applied Science Center for Archaeology, University Museum, University of Pennsylvania*
MEFR	*Mélanges d'archéologie et d'histoire de l'École française de Rome*
MEFRA	*Mélanges de l'École française de Rome, Antiquité*
MGH	*Monumenta Germaniae historica*
Mnemosyne	*Mnemosyne.* Bibliotheca Classica Batava
MonAnt	*Monumenti antichi dell'Accademia dei Lincei*
MonPiot	*Monuments et mémoires. Fondation E. Piot*
NotArqHisp	*Noticiario arqueológico hispánico*
NotALomb	*Notiziario. Soprintendenza archeologica della Lombardia*

NotMilano	*Notizie dal Chiostro del Monastero maggiore. Rassegna di studi del Civico museo archeologico e del Civico gabinetto numismatico di Milano*
NSc	*Notizie degli scavi di antichità*
OpRom	*Opuscula romana*
Opus	*Opus. Rivista internazionale per la storia economica e sociale dell'antichitá*
Pact	*Pact. Revue du Groupe européen d'études pour les techniques physiques, chimiques et mathématiques appliquées à l'archéologie*
Pontica	*Pontica. Studii şi materiale de istorie, arheologie şi muzeografie, Constanţa*
PP	*La parola del passato*
RA	*Revue archéologique*
RACrist	*Rivista di archeologia cristiana*
RBN	*Revue belge de numismatique et de sigillographie*
RdA	*Rivista di archeologia*
RE	Pauly-Wissowa, *Real-Encyclopädie der klassischen Altertumswissenschaft*
ReiCretRomFautActa	*Rei cretariae romanae fautorum acta*
RNord	*Revue du Nord*
RStFen	*Rivista di studi fenici*
RStLig	*Rivista di studi liguri*
Sibrium	*Sibrium. Collana di studi e documentazione*
SicArch	*Sicilia archeologica*
SicGymn	*Siculorum gymnasium*
SkrRom	*Skrifter utgivna av Svenska Institutet i Rom*
StEtr	*Studi etruschi*
StMisc	*Studi miscellanei. Seminario di archeologia e storia dell'arte greca e romana dell'Universitá di Roma*
Syria	*Syria. Revue d'art oriental et d'archéologie*
Thamusida	*Thamusida. Fouilles du Service des Antiquités du Maroc, MEFR* Supplément 2
WorldArch	*World Archaeology*

Bibliografia tecnica generale

ALIPRANDI 1975	ALIPRANDI, G. *Ceramurgia e tecnologia ceramica*, 2 voll. (Genova 1975).
BM Seminar 1980	*Current Research in Ceramics: Thin-section Studies. The British Museum Seminar 1980*, I. FREESTONE - C. JOHNS - T. POTTER, eds. British Museum Occasional Paper 32 (London 1982).
Brenntechniken	*Brenntechniken von Keramik und ihre Wiedergewinnung durch experimentelle Archäologie*, Internationales Symposion, Berlin 1977 = *ActaPrHistA* 9/10 (1978–79) pp. 1–165.

Cuomo di Caprio 1971	Cuomo di Caprio, N. Proposta di classificazione delle fornaci per ceramica e laterizi nell'area italiana, in *Sibrium* 11 (1971-72) pp. 371-461.
Cuomo di Caprio 1982	Cuomo di Caprio, N. *Ceramica rustica tradizionale in Puglia* (Galatina, Lecce 1982).
Cuomo di Caprio 1985	Cuomo di Caprio, N. *La ceramica in archeologia. Antiche tecniche di lavorazione e moderni metodi di indagine* (Roma 1985; ristampa 1988).
Emiliani 1971	Emiliani, T. *La tecnologia della ceramica* (Faenza 1971).
Emiliani 1982	Emiliani, T. - Emiliani, E. *Tecnologia dei processi ceramici* (Faenza 1982).
Giacimenti argille	*Giacimenti di argille ceramiche in Italia*, a cura di F. Veniale - C. Palmonari Gruppo Italiano, Association internationale pour l'étude des argiles (AIPEA) (Bologna 1974).
Hampe - Winter 1965	Hampe, R. - Winter, A. *Bei Töpfern und Zieglern in Süditalien, Sizilien und Griechenland* (Mainz 1965).
Jones 1986	Jones, R. E. *Greek and Cypriot Pottery: a Review of Scientific Analysis*, Fitch Laboratory Occasional Paper 1, British School at Athens (Athens 1986).
Judson ms. 1959	Judson, S. Geologic and Geographic Observations at Morgantina (*manoscritto*), Princeton University
Laubenheimer 1985	Laubenheimer, F. *La production des amphores en Gaule Narbonnaise*, Annales littéraires de l'Université de Besançon 327 (Paris 1985).
Le Ny 1988	Le Ny, F. *Les fours de tuiliers gallo-romains*, Documents d'archéologie française 12 (Paris 1988).
Peacock 1970	Peacock, D. P. S. The Scientific Analysis of Ancient Ceramics: a Review, in *WorldArch* 1 (1969-1970) pp. 375-389.
Peacock 1977a	D. P. S. Peacock, ed. *Pottery and Early Commerce* (London-New York 1977).
Peacock 1982	Peacock, D. P. S. *Pottery in the Roman World* (London-New York 1982).
Piccolpasso ms. 1558	Piccolpasso, C. *Li tre libri dell'arte del vasaio* (manoscritto databile presumibilmente al 1558), G. Conti, ed. (Firenze 1976); edizione facsimile: *The Three Books of the Potter's Art. A Facsimile of the Manuscript in the Victoria and Albert Museum, London*, R. Lightbown - A. Caiger-Smith, eds. (London 1980).
Picon 1973a	Picon, M. *Introduction á l'étude technique des céramiques sigillées de Lezoux*, Université de Dijon, Centre de recherches sur les techniques gréco-romaines (Dijon 1973).
Picon 1973b	Picon, M. Recherches de laboratoire sur la céramique antique, in *RA* 1 (1973) pp. 119-132.
Rice 1987	Rice, P. M. *Pottery Analysis. A Sourcebook* (Chicago-London 1987).

Roman Brick	*Roman Brick and Tile*, A. McWhirr, ed., BAR International Series 68 (Oxford 1979).
Rye 1981	Rye, O. S. *Pottery Technology*, Manuals on Archeology 4 (Washington, D.C. 1981).
Shepard 1956	Shepard, A. O. *Ceramics for the Archaeologist*, Carnegie Institution of Washington, Publication 609 (Washington, D.C. 1956; ristampa Ann Arbor 1985).
Swan 1984	Swan, V. G. *The Pottery Kilns of Roman Britain*, Royal Commission on Historical Monuments, Suppl. Series 5 (London 1984).
Vecchi 1977	Vecchi, G. *Tecnologia ceramica illustrata* (Faenza 1977).
Wilson 1979	Wilson, R. J. A. Brick and Tiles in Roman Sicily, in *Roman Brick*, pp. 11-43.
Wilson 1988	Wilson, R. J. A. Trade and Industry in Sicily during the Roman Empire, in *ANRW* II.11,1 (Berlin 1988) pp. 207-305.

Altre abbreviazioni

BB.CC.AA	Soprintendenza ai Beni Culturali e Ambientali
l.n.	Luce naturale
NAA	Analisi per attivazione neutronica (*neutron activation analysis*)
NX	Nicol incrociati (esame eseguito al microscopio da mineralogia con due polarizzatori incrociati)
SS	Sezione sottile (esame eseguito al microscopio da mineralogia su sezione sottile)
TL	Analisi di termoluminescenza (*thermoluminescence analysis*)
XRD	Analisi per diffrazione di raggi X (*X-ray diffraction analysis*)
XRF	Analisi di fluorescenza a raggi X (*X-ray fluorescence analysis*)
1N	1 Nicol (esame eseguito al microsocopio da mineralogia col solo polarizzatore)

Indice delle tavole

Indice delle figure nel testo

Morgantina Studies

III

Le fornaci

Introduzione[1]

De ipsa autem testa, si sit optima seu vitiosa ad structuram, statim nemo potest iudicare, quod in tempestatibus et aestate in tecto cum est conlocata, tunc, si est firma, probatur.

VITRUVIO, De Architectura, II,8,19

NELL'AUTUNNO del 1955, durante la prima campagna di scavo condotta dalla Princeton University[2] a Morgantina, odierna Serra Orlando,[3] è stata riportata alla luce una fornace per la cottura di manufatti fittili situata presso le mura di fortificazione, a ridosso della collina denominata Collina Est.[4] Un'altra fornace è stata scoperta, in quello stesso periodo, nella zona che sarebbe poi stata chiamata Santuario Centrale.[5] Mentre gli scavi restituivano l'antica città di Morgantina, si susseguivano altri ritrovamenti: nel 1958 una fornace nella Stoà Est;[6] nel 1959-1960 tre fornaci in un unico grande vano dell'edificio denominato Granaio Est;[7] nel 1963 la fornace della Stoà Nord[8] e le tre costruite in un vano della cosiddetta Casa dell'Ufficiale.[9]

[1] Sono grata alla Princeton University e alla University of Virginia per avermi gentilmente invitato a curare la pubblicazione delle fornaci di Morgantina, e per avermi dato la possibilità di arricchire il bagaglio della mia esperienza professionale.

Ringrazio il Prof. W. A. P. Childs per l'amichevole incoraggiamento, e il Prof. M. Bell per l'appoggio datomi, nonchè per le discussioni, vivaci ma sempre proficue. Durante i periodi estivi passati a Morgantina, sullo scavo e nei depositi del materiale, ho imparato ad apprezzare l'efficienza e la capacità organizzativa dell'equipe di archeologi americani. Alla Princeton University e alla University of Virginia, in particolare al Prof. Malcolm Bell, esprimo la mia riconoscenza.

Ringrazio Shelley Stone per la preziosa collaborazione e l'amichevole sostegno, nè posso dimenticare Barbara Tsakirgis e la cordiale accoglienza degli altri colleghi tra i quali Ingrid Edlund, Paul Deussen, John Dobbins e John Kenfield.

I miei più vivi ringraziamenti vanno pure all'arch. William Hendrix di Chicago che ha eseguito i disegni delle officine da vasaio, dimostrando non soltanto perizia professionale ma anche passione per il suo lavoro e per le fornaci di Morgantina.

Last but not least, desidero ricordare Christopher Moss che ha reso proficuo e gradevole il mio soggiorno presso la Princeton University.

I miei ringraziamenti vanno alla Soprintendenza ai Beni Culturali e Ambientali (BB.CC.AA.) di Agrigento, in particolare alla Dott.ssa Graziella Fiorentini e al Prof. Ernesto De Miro, per aver facilitato le ricerche da me condotte a Morgantina e per aver autorizzato il prelievo dei campioni necessari alle analisi di laboratorio, dimostrando sensibilità e comprensione per le indagini condotte nell'ambito delle scienze chimico-fisiche. Un ringraziamento va anche alla nuova Soprintendenza ai BB.CC.AA. di Enna, in particolare al Dott. Giuseppe Lo Iacono e alla Dott.ssa Enza Cilia, per l'amichevole incoraggiamento, e alla Dott.ssa Angela Incardona, per la cortese disponibilità e la premurosa collaborazione.

[2] A partire dal 1955 gli scavi si sono susseguiti ad opera della Princeton University, della University of Illinois e della University of Virginia.

[3] K. T. ERIM, Morgantina, in *AJA* 62 (1958) pp. 79-90 (ristampa, MS II, pp. 201-214); *Princeton Encyclopedia of Classical Sites* (Princeton 1976) s.v. Morgantina (R. STILLWELL).

Circa la controversa identificazione di Morgantina, si veda ad esempio P. ORSI, Sicilia. Nuove scoperte nelle provincie di Caltanissetta e di Messina. Aidone - scoperte diverse a Serra Orlando, in *NSc* 1912, p. 449 note 1 e 2, e più recentemente, si veda MANNI 1981, p. 207. Per una panoramica sugli scavi di Morgantina: W. A. P. CHILDS, Morgantina, Past and Future, in *AJA* 83 (1979) pp. 377-379.

[4] PR I, p. 158 (nel presente lavoro, si veda fornace n. 10, pp. 35-40).

[5] PR I, p. 156 (nel presente lavoro, si veda fornace n. 7, pp. 22-23).

[6] Fornace non pubblicata. Le notizie sono tratte dal giornale di scavo (nel presente lavoro, si veda fornace n. 9, p. 28).

[7] PR IV, p. 130; PR V, p. 277 (nel presente lavoro, si veda fornaci nn. 1-2-3, pp. 13-16).

[8] PR VIII, p. 138 (nel presente lavoro, si veda fornace n. 8, p. 26).

[9] PR VIII, p. 144 (nel presente lavoro, si veda fornaci nn. 4-5-6, pp. 18-20).

Si è così arrivati ad individuare sei officine da vasaio che disponevano complessivamente di dieci fornaci, tutte situate nella zona dell'agorà salvo l'officina della Casa dell'Ufficiale ubicata sul lato occidentale della collina detta Collina Ovest (Tav. 54).[10]

Elemento comune alle officine è la riutilizzazione di ambienti che erano stati abbandonati a seguito della conquista di Morgantina da parte dei Romani nel 211 a.C.[11] Costruiti in origine per svolgere una diversa specifica funzione, soltanto in un secondo tempo, dopo l'occupazione romana della città, alcuni vani e spazi adiacenti furono trasformati e adattati a sede di officine da vasaio.[12] Il riutilizzo degli ambienti e il fatto che alcune fornaci abbiano caratteristiche tecniche comuni inducono a ritenere che le officine svolgessero la loro attività dal II sec. a.C. alla seconda metà del I sec. a.C., ossia nel periodo successivo alla conquista romana della città e prima che essa fosse definitivamente abbandonata all'inizio del primo secolo della nostra era.[13] Confermano questa datazione l'evidenza numismatica[14] e i manufatti ceramici ritrovati nelle officine e in una cisterna di scarico nella Casa dell'Ufficiale.[15]

La ceramica ellenistico-romana ritrovata a Morgantina ha fornito argomento per una dissertazione di dottorato (Ph.D.) a Shelley C. Stone.[16] In un primo tempo era stato previsto che un unico volume di *Morgantina Studies* avrebbe accolto sia lo studio definitivo della ceramica, attualmente in fase di rielaborazione, sia il catalogo delle fornaci; successivamente è stato invece deciso di procedere alla pubblicazione delle fornaci, non trovando valide giustificazioni un ulteriore ritardo nel renderle note, a più di vent'anni dal loro ritrovamento.

È da aggiungere che oltre alle dieci fornaci da vasaio qui illustrate, nell'area di Morgantina ne sono state trovate altre, non incluse nel presente studio in quanto esulano dal contesto cronologico preso in considerazione, limitato al periodo tardo-ellenistico. Di tali fornaci vengono qui di seguito fornite soltanto alcune succinte notizie:

Nel 1960 sulla Collina Est sono state riportate alla luce due fornaci, oggi non più visibili, che in base al materiale ceramico rinvenuto nella zona sono state attribuite al IV–III sec. a.C.[17] Secondo il

[10] Viene usato il termine "officina da vasaio" per definire genericamente un'unità produttiva la cui attività era finalizzata alla lavorazione del materiale ceramico, fosse esso fine oppure grossolano, dal vasellame ai mattoni, dalle statuette ai condotti idrici, etc. Tale definizione si basa sul fatto che, ieri come oggi, una stessa officina poteva avere a disposizione una o più fornaci e produrre materiali molto diversificati, così come una stessa fornace poteva essere utilizzata per cuocere materiali di diversi tipi (*infra*, Cap. II nota 54, e Cap. III note 19 e 20). La tradizione di utilizzare occasionalmente la stessa fornace per cuocere, talvolta contemporaneamente, manufatti di tipo e qualità diversi è continuata sino a tempi recenti, come testimoniano i vasai che ancora oggi seguono i sistemi tradizionali di lavorazione e di cottura, beninteso prendendo le necessarie precauzioni a causa dei differenti spessori dei manufatti e delle differenti temperature ottimali di cottura. Cfr. Piccolpasso ms. 1558, pp. 194–199; Cuomo di Caprio 1982, pp. 141–163. Va da sè che i carichi "misti" avevano carattere occasionale, mentre la produzione sistematica di una stessa classe di materiali richiedeva l'uso esclusivo di una fornace appropriata.

Per il significato generale attribuito in ambito romano a *officina* quale luogo di produzione ceramica, si veda: T. Helen, *Organization of Roman Brick Production in the First and Second Centuries A.D.* (Helsinki 1975) pp. 36–45.

[11] Livio, XXVI, 21, 14–17.

[12] Le case ellenistico-romane di Morgantina hanno formato oggetto di una dissertazione di dottorato (Ph.D.), qui indicata nella bibliografia generale: Tsakirgis Diss. Lo studio sarà pubblicato nella collana di *Morgantina Studies*.

[13] Strabone, 6,2,4. Per una panoramica storica su Morgantina si veda: MS I, pp. 4–7.

[14] MS II, pp. 34–67.

[15] PR VII, p. 167; *infra*, Cap. III, pp. 85–96.

[16] La dissertazione di dottorato viene indicata secondo le abbreviazioni bibliografiche: Stone Diss.

[17] PR V, p. 280.

giornale di scavo, le caratteristiche strutturali erano diverse da quelle delle fornaci che formano oggetto del presente lavoro, il che starebbe a confermarne il diverso contesto storico.[18]

Nel 1970, in contrada Vinci (situata a sud-est dell'agorà, si veda MS I, pl. 1) sono stati trovati i resti di una piccola fornace, non meglio identificata, databile con molta probabilità al III sec. a.C.[19]

Nel 1984 i resti di tre piccole fornaci sono stati rinvenuti nella zona a sud dell'agorà presumibilmente fuori dalla cinta delle mura. I resti sono mal distinguibili a causa della forte erosione e del dilavamento subiti dalla zona, e sono databili al V sec. a.C.[20]

Negli anni 1985–1986, scavi clandestini nella Collina Papa e nella contrada Agnese (situata ad ovest dell'agorà, si veda MS I, pl. 1) hanno fatto rilevare la presenza di alcune fornaci delle quali sono emerse soltanto poche parti strutturali.[21]

Nel 1988, scavi clandestini hanno portato ad individuare una fornace in contrada Piriddu nelle vicinanze della porta ovest di Morgantina, databile presumibilmente al III sec. a.C.[22]

Tanti essendo i ritrovamenti di fornaci di cui al momento si hanno notizie scarse e frammentarie, uno studio globale delle officine da vasaio di Morgantina sarebbe oggi prematuro, incompleto e poco significativo. Allo stato attuale delle cose è preferibile, a mio avviso, privilegiare una soluzione graduale procedendo alla pubblicazione delle fornaci via via che esse vengono studiate. Allorquando, in un futuro auspicabilmente prossimo, verranno riportate completamente alla luce le fornaci individuate dagli scavi clandestini, e allorquando i manufatti ceramici ritrovati nell'ambito delle varie officine saranno stati pubblicati, il tempo sarà maturo per riprendere lo studio di tutte le fornaci, in modo che dalla visione d'insieme delle varie officine da vasaio possa meglio desumersi l'importanza di Morgantina quale centro di produzione ceramica.[23]

Il presente lavoro comprende il catalogo delle dieci fornaci che fanno capo alle sei officine prima indicate, i relativi commenti tecnici, dei cenni sulla produzione e alcune considerazioni finali. La presenza di un così alto numero di fornaci, presumibilmente tutte in attività nel II–I secolo a.C., ossia in un periodo che in Sicilia viene di regola considerato di decadenza e di crisi demografica,[24] solleva una serie di problemi cui si è cercato di dare una risposta anche mediante l'applicazione di più sistemi di indagine e il ricorso alle moderne tecniche analitiche.

In particolare, la fornace ritrovata per prima, situata presso le fortificazioni ai piedi della Collina Est e denominata dagli scavatori "Fornace Grande" per le sue ampie dimensioni, pone degli interrogativi per l'ubicazione, la struttura e il funzionamento. Essa è dotata di due prefurni

[18] Le due fornaci erano una rotonda, con diametro di circa m 1.60, e l'altra quadrangolare con analoghe misure, tutte e due costruite con mattoni crudi che si erano consolidati durante le cotture eseguite nel periodo di attività. Al centro di ognuna delle due fornaci vennero trovati pilastrini formati da mattoni o da tegole sovrapposte, presumibilmente con la funzione di reggere il piano forato, mancante al momento dello scavo (M. J. SITTERDING, *Notebook* 1960 [manoscritto], pp. 276-281).

[19] PR XI, p. 366-367.

[20] PR XII, p. 319.

[21] Le fornaci sono state reinterrate in attesa di scavo regolare da parte della Soprintendenza ai BB.CC.AA. di Enna.

[22] Comunicazione del Prof. M. Bell.

[23] Per "centro di produzione ceramica" si intende l'insieme di più officine da vasaio, operanti nello stesso contesto spaziale e temporale. Non è da escludere che un centro produttore potesse essere formato anche da una sola officina, se questa si caratterizzava per una produzione valida qualitativamente e/o quantitativamente.

[24] CICERONE, *In Verrem*, 2,3,18 e 43.

contrapposti formati da archi in laterizio che rivelano una chiara influenza romana, facendo presumere nel costruttore non soltanto un ottimo livello professionale, ma anche capacità di progettazione e conoscenza delle tecniche costruttive avanzate che in epoca medio e tardo-repubblicana fiorivano nel mondo romano. La realizzazione di questa struttura ha richiesto un notevole impegno economico, e forse é il frutto di una iniziativa privata ben programmata, o rappresenta un intervento delle autorità cittadine nel predisporre il piano di costruzione della fornace e nell'ordinare l'importazione da un centro produttore esterno di una parte selezionata dei laterizi necessari (*infra*, Cap. I, pp. 38–40). Potrebbero essere stati quegli stessi magistrati della città che hanno voluto, o comunque permesso, la costruzione del *Macellum*, l'imponente edificio con funzioni commerciali che nella seconda metà del II sec. a.C. va ad occupare una parte dell'area dell'agorà a una distanza di poche centinaia di metri dalla Fornace Grande.[25]

È ragionevole supporre che per mezzo della costruzione della fornace si volesse trovare idonea soluzione a uno dei problemi che interessavano l'intera comunità e che non potevano essere affrontati nè tantomeno risolti dal singolo cittadino, quale ad esempio l'approvvigionamento idrico. A Morgantina, in alcuni punti dell'agorà sono stati rintracciati resti di condutture databili al III sec. a.C.,[26] ma è soprattutto nel II sec. a.C. che la città viene dotata di un ampio sistema di rifornimento idrico.[27] Sebbene esso non sia ancora noto nella sua interezza, quanto sinora ritrovato è sufficiente ad indicare che si estendeva per notevole lunghezza; si è potuto altresì rilevare che molti dei condotti idrici riportati alla luce sono simili tra loro, inducendo a supporre che siano stati fabbricati da un'unica officina specializzata in questa produzione di serie.[28]

Una tale officina potrebbe ragionevolmente essersi avvalsa della fornace prima descritta che per le sue caratteristiche tecniche ben si prestava alla cottura dei condotti (*infra*, Cap. I, pp. 35–40 e Cap. III, pp. 80–82). E non è azzardato supporre che siano state le autorità locali a volerne la costruzione allo scopo di poter realizzare la rete di condutture atte a garantire il rifornimento dell'acqua da cui dipendeva la vita della città, posta nel centro della calda ed assolata Sicilia. L'ipotesi non escluderebbe un multiuso della fornace, ossia che essa fosse utilizzata anche per la cottura di tegole e di altri materiali necessari alla comunità (*infra*, Cap. III, pp. 80–82). Dopo le vicissitudini che verso la fine del III sec. a.C. avevano travagliato Morgantina e dopo che la città

[25] N. Nabers, Macella. A Study in Roman Archaeology, *Dissertation* (Princeton University 1967) pp. 116–153; Id., The Architectural Variations of the Macellum, in *OpRom* 9 (1973) pp. 173–176. Secondo l'autore, la costruzione del *Macellum* è databile al terzo quarto del II sec. a.C.; l'evidenza numismatica porterebbe ad indicare l'ultimo quarto del II sec. a.C., cfr. MS II, p. 37: "The construction of this macellum is datable to ca. 120 B.C." Si veda anche PR I, pp. 154-155; Stone Diss., p. 27; De Ruyt 1983, pp. 109-114; PR XII, p. 341.

[26] Condutture idriche databili presumibilmente al III sec. a.C. sono state rintracciate in alcuni punti dell'agorà e precisamente:

a) grande fontana ellenistica a due vasche: ivi sono stati riportati alla luce tre tubi collegati allo scolo di sovrappieno della vasca interna della fornace (Tav. 55, fontana F; Bell 1986, p. 115).

b) parte sud del Granaio Est: ivi alcuni saggi di scavo condotti nell'estate del 1989 hanno riportato alla luce parte di una conduttura che serviva a raccogliere l'acqua piovana che dalla Collina Est cadeva nello spazio che a guisa di corridoio intercorre tra il granaio e la collina stessa (informazioni cortesemente fornite dal Prof. M. Bell).

Tutti questi condotti presentano delle caratteristiche sia per quanto riguarda la tecnica di modellazione, sia per la qualità e la composizione del corpo ceramico, che li differenziano dalle condutture databili al II sec. a.C. (*infra*, Cap. III, pp. 82–84).

[27] D. P. Crouch, The Hellenistic Water System of Morgantina, Sicily: Contributions to the History of Urbanization, in *AJA* 88 (1984) pp. 353-365; PR XII, pp. 331-337; Bell 1986, pp. 118-119, tav. 33; *infra*, Cap. III note 14-17, Tav. 55.

[28] *Infra*, Cap. III, p. 84 e App. 3, gruppo **2h**.

era stata assegnata dai Romani ai mercenari Hispani quale ricompensa per l'aiuto loro prestato nella conquista di Siracusa,[29] il rifiorire delle attività economiche comportava tra l'altro la disponibilità di una fornace che potesse fornire materiali edilizi, ed eventualmente anche contenitori per le derrate alimentari[30] e anfore[31] adatte al trasporto del vino la cui produzione aveva reso la zona meritatamente famosa.[32]

Oltre alla fornace su cui ci siamo soffermati, altre nove fanno parte del gruppo oggetto del presente studio. In seguito alla conquista della città da parte dei Romani, sembra sia affiorata la tendenza a creare nell'agorà una zona di attività produttive artigianali laddove era stato il fulcro della vita politica cittadina, forse nell'intento di fare del *Macellum* un polo commerciale pulsante di traffici che soppiantasse e facesse dimenticare il significato politico detenuto dall'agorà prima dell'arrivo degli Hispani.[33] La presenza di sette fornaci in tale zona si inquadra nella trasformazione del centro politico in centro di produzione, e il fatto che in prevalenza esse siano inserite dentro edifici che originariamente erano stati adibiti a funzioni pubbliche è una conferma del mutato stato di cose. Le rimanenti tre fornaci, che completano il gruppo qui studiato, seppure situate fuori dell'agorà occupano alcuni vani della Casa dell'Ufficiale, una grande casa a doppio peristilio che in origine era appartenuta a una famiglia di spicco nella vita cittadina, il che costituisce un'ulteriore conferma della nuova situazione venutasi a creare.

Le tre fornaci della Casa dell'Ufficiale hanno lasciato testimonianza della loro attività nei numerosi frammenti ceramici contenuti dentro una cisterna ubicata nel peristilio nord; essi rappresentano l'unico scarico ritrovato e hanno permesso di individuare una vasta produzione di media qualità indirizzata alla funzionalità piuttosto che alla raffinatezza, pur con qualche apertura ai cambiamenti di gusto della clientela, come dimostrano numerosi frammenti di ceramica presigillata (*infra*, Cap. III, p. 88).

Altro elemento di rilievo emerso dallo studio dei frammenti restituiti dallo scarico è che la ceramica appartenente alla classe a vernice nera campana C si contraddistingue per la sua microstruttura e talvolta per la presenza di materiale vulcanico usato quale degrassante. Si tratta di sabbia (il termine viene qui usato nel suo aspetto granulometrico)[34] aggiunta intenzionalmente dal vasaio all'argilla destinata alla modellazione dei manufatti a vernice nera, sabbia composta da minerali fortemente caratterizzanti in quanto tipici delle rocce effusive basiche della Sicilia (*infra*, Cap. III, pp. 89–91). Ne è scaturita l'ipotesi che le differenze microstrutturali e la presenza/assenza del degrassante vulcanico potrebbero servire per risalire a specifiche officine da vasaio.

[29] Dopo una prima ribellione nel 214 a.C., Morgantina si era ribellata ai Romani una seconda volta (LIVIO, XXIV,36,10 e 39,10). La seconda rivolta era terminata con l'occupazione definitiva da parte romana nel 211 a.C. e con l'ingresso degli Hispani che avevano ricevuto la città e il suo territorio in conformità a un decreto del Senato (LIVIO, XXVI,21,17)

[30] SILIO ITALICO, *Punica*, XIV,265: "... non frondosis Morgentia campis abstinuit Marte infido;" LIVIO, XXIV,36,10.

[31] Numerosi frammenti di anfore sono stati rinvenuti negli scavi di Morgantina, ma non è ancora stato effettuato un esame completo di tutto il materiale anforario, nè è stato ancora possibile accertare se vi sono delle anfore prodotte localmente. Le anfore con bollo sono in corso di studio da parte di: C. Koehler, University of Maryland (Baltimore County).

[32] CATONE, *De agricultura*, 6,4; VARRONE, *De re rustica*, 1,25; PLINIO, *N.H.* XIV,4,35–XIV,5,46; COLUMELLA, *De re rustica*, III,2,27.

[33] *Supra*, nota 29 e *infra*, Cap. II note 2 e 6. Cfr. anche A. GIULIANO, *Arte greca. Dall'età classica all'età ellenistica* (Milano 1987) II, p. 853.

[34] In geologia, rientrano nelle sabbie i sedimenti incoerenti ove la maggioranza dei granuli ha dimensioni comprese entro i due valori limite di micron 62 e mm 2. Si veda anche Cap. III nota 45.

Va in ogni caso sottolineato che l'indagine su questo particolare aspetto è stata eseguita soltanto su un numero limitato di frammenti, per cui i risultati sono parziali e sono da considerare come una fase preliminare di studio. Proprio perchè l'indagine è stata limitata a un numero ristretto di reperti, si è voluto darle un appoggio tecnico sottoponendo alcuni campioni di vernice nera ad analisi petrografica. I risultati sono illustrati nell'Appendice n. 3, l'ultima delle tre appendici tecniche che completano il presente lavoro e che trovano la loro ragione d'essere nell'intento di collegare la ricerca archeologica alle scienze mineralogiche, chimiche e fisiche applicate all'archeologia, essendo frutto di un lavoro interdisciplinare svolto in collaborazione con diversi Istituti universitari.

L'Appendice n. 1 espone i risultati dell'analisi di termoluminescenza applicata ad alcuni campioni prelevati dalle fornaci al fine di avere una conferma delle datazioni proposte in base all'evidenza archeologica.

L'Appendice n. 2 rientra negli studi di provenienza, ed espone i risultati delle analisi eseguite per attivazione neutronica su campioni prelevati dalle fornaci e da una serie di manufatti ceramici, al fine di determinare la connotazione sotto l'aspetto della composizione chimica a livello di elementi in traccia (ossia il *fingerprinting*) della produzione ceramica di Morgantina.

L'Appendice n. 3 descrive le caratteristiche dell'argilla di Morgantina ed espone sia indagini tecniche sia analisi di microscopia ottica eseguite su campioni prelevati dalle fornaci e da manufatti ceramici di Morgantina, nell'ambito degli studi di caratterizzazione e di provenienza.

Le Appendici nn. 1 e 2 illustrano analisi eseguite in laboratori specializzati, mentre l'Appendice n. 3 costituisce una dimostrazione delle possibilità che si offrono all'archeologo per eseguire di persona alcune analisi che richiedono apparecchiature scientifiche relativamente semplici, utilizzabili anche a prescindere da appositi laboratori.

Con lo studio delle dieci fornaci qui prese in considerazione si è inteso indagare i meccanismi della produzione ceramica come presumibilmente si svolgeva a Morgantina nel II e I sec. a.C., ponendo anche una serie di domande circa taluni aspetti dell'attività del vasaio nella Sicilia tardo-ellenistica che potrebbero costituire obiettivi di ulteriori ricerche.

Milano, luglio 1989

I

Catalogo delle fornaci

NEL PRESENTE STUDIO è stato seguito il criterio di descrivere dapprima le officine da vasaio che comprendevano più fornaci, indi quelle che ne avevano una sola, assegnando sia alle officine sia alle fornaci una propria numerazione. Per ogni officina viene fornita una descrizione generale completata dall'indicazione dei manufatti ceramici ivi ritrovati in base ai relativi giornali di scavo, indicazione limitata alle classi di materiali senza ulteriori precisazioni in quanto di regola si tratta di materiali rinvenuti in seconda giacitura oppure perchè, in taluni casi, mancano dati esatti sul rinvenimento.[1] Soltanto per i ritrovamenti effettuati nelle officine site nel Granaio Est e nella Casa dell'Ufficiale è stato possibile riportare i numeri di inventario assegnati da S. Stone nella sua dissertazione di dottorato (con aggiunte successive), il quale ha seguito il criterio di catalogare i reperti integri o comunque in buone condizioni di conservazione, nonchè i frammenti particolarmente significativi e/o rappresentativi della relativa classe.[2]

Le classi di materiali sono indicate con termini inglesi, e ciò sia perchè sono gli stessi termini originariamente usati nei giornali di scavo, sia perchè la pubblicazione finale di questi manufatti comparirà ad opera di S. Stone in lingua inglese, per cui una traduzione fatta oggi in italiano, senza avere la disponibilità dei disegni delle forme, potrebbe poi risultare imprecisa.

Alla descrizione di ogni officina segue la descrizione delle fornaci, che vengono quindi trattate due volte, la prima volta a livello generale nell'ambito dell'officina di appartenenza, e la seconda volta a livello di singole unità.

La numerazione è la seguente:

	Officina	*Ubicazione*	*Fornace n.*
I	Officina da vasaio	Granaio Est	1-2-3
II	Officina da vasaio	Casa dell'Ufficiale	4-5-6
III	Officina da vasaio	Santuario Centrale	7
IV	Officina da vasaio	Stoà Nord	8
V	Officina da vasaio	Stoà Est	9
VI	Officina da vasaio	fortificazioni ("Fornace Grande")	10

[1] Sebbene l'elenco dei manufatti ceramici annotati nel presente studio sia limitato, esso può servire oggi a dare un'indicazione delle classi dei materiali rinvenuti nelle officine da vasaio, e in un secondo tempo potrà costituire un collegamento con la pubblicazione definitiva di S. Stone.

[2] Ringrazio il Dott. S. Stone per avermi gentilmente segnalato alcuni numeri di inventario non inclusi nella sua dissertazione di dottorato e che egli ha assegnato in base ai criteri sopra esposti. Tutti i numeri di inventario sono qui indicati secondo lo stesso ordine espositivo da lui seguito; quale esemplificazione dei criteri seguiti per la catalogazione, si veda STONE 1987, pp. 85–103.

Per il significato attribuito al termine "classe di ceramica" cfr. MOREL 1981, p. 22. Per la discussa interpretazione dei termini "tipo" e "classe," si rimanda ai contributi presentati in occasione del dibattito svoltosi in anni recenti sull'opera di J. P. MOREL, e pubblicati in *Opus* 2 (1983). Tra tali contributi: G. PUCCI, Ceramica, tipi, segni, *ibidem*, pp. 273–290, e J. P. MOREL, A proposito di "Céramiques campaniennes: les formes": risposte ad alcune osservazioni, *ibidem*, pp. 305–312.

Soltanto una delle dieci fornaci, la n. 1, è in buone condizioni di conservazione; le altre sono in stato di degrado più o meno accentuato e le due contraddistinte dai nn. 3 e 8 consistono in pochi resti arrossati dal fuoco.

Lo studio delle fornaci implica una conoscenza, seppure generica, della geologia della zona: alcune di esse sono parzialmente interrate, per cui conoscere l'aspetto strutturale del terreno aiuta a meglio comprendere come l'artigiano-costruttore abbia adattato ogni fornace alla natura del suolo. Prospezioni geologiche sono state condotte a Morgantina nel 1959 da S. Judson,[3] e qui ci si limita a fornire alcune informazioni generali.

Morgantina sorge sul pianoro di Serra Orlando che si estende sopra alcune vallate coltivate a cereali (Tavv. 1–3); nella vallata settentrionale scorre il fiume Gornalunga che va a sfociare nella Piana di Catania laddove, vicino al mare, incontra il fiume Simeto che, nato nei monti Nebrodi, arriva al mare Ionio dopo aver costeggiato il monte Etna. Nelle immediate vicinanze del pianoro, separata da uno stretto avvallamento, si eleva la Cittadella, nome dato alla collina alta circa m 600, sede di insediamenti che vanno dalla tarda età del bronzo alla prima età ellenistica;[4] sullo sfondo si intravvede il vulcano etneo, significativo punto di riferimento e presenza costante nel panorama di Morgantina (Tav. 2).[5] Sul pianoro è sorta la città con impianto urbanistico ortogonale risalente alla metà del V sec. a.C., con sviluppo architettonico in età ellenistica;[6] nella parte centro-meridionale del pianoro, leggermente degradante e fiancheggiata ai lati da due basse colline qui denominate rispettivamente Collina Est e Collina Ovest, si trova l'agorà che è suddivisa in due zone, l'agorà superiore e l'agorà inferiore, arricchite di notevoli edifici pubblici nel III sec. a.C., periodo di massima fioritura della città.[7]

Sotto il profilo geologico, il pianoro è formato prevalentemente da calcareniti, rocce calcaree detritiche assai comuni, che qui si rivelano in una serie di banchi di sabbia calcarea leggermente cementata, frammisti a rocce calcaree compatte che a tratti emergono in superficie sotto forma di spuntoni duri, nodosi e corrosi.[8] I banchi sabbiosi hanno una granulometria piuttosto fine, colore giallo tenue molto chiaro, e sono ricchi di macro- e micro-fossili: molto comuni sono i gusci di microforaminiferi, i frammenti calcarei di fossili di dimensioni maggiori, le conchiglie e i noduli carbonatici. In alcuni tratti i banchi si presentano come sabbia quasi incoerente, essendo legati da scarso cemento carbonatico, e sono molto facili da incidere e da scavare. Quanto alle rocce calcaree compatte che a tratti affiorano in superficie, esse hanno una buona consistenza, potendo costituire materiale edilizio seppure di qualità non pregiata, e gli antichi abitanti della città ne hanno fatto ampio uso, come dimostra quella parte dell'agorà superiore sita ai piedi della Collina Est che è

[3] Judson ms. 1959, pp. 4–7. Il manoscritto verrà pubblicato in *Morgantina Studies*. Si veda anche PR IV, p. 135.

[4] Sjöqvist 1973, p. 35; H. L. Allen, The Effect of Population Movements and Diffusion on Iron Age Morgantina, in *Kokalos* 22–23 (1976–1977) II,1, pp. 479–509; C. L. Lyons, The Archaic Necropolis of Morgantina, *Dissertation* (Bryn Mawr College 1983); R. Leighton, *The Cittadella in the Protohistoric Period* (*Morgantina Studies* IV, in corso di stampa).

[5] Il monte Etna si trova a una distanza di circa 60 km in linea d'aria da Morgantina.

[6] L'impianto urbanistico di Morgantina è stato incluso dallo Schmiedt nelle "Piante ortogonali per strigas con isolati di dimensioni varie": G. Schmiedt, Le ricerche sull'urbanistica delle città italiote e siceliote, in *Kokalos* 14–15 (1968–1969) pp. 411–412. Cfr. anche Bell 1984, pp. 502–504; PR XII, p. 314.

[7] PR XII, p. 338.

[8] Carta geologica d'Italia 1:100.000, foglio 269 (Paternò) e foglio 268 (Caltanissetta) per la zona di Aidone. Nella carta geologica i terreni della zona di Morgantina sono descritti: "Sabbie gialle subappennine, argille azzurre, marne bianche a foraminiferi," tutte attribuite al Pliocene.

Per le formazioni di argille, cfr. *infra*, Cap. II, pp. 45–47 e App. 3, gruppo **1**.

stata spianata per creare la superficie pianeggiante che ha poi accolto la Stoà Est.[9] Il materiale ottenuto dagli sbancamenti è servito per vari scopi, ad esempio per formare il muro di terrazzamento e quello di fondo della Stoà Est,[10] nonchè per ricavarne blocchi grandi e piccoli poi utilizzati per costruire le fortificazioni,[11] i muri di edifici sia pubblici sia privati,[12] i gradini della grande scalinata posta al centro dell'agorà,[13] e anche per costruire i muri esterni di buona parte delle fornaci esaminate nel presente studio.

I Officina da vasaio: Granaio Est, fornaci nn. 1-2-3

Fig. 1; Tavv. 4–9, 56–59
Bibliografia: PR IV, p. 130; PR V, p. 277

Nella zona sud-est dell'agorà negli anni 1959–1960 è stato riportato alla luce un edificio sviluppato in lunghezza (m 92.80) e limitato in larghezza (m 7.80), con grossi muri dello spessore di m 0.70, oggi conservati per un'altezza di circa un metro, formati da massi calcarei squadrati poggianti direttamente sopra le calcareniti che costituiscono il pianoro (Tav. 4). La facciata dell'edificio guarda verso l'agorà inferiore, mentre il retro costeggia la Collina Est su cui sorgeva uno dei quartieri residenziali della città e dal cui pendio lungo i secoli sono franate vaste masse di terra e di materiale detritico di ogni genere che avevano più o meno coperto tutta la zona. Essendo privo di decorazioni architettoniche, si ritiene che l'edificio sia stato costruito per scopi legati a un'attività economica, e precisamente per servire da magazzino per il grano, per cui gli è stata assegnata la denominazione di Granaio Est.[14]

Databile alla seconda metà del III sec. a.C., la costruzione ha avuto differenti utilizzazioni, durante l'ultima delle quali, attribuita al II–I sec. a.C., un vasaio ha installato tre fornaci nel vano situato all'estremità nord (Fig. 1). Il vano misura m 8.80 x 6.20 ed è munito di due porte ubicate in posizione contrapposta, attraverso le quali si accede rispettivamente ad un ambiente esterno e ad un altro vano del granaio, pure molto ampio, che dà anch'esso accesso all'esterno tramite una larga porta.

Ciascuna delle tre fornaci occupa uno degli angoli del vano. La fornace più grande (n. 1) è in buone condizioni e conserva tutti i suoi elementi strutturali; la fornace medio-piccola (n. 2) è conservata soltanto nella parte inferiore; la fornacetta (n. 3) è in pessime condizioni e consiste in pochi resti arrossati dal fuoco.

Il quarto angolo del vano è attualmente occupato da un ammasso di materiale frammentario, rinvenuto al momento dello scavo, sebbene non si possa escludere che nel lungo lasso di tempo trascorso dagli anni '60 ad oggi sia avvenuta qualche infiltrazione di materiale sporadico. Nell'ammasso si notano alcuni blocchi di terracotta greificata, dal colore verde-bruno e grossomodo in forma di parallelepipedo, con qualche accenno di curvatura. I blocchi sono lacunosi: le misure dei

[9] PR III, p. 167; PR VIII, p. 137. Quale esempio di utilizzazione del materiale ricavato dallo sbancamento della stessa zona ove si voleva costruire, si veda in PR XI, p. 365, il riferimento al pilastro sbozzato ritrovato ancora parzialmente attaccato alla roccia madre.

[10] PR III, p. 167, tav. 40 fig. 4.

[11] PR I, p. 157, tav. 59 fig. 24.

[12] Tsakirgis Diss., pp. 306–322.

[13] PR II, p. 161, tav. 35 fig. 33.

[14] I "granai" di Morgantina sono in corso di studio da parte di Paul W. Deussen, Michigan State University.

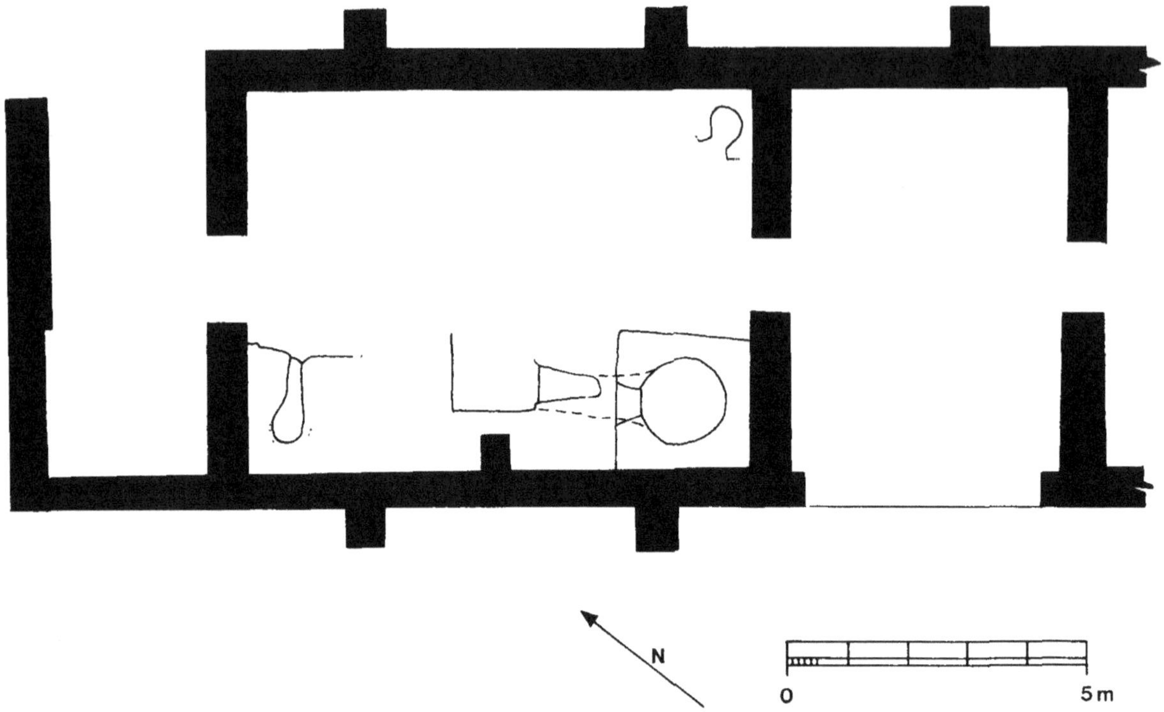

Fig. 1. I officina, Granaio Est: pianta dell'officina

frammenti più grandi raggiungono cm 25 in lunghezza, cm 15 in larghezza e uno spessore massimo di cm 13–15; essi mostrano un alto grado di compattezza e sembrano essere stati modellati con argilla ricca di degrassante siliceo, osservazione confermata dall'esame microscopico (App. 3, gruppo **2i**, SS F-80).

Quanto alla funzione di questi blocchi, l'aspetto greificato e la superficie cosparsa da bolle di fusione dimostrano che essi hanno subito ripetutamente la violenta azione del fuoco, onde si potrebbe ipotizzare che si tratti di parti degli archi-costolone che in certi tipi di fornaci sostenevano il piano forato a guisa di grosse nervature. In tal caso si porrebbe l'interrogativo circa la fornace da cui dovrebbero provenire i frammenti in questione, visto che essi non appartengono alle tre fornaci del Granaio Est perchè la n. 1 conserva tuttora i suoi archi e le nn. 2 e 3 sono troppo piccole per simili elementi strutturali. Si potrebbe quindi avanzare l'ipotesi che questi frammenti appartenessero a fornaci smantellate in antico, ipotesi da tenere presente in futuro allorchè si vorrà fare una panoramica d'insieme delle attività produttive di Morgantina.

Manufatti ceramici ritrovati nell'officina e nelle fornaci (con l'avvertenza però che potrebbe trattarsi di materiali in seconda giacitura, come indicato all'inizio del presente capitolo):[15]

[15] *Supra*, nota 1.

Lamps
Kitchen wares
Tiles
Bricks
Water pipes
Campana C black gloss wares: STONE Diss., pp. 111–122; *bowls*: 80-645, 80-641, 80-642, 79-650, 80-633, 79-356, 80-649, 80-622, 79-355A; *jugs*: 80-626, 80-628, 80-627, 80-634, 80-625, 80-624, 79-357, 80-623. Later additions (not included in STONE Diss.): *plates/platters*: 59-2193, 59-2195, 59-2191, 59-2194, 59-2196, 59-2202, 59-2192, 59-2204, 59-2190; *cups/bowls*: 59-2203, 59-2208, 59-2200, 59-2197, 59-2198, 59-2199, 59-2206, 59-2207, 59-2205, 59-2201
Other black gloss wares: STONE Diss., p. 136; *cup*: 80-646
Presigillata wares: STONE Diss., pp. 182–187; *cups/bowls*: 80-632, 80-647, 80-641, 80-631
Thin-walled wares (later addition, not included in STONE Diss.): 59-2189
Moulded relief ware, stamps: STONE Diss., pp. 328–333; 59-2065, 59-1182, 61-1447; *Megarian bowls*: STONE Diss., pp. 361–362; 80-643, 80-644, 80-620, 79-358, 80-619, 79-355B
Utilitarian wares: STONE Diss., p. 473; *plates*: 80-629, 80-630

FORNACE N. 1[16]

Lunghezza totale: m 3.10
Prefurnio: lungh. m 1.70, largh. m 0.70–0.90, alt. m 1.90. Il pavimento è a m -0.60 rispetto all'ingresso e alla camera di combustione
Camera di combustione: diam. m 1.40, alt. m 1.30. Due archi-costolone paralleli, aventi spessore m 0.15 circa, reggono il piano forato; l'imposta degli archi è a quota m + 0.60 da terra
Piano forato: diam. m 1.40, spess. m 0.10–0.20. 25 fori, dei quali 14 periferici con diam. m 0.10–0.15, e 11 centrali con diam. m 0.10
Camera di cottura: diam. m 1.40, alt. massima residua della parete m 0.50, spess. m 0.35–0.50; porta di accesso: largh. m 0.60

Orientata a nord-ovest, la fornace (Tavv. 5–7, 56, 57) è costruita a diversi livelli rispetto al piano di campagna: la camera di cottura è sopraelevata, il piano forato è a livello di pavimentazione, il prefurnio e la camera di combustione sono interrati a una profondità di circa due metri, scavati nelle calcareniti che in questo tratto sono formate prevalentemente da banchi di sabbia calcarea fine e poco coerente, quindi molto facili da incidere. Oggi, per accedere al prefurnio occorre scendere in una "buca" di dimensioni molto ristrette, di circa un metro quadrato, poiché il restauro, effettuato con grossi blocchi squadrati (Tav. 5) per evitare pericoli di franamento del terreno circostante, ha ulteriormente ristretto lo spazio già angusto in origine che era a disposizione del fornaciaio per immettere il combustibile dentro la fornace (le parti di restauro sono indicate a tratteggio e con linea discontinua nei disegni alle Tavv. 56 e 57).

Il prefurnio (Tav. 6) ha forma di tunnel ad altezza d'uomo, con volta ad ogiva che oggi si presenta lacunosa essendo crollata la parte iniziale. La larghezza va da m 0.70 a m 0.90; il pavimento

[16] Per questa fornace e per tutte le altre, le misure sono indicate nel loro valore medio.

è a un livello inferiore di circa m 0.60 rispetto sia alla "buca" di accesso sia alla camera di combustione, e presenta dei gradini verso entrambe. Per costruire il gradino verso la "buca" l'artigiano-costruttore ha utilizzato materiale di recupero; sebbene sia possibile vederne soltanto, e a malapena, la parte frontale, si distinguono dei rocchi di colonna di terracotta (altezza cm 7–8) e del tegolame sovrapposto. Verso la camera di combustione i gradini sono oggi due, coperti con materiale moderno essendo stati restaurati in epoca recente. Il pavimento del prefurnio giace quindi in una sorta di incavatura profonda circa m 0.60, il che porta a presumere che il costruttore abbia voluto creare un ampio cinerario dove l'abbondante cenere residuata dalla combustione potesse via via accumularsi, senza intralciare la continuazione del ciclo di cottura. Questa ipotesi è confermata dal fatto che le parti più basse delle pareti hanno la superficie liscia e non mostrano segni di vetrificazione: è ragionevole supporre che la cenere che vi si ammassava sin dall'inizio della cottura le abbia protette dal calore troppo violento.

Le pareti e la volta del prefurnio sono completamente rivestite con frammenti di tegolame: l'artigiano ha dapprima scavato nelle calcareniti il tunnel, indi per impedire al calore di causare lo sgretolamento della friabile roccia ha fatto ricorso a una tecnica semplice ed economica, sovrapponendo in filari orizzontali dei frammenti di tegolame e unendoli tra loro con abbondante malta sino a rivestire l'intero ambiente (*infra*, Cap. II, pp. 53–55). Si contano nelle pareti circa 50 filari, nella volta ad ogiva 18/20 filari; quasi tutti i frammenti sono diritti, pochi sono curvi o hanno comunque forma non piana; presumibilmente sono stati ricavati dai coppi usati per la copertura dei tetti. La lunghezza del lato in facciata va da cm 5 a cm 20, lo spessore è circa cm 2, la profondità si aggira tra cm 5 e cm 10, sebbene quest'ultima sia difficile da misurare essendo i frammenti visibili soltanto frontalmente.

Pareti e volta del prefurnio mostrano di avere subito l'intensa azione del calore; i frammenti di tegolame hanno assunto colore grigio-verdastro con sfumature più o meno brune e aspetto greificato con numerose bollicine e alveoli di fusione: in qualche zona il calore è stato talmente violento da fonderli insieme, amalgamandoli in un'unica superficie verdognola, costellata da miriadi di minuscoli crateri che richiamano l'aspetto della superficie lunare. La malta che tiene uniti i frammenti ha notevole spessore, da cm 1 a cm 2, è composta da abbondante sabbia quarzifera di granulometria irregolare mescolata a calce e argilla; le ripetute cotture l'hanno trasformata in materiale spugnoso e friabile, dal colore grigio chiaro, che tende a sbriciolarsi (App. 3, gruppo **2b**, SS F-6).[17] Il rivestimento formato dai frammenti di tegolame è stato a sua volta ricoperto da un intonaco per proteggerlo dal contatto diretto con le fiamme: ne sono rimasti alcuni resti che si staccano a scagliette al minimo urto (*infra*, Cap. II, p. 54).

Minore devastazione ha arrecato il fuoco alla camera di combustione (Tav. 7:a), cui si accede dal prefurnio attraverso gli scalini prima descritti; essa è rotonda e ha la parete rivestita con frammenti di tegolame per un totale di circa 40 filari. Il pavimento è formato da materiale biancastro a grana molto fine, simile a calce: si tratta dello strato superficiale delle calcareniti che l'artigiano aveva scavato in origine per costruire la fornace, strato che ha subito la ripetuta azione del fuoco decomponendosi in materiale non coerente e polverulento. Materiale biancastro analogo si trova anche sul

[17] Per il termine "malta" usato nello specifico contesto delle fornaci, cfr. *infra*, Cap. II nota 69.

fondo della camera di combustione della fornace n. 10, e la sua composizione calcareo-quarzosa è confermata dall'esame mineralogico-petrografico (App. 3, gruppo **2a**, SS F-7 e F-8).

Sempre nella camera di combustione, a circa metà altezza delle pareti si innestano due archi-costolone che sorreggono il piano forato e svolgono la funzione di impalcatura del piano stesso (Tav. 7:a). I due costoloni sono paralleli tra loro e trasversali rispetto al prefurnio; distano circa cm 40 l'uno dall'altro e la loro imposta (punto di partenza dell'arco) è a quota m + 0.60 da terra; via via che si incurvano si fanno più grossi, sporgendo all'infuori a guisa di grosse nervature. Per quanto è possibile vedere dall'esterno, sono stati modellati con argilla refrattaria che le ripetute cotture hanno reso molto compatta; la loro superficie dal colore verdognolo è greificata e corrosa dal fuoco, ed è solcata da numerose fessure che con il passare del tempo tendono ad ampliarsi in crepe che facilmente provocano il distacco di grosse scaglie, laddove i recenti restauri non abbiano fatto opera di consolidamento.

Sopra i due archi poggia il piano forato costruito con mattoni, cocciame ed argilla in maniera grossolana, con aggiunte e rappezzi, per cui non è perfettamente orizzontale ma piuttosto irregolare e ondulato (Tavv. 5, 7:b). Esso è attraversato da 25 fori tondeggianti, con rotture e lacune più o meno estese. I 14 fori periferici sono collocati in posizione tale da seguire l'andamento curvilineo del muro perimetrale, mentre i fori centrali, più piccoli e in numero di 11, sono approssimativamente allineati in corrispondenza degli spazi tra i due archi sottostanti. Due dei fori centrali risultano chiusi in origine con cocciame, forse per evitare un eccessivo tiraggio in quello specifico punto della fornace.

Il piano forato è al tempo stesso pavimento della camera di cottura: questa ha forma di grosso cilindro a cielo aperto circondato da una congerie di pietrame, di argilla arrossata dal fuoco e di cocciame, congerie che si addossa per due lati ai grossi muri del vano che ospita l'officina da vasaio e per gli altri due lati ha un profilo piuttosto regolare, dovuto però, almeno in parte, ai restauri eseguiti in tempi recenti (Tavv. 5, 7:b). All'interno, la parete circolare della camera di cottura, conservata per un'altezza di circa cm 50, è rivestita da filari (circa venti) di frammenti di tegolame intervallati da malta, analogamente alla sottostante camera di combustione. Sono conservati alcuni resti dell'intonaco, talvolta di spessore superiore al centimetro, dall'aspetto grumoso, solcato da venature e facilmente sgretolabile. La camera è munita di una porta in asse col prefurnio, la cui soglia è sopraelevata su alcuni piccoli massi squadrati ricavati dalla roccia locale. Manca la parte superiore delle pareti così come mancano tracce della copertura di essa (*infra*, Cap. II, pp. 64–66).

FORNACE N. 2

Lunghezza totale: m 1.65

Prefurnio: lungh. m 0.80, largh. m 0.35, alt. massima residua m 0.80

Camera di combustione: lungh. m 0.85, largh. m 0.70–0.80, alt. massima residua m 1.00. Gradino interno: alt. m 0.40, prof. m 0.15. Due archi, spess. m 0.15 (?), con imposta a quota m + 0.75 da terra

Orientata a nord-est, la fornace si trova nell'angolo opposto alla n. 1, in parte addossata a un muro del vano che accoglie l'officina da vasaio, in parte circondata da una vasta congerie argillosa arrossata dal fuoco sulla quale giacciono massi grandi e piccoli caduti dai muri dopo l'epoca di abbandono (Fig. 1). Frammisti alla congerie si notano alcuni grossi frammenti di condotti idrici, probabile materiale di risulta.

La fornace è conservata soltanto parzialmente: restano le parti inferiori del prefurnio e della camera di combustione, mancano il piano forato e la camera di cottura (Tavv. 8, 58:a, 58:b). È interrata per circa una ventina di centimetri rispetto al piano di campagna, cosicchè si accede al prefurnio scendendo un piccolo scalino scavato nelle calcareniti che costituiscono il suolo. Il prefurnio si presenta come un piccolo tunnel, lungo e stretto, costruito con mattoni e con frammenti di tegolame legati da malta; attualmente è scoperchiato e resta appena l'inizio della curvatura della volta, crollata.

Il pavimento del prefurnio degrada leggermente verso la camera di combustione, che ha pianta quasi ovale e pareti che tendono ad allargarsi verso l'alto. La parete di fondo non è continua bensì a quota m + 0.40 da terra si incurva formando un gradino arrotondato. È presumibile che tale scalino svolgesse la duplice funzione di facilitare l'ascesa dei gas caldi durante il ciclo di cottura e di togliere spazio morto in fondo alla camera di combustione.

Le pareti della camera di combustione sono rivestite con frammenti di tegolame, oggi poco distinguibili in quanto all'epoca dell'attività della fornace essi hanno subito vampate di calore talmente violente ed intense da fondersi in un'unica superficie greificata, di colore bruno-verdastro e di aspetto spugnoso, costellata da miriadi di bollicine e di minuscoli crateri di fusione (Tav. 9:a). In posizione contrapposta si trovano gli attacchi dei due archi che sorreggevano il piano forato, ora mancante. Gli attacchi sono formati da mattoni posti radialmente: quando gli archi sono crollati, ne sono rimaste soltanto le parti iniziali, lacunose e percorse da profonde fenditure. In una ricostruzione teorica, calcolando la curvatura più probabile degli archi, si potrebbe formulare l'ipotesi che l'altezza della camera di combustione raggiungesse m 1.20–1.30, altezza notevole qualora la si rapporti alla larghezza che è di appena m 0.70–0.80.

FORNACE N. 3

Lunghezza totale presunta: m 0.90
Prefurnio: lungh. m 0.30 (?)
Camera di combustione: diam. m 0.60 (?), alt. massima residua m 0.40

Orientata a sud-ovest, la fornace è inserita in uno degli angoli del vasto vano occupato dall'officina (Fig. 1). È la più piccola delle tre fornaci e quella in peggiori condizioni di conservazione: massi diseguali della locale roccia calcarea, posti direttamente sopra il suolo, formano una struttura quasi ovoidale, legata da congerie arrossata dal fuoco; sul fondo, alcuni grossi frammenti di cocciame (Tavv. 9:b, 59).

Lo stato di deterioramento della fornace è tale da non permettere di formulare delle ipotesi attendibili, nè per quanto riguarda il tipo di sostegno del piano forato, nè per la presenza o meno di un rivestimento interno, nè altre caratteristiche tecniche. Si può soltanto annotare che nelle sue linee essenziali la struttura è simile a quella della fornace n. 6 della Casa dell'Ufficiale.

II Officina da vasaio: Casa dell'Ufficiale, fornaci nn. 4-5-6

Fig. 2; Tavv. 10–12, 60–61
Bibliografia: PR VII, pp. 166–168; PR VIII, p. 144

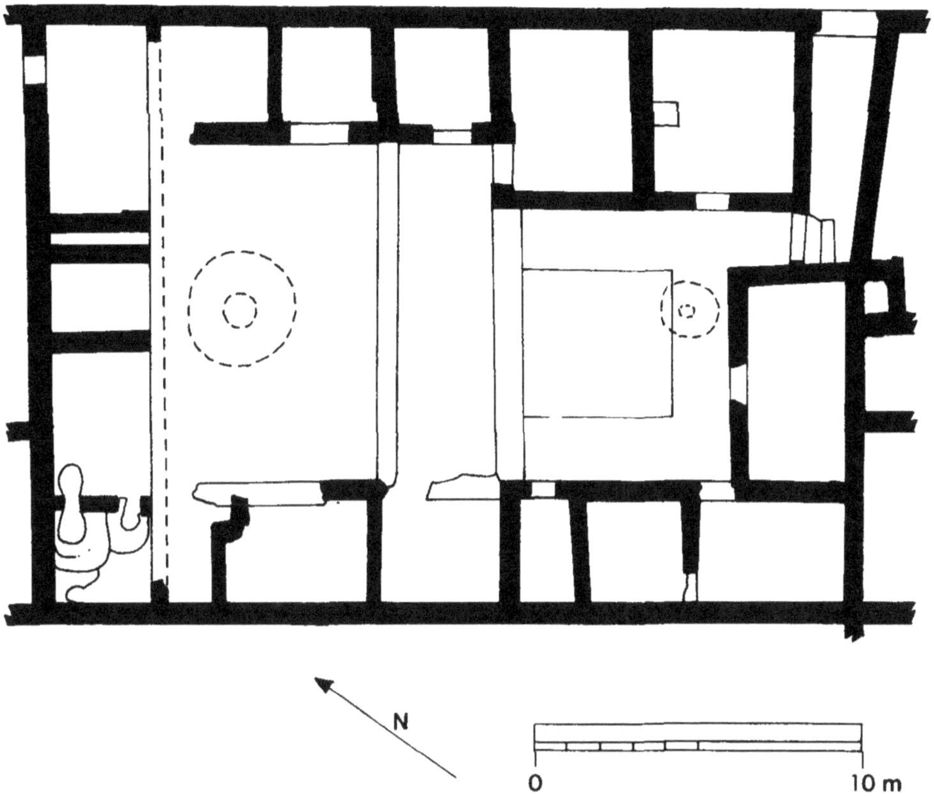

Fig. 2. II officina, Casa dell'Ufficiale: pianta dell'officina

Nella zona meridionale della città sulle propaggini occidentali della Collina Ovest (Tav. 54), negli anni 1958 e 1962-1963 è stata riportata alla luce una grande casa a doppio peristilio, ricca di oltre venti vani suddivisi in ambienti di rappresentanza e in stanze ad uso privato. Ne è derivato il nome di Casa dell'Ufficiale.

Costruito verso la metà del III sec. a.C., il complesso residenziale ha subito forti cambiamenti dopo la conquista romana del 211 a.C., allorchè è stato diviso in due parti utilizzate come abitazioni singole. In un periodo successivo, nella parte nord sono state apportate ulteriori trasformazioni: un grande vano della casa originale che affacciava sul peristilio nord è stato utilizzato come cortile e al centro vi è stata scavata una cisterna per il rifornimento idrico; il muro di confine a nord è stato demolito, il che ha creato una comunicazione diretta con alcuni vani che originariamente appartenevano alla casa attigua: i pavimenti in cocciopesto a fondo rosso con tessere bianche dei vani inglobati sono sopraelevati di circa m 0.30 rispetto agli altri ambienti, e i grossi muri, costruiti in massi squadrati grandi e piccoli, recano evidenti segni delle riparazioni effettuate inserendo nelle rotture frammenti di tegole e di mattoni (Fig. 2; Tav. 10).

Nei vani situati nell'angolo nord-ovest della grande casa, un vasaio ha sistemato la sua officina e ha costruito tre fornaci in un piccolo vano che misura circa m 2.70 x 3.00 (Tavv. 11, 12, 60); due di esse si affacciano nel vano attiguo (m 4.10 x 3.00 circa) attraverso delle aperture nel muro divisorio. Le tre fornaci sono costruite una accanto all'altra, collegate tra loro da una congerie di pietrame ed argilla consolidata dal fuoco: due (nn. 4 e 5) sono parallele tra loro; la terza (n. 6) è in posizione trasversale. La fornace n. 4, più grande, è infossata nel terreno (Tav. 61), mentre le altre due sono costruite interamente sopra il pavimento di cocciopesto. Tutte e tre sono in cattive condizioni di conservazione: la n. 4 conserva parte del prefurnio e della camera di combustione, le nn. 5 e 6 ne conservano dei resti ancora più modesti.

Testimonianza dell'attività dell'officina è fornita dai numerosi frammenti ceramici trovati nella cisterna situata nel peristilio nord, alcuni dei quali distorti dal fuoco e greificati a causa dell'eccessivo calore subito durante la cottura.[18]

Manufatti ceramici ritrovati nella cisterna e nell'officina:

Campana C black gloss wares: Stone Diss., pp. 105–117; *plates*: 63-844, 63-884, 63-841, 79-54, 63-846; *bowls*: 63-843, 62-1083, 79-55, 63-840, 63-837; *cups*: 79-56, 63-835

Wasters/misfirings (Campana C): Stone Diss., pp. 112–113; *cups*: 62-554 [qui Tav. 39:b], 62-486 [Tav. 39:a], 62-585 [Tav. 38:a–b], 62-597 [Tav. 40:a], 62-598 [Tav. 40:b]

Other black gloss wares: Stone Diss., pp. 135–136; *cups*: 63-827, 63-831, 63-828, 63-879

Presigillata wares: Stone Diss., pp. 162–183; *plates*: 79-531, 63-845; 79-267, 63-860, 63-859; *bowls/cups*: 63-871, 63-834, 79-262, 79-53, 63-830, 79-532, 63-829, 63-832, 63-833

Wasters/misfirings (presigillata): Stone Diss., p. 176; *cups*: 63-838, 63-837, 63-851

Megarian bowl mould: Stone Diss., p. 359; 58-2347

Thin-walled wares: Stone Diss., pp. 435–441; 63-886, 63-826, 79-533a–k (11 *vase bases*), 62-587, 62-481, 63-872, 63-873a, 62-484

Wasters/misfirings (thin-walled wares): Stone Diss., p. 436; 62-483

Utilitarian wares: Stone Diss., pp. 462–493; *pans*: 63-1246, 63-854, 63-855, 63-856, 63-853, 79-52, 79-179, 79-180, 58-1798, 63-866, 63-863, 63-865, 63-864, 58-1325, 79-263, 63-862, 63-861; *plates/platters*: 63-857, 63-847; *bowls*: 63-885, 63-849, 63-848, 63-850, 63-852, 63-839, 63-836, 63-869, 63-868; *jars*: 62-478, 63-870, 63-401; *basins*: 63-883, 63-875; *miniature vases*: 62-83, 63-825, 62-589; *pitchers*: 63-874, 63-396, 62-482; *jugs*: 62-479, 62-748, 63-155, 63-156; *ring stands*: 63-153, 63-550, 63-876, 63-877, 63-878, 63-154 [Tav. 41:a]

Wasters/misfirings (utilitarian wares): Stone Diss., p. 493; *ring-stand* 62-530 [Tav. 41:b]

FORNACE N. 4

Lunghezza totale: m 1.95

Prefurnio: lungh. m 0.65, largh. m 0.35–0.55, alt. massima residua m 0.95

Camera di combustione: lungh. m 1.30, largh. m 0.80, alt. massima residua m 1.10. Gradino interno: alt. m 0.85, prof. m 0.35. Tre archi, spess. m 0.15–0.18 dei quali restano soltanto gli attacchi formati da mattoni aventi alt. m 0.08; due archi hanno l'imposta a quota m + 0.60 da terra, il terzo arco inizia sopra il

[18] Nella Casa dell'Ufficiale sono state trovate due cisterne: la prima, sita nel peristilio nord, ha restituito i numerosi frammenti ceramici che compongono l'unico scarico ritrovato a Morgantina (PR VII, p. 168). La seconda cisterna, ubicata nel cortile vicino alle fornaci, non ha potuto essere svuotata a causa delle precarie condizioni di stabilità (PR VIII, p. 144). La prima cisterna era riempita parzialmente, la seconda totalmente (Stone Diss., p. 56).

gradino a quota m + 0.95 da terra ed è conservato soltanto sul lato destro della fornace. Quattro intercapedini intervallano gli archi e sono larghe da m 0.10 a m 0.25

Oggi, restano parte del prefurnio e della camera di combustione (Tav. 11). Mancano sia il lato sinistro e la parte superiore della camera di combustione, sia il piano forato e la camera di cottura.

La fornace è orientata a nord-est: si affianca al muro perimetrale di uno dei due vani adiacenti riutilizzati dal vasaio, e il prefurnio si inserisce in un'apertura praticata nel muro divisorio, rinforzato con mattoni e cocciame. Il pavimento di cocciopesto del vano è stato sfondato per un'estensione di circa un metro quadrato creando verso il prefurnio un piano inclinato che continua a degradare anche nella camera di combustione, raggiungendo un dislivello di circa mezzo metro rispetto sia al pavimento del vano sia alle altre due fornaci (Tav. 61). Il prefurnio ha forma di alto e stretto tunnel cui manca la volta, crollata, e si allarga leggermente verso la camera di combustione. Questa è ugualmente incompleta, restando soltanto la parte inferiore che ha pianta grossomodo ovale; la parete di fondo è verticale sino all'altezza di m 0.85 circa, laddove arretra formando un gradino curvilineo profondo circa m 0.35 che presumibilmente svolgeva la stessa funzione già rilevata per la fornace n. 2 del Granaio Est.

Il piano forato (mancante) era sorretto da tre archi, distanziati da intercapedini e paralleli tra loro, oggi crollati e di cui restano soltanto gli attacchi in mattoni posti radialmente, lacunosi e molto danneggiati (Tav. 12). I primi due archi hanno l'imposta a quota m + 0.60 da terra, il terzo si innesta sopra il gradino prima descritto, a quota m + 0.95 da terra. Ne deriva che l'altezza della camera di combustione avrebbe potuto raggiungere m 1.30–1.40, altezza notevole se rapportata alla larghezza, piuttosto limitata.

Le pareti della camera di combustione e del prefurnio sono rivestite con frammenti di tegolame posti in filari orizzontali, uniti da abbondante malta e aventi dimensioni e caratteristiche simili a quelle riscontrate nelle fornaci nn. 1 e 2. Le pareti hanno colore verdastro e presentano forti segni di greificazione: la superficie dei frammenti ha subito una fusione più o meno completa, assumendo aspetto spugnoso, con miriadi di bollicine e di piccoli crateri di fusione. Nelle intercapedini tra gli archi sono rimasti alcuni resti dell'intonaco, e sono visibili le striature lasciate dalle dita del vasaio quando lo ha applicato a protezione delle strutture sottostanti.

FORNACE N. 5

Lunghezza totale: m 1.15
Prefurnio: lungh. m 0.50, largh. m 0.40, alt. massima residua m 0.30
Camera di combustione: lungh. m 0.65, largh. m 0.55, alt. massima residua m 0.40

Questa piccola fornace è orientata anch'essa a nord-est come l'attigua fornace n. 4, ha il prefurnio inserito in un'apertura del muro divisorio tra i due vani adiacenti che ospitano l'officina da vasaio apertura che con ogni probabilità era in origine la porta di comunicazione (Tavv. 11, 60). Nell'angolo di giunzione tra i due vani si erge attualmente un pilastrino moderno che, reggendo la tettoia di protezione costruita durante i recenti lavori di restauro, occupa lo spazio dove prima esisteva il lato sinistro del prefurnio: di questo resta soltanto il lato destro, così come della camera di combustione è rimasta soltanto la parte inferiore (Tav. 12). L'avanzato stato di deterioramento ha ridotto la fornace alla nuda struttura, dalla quale tuttavia è possibile risalire alla tecnica di costruzione.

Si nota infatti che l'artigiano-costruttore ha utilizzato piccoli massi ricavati dalla locale roccia calcarea e, poggiandoli direttamente sopra il pavimento di cocciopesto qui ben conservato, ha costruito una struttura approssimativamente circolare, aperta nel punto che doveva poi funzionare da prefurnio. Ha poi inserito cocciame negli interstizi tra i massi in modo da formare l'ossatura della fornace, e ne ha ricoperto grossolanamente l'esterno con una congerie argillosa in modo da consolidare l'insieme e isolarlo dal punto di vista termico. Maggiori cure egli ha dedicato all'interno, che ha rivestito con frammenti di tegolame posti orizzontalmente; restano una quindicina di filari alternati alla malta che ha uno spessore da cm 1 a cm 2. Il lato dei frammenti in facciata ha lunghezza da cm 5 a cm 15, lo spessore medio è di cm 2, la profondità è di cm 5 circa. L'ossatura della fornace, in parecchi punti allo scoperto, ha permesso di ricostruire il procedimento seguito per la posa in opera dei frammenti di tegolame (*infra*, Cap. II, pp. 53–55).

FORNACE N. 6

Lunghezza totale: m 0.90 (?)
Camera di combustione: lungh. m 0.60, largh. m 0.50, alt. massima residua m 0.60

La piccola fornace è in pessime condizioni: restano soltanto il lato destro del prefurnio e la parte inferiore della camera di combustione (Tav. 12). Orientata a sud-est, essa è costruita in un angolo del vano dell'officina, direttamente sopra il pavimento di cocciopesto e si trova a una quota di circa m 0.50 più in alto dell'attigua fornace n. 4 (Tav. 61).

Il lato del prefurnio conservato è formato in prevalenza da mattoni di reimpiego, posti uno sopra l'altro con cocciame inzeppato negli interstizi, legati da malta. La camera di combustione è rivestita con frammenti di tegolame (una ventina di filari orizzontali), intervallati da pezzi di mattoni. Si notano resti di intonaco, con i segni lasciati dalle mani del vasaio allorchè lo ha applicato sulle pareti. La fornace è contornata da una congerie di argilla e pietrame che la collega alle vicine fornaci nn. 4 e 5, formando un tutto unico.

III Officina da vasaio: Santuario Centrale, fornace n. 7

Fig. 3; Tavv. 13–15, 62, 63
Bibliografia: PR I, p. 156 (nei rapporti preliminari, il nome attribuito al Santuario Centrale era "Santuario Ctonio").

Nel 1955, durante la prima campagna di scavo condotta a Morgantina, è stata riportata alla luce una fornace inserita in un piccolo vano del Santuario Centrale, un complesso dotato di altari e di pozzi per le offerte dedicatorie, ubicato nella zona centrale dell'agorà vicino alla grande scalinata che rappresenta uno dei monumenti cittadini più importanti (Tav. 54). Il Santuario Centrale è databile al IV sec. a.C., e si ritiene abbia subito notevoli cambiamenti nel II sec. a.C. allorchè il cortile nord ha ricevuto una pavimentazione in pietra e sul lato verso il teatro è stata sistemata una vasca collegata con la rete idrica del lato ovest dell'agorà (Tav. 55, vasca C).[19]

[19] Bell 1986, p. 111 tav. 33 (la tavola è qui riprodotta in Tav. 55).

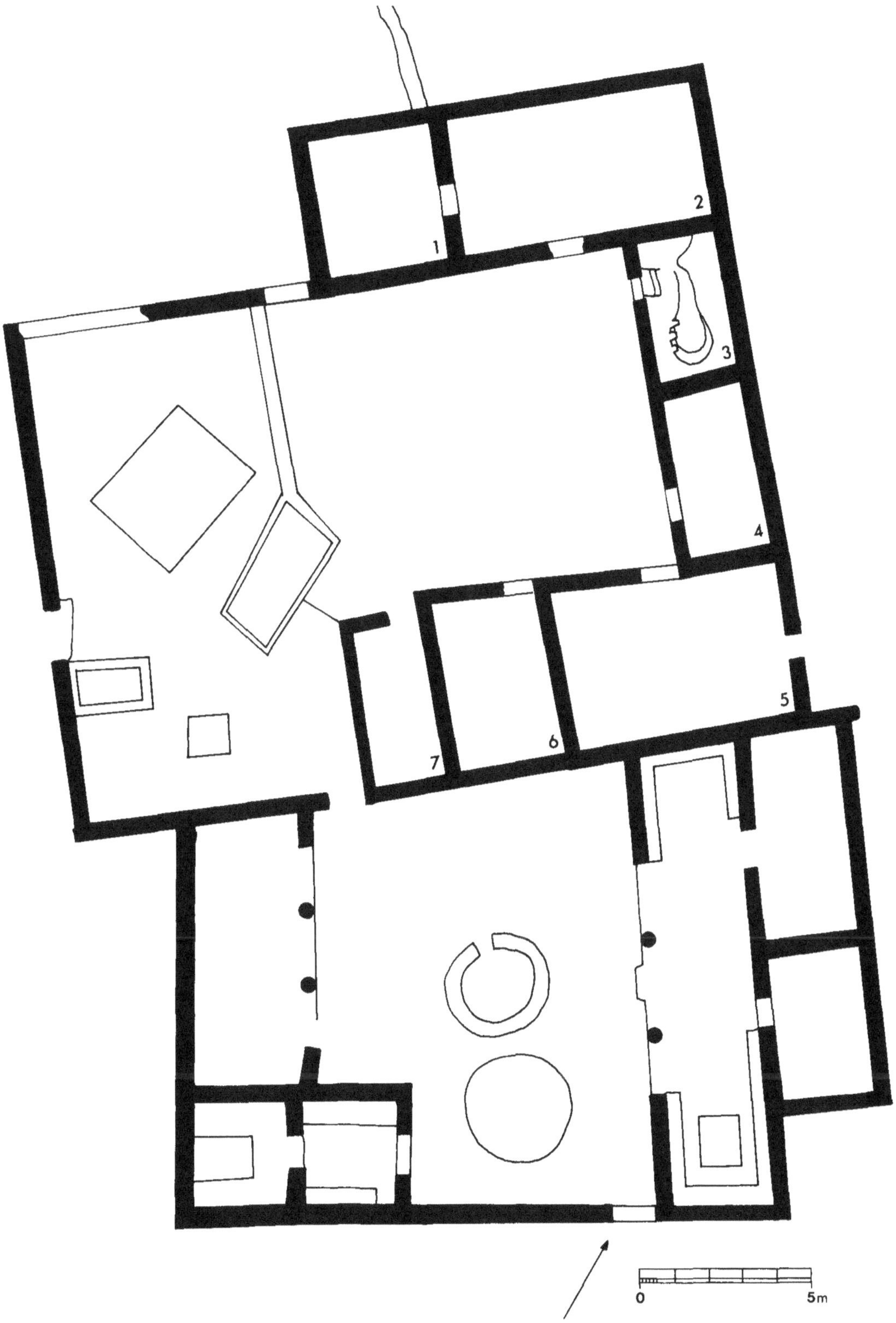

Fig. 3. III officina, Santuario Centrale: pianta dell'officina

Durante le trasformazioni del II-I sec. a.C. una fornace è stata costruita in un vano che si affaccia sul cortile nord e che fa parte di un insieme di ambienti che hanno subito diversi rifacimenti (Fig. 3). È possibile, sebbene sia ancora da verificare, che la fornace sia stata utilizzata per la cottura di lucerne, in quanto gli scavi hanno riportato alla luce un numero eccezionale di piccole lucerne in terracotta: ne sono state rinvenute oltre tremila, sparse nel vano della fornace e nei vicini ambienti del santuario. Ne era derivato, in un primo tempo, il nome di *lamp factory kiln*.[20]

La datazione e il significato da attribuire ad un numero tanto cospicuo di lucerne sono attualmente all'esame di Ingrid Edlund-Berry della University of Texas at Austin che cura la pubblicazione del santuario. Il presente lavoro si limita pertanto all'esame della fornace, escludendo lo studio degli aspetti tecnici della produzione delle lucerne.

Manufatti ceramici ritrovati nella parte nord del santuario e nella fornace:

Lamps
Two-handled dishes

FORNACE N. 7

Lunghezza totale: m 2.20 (?)
Prefurnio: lungh. m 0.60 (?), largh. m 0.40–0.50, alt. massima residua m 0.55
Camera di combustione: lungh. m 1.60, largh. m 0.90 (?), alt. massima residua m 0.55. Gradino interno: alt. m 0.40, prof. m 0.30. Tre archi, spess. m 0.15–0.20, con imposta a quota m + 0.50 da terra; restano soltanto gli attacchi sul lato destro della fornace. Quattro intercapedini intervallano gli archi, delle quali tre sono larghe da m 0.20 a m 0.25, mentre l'intercapedine verso il fondo misura m 0.40 nel punto di maggiore ampiezza

Il piccolo vano entro cui è incassata la fornace è situato nel settore nord del Santuario Centrale e misura m 3.80 x 2.30, avendo grossi muri perimetrali (spessore m 0.50 circa) formati da massi grandi e piccoli ricavati dalla locale roccia calcarea (Fig. 3; Tavv. 14, 15, 62). Il vano confina con un altro piccolo ambiente attraversato da una conduttura per convogliare l'acqua, ed è munito di un'unica porta che si affaccia sul cortile nord, pavimentato in pietra: dalla porta scende un ripido, corto pendio (attualmente sistemato a gradini) che va ad incrociare il prefurnio della fornace. Questa è contornata da una vasta congerie di argilla e pietrame che occupa il vano nella sua quasi totalità, tanto da porsi il quesito come il fornaciaio riuscisse a caricare il combustibile senza risentire della ristrettezza di spazio.

La fornace è orientata a nord-ovest ed è in cattive condizioni di conservazione: restano parte del prefurnio e la parte destra della camera di combustione, mentre mancano il piano forato e la camera di cottura (Tav. 15). Restauri conservativi molto estesi sono stati effettuati in epoca successiva allo scavo, talchè oggi si riesce a distinguere con una certa difficoltà le parti strutturali originarie da quelle di restauro (i restauri sono indicati a tratteggio nel disegno relativo, Tav. 62).

[20] PR III, p. 168; PR VII, p. 165; PR VIII, p. 141.

La fornace è in parte interrata: il pavimento della camera di combustione è a una profondità di circa un metro e poggia direttamente sopra le calcareniti che in questo tratto sono molto compatte, mentre il piano forato, quando esisteva, doveva trovarsi circa al livello del piano di campagna attuale (Tav. 63).

Il prefurnio non permette una facile lettura essendo crollate la volta e buona parte delle pareti: quanto resta è composto da pietrame che potrebbe anche essere di risulta. Ciò ovviamente comporta che le misure originarie della lunghezza del prefurnio e quella totale della fornace non siano rilevabili con esattezza. Al prefurnio si allaccia la camera di combustione che ha pianta ovale e pareti svasate tendenti ad allargarsi verso l'alto. La parete di fondo non è continua bensì si incurva all'altezza di circa m 0.40 per formare un gradino arrotondato, analogamente a quanto già osservato nelle fornaci nn. 2 e 4. Poichè il lato sinistro della camera di combustione è in larga parte mancante, soltanto sul lato destro sono visibili gli attacchi dei tre archi che sorreggevano il piano forato, formati da mattoni posti radialmente, con argilla e cocciame tra un mattone e l'altro con funzione di cuneo per creare l'inclinazione necessaria alla curvatura dell'arco. I mattoni misurano circa cm 16 in larghezza e da cm 6 a cm 8 in spessore, mentre la lunghezza non è accertabile dato lo stato frammentario.

Lo spazio libero tra arco e arco forma le intercapedini: tre hanno dimensioni analoghe, la quarta è più ampia ed è arcuata lungo la parete curvilinea della camera di combustione; tutte e quattro hanno il fondo molto inclinato, con forte ascendenza verso la parete perimetrale. Le prime due intercapedini presentano una caratteristica poco usuale, essendo "foderate" con grossi frammenti di condotti idrici di terracotta, del tipo dei condotti presenti nell'ambiente attiguo al vano della fornace, caratterizzati da un collarino molto lungo e da una bocchetta sul fianco (*infra*, Cap. III, pp. 82-84). Benchè Morgantina sia molto ricca di condutture per l'acqua, è piuttosto insolito vedere le intercapedini di una fornace formate dalla parte concava di pezzi di tubi, e va dato merito all'artigiano per questa intelligente soluzione: "foderare" le intercapedini della fornace con materiale resistente quale è la terracotta e risparmiare sui costi, utilizzando materiale di recupero.

Sia le pareti del prefurnio che quelle della camera di combustione sono rivestite con frammenti di tegolame e pezzi di mattoni. I frammenti hanno forma diritta, pochi sono curvi; la lunghezza varia tra cm 10 e cm 20, lo spessore tra cm 2 e cm 3; sulla parete di fondo si contano circa venti filari orizzontali intervallati da forti spessori di malta. Frammenti e mattoni sono greificati, hanno colore grigio-verdastro e sono costellati da crateri da fusione; in alcuni punti il processo di vetrificazione è stato così intenso da provocare la fusione completa della parte superficiale, trasformandola in gocce pendule e in colaticci dalla forma arrotondata. Anche gli scarsi resti di intonaco mostrano di avere subito il violento attacco del fuoco, sono sgretolabili e si staccano al minimo urto, sbriciolandosi.

A corollario delle presenti annotazioni, si può aggiungere che uno dei muri perimetrali del vano che racchiude la fornace, e precisamente quello opposto alla porta d'ingresso, presenta tra i blocchi un'apertura di forma quadra, di circa cm 40 per lato, che comunica con l'esterno (Tav. 62). Qualora al tempo in cui la fornace era in funzione i muri avessero avuto altezza idonea per reggere un tetto, la finestrella poteva svolgere la funzione di presa d'aria. Il fornaciaio avrebbe così potuto fruire di una fresca corrente d'aria nell'ambiente arroventato dal calore.

IV Officina da vasaio: Stoà Nord, fornace n. 8

Figg. 4:a, 4:b; Tavv. 16, 17
Bibliografia: PR VIII, pp. 138–139; PR X, p. 364

Negli anni dal 1955 al 1963, sul lato nord dell'agorà è stato riportato alla luce un lungo edificio che, interpretato dapprima come un ginnasio, viene oggi semplicemente denominato Stoà Nord (Tav. 16). I muri sono costruiti in blocchi irregolari, grandi e piccoli, ricavati dalle calcareniti locali; il lato frontale formava un porticato con colonnato prospiciente l'agorà superiore, e la parte interna comprendeva venti vani adiacenti, posti in fila e muniti di porte che si aprivano sul porticato stesso.

L'edificio, databile al III sec. a.C., ha subito profonde trasformazioni nel II sec. a.C. quando il colonnato del porticato è stato eliminato e l'ingresso di alcuni vani è stato spostato a nord. In questa seconda fase di vita, alcuni ambienti situati nella parte centrale sono stati riutilizzati quale sede di una officina da vasaio: si tratta dei quattro vani comunicanti tra loro contrassegnati con i nn. da 12 a 15 nel relativo disegno (Fig. 4:a). Il vano in posizione quasi centrale, n. 13, ospita i resti di una fornace; è quadrato, misura m 4.70 per lato ed è munito di due porte ai lati contrapposti (Tav. 17:a). La prima porta, di fronte alla fornace, immette in un piccolo vano (n. 14) con accesso a nord verso l'esterno e con pavimento parte in cocciopesto, molto deteriorato, e parte formato da materiale di reimpiego, mattoni e rocchi di colonna in terracotta, frammentati. Da questo vano si passa in un altro (n. 15), di circa m 5 per lato, che presenta in un angolo una struttura, oggi deteriorata, che potrebbe far pensare a una rozza vasca per la lavorazione dell'argilla: è semicircolare con un raggio di circa m 1, ed è circoscritta da grosse pietre irregolari ad un'altezza di circa m 0.50 da terra. Di fronte, a piano terra, un rudimentale ripiano di pianta quadrangolare di circa m 2 per

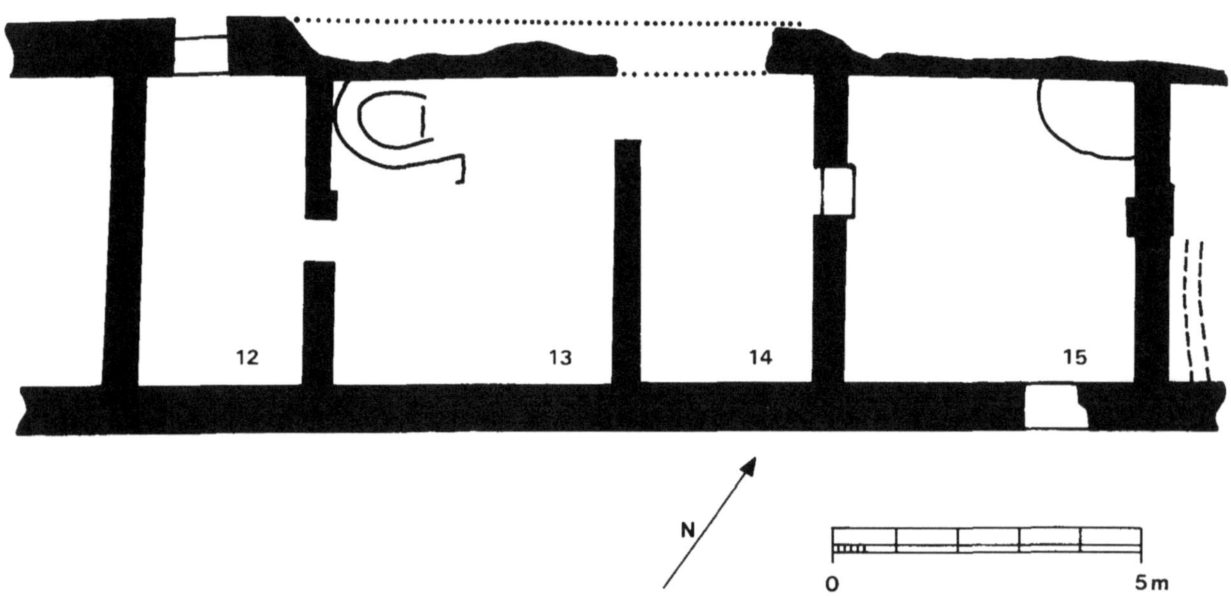

Fig. 4:a. IV officina, Stoà Nord: pianta dell'officina

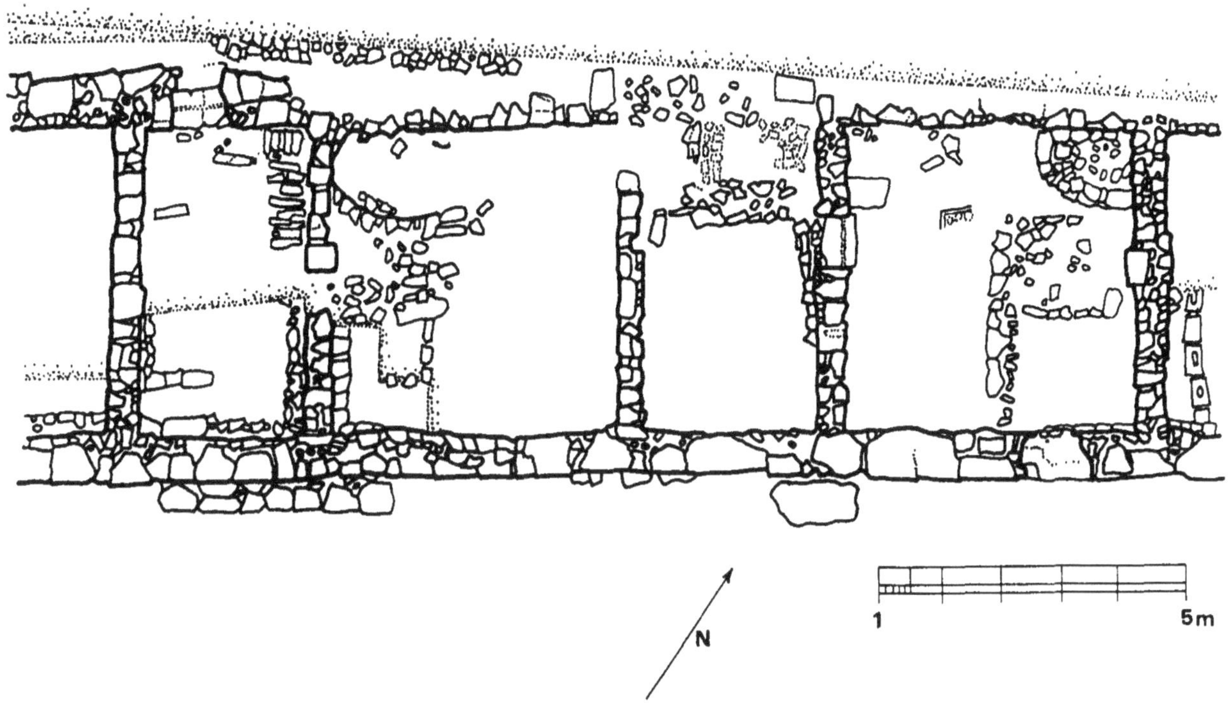

Fig. 4:b. IV officina, Stoà Nord: disegno dal vero effettuato al momento dello scavo

lato, delimitato anch'esso da pietre, potrebbe essere stato usato per la sedimentazione e la lavorazione dell'argilla.

Il vano che ospita la fornace comunica ad ovest con un altro vano (n. 12) di forma rettangolare (m 2.60 x 4.80), munito di una porta esterna, prospiciente sul lato nord dell'edificio, che probabilmente era l'ingresso principale dell'officina. Al momento dello scavo vennero ritrovati numerosi condotti idrici di terracotta impilati ordinatamente uno sull'altro contro il muro di divisione tra i vani 12 e 13 (Fig. 4:b; Tav. 17:b), mentre oggi ne restano soltanto alcuni, spezzati e lacunosi. La lunghezza dei tubi non è misurabile con esattezza dato la stato frammentario, ma può essere calcolata tra cm 50 e cm 60; essi sono stretti, avendo un diametro di appena cm 12–14, e a un'estremità presentano un collarino piuttosto corto che misura circa cm 3, collarino che serviva al momento della posa in opera per infilare ad incastro un tubo in quello successivo. La lavorazione è rozza e di qualità scadente; lo spessore della parete varia tra cm 1 e cm 2 e all'interno dei tubi si notano voluminose cordonature a rilievo, indice di modellazione poco accurata e di scarsa opera di rifinitura; il corpo ceramico è grossolano, con numerosi grossi glomeruli calcarei; il colore è molto variabile, alcuni tubi tendono al verdastro, altri al giallo-bruno, altri ancora al rosso-bruno, con macchie ed aloni irregolari, dal che si può dedurre che la temperatura di cottura non sia stata uniforme, ma abbia subito sbalzi violenti ed improvvisi (App. 3, gruppo **2h**, SS F-67, F-68 e F-91). Il giornale di scavo segnala anche il ritrovamento di alcuni condotti greificati e rovinati dall'eccessiva temperatura.[21]

[21] PR VIII, p. 139, tav. 42 fig. 4; H. L. ALLEN, Trenchmaster's Report, Gymnasium East, 1963 (manoscritto), p. 4: "In room C, at the level of the later steps of the north door, the discarded and overburnt water tubes which were the potter's ware are stacked."

Poichè i tubi sono stati trovati nel vano-deposito attiguo all'ambiente che ospita la fornace, è ragionevole l'ipotesi che essi siano stati cotti in quella fornace e che i condotti idrici rappresentino una parte, e forse la parte principale, della produzione dell'officina da vasaio che occupava l'insieme dei vani, ipotesi confermata dalla presenza di tubi di scarto. Le pessime condizioni di conservazione della fornace non consentono però di andare oltre la formulazione dell'ipotesi. È da aggiungere che esiste un forte dislivello tra l'attuale vano n. 13 (che contiene i resti della fornace) e l'attiguo vano rettangolare n. 12, il che potrebbe far nascere il dubbio che gli scavi del 1963 non abbiano raggiunto il piano di calpestio originale.

Si può inoltre annotare che condotti idrici aventi caratteristiche analoghe ai tubi prima descritti formano una conduttura ubicata nell'agorà superiore che, per quanto è possibile rilevare dal tratto riportato alla luce, sembra arrivare dalla Collina Est sino al *Macellum* (Tav. 55, vasca G).[22]

Manufatti ceramici ritrovati nell'officina e nella fornace:

Water pipes

FORNACE N. 8

Lunghezza totale: m 1.40 (?)
Camera di combustione: diam. presunto m 0.90 (?), alt. massima residua m 0.20

La fornace (Tavv. 17:b, 64) è in condizioni tali da non permettere nè una descrizione appropriata nè tantomeno una ricostruzione, per quanto ipotetica. Una fila di massi grandi e piccoli della locale roccia calcarea, frammisti a grossi pezzi di mattone, indicano grossomodo il perimetro della fornace, di forma ovaleggiante. Altri massi, approssimativamente allineati, sembrano indicare la presenza del prefurnio, con imboccatura rivolta a nord-est.

La fornace si addossa al muro perimetrale del retro della Stoà Nord e al muro divisorio dal vano-deposito; in parte è contornata da una congerie di cocciame, frammenti di mattoni e soprattutto argilla arrossata dal fuoco che rappresentano la migliore prova dell'attività della fornace (Tav. 17:a). È da notare che l'ammasso comprende alcuni frammenti di blocchi di terracotta greificata che richiamano quelli di analogo tipo giacenti nell'officina I del Granaio Est. Anche per questi blocchi si potrebbe avanzare l'ipotesi che si tratti dei resti degli archi-costolone che servivano a sostenere il piano forato della fornace.

V Officina da vasaio: Stoà Est, fornace n. 9

Fig. 5; Tavv. 18-20, 65
Bibliografia: all'epoca dello scavo non è stata data notizia del ritrovamento della fornace; circa l'estremità nord della Stoà Est, si veda: PR III, pp. 167-168.

[22] De Ruyt 1983, pp. 113, 312-313, figg. 42, 96; Bell 1986, tav. 33 (la tavola è qui riprodotta in Tav. 55). Il tratto di conduttura riportato alla luce è composto da una decina di tubi dalla lunghezza variabile tra cm 0.55 e cm 0.65, molto irregolari sia nelle dimensioni sia nella fattura.

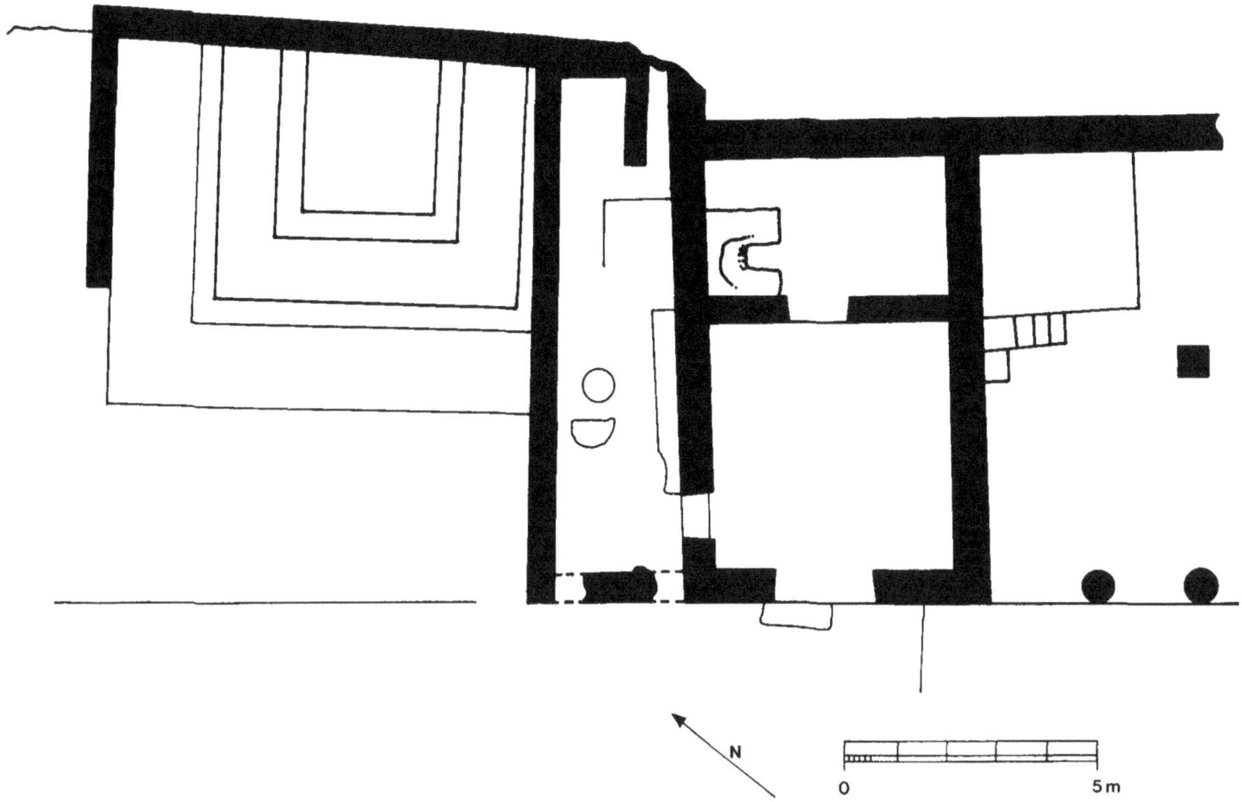

Fig. 5. V officina, Stoà Est: pianta dell'officina

Nel 1957–1959, ai piedi della Collina Est che limita ad oriente l'agorà, è stato eseguito lo scavo di un edificio, lungo un centinaio di metri e largo una decina, databile alla metà del III sec. a.C. e adibito a una funzione pubblica: per le sue caratteristiche di porticato coperto gli è stato assegnato il nome di Stoà Est (Tav. 54). All'estremità nord esso comprende due vani adiacenti, dei quali il più piccolo si addossa alla collina dal cui pendio lungo i secoli sono poi franati materiali d'ogni genere, il più largo era dotato di una grande porta che si affacciava sul porticato (Fig. 5; Tav. 18). I muri perimetrali sono larghi m 0.70 e sono costruiti con grossi massi squadrati, mentre cocciame e mattoni inseriti dentro le rotture segnano le riparazioni effettuate quando i vani hanno subito lavori di riattamento e di ristrutturazione, presumibilmente nel II sec. a.C. Nell'ultima fase di vita dell'edificio, i due vani sono stati occupati da un vasaio quale sede della propria attività. Il vano interno, che misura m 2.70 nel lato corto, è stato adoperato per inserirvi una fornace di dimensioni modeste, mentre il vano esterno, m 4.70 per lato, era probabilmente utilizzato per la modellazione dei manufatti. Al momento della riutilizzazione, la grande porta che si affacciava sul porticato è stata murata e due nuove porte sono state aperte, una nella parete ovest, dando accesso diretto all'agorà, e una nella parete nord, permettendo al vasaio di accedere allo spazio esterno (Tav. 19:b) che separa la stoà dalla grande fontana ellenistica a due vasche situata nell'angolo nord-est dell'agorà superiore. Questo spazio aperto, lungo e stretto, è stato anch'esso utilizzato dal vasaio, come dimostrano un grosso *pithos* (Tav. 19:a), parzialmente interrato, e un ripiano di circa m 1 per lato (Tav. 19:b), contornato da massi rettangolari e pavimentato con grossi frammenti di tegoloni, presumibilmente usato per preparare le zolle argillose per le successive fasi della lavorazione.

Manufatti ceramici ritrovati nell'officina e nella fornace:

Kitchen wares with some wasters/misfirings
Coarse wares

FORNACE N. 9

Lunghezza totale: m 1.10 (?)
Prefurnio: lungh. m 0.50 (?)
Camera di combustione: lungh. m 0.60, largh. m 0.55, alt. massima residua m 0.70. Gradino interno: alt. m 0.50 (?)

La fornace è in cattive condizioni: sono conservati resti del prefurnio e della camera di combustione, mancano il piano forato e la camera di cottura (Tavv. 20, 65). Orientata a sud-est e addossata per un lato al muro divisorio tra i due vani dell'officina, essa è costruita sopra le calcareniti che in quel tratto erano state in precedenza spianate dai costruttori della stoà per creare una superficie pianeggiante. La congerie di argilla che circonda la fornace si addossa ai muri del vano, frammista a pietrame e cocciame forse franati dalla collina dopo l'abbandono dell'officina.

Le condizioni di degrado del prefurnio non permettono di indicare le originarie misure di lunghezza e larghezza con la necessaria attendibilità. La camera di combustione ha pianta approssimativamente rettangolare, le pareti però tendono ad allargarsi verso l'alto per cui il piano forato, oggi mancante, avrebbe potuto avere pianta non rettangolare, ad esempio ovale. A quota m + 0.50 da terra la parete di fondo si interrompe e alcuni grossi mattoni irregolarmente accostati sembrano indicare l'inizio di un gradino interno, quale esiste nella camera di combustione delle fornaci nn. 2, 4 e 7.

La camera di combustione è rivestita con pezzi di mattoni e con frammenti di tegolame sovrapposti in filari orizzontali legati da malta: 14 filari più o meno regolari nella parete di fondo e una decina nelle pareti laterali, conservate per una minore altezza. Le misure dei frammenti sono irregolari, pur corrispondendo grossomodo a quelle indicate per le fornaci nn. 2, 4, 5, 6.

Rispetto alle fornaci illustrate in precedenza, si nota che la costruzione di questa fornace è stata eseguita rozzamente e con una certa trasandatezza, quasi frettolosamente. Le pareti hanno subito un debole processo di vetrificazione che ha limitato i suoi effetti alla superficie, il che porta a presumere che l'attività della fornace abbia avuto una durata relativamente breve.

VI Officina da vasaio: fortificazioni, fornace n. 10 ("Fornace Grande")

Fig. 6; Tavv. 21-31, 66-69
Bibliografia: PR I, p. 158

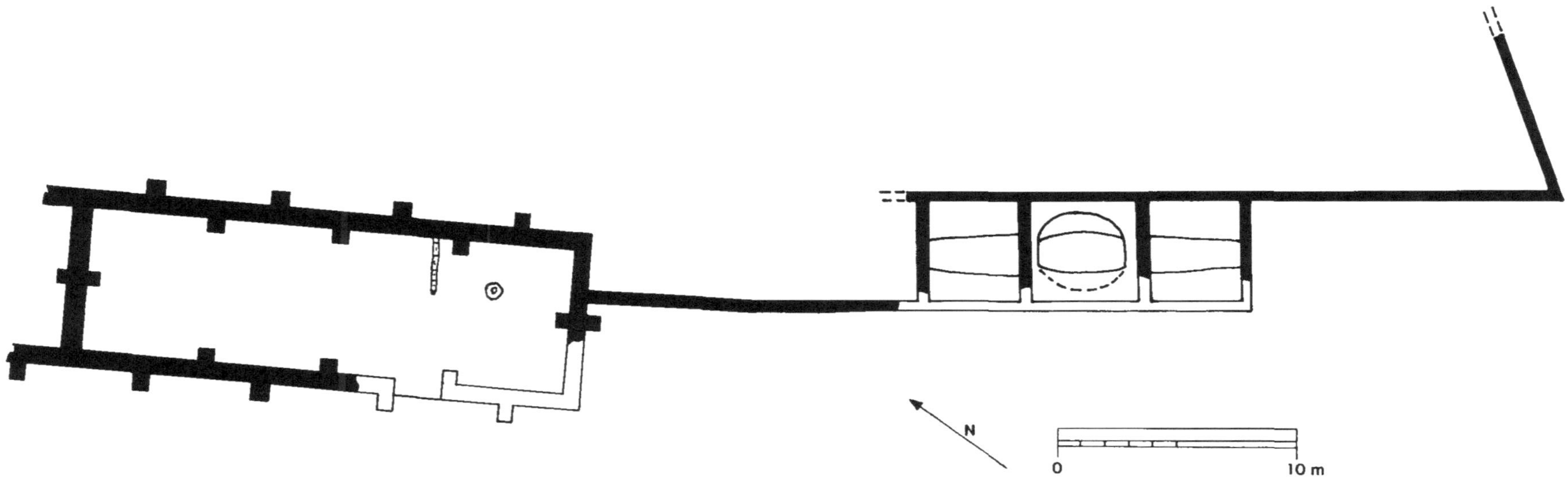

Fig. 6. VI officina, fortificazioni: pianta dell'officina

Nel 1955 la prima campagna di scavo condotta a Morgantina ha coinvolto la zona a sud-est dell'agorà laddove il pianoro su cui è costruita la città termina in un pendio che scende ripido verso la vallata sottostante. Immediatamente prima del pendio è stato riportato alla luce un tratto delle fortificazioni presumibilmente costruite nella seconda metà del IV sec. a.C. con ristrutturazioni eseguite nel secolo successivo (Tav. 21).[23] Proprio perchè costruite sul ciglio del pianoro, le fortificazioni sono state più facilmente soggette all'erosione e al dilavamento avvenuti lungo i secoli, franando verso la sottostante vallata. Gli scavi sono riusciti a rintracciarne alcuni resti soltanto nei punti in cui l'azione del dilavamento è stata meno intensa, come nella zona a ridosso della Collina Est, laddove la struttura difensiva terminava con uno sperone che proteggeva la porta d'ingresso alla città e la strada che saliva dalla vallata. In quel tratto le fortificazioni svolgevano anche la funzione di muro di contenimento, e la massa di detriti che lungo i secoli di abbandono si è rovesciata dall'alto della collina le aveva sommerse, proteggendole da ulteriori danni, così da conservarle sino ai giorni nostri.

Il tratto ritrovato delle mura, identificato recentemente come un *proteichisma*,[24] ha una lunghezza di circa m 32, ed è conservato per un'altezza di circa m 2 (Tav. 22:a).[25] È costruito a secco con massi squadrati di diverse dimensioni della locale roccia calcarea, e a intervalli regolari è rafforzato da conci di collegamento formati da grossi blocchi posti alternativamente in senso orizzontale e verticale secondo un sistema di costruzione noto per le fortificazioni greche[26] e frequente nel periodo ellenistico.[27]

Ai piedi delle mura, a distanza di poco più di un metro, è stato riportato alla luce un fossato che le costeggia per circa la metà della loro lunghezza, lungo circa m 13, largo da m 1.75 a m 2.25, e profondo circa m 2, scavato nelle calcareniti che formano il pianoro (Fig. 6). Sono stati anche rinvenuti una grande fornace rotonda costruita nella zona centrale del fossato, e i resti dei muri di un edificio che si appoggiava alle fortificazioni e che proteggeva sia la fornace sia il fossato (Tavv. 21–23:a, 24:a). Ritrovata in stato di degrado e mancante di molte parti, questa fornace è insolita in quanto presenta due prefurni contrapposti, ognuno dei quali è inserito rispettivamente in un tratto del fossato. Ne risulta una struttura allungata e articolata in più parti poste in fila e orientate diversamente: tratto di fossato nord, prefurnio nord, camera di combustione, prefurnio sud, tratto di fossato sud (Tav. 66).

Dell'edificio che conteneva l'intera struttura restano soltanto quattro muri, molto lacunosi, costruiti ortogonalmente rispetto alle fortificazioni cui si appoggiano formando angoli ben netti; i muri delimitano tre vani dalle dimensioni grossomodo uguali che contengono rispettivamente il tratto di fossato nord, la fornace, il tratto di fossato sud (Tavv. 21–23:a, 24:a, 66–68). Manca del tutto il muro frontale dell'edificio che ne costituiva la facciata, muro che presumibilmente correva

[23] PR IV, pp. 125–128. Per l'ubicazione della cinta delle fortificazioni cfr. Bell 1984, p. 503, fig. 1; PR XII, p. 315, fig. 1c.

[24] PR XII, pp. 316–317.

[25] La larghezza del *proteichisma* è stata indicata in m 7 circa (PR XII, p. 317); tale misura comprende non soltanto il muro ma anche il terrapieno cui si addossa il muro.

[26] Winter 1971, pp. 135–136.

[27] PR XII, pp. 316–317, fig. 3, e nota 19 per la bibliografia sull'argomento.

Un esempio di questa struttura a conci alternati è visibile anche a Pompei: C. Chiaramonte Treré, Casa dei Fiori - Casa del Cinghiale, in *Ricerche a Pompei. L'insula 5 della regio VI dalle origini al 79 d.C.*, M. Bonghi Jovino, ed., (Roma 1984) I, p. 42, II, tav. 6, figg. 1 e 2.

parallelo alle fortificazioni: è ragionevole supporre che esso sia stato cancellato dall'erosione e sia franato lungo la scarpata, così come è franata la parte più esterna della fornace.

Nel 1984 è stato condotto un saggio di scavo in prossimità del vano nord dell'edificio, in un'area che si estende per oltre m 10 di lunghezza e che, non essendo ancora stata sottoposta a uno scavo completo, è tuttora ricoperta dai detriti franati dalla Collina Est e dagli scarichi derivati dagli scavi eseguiti anni addietro per riportare alla luce la zona residenziale ubicata sulla collina stessa, tra cui la ricca casa dai pavimenti a mosaico denominata Casa di Ganimede.[28] Il saggio di scavo aveva rivelato l'esistenza di una serie di blocchi allineati che testimoniavano la presenza di un muro parallelo alle fortificazioni, a una distanza di circa m 4.50, muro che avrebbe potuto costituire il proseguimento della facciata dell'edificio della fornace, inducendo a supporre l'esistenza di un quarto vano attiguo ai tre già noti. Questa ipotesi è stata confermata da un ulteriore saggio di scavo condotto nell'estate del 1989 che ha dimostrato come il muro che costituiva la facciata dell'edificio arrivasse sino al lato sud del Granaio Est (Fig. 6). Ciò porterebbe a supporre che la VI officina avesse a disposizione una serie di vani, uno attiguo all'altro, il che potrà essere verificato quando sarà riportata alla luce tutta l'area che oggi è ancora ricoperta da detriti.[29]

Durante i secoli di abbandono, l'azione distruttrice delle forze naturali si è sommata a quella degli uomini: secondo un calcolo approssimativo i mattoni impiegati per la costruzione degli archi e dei setti di muro che sorreggevano il piano forato avrebbero dovuto essere tra 300 e 350, mentre ne restano poche decine (Tavv. 29–31). Ciò induce a presumere spoliazioni avvenute lungo i secoli, forse incominciate già durante l'ultimo periodo di vita della città verso la fine del I sec. a.C., quando le officine da vasaio non erano più in attività e la popolazione era talmente scarsa, o talmente povera, da doversi accontentare di quanto poteva trovare in loco, sfruttando qualsiasi materiale fosse possibile recuperare. Le asportazioni potrebbero essere continuate nei secoli successivi,[30] e si può anche supporre che la fornace sia servita come rifugio occasionale a pastori e viandanti, con le manomissioni facilmente immaginabili. Nè il tempo nè gli uomini sono però riusciti a distruggere del tutto questa struttura, e i resti riportati alla luce, pur nella loro mutilazione, ne attestano la cospicuità ed hanno una eloquente significanza.

La singolarità della fornace viene messa in risalto, a mio avviso, da due particolari: la scelta del sito e la tecnica costruttiva di ottimo livello che rivela l'influenza romana nei due splendidi archi in laterizio che formano i due prefurni contrapposti, rimasti ancora in piedi (Tavv. 23–26).

La scelta del sito ci riporta al fossato: esso è stato costruito appositamente per la fornace, oppure preesisteva, e in tal caso quale era la sua funzione?

Se il fossato è stato scavato espressamente per contenere la fornace, per cui le due opere sarebbero contemporanee, le ragioni della scelta del posto potrebbero essere collegate alla natura del suolo: le calcareniti che costituiscono il pianoro formano in questo tratto vasti banchi di sabbia fine, incoerente e non cementata, per cui è da presumere che a suo tempo l'artigiano-costruttore

[28] PR IV, pp. 131–133.

[29] I saggi di scavo eseguiti nel 1984 e nel 1989 non sono ancora stati pubblicati. Le informazioni mi sono state cortesemente fornite dal Prof. M. Bell.

[30] Cassiodoro, *Variae*, ed. Th. Mommsen, *MGH, Auctores Antiquissimi* XII (Berolini 1894) I,XXVIII, pp. 29–30 e III, XLIX, p. 104; traduz. di S. Lusuardi Siena in *Magistra Barbaritas* (Milano 1984) p. 683: disposizioni di Teodorico indirizzate alla città di Catania circa la costruzione di nuovi edifici e il restauro degli antichi.

non abbia incontrato eccessive difficoltà nello scavare il suolo per realizzare il fossato. Proprio la natura del terreno e lo scarso spazio a disposizione, delimitato tra le fortificazioni e il ripido pendio con cui termina il pianoro, potrebbero fornire una spiegazione dell'insolita struttura della fornace, molto allungata e con due prefurni contrapposti.

Altra ipotesi potrebbe invece presumere che il fossato fosse preesistente alla fornace e che la sua funzione originaria fosse un compito di difesa, per rendere più difficile un eventuale assalto nemico alle fortificazioni della città.[31] Il fossato oggi si presenta chiuso alle due estremità: a sud (Tav. 26:b) da un muro in blocchi irregolari di pietra, mentre a nord (Tav. 25:b) è bloccato da una cortina di laterizi e confina con l'area non ancora scavata in cui nel 1984 e nel 1989 sono stati effettuati i saggi di scavo descritti poco sopra. Pertanto, sino a quando non sarà riportata alla luce l'area che oggi è ancora ricoperta da detriti, resteranno incerti il numero dei vani dell'edificio della fornace e l'eventuale proseguimento del fossato.[32] Allo stato attuale delle cose, ci si limita ad accennare a questa seconda ipotesi che vedrebbe il fossato come opera difensiva e quindi preesistente, e la fornace come struttura inserita nel fossato in epoca posteriore, costituendo quindi una riutilizzazione del fossato ormai fuori uso.[33]

A mio avviso, sia che si propenda per la prima ipotesi, sia che si voglia privilegiare la seconda, rimane come fatto a sè stante l'importanza della fornace in quanto struttura autonoma di grande rilievo sotto l'aspetto costruttivo e tecnico. Come viene illustrato in dettaglio nelle pagine seguenti, ciascuno dei due prefurni contrapposti è formato da un arco costruito con mattoni cuneiformi che sono stati modellati espressamente per tale scopo (Tavv. 24:b–26:a), e che si differenziano rispetto agli altri mattoni sia per le dimensioni sia perchè sono privi di chamotte (degrassante talvolta usato dal vasaio per migliorare l'impasto argilloso), il che induce ad attribuirne la fabbricazione a un altro centro produttore (*infra* e App. 3, gruppo **2d**). I mattoni cuneiformi sono collocati a raggiera e formano una volta a botte profonda circa un metro.[34] Ne risultano due archivolti veri e propri, che dimostrano come l'artigiano-costruttore avesse piena padronanza delle tecniche di costruzione tipiche dell'architettura tardo-repubblicana che a Roma avevano trovato fertile terreno di sviluppo, irradiandosi verso i territori conquistati.

Da quanto sinora riportato alla luce a Morgantina,[35] si desume che gli archi in laterizio sono elementi strutturali poco comuni. Oltre alle fornaci, a confronto si possono citare soltanto gli

[31] F. E. Winter, The Chronology of the Euryalos Fortress at Syracuse, in *AJA* 67 (1963) p. 379; Winter 1971, pp. 272–274.

[32] A fronte delle dimensioni molto ridotte del fossato di Morgantina, ricordiamo che ben altre dimensioni aveva il fossato antistante le fortificazioni ellenistiche di Lilibeo, interamente scavato nel tufo, largo m 28 e distante dalle fortificazioni tra m 27 e m 30. Tuttavia, è da ricordare che, al contrario delle opere difensive di Morgantina, quelle lilibetane riguardavano la parte della città volta verso la terraferma, in zona pianeggiante: C. A. di Stefano, Ricerche sulle fortificazioni di Lilibeo, in *Kokalos* 17 (1971) pp. 62–80, in particolare si veda p. 78.

[33] Il sistema difensivo di Morgantina sarà pubblicato da L. L. Karlsson, University of Virginia - University of Göteborg, che porterà a conclusione lo studio, rimasto incompiuto, di C. E. Östenberg, University of Lund, mancato nel 1988. Sono grata al Dr. Karlsson per le amichevoli discussioni, nelle quali egli ha sottolineato la probabilità che il fossato entro cui è ubicata la fornace fosse un fossato di difesa.

[34] Lugli 1957, pp. 661–663. Come è già stato rimarcato, è difficile stabilire un confine tra arco e volta a botte, visto che quest'ultima non è altro che un arco esteso in senso longitudinale: T. D. Boyd, The Arch and the Vault in Greek Architecture, in *AJA* 82 (1978) p. 83 nota 2.

[35] La zona di Morgantina sinora riportata alla luce riguarda prevalentemente l'agorà superiore, l'agorà inferiore e l'area circostante. Sono ancora da indagare le vaste aree esterne all'agorà dalle quali potranno forse scaturire in futuro preziose informazioni circa le tecniche costruttive impiegate nell'epoca tardo-ellenistica.

archi della cosiddetta Casa Pappalardo, una delle case più ricche del quartiere residenziale della Collina Ovest, dotata di uno spazioso peristilio e di pavimenti musivi, la cui costruzione originaria è attribuita alla metà del III sec. a.C., con trasformazioni e riattamenti dopo l'occupazione romana della città.[36] Due archi sono inseriti in basso nelle pareti di una piccola stanza situata nella zona orientale della grande casa, stanza che è munita di una cisterna scavata sotto il pavimento, con i necessari canali di adduzione: per alleggerire il peso dei muri perimetrali e spostarne il carico, nelle due pareti dell'angolo nord-est sono stati costruiti due robusti archi di scarico in laterizio, larghi circa m 2 e formati prevalentemente da mattoni cuneiformi di buona fattura (Tav. 36:a).[37] Un altro arco in laterizio è stato costruito sopra la bocca della grande cisterna scavata a una profondità di circa m 5 sotto lo spazioso peristilio, arco che serve a sostenere il peso dei blocchi di pietra che delimitano il peristilio stesso. Nel loro insieme, tutti e tre gli archi in laterizio della Casa Pappalardo sono da attribuire ai lavori di trasformazione e di rifacimento eseguiti nel II sec. a.C.,[38] dal che potrebbe derivare un indizio di datazione anche per la fornace qui in esame.

Altre argomentazioni inducono a datare la fornace dopo la conquista della città da parte dei Romani nel 211 a.C. Una di queste si basa su una deduzione logica: la fornace poteva essere costruita soltanto quando le fortificazioni avevano perduto la loro originaria funzione di difesa, altrimenti quando essa era completa nelle sue parti sopraelevate, ora mancanti, avrebbe costituito una rampa di accesso alla cinta di fortificazione. Ciò non è credibile.

Per meglio delimitare l'arco cronologico dell'attività della fornace è necessario, a mio avviso, prendere in considerazione svariati fattori, il più importante dei quali è il fossato entro cui essa è stata costruita (Tav. 67). Sia che il fossato fosse contemporaneo alla fornace, sia che fosse preesistente, balza evidente la sua ubicazione a neanche due metri di distanza dalle fortificazioni: per quanto queste potessero avere perduto la loro funzione difensiva, rappresentavano pur sempre un elemento urbanistico legato alla destinazione di origine e che connotava la città anche sotto l'aspetto politico.

Che la fornace venisse costruita fuori dalle mura trova ragionevole spiegazione nel volere allontanare dal centro urbano le strutture produttive la cui attività arrecava disturbo alla vita cittadina. È da presumere che fosse nelle consuetudini il far costruire fuori della cerchia urbana le fornaci di ragguardevoli dimensioni, se nel 44 a.C. le norme urbanistiche di una colonia romana nella Baetica prevedevano delle limitazioni per la presenza in città di fornaci che superassero le 300 tegole.[39]

[36] PR IX, pp. 247–248.

[37] La stanza è contraddistinta con il n. 5 in TSAKIRGIS Diss., p. 182. Gli archi sono formati prevalentemente da mattoni cuneiformi, talvolta posti capovolti, che non contengono granuli di chamotte e che misurano alla sommità cm 8–9, alla base cm 5–6, alt. cm 24–25, profondità cm 50–51. Sebbene lo strato di intonaco che ricopre i mattoni impedisca un esame accurato, si notano alcuni mattoni non cuneiformi caratterizzati dalla presenza di chamotte.

[38] All'epoca dello scavo si ritenne che gli archi in laterizio fossero da attribuire alla costruzione originaria (PR IX, p. 248, tav. 73 fig. 3). Indagini recenti più approfondite inducono però a ritenere che gli archi rappresentino un'aggiunta posteriore (TSAKIRGIS Diss., p. 182). Debbo queste informazioni alla cortesia della Prof.ssa B. Tsakirgis, che sta curando la pubblicazione definitiva delle case di Morgantina.

[39] *Fontes Iuris Romani Antejustiniani (FIRA)*, I, 21, LXXVI, *Lex Coloniae Genetivae Iuliae seu Ursonensis*: "Figlinas teglarias maiores tegularum CCC tegulariumq(ue) in oppido colon(iae) Iul(iae) ne quis habeto." Per la *Colonia Iulia Genetiva Urbanorum* nella Provincia Baetica, v. *RE* IX A 1 (1961) coll. 1064-1066, s.v. Urso (R. GROSSE); *Princeton Encyclopedia of Classical Sites* (Princeton 1976) pp. 948–949, s.v. Urso (C. FERNANDEZ-CHICARRO).

Per il controverso significato della legge, se si riferisca alla capienza della fornace oppure all'ampiezza dell'edificio calcolata in base alle tegole di copertura del tetto, cfr. J. J. VAN NOSTRAND, Roman Spain, in *Economic Survey*, III,

Anche Plinio accenna a una fornace che doveva servire per cuocere un piatto di enormi dimensioni, e che venne appositamente costruita in aperta campagna.[40]

Tuttavia, resta da spiegare perchè la fornace di Morgantina sia stata costruita così a ridosso delle mura di cinta. A fronte del vantaggio costituito dalla natura del suolo, facile da scavare, erano gli svantaggi rappresentati dallo scarso spazio disponibile per la lavorazione dei manufatti, nonchè dalla lontananza dalle cave di argilla e dalle fonti di acqua (*infra*, Cap. II, pp. 44-45). Da ciò potrebbe derivare l'ipotesi che siano state le autorità cittadine a scegliere il sito della fornace qualora essa fosse servita a soddisfare necessità pubbliche, quali ad esempio la produzione di condotti idrici e di altri materiali necessari per l'edilizia della città, in modo da tenerne sotto controllo l'attività. Dopo i lunghi decenni di guerre che avevano causato devastazioni e miseria in tutta la Sicilia,[41] in un periodo di ripresa per gli abitanti, con ampia libertà in campo economico e commerciale,[42] una fornace "pubblica" trovava giustificazione anche se costruita a ridosso della cerchia urbana.[43]

Un'altra ipotesi che può essere avanzata vede la fornace costruita per volere di un notabile locale che agiva in proprio.[44] Non una fornace "pubblica" dunque, ma una fornace privata che,

---

pp. 196-197; P. MINGAZZINI, Tre brevi note sui laterizi antichi, in *Bullettino del Museo della Civiltà Romana* 19, appendice a *BullCom* 76 (1956-1958) pp. 77-92.

Il numero di 300 tegole dovrebbe corrispondere grossomodo alla produzione giornaliera di un operaio dell'epoca, secondo il graffito: *kal. iunis Quartus laterclos n. CCXIIII*, riportato da W. BRAMBACH, *Corpus inscriptionum rhenanarum* (Elberfeld 1867, ristampa Vaduz 1986) p. 28, e H. BLOCH, I bolli laterizi e la storia edilizia romana, in *BullCom* 66 (1938) pp. 197-198, ediz. anastatica (*I bolli laterizi e la storia edilizia romana* [Roma 1947, ristampa 1968]) pp. 329-330, e secondo altri graffiti su mattoni ritrovati in Pannonia (*CIL* III Suppl. 1, 11378, 11379, 11380, 11381, 11382, 11383, 11384, 11385). Anche il graffito apposto sopra una tegola attualmente al Museo di Aquileia sembra riferirsi alla produzione di un giorno, forse di due operai: *Cave malum si non raseris lateres DC. Si raseris minus malum formidabis* (*CIL* V, 8110, 176 = *ILS* 8674).

Significato scherzoso si presume abbia il graffito su una tegola ritrovata in Campania, che indica in 5031 il numero delle tegole che l'operaio avrebbe dovuto modellare in un giorno: K. ZANGEMEISTER, S. Angelo in Formis. Di una rara tegola con iscrizione graffita, in *NSc* 1894, pp. 284-287; *ILS* 8673.

[40] PLINIO, XXXV,46,163-164. Se le fornaci di grandi dimensioni dovevano essere costruite fuori città, per logica conseguenza se ne potrebbe dedurre che le fornaci di piccole dimensioni fossero ubicate all'interno degli agglomerati urbani o nella loro immediata periferia. Cfr. J. P. MOREL, La ceramica e le altre merci d'accompagno nel commercio da e per Roma in età repubblicana, in *Misurare la terra: centuriazione e coloni nel mondo romano. Città, agricoltura, commercio: materiali da Roma e dal suburbio. Catalogo della Mostra, Roma 1985* (Modena 1985) p. 175.

[41] LIVIO, XXVII,5,3-5; PRITCHARD 1970, pp. 352-368; MARCHETTI 1971, pp. 102-103; SARTORI 1974, pp. 225-226; COARELLI 1980, pp. 373-375; BEJOR 1983, pp. 345-374.

[42] LIVIO, XXVII,5,5; DIODORO XXXIV,2,1; PACE 1935, pp. 370-374; SCRAMUZZA 1937, pp. 233-237; FINLEY 1968, p. 155; PELAGATTI 1970, p. 498; MANGANARO 1972, p. 444; BONACASA - JOLY 1985, pp. 280-281.

A Morgantina, la prosperità del periodo tra la seconda metà del II sec. a.C. e i primi decenni del I sec. a.C. trova conferma nell'emissione delle monete locali della serie degli HISPANORUM. Cfr. MS II, pp. 36-39.

Ristrutturazioni e iniziative architettoniche nel II-I sec. a.C. sono state riscontrate anche a Solunto: G. WATAGHIN CANTINO, La Sicilia occidentale in età romana: i dati archeologici, in *Un decennio di ricerche archeologiche*, Consiglio Nazionale delle Ricerche, Quaderni de la ricerca scientifica n. 100, II (Roma 1978) pp. 641-654, in particolare p. 647. Per il rinnovamento edilizio di Lilibeo dopo la seconda guerra punica: C. A. DI STEFANO, Marsala: ricerche archeologiche dell'ultimo quadriennio, in *Kokalos* 26-27 (1980-1981) II,2, pp. 873-874.

[43] Una situazione analoga potrebbe forse essere riscontrata a Monte Bubbonia, dove sono state ritrovate due fornaci delle quali però si hanno soltanto queste scarne informazioni: "Deux fours, parmi beaucoup d'autres, ont été fouillés. L'un était destiné à la fabrication de statuettes, l'autre à celle de vases. Statuettes et vases datent de la fin du VIe siècle. Mais tous deux se trouvent *extra muros*. Le four à statuettes s'appuie sur la ligne fortifiée" (D. ADAMESTEANU, Nouvelles fouilles à Géla et dans l'arrière pays, in *RA* 49 [1957] p. 168).

Secondo un'ipotesi avanzata da M. Bell, la costruzione della fornace a ridosso delle fortificazioni potrebbe essere una conseguenza della precisa volontà dei Romani di rendere inutilizzabili le fortificazioni stesse. Come precauzione contro eventuali ribellioni, dal punto di vista romano era prudente evitare che le città conquistate potessero ancora avvalersi delle loro strutture difensive (PR XII, p. 318).

[44] *CIL*, I,2, 836: *cives Romani in Sicilia Panhormi qui negotiantur*. Cfr. T. FRANK, Rome and Italy of the Republic, in *Economic Survey*, I, 1933, pp. 278-280; ID., On the Migration of

date le sue ragguardevoli dimensioni, poteva rappresentare un buon investimento economico. Dopo la conquista di Morgantina da parte dei Romani, si può presumere vi sia stato un allentamento del potere cittadino che abbia favorito il prevalere di interessi privati, consentendo a qualche imprenditore locale lo sfruttamento del terreno sito presso la cinta urbana. Nulla vietava che, anche in questo caso, la fornace venisse utilizzata per la cottura di condotti idrici e di materiali per l'edilizia: il proprietario dell'unità produttiva poteva prendersi il merito di assolvere un dovere civico e nello stesso tempo svolgere una lucrosa attività commerciale, vendendo i prodotti della fornace anche alle città vicine.[45]

Interessi economici, pubblici o privati che fossero, implicavano la necessità di tenere sotto attenta sorveglianza la produzione, e quindi potevano avere influito sulla scelta dell'ubicazione della fornace, portando a privilegiare l'area a ridosso della città e a scartare la vallata sottostante che pur essendo ricca di acqua, argilla e combustibile, aveva lo svantaggio di essere decentrata, quindi era più difficilmente controllabile e inoltre era esposta ai pericoli derivanti dall'insicurezza di quei tempi (*infra*, Cap. IV, nota 9).

Manufatti ceramici ritrovati nell'officina e nella fornace (*infra*, Cap. III, pp. 79-85):

Tiles
Water pipes
Coarse wares
Bricks
Lamps
Loom-weights
Black-glazed pottery

FORNACE N. 10[46]

Fossato: lungh. totale m 12.90

Tratto nord del fossato: lungh. m 3.45, largh. m 2.10-2.25, alt. m 1.80

Prefurnio nord: lungh. m 1.05, largh. m 0.90, alt. m 1.80 (?). L'arco è formato da 21 mattoni a cuneo che in media misurano alla base cm 6, alla sommità cm 8, in altezza cm 24; la profondità può essere calcolata in cm 50-52; i mattoni cuneiformi non contengono chamotte. L'arco ha un'imposta a circa m + 1.50 da terra. Ciascuno dei due piedritti dell'arco è formato da mattoni sovrapposti che misurano cm 48 x 34 x 8

Romans to Sicily, in *AJP* 56 (1935) pp. 61-64; SCRAMUZZA 1937, pp. 326-339; CLEMENTE 1980, pp. 204-206; A. FRASCHETTI, Per una prosopografia dello sfruttamento: Romani e Italici in Sicilia (212-44 a.C.), in *Società romana*, I, pp. 51-77.

Per le lamine di piombo ritrovate nel Santuario Centrale di Morgantina, databili al I sec. a.C. e recanti nomi latini, cfr. PR VII, p. 165; N. NABERS, Lead Tabellae from Morgantina, in *AJA* 70 (1966) pp. 67-68; ID., Ten Lead Tabellae from Morgantina, in *AJA* 83 (1979) pp. 463-464.

Per l'ipotesi riguardante imprenditori che svolgevano in proprio attività commerciali, si vedano i nomi testimoniati dai bolli sulle tegole ritrovate in Sicilia: L. BIVONA, Brevi note sull'*instrumentum domesticum* di Sicilia, in *Kokalos* 28-29 (1982-1983) pp. 368-387; EAD., Epigrafia latina, in *Kokalos* 30-31 (1984-1985) I, pp. 223-230.

[45] È auspicabile che nel prossimo futuro venga condotta una ricerca finalizzata ad indagare se altrove in Sicilia siano rintracciabili condutture idriche aventi caratteristiche analoghe a quelle delle condutture di Morgantina. Al riguardo si veda *infra*, Cap. III nota 12.

[46] L'impianto urbanistico di Morgantina non è orientato esattamente verso nord e verso sud, tuttavia, per facilità di descrizione, i due prefurni della fornace n. 10 vengono qui indicati come se fossero orientati rispettivamente a nord e a sud.

(taluni misurano cm 50 x 34 x 8), frammisti a mattoni quadrati (cm 34 x 34 x 8) e a grossi frammenti di mattoni dalle misure irregolari; tutti questi mattoni sono caratterizzati dalla presenza di grossi granuli di chamotte

Camera di combustione: Corridoio centrale: lungh. m 3.60, largh. al centro m 1.50, alt. presunta sotto il piano forato m 2.20. 17 filari orizzontali di mattoni (contenenti chamotte) formano la parete verso la scarpata; 18/19 filari orizzontali di mattoni (contenenti chamotte) formano la parete a ridosso delle fortificazioni, essendovi inseriti alcuni filari parziali di mattoni sottili (alt. cm 2–3) allo scopo di ristabilire la quota di livello. Cinque archi (mancanti nella parte centrale), profondi cm 35, presentano la stessa quota d'imposta degli archi dei prefurni, e sono formati da mattoni (contenenti chamotte) che misurano cm 34 x 34 x 8. Sei intercapedini intervallano gli archi, larghe da cm 27 a cm 30. Nella zona centrale del corridoio, dalle pareti in basso fuoriescono due corpi di roccia molto irregolari, rivestiti lateralmente da mattoni, largh. da circa m 1.20 a m 1.40, alt. circa m 0.50

Piano forato (mancante): diam. presunto m 3.60

Muri perimetrali della camera di cottura: restano due brevi tratti (lungh. cm 30–35, alt. massima residua cm 40) formati da mattoni sovrapposti, lacunosi (misure presunte dei mattoni: cm 48 x 34 x 8 e cm 34 x 34 x 8)

Prefurnio sud: lungh. m 1.00, largh. m 0.85, alt. m 2.20 (?) L'arco è formato da 22 mattoni a cuneo aventi due diverse altezze: 14 mattoni, posti in posizione centrale, misurano alla base cm 6, alla sommità cm 8, in altezza cm 24, mentre 8 mattoni (4 posti su ciascuna delle due parti terminali) misurano alla base cm 6, alla sommità cm 8, in altezza cm 32. La profondità può essere calcolata in cm 50–52. I 14 mattoni cuneiformi centrali, bassi, non contengono chamotte, mentre gli 8 mattoni cuneiformi laterali, alti, ne contengono molta. L'arco ha un'imposta a circa m + 1.70 da terra. Analogamente al prefurnio nord, ciascuno dei due piedritti dell'arco è formato da mattoni sovrapposti che misurano cm 48 x 34 x 8 (50 x 34 x 8), talvolta posti alternativamente lato lungo e lato corto, frammisti a grossi frammenti di mattoni dalle misure irregolari; tutti questi mattoni sono caratterizzati dalla presenza di grossi granuli di chamotte

Tratto sud del fossato: lungh. m 3.80, largh. m 1.75–2.05, alt. m 2

La fornace è inserita nel vano centrale dell'edificio il cui retro è formato dalle fortificazioni e la cui facciata manca, essendo franata lungo la scarpata. I quattro muri trasversali che suddividono l'edificio in tre vani adiacenti sono oggi semidiroccati (Tavv. 22:a–24:a). È verosimile supporre che la loro funzione fosse quella di reggere il tetto del lungo edificio, sebbene i due muri che delimitano il vano della fornace svolgessero anche una seconda funzione ugualmente importante: isolavano cioè la fornace dalle restanti parti dell'edificio, creando il necessario isolamento termico. Che il calore fosse violento è testimoniato sia dalle chiazze rossastre che si estendono sulle fortificazioni per oltre un metro di altezza, sia dal colore rosso intenso della congerie argillosa ammassata intorno ai pochi resti dei muri perimetrali della camera di cottura.

La fornace è costruita in parte interrata dentro il fossato e in parte sopraelevata (Tavv. 67, 69). Le parti interrate sono i due prefurni e la camera di combustione, tuttora conservati seppure parzialmente; il piano forato, oggi mancante, era grossomodo a livello del piano di campagna, mentre la camera di cottura, anch'essa oggi mancante, era sopraelevata rispetto a questo.

Essendo inseriti nel fossato, gli elementi strutturali risultano disposti uno in fila all'altro, ma per comodità di descrizione vengono qui descritti a coppie: dapprima i due tratti del fossato, indi i due prefurni, infine la camera di combustione.

Si scende nel tratto nord del fossato tramite tre scalini, mentre un unico scalino molto alto dà accesso al tratto sud. Gli scalini sono stati ricavati nelle calcareniti che formano il pianoro e che qui si presentano in forma di banchi sabbiosi molto fini e ricchi di conchiglie marine fossili. Sia gli scalini sia le pareti del fossato hanno subito l'azione del tempo, sgretolandosi ed incavandosi irregolarmente; la sabbia che via via si è staccata è andata ad accumularsi sul fondo che oggi si presenta inclinato.

Le due estremità del fossato sono chiuse: il tratto nord è bloccato da un muro in laterizio formato in basso da circa 15 filari orizzontali di mattoni, alcuni integri, altri lacunosi, impilati in lieve pendenza cosicchè il muro è leggermente obliquo; esso è completato in alto da blocchi e blocchetti di calcare, di dimensioni irregolari, simili ai blocchi usati per costruire i muri trasversali che suddividono l'edificio. Il tratto sud del fossato è chiuso da un muro costruito interamente in blocchi e blocchetti di calcare, irregolari anch'essi (Tavv. 25:b, 26:b).

Verso il centro, i due tratti del fossato confluiscono nella fornace, alla quale si accede tramite i rispettivi prefurni. Sia il prefurnio nord sia quello sud consistono in grossi archi che formano una volta a botte dalla profondità rispettivamente di m 1.05 e m 1.00, e dalla luce di poco inferiore al metro. Gli archi sono costruiti con mattoni cuneiformi di buona fattura, legati tra loro da forti spessori di malta (da cm 1 a cm 2), con zeppe di cocciame di rincalzo, e poggiano sopra piedritti formati da grossi mattoni quadrangolari sovrapposti.

In ambedue i prefurni la volta a botte tende via via ad allargarsi, e il suo allargamento progressivo è stato ottenuto inserendo tra i mattoni dapprima cocciame, indi mattoni di spessore ridotto. Avendo subito ripetutamente la violenta azione del fuoco, i mattoni delle volte presentano fessurazioni e rotture talmente numerose e profonde da rendere incerte le misurazioni. Tuttavia, si può assumere che i laterizi a cuneo abbiano una profondità di cm 50–52, cosicchè due di essi, posti di seguito, corrispondono approssimativamente alla lunghezza di ciascun prefurnio.

Prefurnio nord e prefurnio sud si fronteggiano ed immettono, ciascuno dalla sua parte, nella camera di combustione che oggi si presenta scoperchiata, essendo crollati sia il piano forato sia i cinque archi che lo sorreggevano (Tavv. 29–31). La camera ha forma di ampio corridoio dalle pareti curvilinee costruite con mattoni posti in filari orizzontali regolari, salvo alcuni tratti non perfettamente allineati che il costruttore ha corretto inserendovi mattoni molto sottili, in modo da ristabilire l'allineamento in quota.

In basso, nella zona centrale della camera di combustione due corpi di roccia calcarenitica fuoriescono dal fondo delle pareti: sono diseguali, il più grande fuoriesce dalla parete a ridosso delle fortificazioni, il più piccolo dalla parete verso la scarpata (Tav. 27). Sono trasversali rispetto ai due prefurni, e ambedue sono rivestiti lateralmente da mattoni (il corpo di roccia più piccolo reca dei mattoni anche nella parte superiore). I mattoni, frammentati, sono simili a quelli usati per costruire i due prefurni della fornace, ed è ragionevolmente ammissibile che la loro messa a dimora sia stata contemporanea alla costruzione della fornace stessa. È ancora da aggiungere che lo strato superiore del corpo di roccia più grande ha colore biancastro e per una profondità di una decina di centimetri circa consiste in materiale polverulento e calcinato, dall'aspetto tipico dei materiali calcarei che hanno subito forte calore (App. 3, gruppo **2a**).

Sulle pareti della camera di combustione si innestano i cinque archi cui si è fatto prima cenno, ognuno dei quali è rinfiancato da setti di muro che via via si prolungano e che sono distanziati da intercapedini (Tavv. 29, 30, 31). Questo impianto costruttivo permetteva che gli archi e i setti di muro (che costituiscono la fiancata degli archi stessi) reggessero un piano forato molto più ampio dell'area del corridoio. Ne deriva che la pianta della camera di combustione ha forma curvilinea ondulata con larghezza massima di m 1.50, mentre il piano forato sorretto dagli archi e dai setti di muro aveva pianta circolare, leggermente schiacciata ai poli, con diametro di circa m 3.60 (Tavv. 66, 69). Oggi, degli archi restano soltanto i monconi e anche i setti di muro sono ugualmente semidistrutti. Le parti residue provano che sia gli uni che gli altri erano costruiti con mattoni quadrati (cm 34 x 34 x 8), ricchi di chamotte, tenuti insieme da forti spessori (da cm 1 a cm 2) di malta inserita tra i mattoni adiacenti.

Lo spazio libero tra un setto di muro e l'altro formava le intercapedini, sei in totale, che presentano il fondo inclinato, in forte ascendenza verso la parete perimetrale. In altre parole, la base di ogni intercapedine è stata riempita scalarmente con mattoni e cocciame in modo da formare un piano inclinato, necessario per evitare spazio morto nella camera di combustione e spreco di calore durante il ciclo di cottura (Tavv. 29, 31:a). Le intercapedini attigue ai due prefurni hanno una pendenza molto più accentuata delle altre, formando quasi un camino (Tav. 31:a). È da presumere che il costruttore abbia adottato questo accorgimento per facilitare il tiraggio: gli scarsi resti di intonaco presentano intense vetrificazioni verde-bluastre che sono la testimonianza concreta del passaggio ripetuto e prolungato delle fiamme (App. 3, gruppo **2c**).

Dalle intercapedini il calore saliva alla camera di cottura e al materiale ivi impilato, passando attraverso le aperture del piano forato. Nulla è rimasto di questo elemento strutturale. L'ipotesi più semplice è che esso sia crollato insieme agli archi che lo sostenevano, però è possibile che un piano forato permanente non esistesse affatto in quanto non si rileva alcun segno di attacco sui muri perimetrali della camera di cottura. È ben vero che di tali muri perimetrali restano soltanto due brevi tratti, per cui questa seconda ipotesi non può essere verificata oltre, ma essa è comunque da tenere presente (Tav. 31:b). Qualora non fosse esistito un piano forato permanente, si dovrebbe supporre che il vasaio ne approntasse uno non fisso, ponendo dei tegoloni tra un setto di muro e l'altro a cavallo delle intercapedini, in modo da lasciare soltanto degli spazi aperti per il passaggio dei gas caldi (*infra*, Cap. II, p. 64, Tav. 69).

Un altro aspetto della fornace qui in esame che merita di essere posto in rilievo consiste nelle differenti caratteristiche dei mattoni cuneiformi che compongono gli archi dei due prefurni contrapposti (Tavv. 24:b–26:a). Come indicato in precedenza, i mattoni si differenziano per l'altezza e per la presenza o meno di chamotte: i 21 mattoni dell'arco del prefurnio nord e i 14 mattoni centrali dell'arco del prefurnio sud misurano in altezza cm 24 in media (taluni misurano cm 25) e sono privi di chamotte, mentre gli 8 mattoni laterali dell'arco del prefurnio sud (4 posti su ciascuna delle due parti terminali dell'arco) misurano in altezza cm 32 e sono ricchi di chamotte.

La chamotte si presenta sotto forma di glomeruli dal colore rosso-bruno più o meno intenso e dalle dimensioni irregolari più o meno grossolane a seconda del grado di macinazione eseguita dal vasaio, facendo assumere ai mattoni un aspetto maculato.[47] L'assenza o la presenza di questo

[47] Chiamata con un termine francese ormai entrato nell'uso comune, la chamotte corrisponde alla terracotta macinata fine, ed è aggiunta all'impasto argilloso per limitare il ritiro del manufatto crudo e diminuirne sia il tempo di essiccamento sia il rischio di fessurazioni. Appartiene ai degrassanti chiamati "inerti" poichè non subiscono trasformazioni

degrassante è un dato tecnologico di rilievo in quanto indica una differente composizione dell'argilla usata per fabbricare i mattoni: i 21 mattoni del prefurnio nord e i 14 del prefurnio sud sono stati modellati con argilla di buona qualità che non aveva bisogno di correttivi; essi si presentano compatti, con corpo ceramico omogeneo e ben lavorato, hanno colorazione giallo-rosata abbastanza uniforme e sono molto simili tra loro, formando una serie omogenea che viene qui denominata "raggruppamento A" (App. 3, gruppo **2d**). Gli 8 mattoni laterali del prefurnio sud sono stati invece modellati con argilla di qualità inferiore che ha dovuto essere corretta mediante l'aggiunta di un degrassante, quale è appunto la chamotte, per conferire maggiore resistenza al prodotto finito; essi presentano minore uniformità e compattezza rispetto ai mattoni precedenti, hanno una colorazione che varia dal giallo-bruno al rosso-bruno e corpo ceramico grossolano cui la presenza dei grossi granuli di chamotte dà un aspetto macchiettato; formano una serie differente dalla prima e vengono qui aggregati in un insieme denominato "raggruppamento B."

La differenza qualitativa e le diverse misure dei mattoni cuneiformi dei due raggruppamenti inducono a supporre che essi siano stati prodotti in due diversi centri produttori, onde si è ritenuto opportuno eseguire una serie di analisi petrografiche e fisico-chimiche. Le analisi petrografiche (App. 3, gruppo **2d**) hanno confermato sia la compattezza e l'uniformità dei mattoni del raggruppamento A, sia la qualità più scadente e la presenza dei granuli di chamotte nei mattoni del raggruppamento B. Tuttavia, la massa di fondo di tutti i mattoni è risultata abbastanza simile, e in nessuno dei due raggruppamenti sono stati rilevati minerali caratterizzanti. Ciò starebbe ad indicare locali bacini geolitologici di prelievo delle argille usate come materia prima.

Le analisi fisico-chimiche eseguite per attivazione neutronica hanno evidenziato che i mattoni del raggruppamento A si differenziano in base alle concentrazioni di alcuni elementi in traccia (App. 2, NAA campioni nn. 6/3, 6/4, 6/5, 6/7). Pertanto essi non rientrano nel *cluster* che raggruppa i manufatti prodotti a Morgantina e sono da considerare *outsiders*, ossia fabbricati in un altro centro di produzione. Per il momento non è possibile localizzare tale centro, tuttavia si può supporre che esso fosse ubicato nella zona circostante e comunque non molto distante da Morgantina, visto quanto emerso dalle analisi petrografiche prima indicate.

Per quanto riguarda invece i mattoni del raggruppamento B, l'analisi per attivazione neutronica ha confermato che essi appartengono al *cluster* di Morgantina, per cui possono essere considerati di produzione locale. Al raggruppamento B (e quindi alla produzione locale) appartengono anche i mattoni che compongono i piedritti degli archi dei due prefurni e i mattoni che costituiscono le pareti e gli archi della camera di combustione, come indicano le comuni caratteristiche tecniche, in particolare il loro contenuto in chamotte, e i risultati delle analisi eseguite (App. 2, NAA campioni nn. 6/1 e 6/6; App. 3, gruppo **2d**).

Tutto quanto prima esposto conferma l'ipotesi che alcuni lotti di mattoni cuneiformi siano stati importati a Morgantina espressamente per la costruzione della fornace, e forse anche per

---

di rilievo durante la cottura del manufatto ceramico nelle fornaci tradizionali a combustibile solido naturale. Cfr. anche Shepard 1956, p. 25; Picon 1973 a, pp. 20–21; Rye 1981, p. 33; Echallier 1984, pp. 14–17; Rice 1987, pp. 75, 411–412.

Una ricerca per individuare le caratteristiche della chamotte usata quale degrassante nei manufatti ceramici è stata condotta da: N. Cuomo di Caprio - S. J. Vaughan, An Experimental Study in Distinguishing Grog (Chamotte) from Argillaceous Inclusions in Ceramic Thin Sections (in corso di stampa).

costruire i due archi della Casa Pappalardo.[48] Il lotto destinato alla fornace sarebbe stato utilizzato per costruire l'intero arco del prefurnio nord e parte del prefurnio sud. Si deve presumere che al momento della posa in opera i mattoni importati non fossero in quantità sufficiente, per cui il proprietario della fornace è stato costretto a far modellare sul posto i mattoni mancanti. Tuttavia, resta per il momento non spiegato il perchè i mattoni cuneiformi modellati localmente abbiano un'altezza di cm 32, anzichè cm 24 come i mattoni importati.

I risultati convergenti delle osservazioni tecniche e delle due analisi prima citate portano a sottintendere dei rapporti commerciali tra Morgantina e le zone limitrofe, e a presumere l'esistenza di un centro di produzione, più o meno vicino, che avrebbe fornito i laterizi pregiati del raggruppamento A, offrendo così un modello al vasaio di Morgantina.

[48] Sebbene non vi siano elementi probanti, non si può escludere un collegamento tra il notabile che ha fatto riattare la Casa Pappalardo dopo l'occupazione romana, e colui che gestiva la fornace n. 10, o che aveva fornito il capitale necessario per costruirla. Cfr. *supra*, note 37 e 38.

II

Profilo generale delle officine da vasaio e aspetti tecnici delle fornaci

Il secondo capitolo del presente lavoro consiste in un commento che riguarda dapprima le sei officine da vasaio di Morgantina considerate nel loro insieme, indi le singole fornaci viste nelle loro parti strutturali.

Per quanto concerne i confronti con altre fornaci, si poteva scegliere tra due differenti criteri: indicare le fornaci appartenenti allo stesso ambito cronologico e geografico di quello di Morgantina, oppure indicare una rosa di confronti indipendenti dalla cronologia e dall'area geografica che mettessero in evidenza singole caratteristiche tecniche in comune. Il primo criterio, di maggiore rigore scientifico, urta contro la scarsità di ritrovamenti in Sicilia di fornaci tardo-ellenistiche e la carenza dei relativi dati tecnici, il che restringe la possibilità di fare dei confronti puntuali. È stato quindi adottato il secondo criterio, che ha il vantaggio di dimostrare la continuità degli elementi strutturali delle fornaci attraverso il tempo e lo spazio. Vengono pertanto citate fornaci riportate alla luce in Italia e, se del caso, fornaci appartenenti al bacino del Mediterraneo e ad altre aree che hanno fatto parte dell'impero romano.

In particolare per la Sicilia, nel cui ambito geografico sorge Morgantina che ha offerto lo spunto al presente lavoro, si è ritenuto opportuno allargare l'orizzonte raccogliendo dalle varie pubblicazioni e dalle altre fonti disponibili le notizie riguardanti tutte le fornaci che sono state ivi ritrovate, dai "focolari all'aperto" di età preistorica e protostorica alle fornaci databili all'età tardoantica, il che ha consentito di compilare l'elenco dei ritrovamenti riportato in fondo al presente capitolo.[1] Nonostante la frammentarietá delle informazioni e il fatto che qualche pubblicazione fornisca indicazioni generiche, senza neanche precisare quante fornaci siano state ritrovate, si é arrivati ad individuare un numero consistente di fornaci: almeno 80 sono citate come sicuramente esistenti, mentre di altre l'esistenza è presunta. Ad esse vanno aggiunti gli scarichi in quanto presuppongono anch'essi l'esistenza di officine da vasaio. Ne deriva pertanto un panorama molto ampio che costituisce un indizio eloquente dell'importanza attraverso i secoli dei centri di produzione della Sicilia. Nel presente lavoro, questo patrimonio di ritrovamenti non ha potuto essere utilizzato appieno in quanto i dati tecnici relativi alle fornaci sono limitati, oppure non sono stati ancora pubblicati.

[1] L'elenco delle fornaci riportato in fondo al presente capitolo rappresenta semplicemente un primo passo verso un inventario completo dei ritrovamenti avvenuti in Sicilia, non avendo alcuna pretesa di essere completo. In prosieguo, esso viene indicato come "Elenco Fornaci."

1. Le officine da vasaio

A Morgantina, eccezione fatta per la II officina situata sulla Collina Ovest, le altre cinque sono ubicate nella zona dell'agorà non molto distanti l'una dall'altra e tutte nel raggio di poche centinaia di metri dal *Macellum* (Tav. 54). Ciò attesta che dall'uso essenzialmente politico cui era riservata l'agorà nel periodo greco, si era passati nel II–I sec. a.C. ad insediamenti produttivi.[2] In base agli scarsi dati in nostro possesso, sembra di poter affermare che sino all'occupazione romana è stato rispettato il criterio di tenere le officine da vasaio lontane dal centro politico cittadino: nel V sec. le fornaci sono ubicate a sud dell'agorà fuori dalle mura,[3] nel IV sec. sulla Collina Est,[4] nel III sec. sono costruite in zone periferiche.[5] Nel II sec. avviene un capovolgimento della situazione: la conquista romana porta alla perdita del potere politico locale e, con essa, all'obliterazione dell'agorà quale centro direzionale cittadino.[6]

Tre officine sono ubicate dentro edifici pubblici, la I nel Granaio Est, la IV nella Stoà Nord e la V nella Stoà Est, mentre la III officina è inserita nel Santuario Centrale in un insieme di ambienti dedicati al culto; tutto ciò indica una riutilizzazione di vani originariamente riservati a scopi che interessavano la collettività. Anche la II officina nella Casa dell'Ufficiale, l'unica decentrata rispetto all'agorà, è inserita in ambienti riattati che costituivano in origine un complesso abitativo di notevoli proporzioni ed eleganza architettonica, forse appartenuto a qualche famiglia di censo elevato. L'unica officina che si avvale di importanti opere murarie costruite appositamente è la VI, che anche sotto questo aspetto occupa una posizione a sè stante.

La riutilizzazione da parte dei vasai di ambienti abbandonati è fatto ben noto, è testimoniato a Centuripe, dove un'officina si è insediata nel sito della necropoli, sfruttando i vani ricavati nella roccia della collina ed integrandoli con costruzioni in muratura,[7] ad Assoro, dove una fornace è stata costruita dentro il *dromos* di una tomba a grotticella,[8] a Pompei, dove l'installazione è avvenuta

[2] In epoche successive simili fenomeni si ripresentano anche in cittá di notevoli dimensioni, come è dimostrato dall'agorà di Atene, ove nel V–VI sec. d.C. vengono installati un mulino ad acqua per cereali e una pressa per olive: H. A. Thompson - R. E. Wycherley, *Agora* XIV, *The Agora of Athens* (Princeton 1972) p. 214; A. Frantz, *Agora* XXIV, *Late Antiquity: A.D. 267–700* (Princeton 1988) pp. 80–81, 120–122; e dall'agorà di Corinto ove nel XI sec. d.C. vengono installate quattro officine da vasaio con numerose fornaci: C. H. Morgan, *Corinth* XI, *The Byzantine Pottery* (Cambridge, Mass. 1942) pp. 7–21.

In Egitto, numerosi sono i casi di insediamento dei vasai nei resti di città romane abbandonate, come rilevato da J. Y. Empereur - M. Picon, Les régions de production d'amphores impériales en Méditerranée orientale, in *Amphores romaines et histoire économique: dix ans de recherche. Actes du colloque de Sienne, 22–24 mai 1986,* Collection de l'École française de Rome 114 (Roma 1989) pp. 223–248, e in particolare p. 244: "... Les potiers semblent avoir installé leurs ateliers sur la ville au fur et à mesure de son abandon."

[3] Fornaci ritrovate nel 1984. *Supra,* Introduzione nota 20.

[4] Fornaci ritrovate nel 1960. *Supra,* Introduzione nota 17.

[5] Fornaci ritrovate nel 1970, nel 1985–1986 e nel 1988. *Supra,* Introduzione note 19, 21 e 22.

[6] In contesti spaziali e temporali diversi, trasformazioni altrettanto drastiche sono avvenute quando le sedi del culto cristiano si sono installate all'interno dei monumenti più antichi quali terme ed altri edifici significativi della romanità. Esempi sono offerti da Catania, ove la chiesa bizantina di S. Maria della Rotonda si è impiantata in un'aula termale: G. Libertini, Scoperte recenti riguardanti l'età bizantina a Catania e provincia, in *Atti dell'VIII Congresso Int. di Studi Bizantini* (Roma 1953) pp. 166–172, e da Sofiana, ove una basilica cristiana e l'area cimiteriale hanno occupato un complesso termale: D. Adamesteanu, Nuovi documenti paleocristiani nella Sicilia centro-meridionale, in *BdA* 48 (1963) pp. 259–274. Si veda anche Y. Thebert, L'évolution urbaine dans les provinces orientales de l'Afrique romaine tardive, in *Opus* 2 (1983) pp. 99–131, in particolare p. 107.

[7] G. Rizza, Scavi e ricerche dell'Istituto e della Scuola di Archeologia negli anni 1968–71, in *SicGymn* n.s. 24 (1971) p. 223.

[8] J. P. Morel, Recherches archéologiques et topographiques dans la région d'Assoro (province d'Enna, Sicile), in *MEFR* 75 (1963) p. 277.

nel quartiere d'ingresso di una vasta casa patrizia di età repubblicana.[9] Con dovizia di particolari è testimoniato l'inserimento di un'officina da vasaio nei locali semidistrutti delle Terme dei Laberii a Uthina, nei dintorni dell'odierna Tunisi: l'incendio che fece crollare il tetto ha seppellito centinaia di vasi e di piatti, ponendo una brusca fine all'attività del vasaio ma conservandone un'immagine quasi fotografica.[10]

Confronti per l'uso dello spazio possono essere fatti anche con il grande *kerameikos* di Locri Epizefiri e con quello di Siris-Heraclea, sebbene sia l'uno che l'altro non riutilizzino ambienti bensì siano stati costruiti come quartieri di ceramisti, dal che consegue un contesto necessariamente diverso. A Locri, in anni recenti sono state riportate alla luce una ventina di fornaci: dodici, databili in prevalenza al IV–III sec. a.C., si trovano all'interno di isolati dotati anche di ambienti collegabili alla lavorazione dell'argilla.[11] Nel *kerameikos* di Siris-Heraclea, situato sulla Collina del Castello e databile al IV–III a.C., le fornaci, in numero di sette, si trovano all'interno di abitazioni e indicano un tipo di officina a livello familiare oppure l'appartenenza a piccoli proprietari che univano la casa al luogo di lavoro.[12]

A Morgantina, l'utilizzazione di edifici preesistenti portava ai vasai il vantaggio di poter appoggiare le fornaci a solidi muri di sostegno e riattare senza eccessive difficoltà la copertura del tetto laddove si voleva creare una protezione dagli agenti atmosferici,[13] protezione che poteva servire anche per continuare a lavorare nei periodi meno clementi dell'anno.[14] Tracce di adattamento dei vani alle nuove funzioni sono visibili nella II officina ove la fornace n. 4 si inserisce in un'apertura praticata nel muro divisorio tra due vani occupati dal vasaio, e la fornace n. 5 sfrutta quella che in origine era una porta di comunicazione (Fig. 2; Tavv. 11, 12, 58:a). Nella III officina, il vano che racchiude la fornace n. 7 presenta una piccola finestrella quadrata nella parete di fronte

[9] G. Cerulli Irelli, Officina di lucerne fittili a Pompei, in *L'Instrumentum domesticum di Ercolano e Pompei*, Quaderni di Cultura Materiale 1 (Roma 1977) p. 54.

[10] M. P. Gauckler, Le Domaine des Laberii à Uthina, in *MonPiot* 3 (1896) pp. 215–217.

[11] M. Barra Bagnasco, Lo scavo di Locri-Centocamere nel 1977, in *Magna Grecia bizantina e tradizione classica, Atti Taranto 17, 1977* (Napoli 1978) pp. 486–489; Ead., Locri Epizefiri. Campagna di scavo 1978, in *Gli Eubei in occidente, Atti Taranto 18, 1978* (Taranto 1979) p. 406; Ead., Locri Epizefiri. Campagna di scavo 1979, in *L'Epos greco in occidente, Atti Taranto 19, 1979* (Taranto 1980) pp. 390–392, tav. XXV; Ead., La campagna di scavo 1981 a Locri-Centocamere, in *Megale Hellas, nome e immagine, Atti Taranto 21, 1981* (Taranto 1982) p. 240; Ead., Locri Centocamere—L'esplorazione del 1982, in *Magna Grecia e mondo miceneo, Atti Taranto 22, 1982* (Taranto 1983) p. 589; Ead., *Locri Epizefiri. Ricerche archeologiche su un abitato della Magna Grecia.* Mostra documentaria, Locri Ottobre 1983 (Locri 1983) pp. 21–23; Ead., Documenti di architettura minore in età ellenistica a Locri Epizefiri, in *Alessandria e il mondo ellenistico-romano. Studi in onore di A. Adriani* (Roma 1984) pp. 498–519; Ead., Indagine archeologica su Locri Epizefiri, 1976–1979, in *CNR Quaderni de la ricerca scientifica* 112, (Roma 1985) pp. 181–216; Ead., Lo scavo, in *Locri Epizefiri* II, *Gli isolati 12 e 13 dell'area di Centocamere* (Firenze 1989) pp. 36–46; Ead., Aspetti di vita quotidiana a Locri Epizefiri, in *Locri Epizefiri* III, *Cultura materiale e vita quotidiana* (Firenze 1989) pp. 27–29.

[12] D. Adamesteanu, *Siris-Heraclea* (Potenza-Matino s.d. [1968?]) p. 33; Id., L'attività archeologica in Basilicata, in *La Magna Grecia nel mondo ellenistico, Atti Taranto 9, 1969* (Napoli 1971) pp. 236–237; Id., Heraclea, in *Il Museo Nazionale della Siritide di Policoro*, S. Bianco - M. Tagliente, eds. (Bari 1985) p. 99.

[13] Poichè tutte le fornaci (salvo la n. 10) sono racchiuse dentro vani di edifici preesistenti, è presumibile che i vasai avessero riattato la copertura degli edifici stessi. È probabile che il tetto fosse coperto con coppi, sebbene non sia da escludere un tipo di tetto provvisorio, formato da incannucciate e da paglia, allestito e rimosso periodicamente, prima e dopo la stasi lavorativa di ogni stagione invernale.

Per quanto riguarda la fornace n. 10, i muri trasversali dell'edificio che la conteneva inducono a ritenere che la copertura fosse in coppi.

[14] È probabile che il lavoro del vasaio si svolgesse prevalentemente nei mesi del bel tempo, come avviene tuttora, ma non è da escludere che il mite clima siciliano permettesse di utilizzare i primi mesi autunnali per prolungare il ciclo di produzione, come si verifica altrove. Cfr. P. Regaldo-Saint-Blancard, Les potiers et les intempéries: les structures de production céramique de l'Entre-Deux-Mers á la fin du Moyen Age, in *Aquitania* 4 (1986) pp. 173–181.

all'ingresso che svolgeva presumibilmente la funzione di presa d'aria (Tav. 62). Nella IV officina (Fig. 4:a) una porta verso nord è stata aperta per dare un collegamento diretto con l'esterno, e nella V officina (Fig. 5) nel muro nord del vano esterno è pure stata aperta una porta per facilitare l'accesso allo spazio di lavoro all'aperto e alla grande fontana a due vasche da cui dipendeva il rifornimento dell'acqua.

Tuttavia, l'installarsi in locali fuori uso presentava anche aspetti negativi in quanto non sempre permetteva ai vasai di avere a disposizione abbondante spazio per la loro attività.[15] Nell'officina I (Fig. 1; Tav. 4), il vasaio poteva sfruttare il grande vano in cui sono costruite le fornaci ed anche il vano attiguo ugualmente ampio; l'officina II (Fig. 2; Tav. 10) poteva utilizzare il cortile nord del complesso residenziale; le officine IV e V si affacciano sui porticati che circondavano l'agorà. Al contrario, per le officine III e VI non è ben chiaro dove venisse eseguita la lavorazione dell'argilla. Inserita in uno stretto ambiente del Santuario Centrale, l'officina III sembra avere a disposizione soltanto il vano attiguo a quello della fornace, altrettanto angusto (Fig. 3; Tav. 13); è però da tenere presente che questi due vani si aprono sul cortile nord pavimentato in pietra, il che fa pensare che al vasaio non ne fosse precluso l'uso quale spazio sussidiario per la lavorazione.

Anche l'officina VI sembra avere poco spazio a disposizione. Sebbene l'erosione naturale abbia provocato il franamento dell'area antistante alla fornace e pertanto non sia più possibile conoscere la situazione originaria, si può ritenere che lo spazio disponibile fosse comunque limitato, visto che il ciglio della scarpata non poteva essere lontano. Si deve quindi supporre che l'attività dell'officina venisse svolta nell'area verso nord, sia nel tratto oggi ancora ricoperto dai detriti franati dalla Collina Est ove sono stati effettuati i saggi di scavo del 1984 e del 1989 (*supra*, Cap. I, p. 31), sia ancora oltre, ossia nei vani originariamente di appartenenza al Granaio Est che potevano essere stati destinati ad altri usi, una volta perduta la funzione originaria. In tal caso il Granaio Est avrebbe ospitato due officine da vasaio: all'estremità nord la I officina con le fornaci nn. 1-2-3, e all'estremità sud una parte della VI officina con gli ambienti riservati alla lavorazione dei manufatti da cuocere nella Grande Fornace n. 10. È da notare che nell'ultimo vano a sud sono state ritrovate due strutture forse collegabili all'attività del vasaio (Fig. 6; Tav. 32): un pozzetto di forma troncoconico, diam. max. m 0.65, profondità m 0.50, scavato nel terreno e rivestito all'interno da frammenti di tegolame sovrapposti scalarmente, e una conduttura idrica in terracotta composta da grossi condotti del tipo munito di bocchetta per l'ispezione interna (*infra*, Cap. III, pp. 82-83).

Per tutte le officine il rifornimento dell'acqua doveva costituire problema non lieve (Tav. 55). Per l'officina VI, a parte la conduttura idrica ora accennata, le fonti a cui attingere potevano essere più d'una: la grande fontana a due vasche situata nell'angolo nord-est dell'agorà, le vasche dell'area

[15] Va da sè che lo spazio necessario a un'officina da vasaio dipende da molteplici fattori, primi tra i quali il tipo e l'entità della produzione. Al riguardo, ricordiamo il quartiere da vasaio di Corinto che aveva a disposizione un'area di mq 280: A. N. Stillwell, *Corinth* XV, I, *The Potters' Quarter* (Princeton 1948) p. 34. Da ricordare è pure il caso del *kerameikos* di Delo che aveva a disposizione anche del terreno coltivato a frutta: J. H. Kent, The Temple Estates of Delos, Rheneia and Mykonos, in *Hesperia* 17 (1948) p. 254. Sufficiente spazio sembrano avere l'officina da vasaio rappresentata sull'idria della collezione Torno di Milano: *CVA Italia* LI, *Milano, Collezione "H. A."* II (Roma 1972) III,I C-278, e l'officina rappresentata sullo *skyphos* ora conservato nel Fogg Art Museum, Cambridge, Mass., U.S.A.: M. Eisman - L. Turnbull, Robinson's Kiln Skyphos, in *AJA* 82 (1978) pp. 394-397. Si veda anche: J. Ziomecki, *Les représentations d'artisans sur les vases attiques*, Bibliotheca Antiqua XIII (Warszawa 1975) pp. 80-85.

del teatro e infine la sorgente che sgorga dal fianco meridionale del pianoro, nella località oggi denominata contrada Mirenda (App. 3, p. 147); tutte e tre le fonti erano abbastanza lontane, il che costituiva uno degli svantaggi dell'ubicazione di questa officina, tanto più considerando la mole della sua produzione. Nell'area della III officina un condotto per convogliare l'acqua si trova nel piccolo vano attiguo a quello che racchiude la fornace n. 7, e una vasca è stata sistemata nel II sec. a.C. nel cortile nord del Santuario Centrale (Fig. 3), in collegamento con la rete idrica occidentale dell'agorà.[16] Le officine IV e V potevano avvalersi della grande fontana a due vasche dell'agorà che avevano vicina. La II officina, sita sulla Collina Ovest, era fornita di due cisterne, le quali però sono state trovate riempite, una totalmente e l'altra parzialmente, di frammenti ceramici e di scarti di lavorazione (Fig. 2).[17]

Nel complesso, l'approvvigionamento idrico delle officine presenta aspetti ancora non del tutto chiariti, anche perchè, non conoscendo l'entità della produzione ceramica di ciascuna di esse, mancano i dati necessari per determinarne il fabbisogno d'acqua.

Altrettanto scarse sono le conoscenze circa le cave ove veniva estratta l'argilla, la materia prima per antonomasia del vasaio. Le prospezioni geologiche condotte a Morgantina hanno rivelato che sotto il pianoro formato dalle calcareniti esistono spessi banchi argillosi.[18] Durante le ere geologiche, nel periodo del Pliocene il bacino sedimentario della zona accolse dapprima una deposizione molto consistente di argille, cui in alternanza si sovrapposero calcari arenacei e sabbie scarsamente cementate che furono interessate da fenomeni di diagenesi e di deboli piegamenti, formando il pianoro che in epoca storica è diventato sede della cittá. Queste formazioni geologiche a strati comportano che sul pianoro, ove prevalgono le calcareniti, l'argilla sia scarsa, molto sabbiosa e inadatta alla lavorazione ceramica, mentre affiora più abbondante sui fianchi scoscesi del pianoro stesso, laddove l'erosione naturale ha portato allo scoperto i sedimenti inferiori.

Ne consegue che non esistevano delle cave di argilla nelle immediate vicinanze delle officine, onde il vasaio per rifornirsi di questa materia prima era costretto ad indirizzarsi verso zone finitime lungo i fianchi del pianoro, ad esempio nella zona meridionale oggi denominata contrada Mirenda ove sgorga la sorgente d'acqua citata sopra, sebbene l'argilla che affiora in tale zona sia sabbiosa, scarsamente plastica, e potesse essere utilizzata soltanto per manufatti grossolani quali i laterizi.

È da presumere che per rifornirsi dell'argilla dotata della plasticità necessaria per la lavorazione al tornio il vasaio si rivolgesse a siti più lontani dalla cerchia di Morgantina, ad esempio nella vallata, oggi denominata contrada Fondacaccio, che si estende a sud del pianoro a una distanza di alcuni chilometri dall'antica cittá, ove sono presenti diffuse e potenti formazioni di argille molto ricche di carbonati e di microfossili marini. Per la modellazione di manufatti particolari, quali la ceramica campana C, è possibile che il vasaio si procurasse la materia prima in cave ubicate a distanza ancora maggiore dalla cittá (*infra*, Cap. III, p. 92). Ciò comportava un problema di trasporto che il vasaio doveva affrontare pur di assicurarsi argilla di buona qualità.

Allo scopo di accertare le proprietà delle argille reperibili nella zona di Morgantina, sono stati prelevati alcuni campioni da località diverse, campioni che sono stati sottoposti a varie indagini

[16] *Infra*, Cap. III note 12-17. Cfr. anche BELL 1986, tav. 33, vasca C (la tavola è qui riprodotta in Tav. 55).

[17] Per le due cisterne trovate nella Casa dell'Ufficiale, delle quali soltanto una ha potuto essere svuotata: *supra*, Cap. I nota 18, e *infra*, Cap. III note 26 e 27.

[18] JUDSON ms. 1959, pp. 4-6; *supra*, Cap. I nota 8.

tecniche per verificarne il grado di plasticità e la contrazione di volume, come illustrato in App. 3, gruppo **1**.

La lavorazione dell'argilla richiedeva necessariamente una serie di attrezzature specifiche,[19] delle quali però a Morgantina sono state trovate scarse tracce. Nella IV officina sono stati riportati alla luce un ripiano quadrangolare di circa m 2 per lato che potrebbe essere servito per la sedimentazione dell'argilla, e una piccola vasca semicircolare utile per conservare l'impasto pronto per la modellazione (Fig. 4:b). La V officina, nello spazio all'aperto, ha restituito un grosso *pithos* forse usato per decantare l'argilla (Tav. 19:a) e un ripiano formato da tegole utilizzabile per preparare le zolle argillose (Tav. 19:b). Nelle vicinanze della fornace 10, nell'ultimo vano a sud del Granaio Est, il pozzetto di forma troncoconica prima descritto potrebbe forse riferirsi all'attività del vasaio, ma certamente rappresenta poca cosa al confronto dell'attrezzatura necessaria per preparare l'argilla per la grande quantità di manufatti da modellare per ogni carico. D'altra parte, se la produzione era indirizzata prevalentemente a manufatti grossolani per la cui modellazione l'argilla locale poteva essere usata dopo un sommario processo di depurazione, la scarsità di ritrovamenti pertinenti a questa fase lavorativa potrebbe trovare parziale spiegazione.[20]

Attrezzature per la lavorazione dell'argilla, delle quali però non si conoscono i dettagli, sono testimoniate in Sicilia a Naxos,[21] a Sólanto[22] e a Scornavacche, il ricco ed ampio *kerameikos* ove sono stati trovati un insieme di fornaci di numero imprecisato e due grandi *pithoi* pieni di argilla.[23] Ricordiamo in Magna Grecia il notevole complesso di vasche, canalette, aree scoperte ed ambienti a disposizione dei vasai di Locri, nonchè le tettoie per la lavorazione dell'argilla e per i prodotti finiti dei vasai di Sant'Angelo Vecchio;[24] nel Lazio l'impianto artigianale di Ospedaletto Annunziata e quello di Lavinio dotato di una vasca circolare alimentata da un pozzo;[25] nei pressi di

[19] PEACOCK 1982, pp. 53-55; SWAN 1984, pp. 43-45; T. GREEN, A Tilemakers' Workshop at Itchingfield: A Reappraisal, in *Roman Brick*, pp. 191-200,

Sebbene esuli dall'ambito cronologico e spaziale che interessa direttamente il presente studio, ricordiamo Sarepta in Libano, ove sono state ritrovate 24 fornaci e 15 officine da vasaio dotate di numerose attrezzature per la lavorazione dell'argilla, e ove sono state identificate tracce lasciate dalla base del tornio da vasaio: W. P. ANDERSON, The Kilns and Workshops of Sarepta (Sarafond), Lebanon: Remnants of a Phoenician Ceramic Industry, in *Berytus* 35 (1987) pp. 41-66, con precedente bibliografia.

[20] La scarsità di ritrovamenti di arnesi da vasaio nella maggioranza delle officine da vasaio riportate alla luce è già stata rimarcata in altra sede: N. CUOMO DI CAPRIO, Les ateliers de potiers en Magna Graecia: quelques points d'interrogations techniques, in *Les ateliers de potiers dans le monde grec aux époques géométrique, archaïque et classique, Actes de la table ronde internationale, Athenes 1987* = BCH Suppl. 23 (in corso di stampa). Se ne potrebbe dedurre che forse erano preferiti gli attrezzi ricavati da materiale organico: pelli di animale appositamente forate potevano servire quali setacci per separare dall'argilla pietrisco e corpi estranei eterogenei, mentre pestelli e mazzuoli potevano essere di legno, materiali tutti facilmente deperibili.

In Britannia è stato rimarcato che la scarsità di ritrovamenti di attrezzature potrebbe dipendere dal fatto che spesso lo scavo di una fornace si limita alla fornace stessa, mentre sarebbero necessari scavi allargati all'area circostante dove probabilmente si potrebbero localizzare le attrezzature accessorie (SWAN 1984, p. 43).

[21] P. PELAGATTI, L'attività della Soprintendenza alle Antichità della Sicilia Orientale tra il 1965 e il 1968, in *Kokalos* 14-15 (1968-1969) p. 351.

[22] V. TUSA, L'attività della Soprintendenza archeologica della Sicilia occidentale nel quadriennio 1980-1984, in *Kokalos* 30-31 (1984-1985) II,1, p. 599.

[23] A. DI VITA, Il nuovo Antiquarium di Ragusa, in *BdA* 46 (1961) p. 285.

[24] Locri: BARRA BAGNASCO (*supra*, nota 11), si veda in particolare EAD., Indagine archeologica (*supra* nota 11), pp. 195-202, figg. 11-16.

Sant'Angelo Vecchio: I. E. EDLUND, Scavi nella zona di Metaponto: Sant'Angelo Vecchio, in *BdA* 71 (1986) pp. 119-120.

[25] Ospedaletto Annunziata: L. PETRACCA - L. M. VIGNA, Le fornaci di Roma e suburbio, in *Misurare la terra: centuriazione e coloni nel mondo romano. Città, agricoltura, commercio: materiali da Roma e dal suburbio. Catalogo della Mostra, Roma 1985* (Modena 1985) p. 136.

Aquileia il complesso di fornaci dotato di una tettoia di circa m 18 x 18 per l'essiccamento dei manufatti,[26] e infine ad Arezzo le grandi vasche per la decantazione dell'argilla dell'officina di M. Perennius, delle quali una misurava m 3.80 x 8.60 e un'altra m 4.70 x 1.80.[27] Citiamo inoltre in Gallia un'officina ove oltre alle fornaci sono stati ritrovati sia delle attrezzature per la preparazione dell'argilla, sia degli arnesi da vasaio, tra cui delle stecche di ardesia e di selce;[28] in Spagna un'officina con cinque fornaci fornita anche di un'ampia vasca rettangolare per l'argilla, dalle pareti formate da grosse pietre, e di un magazzino per riporre l'argilla preparata in blocchi;[29] in Grecia tre officine, una ad Atene ove sono state trovate due vasche colme l'una di argilla gialla e l'altra di argilla rossa, un'officina ad Egira in Acaia dotata di una serie di fosse collegate tra loro, e un'officina a Nemea fornita di una vasca per la sedimentazione dell'argilla profonda circa m 1.40,[30] e infine in Africa del nord il sito di Kouass in Tingitana che era dotato di dieci fornaci, databili dal VI al I sec. a.C., inserite in officine che occupavano una vasta superficie con ampi spazi destinati alle varie fasi della lavorazione ceramica.[31]

Per quanto riguarda le attrezzature relative alla cottura, a Morgantina, nella cisterna della Casa dell'Ufficiale sono stati ritrovati dei supporti ad anello, alcuni dei quali contorti dal fuoco (Tav. 41).[32] Il diametro varia da cm 15 a cm 22, l'altezza da cm 7 a cm 13, lo spessore da cm 1 a cm 2; sono supporti molti robusti che si può ragionevolmente supporre fossero utilizzati per sostenere manufatti di buon peso e volume, mantenendoli in posizione eretta. Per inciso, annotiamo che la cisterna della Casa dell'Ufficiale ha restituito altri ipercotti,[33] tra i quali delle coppette della classe

---

Lavinio: M. Fenelli, *Lavinium*, Quaderni del Centro di studio per l'archeologia etrusco-italica, 8 = *Archeologia laziale* 6 (1984) pp. 340–343.

[26] L. Bertacchi, La ceramica invetriata di Carlino, in *AquilNost* 47 (1976) p. 182.

[27] U. Pasqui, Arezzo. Nuove scoperte di antiche figuline della fornace di M. Perennio, in *NSc* 1896, pp. 453–457.

[28] G. Chenet - G. Gaudron, *La céramique sigillée d'Argonne des IIe et IIIe siècles*, *Gallia* 6 Suppl. (1955) pp. 30–35.

Tra le officine gallo-romane ricche di spazio lavorativo e riportate recentemente alla luce, ricordiamo quella situata sulla riva del Rodano, che comprende una decina di fornaci: A. Canal - S. Tourrenc, Les ateliers de potiers trouvés à Saint-Romain-en-Gal (Rhône), in *Figlina* 4 (1979) pp. 85–94.

[29] M. A. Mezquiriz Irujo, Un taller de terra sigillata hispanica en Bezares, in *ReiCretRomFautActa* 21–22 (1982) pp. 25–28, figg. 5 e 6; Ead., Terra sigillata hispanica, in *EAA, Atlante delle Forme Ceramiche*, II (Roma 1985) p. 113.

[30] Atene: H. A. Thompson - R. E. Wycherley, *Agora* XIV, *The Agora of Athens* (Princeton 1972) p. 186.

Egira: W. Alzinger, Aigeira 1972, in *AAA* 6 (1973) pp. 193–197.

Nemea: S. G. Miller, Excavations at Nemea 1973–1974, in *Hesperia* 44 (1975) p. 165; misure interne della vasca: m 1.49 x 0.86, profondità circa m 1.40.

[31] M. Ponsich, Note préliminaire sur l'industrie de la céramique préromaine en Tingitane (Kouass, région d'Archa), in *Karthago* 15 (1969) pp. 75–97, cfr. in particolare p. 79; Id., Kouass, port antique et carrefour des voies de la Tingitane, in *BAMaroc* 7 (1967) p. 376 e foto aerea tav. 3.

[32] Stone Diss., pp. 492–493. Tra le varie ipotesi circa l'uso di questi supporti ad anello, si potrebbe anche pensare che fossero utilizzati nel focolare per sostenere pentole dal fondo rotondo, durante la cottura dei cibi.

A corollario di queste osservazioni, si può aggiungere che supporti più piccoli di quelli di Morgantina e con fori passanti nella parete sono stati trovati in altre località della Sicilia, ad esempio ad Assoro: J. P. Morel, Recherches archéologiques et topographiques dans la région d'Assoro (province d'Enna, Sicile), in *MEFR* 75 (1963) p. 277; a Gela: D. Adamesteanu, Uno scarico di fornace ellenistica a Gela, in *ArchCl* 6 (1954) p. 129, tav. 36; Id., Gela. Nuovo Municipio: pozzi e cisterna, in *NSc* 14 (1960) pp. 131–132, fig. 10; a Imera: N. Bonacasa, I saggi di scavo, in *Himera* II,2 (Roma 1976) p. 634, tav. 101.

Circa l'utilizzazione dei supporti cilindrici con fori passanti nella parete, si veda N. Cuomo di Caprio (*supra*, nota 20), in corso di stampa.

[33] Viene qui proposto il termine "ipercotto" in quanto il termine comunemente usato, "scarto," indica genericamente un pezzo non commerciabile. Al contrario, "ipercotto" focalizza l'attenzione sul particolare aspetto che il manufatto assume allorquando ha subito una cottura a temperatura eccessiva, greificando più o meno completamente (App. 3, gruppo **2i**).

Va forse ricordato che la greificazione è la fase che precede la fusione nella cottura dei manufatti ceramici; essa salda tra loro tutti i minerali che compongono il corpo ceramico, provocando la completa impermeabilità del manufatto. Il gres è un prodotto moderno della fabbricazione ceramica,

campana C (*infra*, Cap. III, p. 91, App. 3, gruppo **2i**, Tavv. 38:a–40:b). Queste, per l'eccessivo calore subito durante la cottura, sono greificate saldandosi in un tutto unico e conservando la posizione loro data dal vasaio al momento dell'impilaggio dentro la fornace, onde è possibile constatare che sono perfettamente inserite una dentro l'altra, e che l'orlo della coppetta superiore combacia con l'orlo della coppetta inferiore, in pieno accordo di forma e dimensioni, attestando l'abilità e la precisione del vasaio che le ha modellate.[34] Questi ipercotti testimoniano altresì che qui come altrove il lavoro del fornaciaio non andava esente da insuccessi.[35]

2. Le fornaci

Quale premessa alla descrizione delle singole parti strutturali delle fornaci, non è superfluo richiamare che due erano i requisiti fondamentali richiesti alla fornace a combustibile solido naturale: raggiungere la temperatura necessaria per una cottura ottimale dei manufatti, e mantenere l'uniformità della temperatura all'interno della camera di cottura. Questi requisiti erano condizionati da molteplici fattori tecnici, indicati in prosieguo nel testo, la cui interazione era tanto più importante ove si consideri che i manufatti venivano sottoposti a monocottura. Agli elementi tecnici si aggiungeva il fattore umano, ossia il fornaciaio, che con la sua capacità e la sua esperienza regolava (e regola tuttora nelle fornaci tradizionali) la conduzione del fuoco, operazione questa di natura assai delicata da cui dipendono il successo o l'insuccesso dell'infornata, e di conseguenza la produzione ceramica.[36]

A seconda delle dimensioni le fornaci sono costruite a differenti livelli rispetto al piano di campagna: le nn. 1 e 10 hanno il prefurnio e la camera di combustione completamente interrati, il

richiede particolari argille e una cottura oltre 1200° C. Quando usato con riferimento al mondo artigianale antico, il termine "greificato" puó servire ad indicare i manufatti che hanno subito una eccessiva temperatura di cottura, arrivando talvolta alla fusione. Per i gres moderni, cfr. Emiliani 1971, pp. 147–153.

[34] Sebbene l'eccessivo calore abbia provocato delle forti distorsioni, in alcune coppette è riconoscibile la forma Lamboglia 18 (*infra*, Cap. III, p. 91). Le coppette unitesi durante la greificazione sono state ritrovate nella cisterna della Casa dell' Ufficiale (*supra*, Cap. I, p. 18), unitamente ad altri ipercotti qui di seguito indicati con i rispettivi numeri di inventario:

Coppette in campana C: 62-486 (due coppette, Tav. 39:a); 62-554 (Tav. 39:b); 62-585 (tre coppette, Tav. 38); 62-597 (Tav. 40:a); 62-598 (Tav. 40:b)
Coppette in presigillata: 63-837, 63-838, 63-851
Ceramica a pareti sottili: 62-483
Supporti ad anello: 62-530 (Tav. 41:b); 63-154 (Tav 41:a)

Altri ipercotti ugualmente conservati nel Museo di Aidone sono i seguenti: unguentario (56-3164), ceramica comune (66-149, 68-462, 79-495, 79-497, 79-550, 80-121, 80-184), forma imprecisabile (80-638).

Acceni a questi manufatti ipercotti sono in Stone Diss., pp. 55 e 505. Lo studio approfondito degli ipercotti rientra nella pubblicazione definitiva della ceramica di Morgantina, attualmente in fase di preparazione da parte di S. Stone.

[35] Esempi di coppette o di piatti che, greificando e fondendo, hanno formato un unico ammasso (chiamato "mouton" in francese) sono stati annotati da: Chenet - Gaudron (*supra*, nota 28) p. 102, fig. 47A; J. R. Terrisse, *Les céramiques sigillées gallo-romaines des Martres-de-Veyre*, *Gallia* 19 Suppl. (1968) p. 141, fig. 51; C. Johns, A Group of Samian Wasters from Les-Martres-de-Veyre, in *Roman Pottery Studies in Britain and Beyond*, J. Dore - K. Greene, eds., BAR Suppl. Series 30 (Oxford 1977) pp. 235–243; G. Rogers, A Group of Wasters from Central Gaul, *ibidem*, pp. 245–250; A. Vernhet, Un four de La Graufesenque: la cuisson des vases sigillés, in *Gallia* 39 (1981) p. 39, fig. 11; M. Buora, Scarti di fabbrica di fornaci aquileiesi, in *Aquileia chiama* 34 (Dicembre 1987) pp. 6–8. Per un "mouton" formato da *imbrices* cfr. Le Ny 1988, p. 29, fig. 12.

[36] Sull'importanza della conduzione del fuoco è emblematico il disegno del Piccolpasso in cui è raffigurato il maestro vasaio che, avendo a fianco la clessidra, controlla i due fornaciai mentre caricano la legna dentro la fornace (Piccolpasso ms. 1558, p. 131, tav. 35 [ediz. facsimile vol. I, p. 35 recto, vol. II, p. 71]).

piano forato a livello del terreno, la camera di cottura sopraelevata. Le nn. 2, 4 e 7 sono interrate solo parzialmente, le nn. 3-5-6-8-9 sono costruite sopra il piano di campagna; tutte sono circondate da congerie di argilla talvolta mista a pietrame, il che indica che l'isolamento termico era una necessità avvertita dai vasai; quando esse sono attigue, come nel caso della II officina, il calore veniva sfruttato ancora meglio.

Tutto ciò trova conferma altrove, essendo pratica generale (e lo è tuttora) interrare la parte inferiore delle fornaci di grandi dimensioni per dare maggiore stabilità alla struttura, per conferirle maggiore resistenza ai ripetuti shock termici e per diminuire la dispersione di calore.[37] Ulteriore vantaggio offerto dall'interramento della fornace è dato dal fatto che la camera di cottura viene così a trovarsi a livello del terreno, il che facilita il carico e lo scarico dei manufatti da cuocere. I confronti sono numerosi e si possono citare la fornace di via Dalmazia a Gela,[38] le fornaci di Camarina[39] e quelle di Mozia.[40] Al contrario, le fornaci di piccole dimensioni non venivano di regola interrate: basti qui ricordare i *pinakes* di Corinto ove tutte le fornaci sono raffigurate sopra il livello del suolo.[41]

A Morgantina, l'orientamento delle fornaci, inteso come direzione dell'apertura del prefurnio, non sembra seguire una regola precisa: a nord-ovest sono rivolte le fornaci nn. 1 e 7; a nord-est le nn. 2-4-5-8; a sud-est le nn. 6 e 9, mentre la fornace n. 3 è rivolta a sud-ovest. Avendo due prefurni contrapposti, la fornace n. 10 è orientata in due opposte direzioni, a sud (e precisamente sud-est), e a nord (e precisamente nord-ovest). Anche in altre località, l'orientamento delle fornaci non segue regole costanti, e spesso due o più fornaci di uno stesso centro di produzione sono orientate differentemente l'una dall'altra, come per esempio a Naxos,[42] ad Egnazia, Sibari ed Amendolara in Magna Grecia[43] a Poetovio,[44] in Germania,[45] in Francia.[46] Tra le fornaci che, pur essendo attigue,

[37] In base ai ritrovamenti avvenuti in Oriente, è stata avanzata l'ipotesi che l'interramento delle fornaci indichi una fase della loro evoluzione tecnologica: G. DELCROIX - J. L. HUOT, Les fours dits "de potier" dans l'orient ancien, in *Syria* 49 (1972) pp. 35-95, in particolare cfr. p. 80.

[38] D. ADAMESTEANU, Gela. Scoperta di una fornace greca arcaica, in *NSc* 10 (1956) p. 277.

[39] P. PELAGATTI, Un decennio di ricerche archeologiche in provincia di Ragusa (1960-70), in *SicArch* 10 (1970) pp. 14-15, figg. 12, 13.

[40] N. CUOMO DI CAPRIO, Commento tecnico sulle fornaci del cosiddetto "Luogo di Arsione" di Mozia, in *Mozia* IX (Roma 1978) pp. 111-114.

[41] N. CUOMO DI CAPRIO, Pottery Kilns on Pinakes from Corinth, in *Ancient Greek and Related Pottery. Proceedings of the International Vase Symposium, Amsterdam 1984* (Amsterdam 1984) pp. 72-82, figg. 1-16.

[42] A. M. FALLICO, Naxos: fornaci tardo-romane, in *Kokalos* 22-23 (1976-1977) II,1, p. 632, tav. 88.

[43] Egnazia: A. COCCHIARO, Le fornaci, in *Mare d'Egnazia. Dalla preistoria a oggi, ricerche e problemi. Museo Nazionale di Egnazia, luglio-settembre 1982 (mostra)*, (Fasano 1982) pp. 71-76.

Sibari: P. G. GUZZO, Sibari. Campagna di scavo 1970: Stombi, in *Sibari*, *NSc* 24, 1970, Suppl. (Roma 1973) pp. 228-229; ID., Sibari, A) Stombi, in *Sibari* III = *NSc* 26, 1972, Suppl. (Roma 1974) p. 30.

Amendolara: J. DE LA GENIERE - A. NICKELS, Amendolara (Cosenza). Scavi 1969-1973 a S. Nicola, in *NSc* 29 (1975) pp. 488-489, fig. 7 (nella planimetria dello scavo è visibile il diverso orientamento delle fornaci).

[44] P. PETRU, Proizvodnja lončenine v rimski dobi, in *Rimska keramika v Sloveniji* (Ljubljana 1973) figg. 9-10.

[45] H. G. RAU, Ausgrabungen in Rheinzabern 1976, in *ArchKorrBl* 7 (1977) pp. 55-58 abb. 1; F. REUTTI, Tonverarbeitende Industrie im römischen Rheinzabern, in *Germania* 61 (1983) pp. 33-69; ivi, cfr. le due fornaci contrassegnate 20b (Beilage 4).

[46] G. MANIERE, Les fours de potiers gaulois de Saint-Cizy et leur production aux Aquae Siccae, in *Gallia* 36 (1978) p. 23, fig. 1; P. Y. GENTY - J. L. FICHES, L'atelier de potiers gallo-romain d'Aspiran (Hérault), in *Figlina* 3 (1978) pp. 72-75; G. NICCOLINI, Informations archéologiques, Poitou-Charentes, Nieul-sur-Mer, in *Gallia* 37 (1979) pp. 392-393, fig. 13; LE NY 1988, pp. 26-27, fig. 11; R. BRULET, *Braives Gallo-Romain* II, *Le quartier des potiers* (Louvain-La Neuve 1983) p. 33 e p. 208, piante I-IV.

hanno il prefurnio orientato in direzioni diverse ricordiamo le dieci fornaci di Nimega[47] e le otto fornaci di Holt, delle quali sei sono parallele e due sono trasversali.[48]

Nella descrizione degli elementi strutturali delle fornaci, si inizia qui dal prefurnio per risalire alle parti superiori, nell'ordine seguito dal cammino ascensionale della fiamma.

Le dimensioni del prefurnio variano in funzione del tiraggio, ossia della corrente d'aria che si forma all'interno della fornace all'elevarsi della temperatura a causa del diminuire del peso specifico dell'aria quando riscaldata. Il tiraggio è più o meno vigoroso a seconda della quantità d'aria che affluisce per unità di tempo, e, oltre a permettere di raggiungere la temperatura ottimale, esso solleva le particelle del combustibile non consumate dal fuoco, trascinandole verso l'alto ed espellendole fuori dalla fornace insieme con i fumi, il che evita in gran parte la deposizione delle particelle incombuste sopra i manufatti in cottura. Di regola, più lungo è il prefurnio, maggiore è l'afflusso dell'aria comburente, beninteso sempre in relazione agli altri elementi strutturali della fornace, soprattutto al supporto del piano forato, alla sua forma e allo spazio che esso occupa all'interno della camera di combustione. Agli effetti del tiraggio giuocano un ruolo importante anche l'altezza della camera di cottura e il sistema di impilaggio dei manufatti, in quanto meno questi sono addensati, più è facilitata la circolazione dei gas caldi, e viceversa.

A Morgantina, si è ritenuto di porre a confronto il volume del prefurnio con quello della camera di combustione, scegliendo all'uopo la fornace n. 1 (l'unica in buono stato) e la fornace n. 4 (le cui condizioni, seppure in degrado, hanno consentito delle ricostruzioni attendibili). In base alle rispettive dimensioni (*supra*, Cap. I, pp. 13 e 18), si rileva che nella prima fornace il volume del prefurnio risulta maggiore del volume della camera di combustione, mentre nella seconda fornace avviene il contrario. Lo stato di degrado delle altre fornaci della cittá non ha permesso misurazioni precise, tuttavia in prima approssimazione è stato calcolato che il volume del prefurnio è sempre inferiore a quello della camera di combustione, salvo nel caso anomalo della fornace n. 1. Tale anomalia potrebbe dipendere dalla necessità di ovviare alla limitatezza di spazio antistante il prefurnio stesso. Come illustrato in precedenza (*supra*, Cap. I, p. 13, Fig. 1), la fornace n. 1 è interrata in un angolo del vano della I officina di cui occupa buona parte, avendo di fronte la fornace n. 2 che impediva ogni prolungamento (situazione dunque molto diversa da quella della fornace n. 10, parimenti interrata, ma munita di due prefurni contrapposti aventi un ampio tratto di fossato davanti a ciascuno di essi). Lo spazio disponibile per la fornace n. 1 era limitato, ed essendo costruita sotto il livello del suolo si correva il rischio di un tiraggio insufficiente. A tale sfavorevole situazione ambientale, il costruttore della fornace ha ovviato costruendo un prefurnio più lungo del solito, entro lo spazio che gli era consentito, in modo da favorire un maggior afflusso di aria comburente.[49]

[47] J. H. Holwerda - W. C. Braat, *De Holdeurn bij Berg en Dal* (Leiden 1946) p. 69, fig. 3 (pianta).

[48] W. F. Grimes, *Holt, Denbighshire, the Works-Depot of the Twentieth Legion at Castle Lyons*, Y Cymmrodor 41 (London 1930) p. 29, fig. 19.

[49] A proposito delle caratteristiche strutturali del prefurnio, per il momento non si ritiene opportuno proporre dei confronti con altre fornaci di diverse aree geografiche in quanto i dati tecnici sinora pubblicati sono insufficienti, e non permettono di calcolare il rapporto tra il volume del prefurnio e il volume della camera di combustione (sempre tenendo presente la necessità di confrontare fornaci che abbiano un analogo supporto del piano forato all'interno della camera di combustione). È auspicabile che tale studio possa essere condotto nel prossimo futuro su basi statistiche.

Tutto ciò evidenzia il fatto che le dimensioni del prefurnio erano correlate agli altri elementi strutturali della fornace, senza regole fisse ma dettate caso per caso dall'esperienza dell'artigiano-costruttore a seconda della situazione specifica. Quando la fornace era in attività, interveniva poi il fornaciaio, con la sua pratica di mestiere nella conduzione del fuoco, il quale all'occorrenza adottava ulteriori accorgimenti per regolare meglio il tiraggio, ad esempio chiudendo alcuni fori del piano forato, come illustrato qui in prosieguo.

Il prefurnio immette nella camera di combustione che rappresenta una delle parti strutturali più importanti della fornace sia perchè ivi si sviluppa il calore necessario alla cottura, sia perchè in essa è racchiuso il supporto del piano forato sul quale vengono impilati i manufatti da cuocere. Inoltre, è prassi comune attribuire alla fornace la forma della camera di combustione (rotonda, rettangolare, etc.), allorchè manchi il piano forato.

Nel caso di Morgantina, basandosi sulla forma del piano forato per la fornace n. 1 (che è l'unica ad avere tale elemento strutturale *in situ*), e sulla pianta della camera di combustione per le altre nove fornaci, si può asserire che prevalga la pianta tondeggiante, da quasi circolare ad ovale. Analoga prevalenza si desume dalle notizie pubblicate sulle fornaci ritrovate in Sicilia: tra le fornaci note, 35 hanno forma rotonda e 10 hanno forma rettangolare, mentre per le altre non è stato fornito alcun dato.[50] Soltanto a Naxos si riscontra una tendenza verso la forma quadrangolare: nell'area sacra su due fornaci una è rotonda e l'altra rettangolare;[51] nel quartiere del ceramico, su tre fornaci due sono rotonde e una è rettangolare;[52] nel quartiere tardo-antico, su cinque fornaci una è rotonda e quattro sono rettangolari.[53] Resta da chiarire il perchè di siffatte preferenze, se dovute a tradizioni locali oppure a fattori tecnici. La prevalenza delle fornaci rotonde potrebbe essere dovuta al vantaggio di una migliore regolazione del tiraggio: questo è controllabile più facilmente in una fornace rotonda che non in una quadrangolare ove gli angoli costituiscono delle zone morte che ostacolano il raggiungimento di una temperatura omogenea nell'intera camera di cottura. Inoltre, nelle fornaci rotonde l'impilaggio dei manufatti può seguire l'andamento curvilineo dei muri perimetrali senza la dispersione negli angoli, qualunque sia il tipo dei manufatti da caricare, fatto salvo beninteso il rapporto di peso e volume dei manufatti stessi rispetto alle dimensioni della fornace.[54]

Quanto alle dimensioni delle fornaci qui in esame, si può indicare il seguente schema basato sulle misure della camera di combustione, pur con tutte le riserve dovute allo stato di degrado e all'irregolarità del tipo di costruzione:

[50] I dati sono desunti dalle pubblicazioni indicate in "Elenco Fornaci."

[51] P. PELAGATTI, Naxos, relazione preliminare delle campagne di scavo 1961-1964, in *BdA* 49 (1964) p. 153.

[52] P. PELAGATTI, Naxos II, ricerche topografiche e scavi 1965-1970, in *BdA* 57 (1972) p. 213.

[53] FALLICO (*supra*, nota 42), p. 632, tav. 88.

[54] A mio avviso è da accettare con prudenza la teoria che soltanto le fornaci a pianta quadrangolare fossero utilizzate per cuocere mattoni ed altri laterizi, in quanto la tradizione prova che anche le fornaci rotonde erano utilizzate a tale scopo. Nella stessa vallata sottostante Morgantina, in contrada Fondacaccio, esistono i ruderi di alcune fornaci moderne (Tavv. 37:b, 37:c; secondo notizie locali, costruite nell'Ottocento ed attive sino alla metà del nostro secolo) a pianta rotonda, che erano utilizzate per la cottura di mattoni e di tegole (App. 3, nota 14). Per simili fornaci nell'Italia meridionale: HAMPE - WINTER 1965, pp. 87-88, tav. 32; N. CUOMO DI CAPRIO, Pottery- and Tile-kilns in South Italy and Sicily, in *Roman Brick*, p. 91, tav. 5:1.

Cfr. anche *infra*, Cap. III note 19 e 20, e J. R. TERRISSE, *Les céramiques sigillées gallo-romaines des Martres-de-Veyre*, *Gallia* 19 Suppl. (1968) p. 141.

diametro tra m 3 e m 4:	fornace n.	10
diametro tra m 1 e m 2:	fornace n.	1
diametro tra m 0.50 e m 1:	fornaci nn.	2-3-4-5-6-7-8-9

Prevalgono dunque le fornaci dal diametro inferiore al metro, diversamente da quanto si riscontra nelle altre località della Sicilia ove su 35 fornaci rotonde soltanto 5 hanno dimensioni parimenti limitate, mentre 15 hanno diametro superiore al metro e delle altre non si conoscono le misure.[55] A Morgantina, soltanto la fornace n. 10 può essere definita "grande" in quanto si avvicina ai quattro metri di diametro: confronti con fornaci dotate di piano forato dalla forma rotonda e dalle dimensioni analoghe o anche superiori possono essere trovati a Gela,[56] a Naxos,[57] a Sólanto,[58] a Locri,[59] a Velia,[60] nell'Italia settentrionale nella X e nella XI *Regio*,[61] e, in area extra italiana, in Grecia,[62] in Romania,[63] in Spagna,[64] in Francia[65] e nell'Africa del nord.[66]

[55] I dati sono desunti dalle pubblicazioni indicate in "Elenco Fornaci."

[56] D. Adamesteanu, Gela. Scoperta di una fornace greca arcaica, in *NSc* 10 (1956) p. 277: diametro circa m 3.20.

[57] P. Pelagatti, Naxos, in *NSc* 38-39 (1984-85) p. 278 nota 64: diametro m 6.50; M. C. Lentini, Distribuzione e cronologia delle necropoli di Naxos, in *NSc* 38-39 (1984-85) p. 479 nota 429: diametro m 6.

[58] V. Tusa, L'attività della Soprintendenza archeologica della Sicilia occidentale nel quadriennio 1980-1984, in *Kokalos* 30-31 (1984-1985) II,1, p. 599: diametro circa m 4.50.

[59] N. Cuomo di Caprio, Fornaci per ceramica a Locri, in *Klearchos* 16 (1974) p. 54: diametro m 3.90; M. Barra Bagnasco, Lo scavo, in *Locri Epizefiri* II, *Gli isolati I2 e I3 dell'area di Centocamere* (Firenze 1989) p. 37: fornace Y2, diametro m 3 circa.

[60] P. Mingazzini, Velia. *Scavi 1927*, in *AttiMGrecia* n.s. *1* (1954) p. 25: diametro circa m 4.00.

[61] Aquileia: E. Buchi, Impianti produttivi del territorio aquileiese in età romana, in *Antichità Altoadriatiche* 15 (1979) II, p. 455, ove il diametro è indicato in m 4.22, sebbene sia da notare che mancano i dati di scavo e le misure si basano su un rilievo eseguito nel 1906.

Massinigo: D. Pace, Fornace romana a Massinigo nella valle della Staffora, in *Sibrium* 6 (1961) p. 132: diametro circa m 4.60 (diametro interno circa m 4.10);

Lonato: F. Rossi, Lonato (Brescia). Complesso di fornaci di età romana, in *NotALomb* (1987) pp. 59-65: fornace A dal diametro di m 6.

[62] Fornace di Elis dal diametro di m 3.60: Th. Karaghiorga, **Κεραμεικὸς κλίβανος ἐν** Ἤλιδι, in *AAA* 4 (1971) pp. 27-32.

Fornace di Istron a Creta dal diametro di m 4 circa: C. Davaras, *Κεραμεικὴ κάμινος εἰς Ἴστρωνα Ἀνατολικῆς Κρήτης*, in *ArchDelt* 28 (1973) pp. 110-115.

Quattro fornaci a Rodi dal diametro tra m 2.70 e m 7: G. Touchais, Chronique des fouilles en 1985, Rhodes, in *BCH* 110 (1986) pp. 742-744.

[63] Fornace di Histria sul Mar Nero dal diametro massimo di m 3.60: M. Coja, *Histria* V, *Ateliers céramiques. Les fours de potiers d'époque grecque* (Bucarest-Paris 1979) pp. 30-36.

[64] Fornace di Orippo dal diametro di circa m 4: M. Bendala Galan - M. Pellicer Catalan, Nuevos hallazgos en el solar de la antigua Orippo (Dos Hermanas, Sevilla), in *Habis* 8 (1977) pp. 321-330, tavv. XIII-XV.

Fornace nell'Andujar dal diametro di m 3.80: M. Sotomayor - M. Roca - N. Sotomayor - R. Atencia, Los alfares romanos de Los Villares de Andujar, in *NotArqHisp* 11 (1981) pp. 357-359, fig. 38.

Fornaci di Malaga dal diametro di m 4.50-4.60: O. Arteaga, Los hornos romanos del Manganeto, Almayate Bajo (Malaga), in *NotArqHisp* 23 (1985) pp. 182-183.

[65] Fornace di Couladère dal diametro di m 3.30: G. Manière, Une officine de tuilier gallo-romain du Haut-Empire à Couladère, in *Gallia* 29 (1971) p. 193.

Fornace di Sallèlles d'Aude dal diametro di m 4.50: *Laubenheimer 1985, p. 215.*

Fornace di Laurens dal diametro di m 3,60: Le Ny 1988, pp. 84-85.

Fornace di Muret dal diametro presunto di circa m 4: Le Ny 1988, p. 92.

Fornace di Mirabeau dal diametro presunto tra m 5 e m 6: Le Ny 1988, pp. 94-95.

Fornace di Tourves dal diametro di circa m 5.30: Le Ny 1988, pp. 95-96.

[66] Fornace di Ain Scersciara in Tripolitania dal diametro di oltre m 6: R. G. Goodchild, Roman Sites on Tarhuna Plateau of Tripolitania, in *BSR* 19 (1951) pp. 57-60; Id., *FA* 2 (1947) n. 2828; P. Arthur, Amphora Production in the Tripolitanian Gebel, in *LibSt* 13 (1982) p. 69.

Sempre in Tripolitania sono state trovate quattro fornaci, una delle quali ha un diametro di m 3: T. Bakir, Archaeological News 1965-1967, Tripolitania, in *LibAnt* 3-4 (1966-1967) pp. 242-243.

In Cirenaica è nota una fornace dal diametro presunto di m 6.80: G. D. B. Jones - J. H. Little, Hadrianopolis, in *LibAnt* 8 (1971) p. 64.

Fornace di Volubilis nella Mauretania Tingitana dal diametro di m 4 circa: C. Domergue, Volubilis, four de potier, in *BAMaroc* 4 (1960) pp. 491-497.

Tra le caratteristiche delle fornaci di Morgantina, una è collegata alle calcareniti entro le quali sono state costruite le fornaci stesse o che hanno fornito il materiale per realizzarne la costruzione: la composizione prevalentemente calcarea di tali rocce richiedeva una buona protezione dal calore, pena la loro disgregazione. La risposta dell'artigiano-costruttore a siffatta situazione ambientale è consistita nel rivestire il lato interno dei muri perimetrali con frammenti di tegolame sovrapposti con regolarità, beninteso tenendo presente il tipo di costruzione (Tav. 7). Nelle fornaci nn. 1-2-4-5-6-7-9 sia il prefurnio sia la camera di combustione presentano tale rivestimento; nulla si può dire delle fornaci nn. 3 e 8 dato lo stato di degrado che le ha ridotte a pure e semplici ossature, mentre le ragguardevoli dimensioni della n. 10 hanno richiesto pareti formate interamente da mattoni. Nella fornace n. 1 il rivestimento era indispensabile in quanto l'interno, essendo stato scavato nelle calcareniti sabbiose e debolmente cementate, non avrebbe retto al calore sviluppatosi nel periodo di attività della fornace e si sarebbe trasformato in materiale incoerente calcinato, come è avvenuto per il fondo della camera di combustione ove lo strato superficiale delle calcareniti ha perduto ogni consistenza e ha assunto aspetto simile a calce (*supra*, Cap. I, p. 14, e App. 3, gruppo **2a**). Altrettanto necessario era rivestire l'interno delle altre fornaci in quanto i muri perimetrali, formati da blocchetti ricavati dalle calcareniti più compatte, non avrebbero potuto neanch'essi sostenere l'attacco diretto delle fiamme.

Per quanto è dato osservare, il materiale utilizzato per il rivestimento è di reimpiego, essendo stato ricavato dai coppi, le tegole curve di forma semicilindrica di uso comune per costruire i tetti. È verosimile che gli artigiani-costruttori abbiano recuperato con facilità le tegole ad essi necessarie da quanto era rimasto in conseguenza del crollo dei tetti di molti edifici verificatosi dopo la conquista romana della cittá e, forse, proprio la grande disponibilità di tegolame frammentato aveva offerto lo spunto per una sua riutilizzazione nelle fornaci.[67] Tuttavia, non si può escludere che siano state utilizzate anche delle tegole piane o dei frammenti di altri manufatti dalle caratteristiche simili.

Per la posa in opera si rileva che l'artigiano ha utilizzato i lati lunghi di ciascun coppo, scartando il culmine ondulato, in modo da ottenere dei frammenti il più possibile piani dallo spessore di circa cm 2.[68] Spezzato il coppo, lo ha smarginato con un arnese adatto, facendo assumere a ciascun frammento una forma approssimativamente triangolare o quadrangolare; la lunghezza di ogni frammento varia tra cm 5 e cm 20, la profondità si aggira tra cm 5 e cm 10. Preparati i frammenti nella quantità necessaria, egli è passato alla posa in opera: osservazioni condotte sulle fornaci, in particolare sulla n. 5 la cui ossatura è in più parti allo scoperto, hanno permesso di ricostruire con sufficiente attendibilità il procedimento seguito che viene qui brevemente descritto. L'artigiano ha applicato sul lato interno dei blocchetti calcarei che formano i muri perimetrali della fornace (caso della fornace n. 5), oppure direttamente sulle calcareniti (caso della fornace

---

Fornace di Cherchel (Cesarea di Mauretania) dal diametro di m 3.30 circa: J. Lassus, L'archéologie algérienne en 1959, in *Libyca* 8 (1960) p. 62; P. Leveau, Recherches sur les nécropoles occidentales de Cherchel (Caesarea Mauretaniae) 1880–1961, in *AntAfr* 19 (1983) p. 155.

[67] Pavimenti coperti da tegole frammentate sono stati trovati in edifici non più rioccupati dopo il 211 a.C., quali il Granaio Ovest e le Botteghe Meridionali e Centrali, con strati di tegole rotte che sigillavano depositi di monete e di ceramica: PR XII, p. 322, p. 325 e p. 327. Cfr. anche PR I, pp. 155-156 per le Botteghe Centrali, e MS II, *deposits* 27-28, pp. 162-164.

[68] Blake 1947, p. 295; Lugli 1957, pp. 533-534 e pp. 540-541; *Dictionaire méthodique*, p. 100.

n. 1) una buona quantità di malta allo stato pastoso; partendo dal basso, ha posato lungo il perimetro i frammenti prima preparati e li ha allineati su uno stesso piano orizzontale, collocando il lato lungo di ciascun frammento in facciata, a vista, e inserendo della malta tra un filare e l'altro; indi ha continuato progressivamente nello stesso modo, salendo via via sino a rivestire l'intero muro. In modo razionale ed economico, l'artigiano ha così costruito un rivestimento profondo una decina di centimetri che rispondeva egregiamente all'esigenza di isolare termicamente l'interno della fornace.

Quanto alla malta usata per legare tra loro i frammenti di tegolame, si tratta di un impasto molto povero, formato da abbondante sabbia quarzifera mescolata a calce, con scarsi minerali argillosi, come dimostrano sia l'analisi per attivazione neutronica (App. 2, NAA campione 6/2), sia le analisi mineralogiche (App. 3, gruppo **2b**). Le ripetute cotture hanno trasformato la malta in materiale spugnoso e friabile che ben poco ha conservato delle originarie caratteristiche.[69]

Scarsi sono i confronti con altre fornaci per quanto riguarda il rivestimento interno:[70] ricordiamo una fornace scavata in Puglia, ad Apani, ove sia le pareti del prefurnio e della camera di combustione, sia il pilastro centrale che reggeva il piano forato erano stati costruiti con frammenti di anfore accuratamente sovrapposti e legati con argilla.[71] Tra le fornaci ove i frammenti di tegolame erano stati utilizzati nella costruzione dei muri esterni, ricordiamo quelle ritrovate in Helvetia rispettivamente ad Aventicum[72] e ad Augusta Raurica,[73] e alcune fornaci della Gallia, a Coulanges.[74]

Il rivestimento ora descritto richiama il paramento esterno di mattoni o tegole denominato da Vitruvio *opus testaceum*,[75] con la differenza che il paramento vitruviano era di regola lasciato tal quale,[76] mentre il rivestimento dell'interno delle fornaci riceveva un intonaco a protezione dall'effetto devastante delle fiamme. L'intonaco era costituito da una malta di fine granulometria, formata prevalentemente da calce mista a sabbia, che l'artigiano applicava direttamente con le mani in strati di spessore più o meno consistente, come dimostrano le impronte delle dita rimaste sulle pareti di fornaci riportate alla luce a Morgantina (fornaci nn. 4–6), a Metaponto,[77] in Britannia[78] e

[69] Secondo l'accezione comune, "malta" indica un impasto formato da una sostanza legante (ad esempio calce) e da una sostanza inerte (sabbia quarzifera), usato per legare tra loro gli elementi delle murature. Di regola, quindi, la malta viene usata tal quale e dopo la posa in opera non subisce alcuna azione termica. Al contrario, l'impasto usato per unire i mattoni delle fornaci qui descritte ha sopportato il calore che si è sviluppato dentro le fornaci stesse durante il periodo di attività, subendo ripetute trasformazioni chimiche e fisiche. Pertanto, nello specifico contesto delle fornaci il termine "malta" non è del tutto appropriato; tuttavia viene qui usato considerando la funzione originaria di tale materiale. Si veda App. 2, NAA campione 6/2, e App. 3, gruppo **2b** e gruppo **10** SS VV-2.

Cfr. Blake 1947, pp. 308–312; Lugli 1957, pp. 390–399; *Dictionaire méthodique*, pp. 50–51.

[70] La scarsità dei confronti potrebbe essere dovuta non tanto alla rarità dei ritrovamenti quanto al fatto che le pubblicazioni delle fornaci non si soffermano di regola su un aspetto particolare, e apparentemente insignificante, quale è il rivestimento interno del prefurnio e della camera di combustione.

[71] N. Cuomo di Caprio, Apani. Una fornace, in *NSc* 32 (1978) pp. 423–428.

[72] G. Th. Schwarz, Aventicum, in *Ur-Schweiz* 27 (1963) pp. 60–62, fig. 32.

[73] L. Berger, Ein römischer Ziegelbrennofen bei Kaiseraugst, in *Ausgrabungen in Augst* III (Basel 1969) pp. 3–10, figg. 3–4; R. M. Swoboda, Der Töpfereibezirk am Südostrand von Augusta Raurica, in *HelvArch* 5 (1971) figg. a pp. 14–15.

[74] H. Vertet, Les fours de potiers gallo-romains du Centre de la Gaule, in *Brenntechniken*, p. 155, figg. 15–24.

[75] Vitruvio, *De Architectura* II,8,16–17; Lugli 1957, pp. 46–49; *Dictionaire méthodique*, pp. 99–100.

[76] Lugli 1957, pp. 532–534.

[77] F. D'Andria, Scavi nella zona del *kerameikos*, in *Metaponto* I = *NSc* 29, 1975, Suppl. (Roma 1980) p. 362.

[78] Swan 1984, p. 33, tav. 2.

in Helvetia.[79] L'intonaco veniva applicato in più strati, come mostra la fornace riportata alla luce ad Atene,[80] e veniva rifatto, come testimonia una fornace ritrovata in Tunisia a Mactar, abbandonata quando le pareti della camera di combustione erano state appena intonacate.[81] Ancora oggi, nelle fornaci tradizionali a combustibile solido naturale l'artigiano applica sopra le pareti interne un intonaco formato da argilla mista a paglia tritata: questa, bruciando durante le cotture che si susseguono nella fornace, forma minuscole camere d'aria che danno spazio all'argilla per meglio dilatarsi e contrarsi, evitando l'immediato formarsi di fessurazioni. Dopo alcune cotture l'intonaco si fessura comunque, cadendo a scaglie, e deve essere rinnovato periodicamente con un'opera di assidua manutenzione.[82]

Nelle fornaci nn. 1-2-4, nei punti ove l'intonaco manca e l'attacco del fuoco è stato più violento, i frammenti di tegolame hanno subito un processo di vetrificazione e la loro superficie appare cosparsa da una miriade di bollicine e di crateri di fusione (Tav. 9:a); nella fornace n. 7 la fusione è giunta a tal punto da formare dei colaticci simili a gocce pendule, analogamente a quanto riscontrato in altre fornaci.[83]

Oltre al particolare rivestimento interno, la camera di combustione delle fornaci di Morgantina presenta altre caratteristiche di rilievo qui di seguito brevemente descritte: una notevole altezza, un gradino nella parete di fondo, e gli archi che sorreggono il piano forato, formati talora da un monoblocco d'argilla e talora costruiti con mattoni.

La camera di combustione misura in altezza m 1.30 nella fornace n. 1 e m 2.20 circa nella fornace n. 10, ed è particolarmente sviluppata nelle fornaci di piccole dimensioni. Sebbene lo stato lacunoso delle nn. 3-5-6-8-9 non permetta di eseguire misurazioni, nelle fornaci nn. 2, 4 e 7 calcoli teorici indicano rispettivamente in circa m 1.20, m 1.30, m 1.00 le probabili altezze della camera di combustione, altezze notevoli se messe in rapporto alla larghezza, rispettivamente di circa m 0.70, m 0.80, m 0.90. Varie cause possono avere originato altezze così rilevanti, tra le quali il tipo di combustibile e l'intento di meglio padroneggiare l'atmosfera di cottura, ossidante o riducente.

Non possediamo dati sicuri circa il tipo di combustibile usato nelle fornaci di Morgantina,[84] nè sono disponibili campionature per analisi di laboratorio. Occorre quindi riferirsi ai combustibili solidi naturali usati tradizionalmente in Sicilia che, secondo notizie avute da vecchi vasai, sono i rami secchi di alberi e arbusti, le scorze di mandorle e di altra frutta secca, i residui della spremitura delle olive e soprattutto la paglia, ottenuta dalla mietitura dei cereali la cui coltura era ed è

[79] W. C. ALEXANDER, A Pottery of the Middle Roman Imperial Period in Augst, *Forschungen in Augst* II (Basel 1975) p. 45, foto 5.

[80] H. A. THOMPSON, *The Tholos of Athens and its Predecessors*, *Hesperia* Suppl. 4 (1940) p. 6.

[81] G. C. PICARD, *Mactar* I, *La maison de Venus*, Collection de l'École française de Rome 34 (Roma 1977) pp. 127-128.

[82] Riportiamo dal PICCOLPASSO ms. 1558, pp. 193-194 (ediz. facsimile vol. I, p. 62 recto), il brano che descrive la preparazione e l'applicazione dell'intonaco:

> Pigliasi sciabione e questo si molli benissimo, puoi vi si metta dentro alquanto di cenere, sterco di asino, scaglia di ferro o vogliam dire di quella polvere che sta su per i ceppi delle anchugine; queste, mistate bene insiemi, mettasi in una bassola o vogliam dir conca; dipuoi portasi sotto la fornace, e con la mano, cossì grossamente, si stenda su per gli archetti, in muodo ch'ella vi resta alta un dito.

Cfr. anche CUOMO DI CAPRIO 1982, p. 151.

[83] Intense vetrificazioni e colaticci a forma di gocce pendule sono visibili, ad esempio, in una delle fornaci di Mozia: N. CUOMO DI CAPRIO, Una fornace a Mozia, in *SicArch* 34 (1977) p. 10, e nelle fornaci A e B di Metaponto: D'ANDRIA (*supra*, nota 77) p. 365, figg. 9-12.

[84] Durante lo scavo della fornace n. 10 è stata annotata la presenza di abbondante cenere dal colore chiaro, inducendo a supporre che fosse stata utilizzata della paglia come combustibile (PR I, p. 158).

tuttora molto estesa nelle vallate attorno al pianoro di Morgantina. La paglia dà fiamma lunga e di breve durata, i resti delle olive sviluppano forte calore ma tendono ad ammassarsi soffocando il fuoco, per cui è necessario aggiungere rami secchi per facilitare la circolazione dell'aria comburente.[85] Nelle fornaci che impiegavano tali combustibili era dunque necessario avere una camera di combustione di adeguata altezza, dimodochè le fiamme avessero spazio per svilupparsi liberamente senza correre il rischio di essere soffocate da un piano forato ravvicinato, fermo restando che il ciclo di cottura avveniva a fasi alternate, riducenti e ossidanti: allorchè il fornaciaio immetteva il combustibile si creava una fase riducente, cui seguiva la fase ossidante via via che l'aria comburente alimentava la fiamma, favorendo il processo di combustione completo.[86]

In fornaci di ampie dimensioni quali la n. 1 e soprattutto la n. 10, un'adeguata camera di combustione permetteva al fornaciaio di potenziare le fasi ossidanti per scaldare l'intera struttura e raggiungere senza eccessive intermittenze le alte temperature necessarie per una buona cottura dei manufatti. Nelle fornaci di piccole dimensioni quali le nn. 2-3-4-5-6-7-8-9, la disponibilità di ampio spazio nella camera di combustione costituiva una necessità per riuscire ad ottenere atmosfera prevalentemente riducente quando il fornaciaio stava cuocendo ceramica a vernice nera.[87] In tal caso, nella fase finale della cottura l'atmosfera riducente veniva volutamente provocata mediante l'immissione di materiali fumogeni, quali rami verdi e sostanze organiche particolarmente ricche di carbonio, e il procedimento otteneva migliori effetti se il materiale fumogeno poteva essere immesso contemporaneamente in larga quantità pur senza compromettere la crescita della temperatura.

Un'altra caratteristica di rilievo delle fornaci di Morgantina è rappresentata dal gradino costruito nella parete di fondo della camera di combustione, elemento strutturale, questo, che seppure sotto altra forma si ritrova ancora nelle fornaci tradizionali a combustibile solido naturale che sono state attive sino a tempi recenti nel Meridione d'Italia.[88] Funzione di tale gradino era con-

[85] Informazioni cortesemente fornite dal Prof. A. Ragona del Museo della Ceramica di Caltagirone. L'uso di scorze del fusto del pino, di pigne e di gusci di mandorle è testimoniato da ritrovamenti avvenuti in Sicilia: P. ORSI, Siracusa. Di alcuni ipogei recentemente scoperti a Siracusa, in *NSc* 1913, p. 273. Sino a tempi recenti nelle fornaci siciliane veniva utilizzata anche la pula del grano: F. D'ANGELO, intervento alla relazione di M. G. MAGI - T. MANNONI, Analisi mineralogiche di ceramiche mediterranee. Nota IV, in *Atti VIII Convegno Int. della Ceramica, Albisola 1975* (Albisola s.d.) p. 165.

Cfr. anche N. CUOMO DI CAPRIO, La cottura della ceramica: i combustibili, in *ReiCretRomFautActa* 19-20 (1979) pp. 236-239; SHEPARD 1956, pp. 77-80; RICE 1987, pp. 162-163. Per i combustibili usati nelle fornaci tradizionali in aree extra italiane, si veda anche App. 3, Bibliografia tecnica specifica, Tecnologia ceramica.

[86] Nelle fornaci a combustibile solido naturale l'alternarsi di fasi ossidanti e fasi riducenti avviene normalmente, essendo il tiraggio condizionato dall'immissione del combustibile. Poichè il processo di combustione richiede la combinazione dell'ossigeno presente nell'aria atmosferica con il carbonio e l'idrogeno contenuti nei combustibili, ne deriva che nell'intervallo in cui il tiraggio provoca abbondante afflusso d'aria la combustione avviene in maniera completa, creando atmosfera ossidante. Al contrario, nel momento in cui viene immesso il combustibile, il tiraggio rallenta, la combustione è incompleta, restano idrogeno e ossido di carbonio parzialmente ossidati, e si crea atmosfera riducente. Sta al vasaio potenziare una fase piuttosto che l'altra, ed allungarne od accorciarne i tempi di durata con opportuni accorgimenti, a seconda delle esigenze del materiale in cottura, sempre entro i limiti ristretti concessi dalla necessità di far salire la temperatura.

Per la cottura della terra sigillata in atmosfera ossidante, cfr. *infra*, Cap. III nota 23.

[87] Come è noto, il termine "vernice" è improprio in quanto alla "vernice" dei reperti archeologici mancano i requisiti fondamentali per essere tale, ossia la trasparenza, la completa vetrificazione e la totale impermeabilità. D'altra parte le voci "vernice nera" e "vernice rossa" sono entrate da tempo nel linguaggio archeologico per cui non è il caso di tentare di cambiare termini ormai canonizzati dall'uso.

[88] In Puglia, nelle fornaci tradizionali la funzione del gradino era svolta da una sorta di semi-colonna addossata alla parete di fondo della camera di combustione e costruita con due diverse tecniche: la base era in muratura, mentre la parte

vogliare verso l'alto i gas caldi e contemporaneamente togliere spazio inutilizzabile dal fondo della camera di combustione, dal che derivava anche un risparmio di combustibile. Nelle fornaci nn. 2 e 7 il gradino è piuttosto basso, a quota m + 0.40 da terra (Tavv. 58:b, 63), mentre nella fornace n. 4 il gradino è alto, a quota m + 0.85 da terra (Tav. 61). In tutti e tre i casi, il gradino non è diritto ma segue l'andamento curvilineo della parete. Nella fornace n. 9 la presenza del gradino è probabile ma non del tutto sicura, mentre nulla si può dire per le fornaci nn. 3-5-6-8 dato lo stato di degrado.

Nella fornace n. 10, la presenza di due prefurni contrapposti e le ampie dimensioni dell'insieme hanno richiesto una soluzione particolare per far sì che il calore confluisse in un'unica corrente convettiva e si propagasse in maniera uniforme dalla camera di combustione alla sovrastante camera di cottura e ai manufatti ivi contenuti.

La disponibilità di due prefurni consentiva a due fornaciai di lavorare contemporaneamente, stando di regola in piedi nel rispettivo tratto di fossato e immettendo il combustibile, ciascuno nel proprio prefurnio (Tav. 69). La doppia carica costituiva indubbiamente un vantaggio per riuscire a raggiungere alte temperature in una fornace tanto ampia, ma al tempo stesso poteva causare forti inconvenienti. Poteva infatti avvenire che uno dei due fornaciai caricasse più combustibile del compagno, oppure immettesse il combustibile con una cadenza più veloce. In tal caso, seppure involontariamente, egli creava nel prefurnio di sua pertinenza una temperatura più elevata di quella che si era formata nell'altro prefurnio.

Gli effetti potevano essere rovinosi in quanto si instaurava un tiraggio tra i due prefurni: i gas caldi anzichè confluire verso la camera di cottura venivano attirati nel prefurnio dove la temperatura era meno elevata e da lì sfociavano all'aperto. Di conseguenza la camera di cottura non raggiungeva la temperatura necessaria per cuocere bene i manufatti ivi impilati, e inoltre ne derivavano un forte spreco di combustibile e il pericolo per il fornaciaio che lavorava nel tratto di fossato meno caldo di essere investito dalle vampate di calore prodotte dal combustibile immesso dal compagno che gli stava di fronte.

Si può ragionevolmente supporre che il costruttore della fornace si fosse reso conto degli inconvenienti che avrebbe presentato il funzionamento di una fornace dotata di due prefurni contrapposti, e abbia cercato di porvi rimedio.

Un accorgimento semplice ma ingegnoso potrebbe essere rappresentato dai due corpi di roccia calcarenitica che fuoriescono dal fondo delle pareti della camera di combustione in senso trasversale rispetto ai due prefurni, e che sono rivestiti lateralmente da mattoni, come indicato nel Cap. I in occasione della descrizione della VI officina (p. 37, Tavv. 26:a, 27:a, 27:b). L'ipotesi qui avanzata implica che in origine i due corpi di roccia fossero un tutto unico, assumendo la forma di un grosso cassone pieno (lungo m 1.50, largo circa m 1.20 e alto circa mezzo metro), situato trasversalmente, che qui viene denominato "piattaforma" (Tav. 69, D). L'ipotesi presume che su tale piattaforma, rivestita lateralmente con mattoni per evitare lo sgretolamento della roccia, venissero collocati dei tegoloni, contrapposti a doppio spiovente, per svolgere la funzione di spartifiamma

superiore era formata da vasi intervallati in modo da formare una parete curva discontinua, simile a una griglia dalle maglie molto larghe. Compito della parte inferiore della semicolonna era rompere l'urto del fuoco e spingerlo ai lati, compito della parte superiore era rallentare il fuoco e lasciarlo filtrare nelle varie direzioni: la somma delle due azioni faceva sì che il calore si suddividesse abbastanza omogeneamente nel salire verso la soprastante camera di cottura. Cfr. Cuomo di Caprio 1982, p. 144.

nel punto di incontro dei gas caldi provenienti dai due prefurni opposti.[89] L'ipotesi si basa sull'intensità delle vetrificazioni e delle erosioni che si notano sulle pareti dei prefurni e della camera di combustione, nonchè su alcune considerazioni di carattere tecnico, di seguito esposte.

Le vetrificazioni e le erosioni presenti sulle pareti della fornace (Tav. 28:b) sono il frutto di processi termici di differente entità e testimoniano con fedeltà le temperature ivi raggiunte. I piedritti dei due prefurni sono le parti più colpite dal violento attacco del fuoco: i mattoni hanno colore verde-bruno, superficie corrosa, rugosa ed accartocciata, sono percorsi da miriadi di fessurazioni e in alcuni tratti si sono agglomerati in un'unica massa fusa da cui si sono staccate grosse scaglie, formando degli incavi via via più profondi e dal profilo ondulato. L'erosione è massima all'inizio dei prefurni, quasi ad altezza d'uomo, e decresce verso l'interno della fornace. Minore grado di vetrificazione mostrano i mattoni della camera di combustione (Tav. 26:b): hanno colore verde-grigio, sono corrosi dal fuoco e solcati da fessurazioni, ma, per quanto testimonino di avere subito anch'essi l'azione ripetuta delle fiamme, le erosioni sono meno profonde di quelle che caratterizzano le pareti dei due prefurni. Inoltre, alcune file di mattoni poste in basso, immediatamente sopra il pavimento, hanno la superficie liscia, dimostrando che la cenere ivi accumulata li ha schermati dall'azione del fuoco, così come è già stato osservato a proposito della fornace n. 1 nel Granaio Est.

Verso il centro della camera di combustione, le due pareti contrapposte presentano un'anomalia, ossia una zona più chiara e più liscia rispetto alle parti circostanti (Tav. 28:a). Come raffigurato nel disegno relativo (Tav. 67), tale zona ha forma di grande triangolo la cui base poggia sopra la piattaforma prima descritta, mentre il vertice sfuma verso l'alto. Emerge un netto contrasto tra i mattoni che formano il triangolo, dalla superficie liscia e chiara, e i mattoni delle zone circostanti, dalla superficie rugosa e segnata dal fuoco. Su ciascuna delle due opposte pareti della camera di combustione i confini del triangolo sono talmente netti da far supporre che essi delimitassero una zona risparmiata dall'urto violento delle fiamme.

Il che ci riporta alla piattaforma prima descritta e alla sua presunta utilizzazione, quando la fornace era in attività. Secondo l'ipotesi prima avanzata, la piattaforma che oggi è in due monconi formava allora un corpo di roccia unico, e poteva quindi costituire solida base di appoggio per tegoloni o altri laterizi simili, opportunamente disposti a forma di V rovesciata, in modo da creare una sorta di diaframma nel punto di confluenza delle fiamme ed ottenere un unico tiraggio centrale anzichè due correnti diseguali di gas caldi. Essendo la piattaforma una struttura piena e di dimensioni rilevanti, essa costituiva di per sè stessa una zona di raffreddamento al centro della camera di combustione, tale da far deviare le due correnti convettive provenienti dai due opposti prefurni, e la spinta verso l'alto veniva accentuata dai tegoloni contrapposti a doppio spiovente che creavano sino a una certa altezza una sorta di barriera che impediva ai gas caldi di essere attratti verso il corridoio opposto e li convogliava verso l'alto. Sulle pareti, l'area coperta dai tegoloni corrisponderebbe alle zone a forma di triangolo risparmiate dal fuoco.

[89] Tegoloni contrapposti a doppio spiovente erano utilizzati per vari scopi, come dimostrano, ad esempio, le tombe alla cappuccina. Per queste ultime, si vedano per esempio le numerose tombe ritrovate nella zona di Piazza Armerina (Montagna di Marzo): GENTILI 1969, figg. 39, 64, 65.

La presenza della piattaforma era utile soprattutto nella fase iniziale dell'accensione della fornace, allorchè l'immissione del combustibile avveniva lentamente e poteva facilmente creare delle differenze di temperatura tra un prefurnio e l'altro. Via via che il ciclo termico progrediva, l'immissione del combustibile raggiungeva un ritmo veloce e continuato; la cenere si ammucchiava sul fondo della camera di combustione sommergendo parzialmente la piattaforma che veniva quindi a perdere parte della sua funzione originaria. A quel momento però l'intera fornace, in particolare la camera di cottura, era ormai ben calda e i gas salivano direttamente verso l'alto, senza necessità di essere incanalati. La piattaforma permetteva quindi di sfruttare al massimo il rendimento dei due prefurni opposti, facendo sì che il calore proveniente dal combustibile acceso in ciascuno di essi confluisse in un'unica corrente convettiva che saliva uniformemente verso la soprastante camera di cottura, cuocendo a regola d'arte il materiale ivi impilato.

Analisi petrografiche eseguite su campioni prelevati dalla piattaforma hanno confermato che i due corpi di roccia hanno la stessa composizione mineralogica e che l'azione del calore è stata più intensa sulla loro parte superiore (App. 3, gruppo **2a**). Tuttavia, non si può nascondere che l'ipotesi prima formulata circa la funzione della piattaforma lasci zone d'ombra e dubbi non chiariti. Infatti, l'ipotesi è basata sull'assunto che i due corpi di roccia che fuoriescono dalle pareti della camera di combustione formassero in origine un tutto unico, mentre non si potrebbe escludere che essi fossero stati sempre separati tra loro. In tal caso però una spiegazione della loro funzione all'interno della fornace richiederebbe la conoscenza di un insieme di dati che lo stato di degrado della fornace non permette di acquisire. Pertanto, altre ipotesi, pure possibili, poggerebbero sopra elementi piuttosto labili.[90]

[90] Alcune ipotesi circa la cosiddetta piattaforma sono state avanzate dai Proff. M. Bell e J. Dobbins, e vengono qui di seguito riportate testualmente:

> Le file in basso dei mattoni mancanti delle tracce di greificazione indicherebbero trattarsi del fondo della camera di combustione, che si sarebbe in tal modo trovato a un livello rialzato, sopra quattro-cinque filari di mattoni, e ciò per risparmiare le fondazioni della fornace dall'azione corrosiva del calore. Se ne dedurrebbe che la "piattaforma" era interrata e che era stata costruita prima della costruzione della fornace stessa, ma pressochè contemporaneamente, come starebbero a dimostrare i mattoni che contornano i lati e che sono simili a quelli dei prefurni. Secondo questa ipotesi, la "piattaforma" avrebbe potuto essere utilizzata per preparare la calce, di cui c'era bisogno nella costruzione della fornace stessa, come starebbe a dimostrare lo strato superficiale della piattaforma. Sempre secondo questa ipotesi, le zone a forma di triangolo al centro dei muri della camera di combustione, che non mostrano segni di vetrificazione, risulterebbero dal forte tiraggio creato dalle due simmetriche concentrazioni di fuoco nei prefurni.

Ringrazio gli amici e colleghi Proff. Bell e Dobbins per aver formulato ulteriori ipotesi circa la "piattaforma," anche se non ritengo di poterle condividere. Infatti, se il fondo della fornace fosse stato a un livello superiore dell'attuale, la camera di combustione sarebbe stata troppo bassa e sarebbe venuto a mancare lo spazio necessario per l'accumulo della cenere che si formava in grande quantità durante l'attività della fornace. Quanto al "risparmiare le fondazioni della fornace dall'azione corrosiva del calore," a mio avviso è stato la cenere a svolgere questa funzione, come è dimostrato dal prefurnio della fornace n. 1 sita nel Granaio Est, che ha in basso alcune file di mattoni ugualmente mancanti di tracce di greificazione.

Circa le zone a forma di triangolo al centro delle pareti della camera di combustione, la mancanza di vetrificazione deriva da un percorso obbligato delle fiamme, quale poteva ad esempio essere creato dai tegoloni contrapposti a doppio spiovente, come spiegato in precedenza. Se il percorso delle fiamme fosse stato libero, non si sarebbero create delle "simmetriche concentrazioni di fuoco," perchè ciò sarebbe stato impedito sia dalla naturale variabilità delle correnti termiche convettive, sia dalla scarsa uniformità nel caricare il combustibile da parte dei due fornaciai, che non si può pensare lavorassero in perfetta sincronia.

Infine, per quanto riguarda la preparazione della calce, per la pezzatura del calcare da sottoporre a calcinazione si veda App. 3, gruppo **2b**. Inoltre, è da ricordare che la calcinazione del calcare richiede forte circolazione di aria comburente, ragione per cui sembra poco credibile che questa operazione, anzichè all'aperto, venisse fatta dentro un fossato a una profondità di circa due metri.

Un'altra perplessità riguarda la presenza o meno della piattaforma qualora il fossato che accoglie la fornace fosse stato in origine un'opera di difesa collegata alle fortificazioni. Una risposta potrebbe essere data dall'ipotesi che originariamente il fossato fosse meno profondo di oggi e che di conseguenza i due corpi di roccia, da noi ora chiamati "piattaforma," fossero ancora interrati e quindi non emergessero in superficie.[91] Ben poco è noto delle fortificazioni delle cittá indigene ellenizzate in Sicilia, e si può soltanto auspicare che dagli scavi futuri emerga una migliore conoscenza delle dimensioni e degli altri elementi caratterizzanti dei fossati di difesa, dando eventualmente la possibilità di confronti che oggi mancano.[92]

Dopo questa digressione sulla fornace n. 10 dettata dalla necessità di chiarirne il funzionamento, viene ripreso il discorso generale sulle fornaci di Morgantina, e precisamente su una delle caratteristiche di rilievo della camera di combustione: l'arco impiegato quale sostegno del piano forato. Le fornaci nn. 1-2-4-7-10 provano che l'artigiano ha preferito questo non semplice sistema di costruzione e l'ha attuato con due diverse tecniche, sia modellando l'arco in argilla così da realizzare un costolone monoblocco, sia impiegando i mattoni alla maniera classica della costruzione degli archi in laterizio, cioè con mattoni singoli accostati.

L'arco-costolone a blocco unico è l'elemento strutturale adottato per la fornace n. 1, l'unica ad avere il piano forato ancora *in situ* (Tav. 7:a). Gli archi sono due, paralleli tra loro e trasversali rispetto al prefurnio, con imposta a quota m + 0.60 da terra. Sono stati costruiti con argilla in unico blocco mediante un procedimento che si può presumere sia stato il seguente: l'artigiano ha modellato ciascun arco a mano libera, utilizzando argilla refrattaria però morbida e sufficientemente plastica, partendo dalle pareti della fornace ed usando una centina in legno per modellare la sommità dell'arco.[93] In quello stadio, non avendo da sopportare alcun peso, l'arco poteva autoreggersi e raggiungere durante l'essiccamento un certo grado di consistenza. Dopo un opportuno intervallo di tempo, il fornaciaio ha effettuato la prima cottura a fornace vuota; gli archi si sono induriti e sono diventati un corpo unico di notevole capacità portante e forte resistenza, adatti a

[91] F. E. Winter, The Chronology of the Euryalos Fortress at Syracuse, in *AJA* 67 (1963) p. 379 nota 68.

La cinta muraria urbana di Megara Iblea era preceduta da un fossato difensivo profondo m 1.75: P. Orsi - F. S. Cavallari, Megara Hyblaea. Storia, topografia, necropoli e anathemata, in *MonAnt* I puntata 1 (1889) coll. 740-741; F. Coarelli - M. Torelli, *Sicilia*, Guide archeologiche Laterza (Roma-Bari 1984) p. 314.

[92] Grazie alle ricerche condotte nell'ultimo decennio nella Sicilia centro-meridionale dalla Soprintendenza ai BB.CC.AA. di Agrigento, stanno ritornando alla luce numerosi centri indigeni che hanno intrattenuto rapporti culturali e commerciali con le cittá greche della costa, entrando nella loro sfera di influenza. Tra i centri più vicini a Morgantina si possono indicare Polizzello, Marianopoli, Monte Bubbonia, Montagna di Marzo. Per il momento sono disponibili i rapporti preliminari di scavo, presentati di regola in occasione dei congressi internazionali di studi sulla Sicilia antica, organizzati dall'Istituto di Storia Antica dell'Università di Palermo e pubblicati sulla rivista *Kokalos*, tra i quali ricordiamo i più recenti: G. Fiorentini, Ricerche archeologiche nella Sicilia centro-meridionale, in *Kokalos* 26-27 (1980-1981) II,1, pp. 583-592; E. De Miro, L'attività della Sopr. Arch. di Agrigento negli anni 1980-84, in *Kokalos* 30-31 (1984-1985) II,1, pp. 453-455; G. Fiorentini, Recenti scavi a Marianopoli, *ibidem*, pp. 467-470.

[93] In alcune fornaci riportate alla luce in Romania sono state trovate tracce dei rami d'albero che presumibilmente erano serviti a formare lo scheletro di legno sul quale era stato costruito il piano forato: M. Coja (*supra*, nota 63) pp. 25-29.

Centine di legno per la costruzione degli archi possono essere state utilizzate anche per altri tipi di fornaci, come si suppone sia avvenuto in una fornace di Creta: G. Gesell - L. Preston Day - W. D. E. Coulson, Excavations of Kavousi, Crete, 1987, in *Hesperia* 57 (1988) p. 291. Si tratta di una pratica usuale, impiegata tutt'oggi, cui si è fatto ricorso in Grecia, in tempi recenti, per modellare gli archi di una fornace che era stata costruita allo scopo di replicare la produzione delle tegole secondo l'antico processo lavorativo: W. Rostoker - E. Gebhard, The Reproduction of Rooftiles for the Archaic Temple of Poseidon at Isthmia, Greece, in *JFA* 8 (1981) p. 219, fig. 13.

reggere il piano forato che vi è stato costruito sopra.[94] Durante le cotture che si sono succedute nel periodo di attività della fornace, le dilatazioni e le contrazioni indotte dalla variazioni termiche hanno provocato sulla superficie degli archi numerose fessure, senza però alcuna seria conseguenza agli effetti della loro solidità.

Una conferma indiretta della tecnica di costruzione di questo tipo di archi-costolone è fornita dai blocchi ammassati in un angolo della I officina (*supra*, Cap. I, pp. 11–12). Seppure in frammenti, i blocchi dimostrano di appartenere a una struttura argillosa unica, e i segni violenti del fuoco rafforzano l'ipotesi che facessero parte di archi-costolone di qualche fornace di cui non sono rimaste altre tracce (App. 3, gruppo **2i**).

L'altra tecnica impiegata a Morgantina per la costruzione dell'arco è quella in laterizio, che è stata realizzata nelle fornaci nn. 2-4-7-10, ove restano però soltanto gli attacchi degli archi essendo crollata la parte superiore delle fornaci. In base a quanto rimasto, si deduce che nelle fornaci nn. 2-4-7 gli archi (rispettivamente due, tre, e tre) erano formati da singoli mattoni accostati l'uno all'altro, posti radialmente con un forte spessore di malta tra un mattone e quello attiguo a guisa di cuneo; nessun mattone è integro, pertanto le misure di lunghezza e larghezza non sono significative, l'altezza varia tra cm 6 e cm 8.[95] Nella fornace n. 10, gli archi raggiungono la loro massima espressione di tecnica costruttiva: nella camera di combustione restano gli attacchi dei cinque archi che sorreggevano il piano forato, crollato, mentre sono tuttora in piedi gli archi dei due prefurni contrapposti (Tavv. 23–26:a), costruiti con mattoni cuneiformi legati tra loro da forti spessori di malta (*supra*, Cap. I, p. 37). Per quanto riguarda la provenienza dei laterizi che formano gli archi delle quattro fornaci ora esaminate, i mattoni delle nn. 2-4-7 sono probabilmente materiale di reimpiego e sono da considerare di produzione locale, come dimostrano le analisi fisico-chimiche e petrografiche eseguite su alcuni campioni (App. 2, NAA campioni 4, 9, 10/4, 10/5; App. 3, gruppo **2d**). Al contrario, i mattoni cuneiformi che costituiscono i due prefurni della fornace n. 10 (e precisamente l'arco del prefurnio nord e la parte centrale del prefurnio sud) sono da ritenere d'importazione, come illustrato in precedenza (*supra*, Cap. I, pp. 38–40; App. 2, NAA campioni 6/3, 6/4, 6/5, 6/7; App. 3, gruppo **2d**).

L'arco in laterizio è elemento strutturale caratterizzante di numerose fornaci databili all'epoca romana, abbiano esse forma rotonda o rettangolare. Tra i tanti possibili confronti ci limitiamo a citare alcune fornaci ritrovate in Sicilia,[96] in Italia,[97] in Britannia,[98] in Gallia.[99] Quale esempio di

[94] Consolidare alla prima cottura la struttura interna della fornace (composta da argilla e da mattoni crudi) era prassi seguita anche nel costruire altri tipi di fornaci. Tra i tanti possibili esempi, ricordiamo le fornaci di Banasa ove i mattoni crudi hanno le dimensioni di cm 30 x 20 x 10: A. Luquet, La céramique préromaine de Banasa, in *BAMaroc* 5 (1964) pp. 117–120; S. Girard, Banasa préromaine. Un état de la question, in *AntAfr* 20 (1984) p. 22, fig. 15, e alcune fornaci della Gallia: Maniere (*supra*, nota 65) p. 192; Id., Fours à tuiles gallo-romains de Tritchot, in *Gallia* 33 (1975) p. 211.

[95] Per le misure dei mattoni, oltre a quelle indicate nella descrizione della fornace n. 10, si veda *infra*, Cap. III nota 4. Cfr. anche Blake 1947, pp. 285–291.

[96] Camarina: P. Pelagatti, Un decennio di ricerche archeologiche in provincia di Ragusa (1960–70), in *SicArch* 10 (1970) p. 14, fig. 12.

Naxos: P. Pelagatti, L'attività della Soprintendenza alle Antichità della Sicilia Orientale, in *Kokalos* 22–23 (1976–1977) II,1, p. 545, tav. 87.

Partinico: C. A. Di Stefano, Scoperta di due antiche fornaci nel territorio di Partinico, in *SicArch* 49–50 (1982) p. 33, figg. 5 e 6.

[97] Viene qui di seguito riportata un'esemplificazione delle fornaci rotonde e rettangolari ritrovate in Italia nelle quali l'arco in laterizio costituisce un elemento strutturale portante:

mattoni cuneiformi utilizzati per la costruzione degli archi, ricordiamo quelli impiegati nella fornace ritrovata nelle vicinanze di Crotone[100] e nella fornace costruita su un'altura della Val Nure in Emilia.[101]

Sia l'arco-costolone sia l'arco in laterizio servivano a sostenere il piano forato. Questo è conservato soltanto nella fornace n. 1 (Tavv. 5, 6, 56): ha un diametro di m 1.40, è sorretto dai due archi-costolone prima descritti ed è di fattura piuttosto rozza, con riparazioni e strati di argilla sovrapposti, cosicchè lo spessore varia da cm 10 a cm 20 e la superficie è molto irregolare. Queste caratteristiche sono state riscontrate anche in altre fornaci, a Mozia[102] in Italia settentrionale,[103] in Spagna,[104] in Romania[105] e altrove.[106] Il piano presenta 25 fori in prevalenza tondeggianti, salvo alcuni aventi forma indefinibile a causa delle numerose lacune attorno al bordo. I 14 fori periferici, collocati lungo la parete perimetrale, hanno un diametro di cm 10-15 circa, mentre gli altri

---

T. Aldini, *Fornaci di Forum Popili*, (ciclostilato a cura dell'Amministrazione Comunale di Forlimpopoli) (Forlimpopoli 1981) pp. 23-28, fig. 12.

G. Bermond Montanari, Fornaci romane rinvenute in Emilia, in *ArchCl* 14 (1962) pp. 162-207.

M. Bertolone, Di alcune fornaci romane di laterizi scoperte recentemente in Lombardia, in *Munera, Raccolta di scritti in onore di A. Giussani* (Milano 1944) p. 142.

M. Bertolone et al., Forno per ceramica di Roncolo (Reggio Emilia), in *Sibrium* 3 (1956-1957) pp. 185-202.

J. C. Carter, *Excavation in the Territory of Metaponto 1976*, The University of Texas (Austin 1977), (s.p.) figg. 13-15; Id., *Ancient Crossroads: the Rural Population of Classical Italy. Guide to an Archaeological Exhibition*, The University of Texas (Austin 1977), (s.p.) figg. 14-15; Id., Preliminary Report on the Excavation at Pizzica Pantanello (1974-1976), in *Metaponto* II = *NSc* 31, 1977, Suppl. (Roma 1983) pp. 426-434.

Cerulli Irelli (*supra*, nota 9) pp. 55-56.

Cuomo di Caprio 1971, p. 436, fornace di Serle (Brescia).

M. C. Gualandi Genito, Cultura materiale dell'Emilia-Romagna. Un'indagine interpretativa sulla presenza di fornaci e officine ceramiche di età romana, in *Studi sulla città antica. L'Emilia-Romagna*, G. A. Mansuelli, ed., Studia Archaeologica 27 (Roma 1983) pp. 399-463.

G. A. Mansuelli, Sarsina (Forlì), in *NSc* 19, 1965, Suppl. (Roma 1966) pp. 115-116.

M. Marini Calvani, Una fornace romana su un'altura della Val Nure presso Bettola (PC), in *Archivio Storico per le Province Parmensi* 29 (1977) pp. 427-433.

J. Mertens, Ordona: four à céramique d'époque romaine, in *RdA* 9 (1985) pp. 73-76.

D. Pace, Fornace romana a Massinigo nella valle della Staffora, in *Sibrium* 6 (1961) pp. 93-215.

L. Petracca - L. M. Vigna, Le fornaci di Roma e suburbio, in *Misurare la terra: centuriazione e coloni nel mondo romano. Città, agricoltura, commercio: materiali da Roma e dal suburbio. Catalogo della Mostra Roma 1985* (Modena 1985) pp. 131-137.

G. Riccioni, Poggio Berni (Aemilia, Forlì), in *FA* 17 (1962) n. 4885.

A. M. Small et al., Una fornace a pianta rettangolare in San Giovanni di Ruoti (Potenza), in *RdA* 6 (1982) pp. 101-103.

98 Grimes (*supra*, nota 48) pp. 24-40; Swan 1984, pp. 87-89.

99 Laubenheimer 1985, p. 215, figg. 92-93; Le Ny 1988, pp. 39-44.

100 N. Cuomo di Caprio, Le fornaci di Capo Colonna, in *Klearchos* 14 (1972) pp. 107-117.

101 Marini Calvani (*supra*, nota 97) pp. 427-433. Le misure dei mattoni cuneiformi sono indicate in cm 40 x 28 x 4-7 (*ibidem*, p. 428).

102 Cuomo di Caprio (*supra*, nota 40) p. 111 (spessore cm 25-30).

103 Fornace di Massinigo: D. Pace, Fornace romana a Massinigo nella valle della Staffora, in *Sibrium* 6 (1961) p. 128 e fig. 14 (spessore cm 20 circa).

Fornace di Serle: Cuomo di Caprio 1971, p. 436 (spessore cm 10-15)

104 Sevilla: C. Romero Moragas, Un horno de ceramica comun romana en Marchena (Sevilla), in *XVIII Congreso Nacional de Arquelogia* (Zaragoza 1987) p. 864 (spessore cm 9-14).

Tarragona: A. Bermudez Medel - J. Masso i Carballido, El horno ceramico del "Barranc de la Premsa Cremada" (Botarell, Tarragona), in *Butlleti Arquelogic* V, 6-7 (1984-1985) p. 94 (spessore cm 40-50).

105 M. Coja (*supra*, nota 63), pp. 28-31 (spessore cm 25-30).

106 La diversità di spessore del piano forato è riscontrabile nelle fotografie e nei disegni di molte fornaci, anche se non sono indicate le misure. Si vedano ad esempio le fornaci greche citate *infra*, nota 110.

Per la Germania, si veda W. v. Pfeffer, Töpferöfen Einheimischer keramik im frührömischen Lagerdorf Mainz-Weisenau, in *ReiCretRomFautActa* 17-18 (1977) pp. 178-186, fig. 4.

In Olanda, in una fornace ritrovata a Heerlen, il piano forato (spessore cm 16) era stato sopraelevato di altri cm 6: J. H. F. Bloemers - J. K. Haalebos, Roman Pottery Finds in Heerlen, Province of Limburg, in *Berichten van de Rijksdienst voor het Oudheidkundig Bodemonderzoek te Amersfoort* 23 (1973) p. 260.

11 fori, collocati nella zona centrale in corrispondenza degli spazi tra i due archi sottostanti, misurano circa cm 10 di diametro.

Nonostante l'incertezza delle misurazioni causata dalle ampie lacune nel bordo dei fori, si è ritenuto opportuno calcolare il rapporto tra la superficie delimitata dai fori e quella totale del piano forato. Ne è risultato che l'area occupata dai fori è il 17% circa rispetto a quella totale del piano forato, pari cioè a poco meno di 1/5. È forse opportuno annotare che numero e diametro dei fori differiscono da una fornace all'altra, talvolta in maniera rilevante: per fare due esempi opposti, a Locri una fornace ha un diametro di m 3.90 e presenta 190 fori dal diametro che varia da cm 6 a cm 10,[107] mentre la fornace ritrovata a Canne ha un diametro di m 3.30 e presenta 18 fori dal diametro che varia da cm 8 a cm 10.[108] Nel primo caso l'area occupata dai fori è pari all'8% circa (ossia 1/12), nel secondo caso è pari all'1,5% circa (ossia 1/67).

Si può presumere che tali notevoli differenze fossero correlate alla forma e alle dimensioni di ogni singola fornace, all'altezza della camera di combustione e al suo volume, alla forma del sostegno del piano forato e al volume da esso occupato all'interno della camera di combustione, all'altezza della camera di cottura, nonchè agli altri elementi strutturali della fornace stessa. Durante il funzionamento della fornace, assumeva particolare importanza il prefurnio attraverso cui avveniva l'ingresso dell'aria comburente, onde le sue dimensioni (in particolare la sua lunghezza) influivano sul tiraggio, più o meno veloce. Erano tutti fattori interdipendenti che condizionavano la velocità e l'uniformità di crescita della temperatura, e ad essi si aggiungevano il tipo dei manufatti in cottura e il tipo di combustibile usato per far funzionare la fornace. Paglia, legna, noccioli di olive e di frutta, etc. hanno differenti caratteristiche chimico-fisiche e ognuno di essi richiede una data quantità di aria per una combustione completa.[109] Al momento non si riesce ad individuare quali regole tecniche governassero il rapporto tra l'ampiezza del piano forato, il numero dei fori e il diametro di ciascuno di essi, anche in funzione degli altri fattori sopra indicati. Scarse sono le fornaci ritrovate con il piano forato ancora intatto, e ancora più scarsi sono i dati noti al riguardo, rendendo per ora inattuabile uno studio di tipo statistico che richiederebbe la conoscenza di un insieme di misure e di dati precisi. È ragionevole supporre che nel costruire il piano forato e nello stabilire la posizione dei fori, l'artigiano si regolasse in base alla propria esperienza, il che spiegherebbe le diversità riscontrate tra una fornace e l'altra.[110] È pure da presumere che dopo le prime cotture di prova il fornaciaio riuscisse a padroneggiare il tiraggio il meglio possibile, se del caso chiudendo alcuni fori, così come è stato riscontrato nella fornace n. 1 di Morgantina (*supra*,

[107] N. Cuomo di Caprio, Fornaci per ceramica a Locri, in *Klearchos* 16 (1974) p. 54. Nel piano forato le aperture oggi presenti sono 174; secondo i calcoli eseguiti, sono da aggiungerne altre 16 che presumibilmente esistevano nelle parti del piano forato oggi rovinate.

[108] Cuomo di Caprio 1971, p. 414.

[109] Cuomo di Caprio (*supra*, nota 85) pp. 236-239.

[110] Quale esempio indichiamo alcune fornaci riportate alla luce in Grecia, i cui disegni e le cui fotografie mettono in risalto l'irregolarità dei fori del piano forato: O. Alexandri, **'Εργαστήριον κεραμεικῆς ὑστερορρωμαϊκῶν χρόνων**, in *AAA* 1 (1968) p. 229, fig. 3; Davaras (*supra*, nota 62) pp. 110-115, figg. 63-67; Id., **Μινοικὴ κεραμεικὴ κάμινος εἰς Στῦλον Χανίων**, in *ArchEph* (1973) pp. 75-80, fig. 1, tavv. 39-42, l'articolo comprende un breve elenco delle fornaci ritrovate a Creta e in altre zone della Grecia, databili ad epoca preistorica e storica; L. Lambropoulou, **Δύο κεραμικοί κλίβανοι στην 'Αταλάντη Λοκρίδος**, in *AAA* 16 (1983) pp. 74-79, figg. 1-2; K. Despini, **Κεραμεικοὶ κλίβανοι Σίνδου**, in *ArchEph* (1982) pp. 74-76, tavv. 9-11; G. Touchais, Chronique des fouilles en 1983, Sindos, in *BCH* 108 (1984) p. 800, fig. 115.

Cap. I, p. 15), e in altre fornaci, a Mozia,[111] in Gallia[112] e in Spagna.[113] Nelle fornaci ove il tiraggio creava grossi problemi, si ricorreva a rifacimenti interni e a modifiche strutturali, come sembra sia avvenuto a Metaponto,[114] a Thasos[115] e a Granada.[116]

Il piano forato di cui abbiamo trattato sinora era un elemento strutturale permanente della fornace, ma esso avrebbe anche potuto essere non fisso, nel senso che poteva essere formato da grossi mattoni oppure da tegoloni poggiati con le alette rivolte verso il basso sopra gli archi della camera di combustione, a cavallo delle intercapedini. In tal caso, i tegoloni non erano legati stabilmente nè tra loro nè al muro perimetrale, ma semplicemente accostati in modo da lasciare degli spazi per il passaggio dei gas caldi, e di conseguenza potevano essere rimossi ogni qualvolta fosse stato necessario. Un tale piano forato sarebbe stato meno solido di un piano forato stabile, ma avrebbe avuto il vantaggio di assorbire meno calore ed avrebbe assolto il suo compito ugualmente bene, qualora nella fornace fossero stati cotti prevalentemente manufatti di grandi dimensioni e di peso consistente. Un esempio di siffatto piano forato non fisso potrebbe essere dato dalla fornace n. 10 di Morgantina, ove sui muri perimetrali della camera di cottura mancano i segni di attacco del piano forato che invece dovrebbero essere evidenti qualora si fosse trattato di un elemento strutturale permanente (*supra*, Cap. I, p. 38; Tav. 31:b). Un confronto potrebbe essere riscontrato in una fornace di Coulanges in Gallia.[117]

Il piano forato fa da pavimento alla camera di cottura. A Morgantina se ne ha un esempio soltanto nella fornace n. 1: ivi la camera di cottura ha forma di grosso cilindro a cielo aperto, è munita di una porta di accesso ed è rivestita internamente con frammenti di tegolame sovrapposti (Tavv. 5-7). Il rivestimento è stato ottenuto con circa 20 filari orizzontali intervallati da malta, ed è molto simile a quello della sottostante camera di combustione di cui costituisce la continuazione. Quanto alla porta di accesso, essa è in asse al prefurnio e ha una larghezza di m 0.60, sufficiente a permettere il passaggio di manufatti voluminosi, ma tale da potere essere agevolmente murata, a impilaggio completato, con cocciame ed altro materiale idoneo, lasciando aperto qualche spioncino

[111] CUOMO DI CAPRIO (*supra*, nota 83) pp. 7-9.

[112] F. LAUBENHEIMER et al., Atelier de potiers gallo-romain de Sallèles d'Aude (Narbonne). Le chargement du four B5, in *Brenntechniken*, p. 115.

In Gallia ricordiamo anche una fornace per laterizi che ha subito ripetuti cambiamenti strutturali durante il suo periodo di attività: F. LE NY, Le four de l'atelier de tuilier gallo-romain au Bas-Rouault en Tresse (Ille-et-Vilaine) (Campagnes de fouille 1986-1987), in *DossAlet* 15 (1987) pp. 71-87; EAD., L'atelier de tuilier gallo-romain au Bas-Rouault en Tresse (Ille et Vilaine); les apports de la campagne 1987, in *DossAlet* 16 (1988) pp. 91-111.

[113] S. BRONCANO RODRIGUEZ - J. COLL CONESA, Horno de cerámico ibérico de la Casa Grande, Alcalá de Jucar (Albacete), in *NotArqHisp* 30 (1988) p. 213, tav. V.

[114] CARTER, Preliminary Report (*supra*, nota 97) p. 430.

[115] M. BRUNET, Thasos, Kounophia, in *BCH* 110 (1986) pp. 809-811. A Cipro ricordiamo una fornace bizantina la cui camera di combustione si restringe internamente di circa cm 30: H. W. CATLING, An Early Byzantine Pottery Factory at Dhiorios in Cyprus, in *Levant* 4 (1972) p. 52.

[116] M. SOTOMAYOR, Alfar romano en Granada, in *IX Congreso Nacional de Arqueologia, Valladolid 1965* (Zaragoza 1966) pp. 367-371; a p. 367 è annotato che la parte sinistra della fornace risultava chiusa mediante tegolame sovrapposto, come raffigurato nella fig. 3.

[117] H. VERTET, Les fours de potiers gallo-romains du Centre de la Gaule, in *Brenntechniken*, p. 153, fig. 20; ID., Observations sur les ateliers de potiers de la Gaule Centrale, in *Céramiques hellénistiques et romaines. Annales littéraires de l'Université de Besançon*, 242 (Paris 1980) p. 255, tavv. IV-V.

Si potrebbe anche avanzare l'ipotesi che tra gli archi che reggevano il piano forato fossero incastrati dei laterizi, posti a coltello trasversalmente tra le intercapedini, come è stato realizzato in una fornace ritrovata in Umbria: M. CIPOLLONE, Gubbio (Perugia). Officina ceramica di età imperiale in loc. Vittorina. Campagna di scavo 1983, in *NSc* 38-39 (1984-85) pp. 95-105, figg. 10-11. Il crollo della parte centrale degli archi della fornace n. 10 di Morgantina non permette di verificare questa ipotesi.

per poter osservare i manufatti durante la cottura. Tra i possibili confronti ricordiamo le due fornaci di Pompei ove la porta è larga circa m 0.50,[118] e una fornace in Gallia munita di porta larga m 0.65.[119] In particolare ricordiamo una fornace spagnola munita anch'essa di porta (largh. m 0.72), situata però lateralmente rispetto al prefurnio, il che costituiva un utile accorgimento in quanto proteggeva la porta stessa dai violenti contraccolpi del fuoco che si creavano nella sottostante camera di combustione ad ogni carica di combustibile.[120] Nella fornace n. 1 di Morgantina la porta è delimitata ai due lati dalle pareti perimetrali, conservate per un'altezza di circa cm 50. Poichè manca la parte superiore delle pareti, non è possibile stabilire la loro altezza originaria, sebbene la presenza della porta induca a presumere un'altezza maggiore dei 50 cm oggi conservati. Non è neppure possibile verificare se alla sommità la camera di cottura fosse munita di una copertura permanente, attraversata da aperture per il tiraggio. Gli scavi non hanno restituito nè tubuli fittili nè altri elementi strutturali che possano far presumere l'esistenza di una volta stabile, il che depone a sfavore di tale ipotesi.[121]

Si può supporre che la tecnica abitualmente adottata a Morgantina fosse quella della copertura temporanea, costruita cioè a ogni singolo ciclo di cottura. In tal caso il vasaio impilava i manufatti crudi sopra il piano forato, mettendovi ogni cura ed attenzione onde evitare lo schiacciamento dei manufatti che, allo stato crudo, erano facilmente soggetti a incrinature e rotture. L'impilaggio era eseguito sino a una certa altezza in modo da formare una sorta di emisfera e sopra di questa veniva costruita una volta provvisoria, ossia una copertura fatta con tegolame e cocciame, il tutto poi coperto con un manto di argilla per creare isolamento termico, per quanto minimo. Erano quindi gli stessi manufatti crudi a formare la volta della camera di cottura, e le aperture lasciate aperte nel manto argilloso permettevano un buon tiraggio, cosicchè era possibile raggiungere la temperatura adeguata per ottenere dei risultati soddisfacenti. Alla fine del ciclo di cottura, veniva demolita la copertura e venivano estratti i manufatti, cotti e pronti per l'uso, secondo una pratica lavorativa tuttora seguita nelle fornaci tradizionali.[122]

[118] CERULLI IRELLI (*supra*, nota 9) pp. 55-56, figg. 5-12.

[119] LE NY 1988, pp. 29-30 e pp. 79-80.

[120] BRONCANO RODRIGUEZ - COLL CONESA (*supra*, nota 113) pp. 215-216.

[121] Nell'anno 1971, a Morgantina nella contrada Agnese (MS I, pl. 1) sono stati trovati i resti di alcuni tubuli fittili che si presume formassero la volta di una *tholos*, databile al III sec. a.C. (PR XI, pp. 370-379; ivi, bibliografia sull'argomento delle volte). Secondo l'ipotesi avanzata dagli scavatori, i tubuli sarebbero stati innestati tra di loro, posati lungo una linea curva e affiancati in serie in modo da formare la costolatura della volta dell'edificio, poi completata con malta calcarea per legare i tubuli tra loro e riempirne le giunture (per la ricostruzione grafica della volta: PR XI, p. 377, fig. 13). Si sarebbe trattato di un esempio della volta sottile in tubi fittili che diventerà poi comune nell'architettura tardo antica e del primo medioevo. Cfr. A. LEZINE, Les voûtes romaines à tubes emboités et les croisée d'ogives de Bulla-Regia, in *Karthago* 5 (1954) pp. 168-181, figg. II-V; LUGLI 1957, p. 671, fig. 138; BALLARDINI 1964, pp. 29-32, figg. 37-42; E. ARSLAN, Osservazioni sull'impiego e la diffusione delle volte sottili in tubi fittili, in *BdA* 50 (1965) pp. 45-52.

Accettando tali ipotesi, la volta della *tholos* di Morgantina sarebbe analoga alla copertura stabile che si presume fosse realizzata nelle fornaci da vasaio, di cui si ha un esempio a Pompei: CERULLI IRELLI (*supra*, nota 9) pp. 55-56, figg. 3, 6, 8. Cfr. anche N. CUOMO DI CAPRIO, In margine alle fornaci di Pompei, in *CronPomp* 2 (1976) pp. 231-240. Tubuli fittili sono stati ritrovati vicino a una grande fornace individuata a Catania: P. ORSI, Sicilia. Nuove scoperte nella provincia di Catania. Avanzi di edificio termale ai Quattro Canti, in *NSc* 1912, p. 412.

La zona delle fornaci di Morgantina non ha restituito alcun tubulo fittile nè altri elementi strutturali che possano far presumere che le fornaci fossero dotate di volta stabile; pertanto si accenna semplicemente alla *tholos* ritrovata in contrada Agnese, per completezza d'informazione.

[122] LUQUET (*supra*, nota 94) pp. 120-121; HAMPE - WINTER 1965, p. 107 e p. 117, tav. 51; RYE 1981, pp. 98-101; BRONCANO RODRIGUEZ - COLL CONESA (*supra*, nota 113) p. 216. Cfr. anche Y. LABORIE, La poterie bergeracoise du XIVe siècle, L'officine Sainte-Catherine à Bergerac, in *Aquitania* 2 (1984) pp. 239-257, in particolare la figura (s.n.) a p. 246.

Scarse sono le possibilità di fare dei confronti, essendo pochi i ritrovamenti di fornaci che conservino la camera di cottura, sia pure in parte. Possiamo ricordare le due fornaci di Centuripe, contrada Gelso-Piano Capitano: in una di esse il muro perimetrale della camera di cottura è conservato per un'altezza di m 1.70, nell'altra per un'altezza massima di un metro.[123] In una fornace di Locri il muro perimetrale della camera di cottura, costruito in mattoni crudi poi consolidati dal fuoco durante il periodo di attività della forace, è conservato per un'altezza massima di m 0.80.[124] Ricordiamo una fornace spagnola dal muro conservato per un'altezza di m 0.65,[125] una fornace di Sallèles d'Aude ove sono stati recuperati alcuni resti della copertura della camera di cottura,[126] e due fornaci riportate alla luce a Creta, una a Istron che conserva parte del muro perimetrale della camera di cottura, e una a Latô che all'interno della camera di cottura conteneva i resti di una vasca di terracotta di tali dimensioni che deve esservi stata posta prima della costruzione della volta di copertura.[127]

A riepilogo delle annotazioni sin qui esposte, è da rilevare che nelle fornaci di Morgantina molti elementi strutturali sono comuni, così come la tecnica di costruzione sembra rivelare indirizzi uniformi. Ciò indurrebbe a supporre che la costruzione delle fornaci sia da attribuire a un artigiano o a un piccolo gruppo di artigiani specializzati nell'edificare queste specifiche strutture. Poteva trattarsi di persone del luogo, o anche provenienti da fuori, ingaggiate appositamente per la costruzione delle fornaci, che conoscevano le caratteristiche naturali del terreno, seguivano una stessa prassi costruttiva ed erano esperte nelle nuove tecniche di costruzione degli archi in laterizio che si diffondevano dal mondo romano. Al riguardo della fornace n. 10 (*supra*, Cap. I, p. 39), il lotto selezionato di mattoni cuneiformi, importato espressamente a Morgantina per la costruzione degli archi, conferma l'ipotesi che la realizzazione della fornace è opera di progettazione e di esecuzione da parte di maestranze specializzate.

Per le fornaci di piccole dimensioni, si potrebbe anche supporre che sia stato il singolo fornaciaio a costruirsi la propria fornace. Questa avrebbe potuto servire da modello ad altri fornaciai del luogo, semprechè fossero riusciti a superare la gelosia di mestiere che di regola alberga nell'animo degli artigiani, ivi compresi i vasai, inducendoli a comportamenti di estrema cautela e riservatezza nel rivelare ad altri i segreti del proprio mestiere, come testimonia il Piccolpasso e come si riscontra tutt'oggi nei centri tradizionali di produzione ceramica.[128]

3. Tipologia delle fornaci

In chiusura del commento tecnico sulle fornaci tardo-ellenistiche di Morgantina, resta da indicarne la classificazione tipologica.

[123] G. Rizza, Attività dell'Istituto di Archeologia dell'Università di Catania, in *Kokalos* 22-23 (1976-1977) II,1, p. 643.

[124] Cuomo di Caprio (*supra*, nota 107) pp. 54-56.

[125] M. Sotomayor - A. Perez Casaz - M. Roca Roumens, Los alfares romanos de Andujar (Jaen). Dos nuevas campañas, in *NotArqHisp* 4 (1976) p. 127.

[126] Laubenheimer et al. (*supra*, nota 112) p. 115.

[127] Istron: Davaras (*supra*, nota 62) pp. 110-115, fig. 2, tavv. 62-65.

Latô: P. Ducrey - O. Picard, Recherches à Latô, in *BCH* 93 (1969) pp. 793-805, in particolare p. 803.

[128] Piccolpasso ms. 1558, p. 24 (ediz. facsimile vol. I, prologo p. 2); Cuomo di Caprio 1982, pp. 282-283.

Nel 1971, quando chi scrive avanzò una proposta di classificazione generale delle fornaci, proprio la fornace n. 1 di Morgantina venne assunta a prototipo della categoria I/c che raggruppa le fornaci col piano forato sorretto da archi.[129] In quella sede non si ritenne opportuno prendere in considerazione le diverse tecniche di costruzione degli archi, se a costolone oppure con mattoni singoli accostati. A distanza di circa venti anni, non si ritiene ancora giunto il momento di ampliare l'originaria classificazione nè per questa categoria nè per le altre. Infatti, le fornaci che sono state ritrovate in questi ultimi decenni sono in prevalenza ancora mal note,[130] spesso mancano di dati tecnici a causa delle condizioni degradate,[131] oppure perchè rinvenute in scavi d'emergenza forzatamente incompleti.[132] Tutti questi motivi limitano la possibilità di fare dei confronti puntuali su larga scala, per cui il campo specifico di studio rimane tuttora circoscritto e non permette di attribuire un determinato tipo di fornace a uno specifico centro di produzione e a una specifica area geografica.[133] Inoltre, la forte irregolarità che si riscontra nella struttura delle fornaci e la mancanza di sistematicità nelle tecniche di costruzione adottate possono comportare varianti tali da rendere poco significative delle ulteriori suddivisioni in sottogruppi.[134] Pertanto, a mio avviso, sino a quando non saranno disponibili dati sufficientemente ampi, è preferibile mantenere una classificazione che non sia rigida, in modo da evitare una frammentarietà tipologica che per il momento non troverebbe riscontri in puntuali differenze cronologiche. Una classificazione "elastica" offre anche il vantaggio di poter essere utilizzata, se ritenuto opportuno, in altre aree dell'impero romano.[135]

[129] CUOMO DI CAPRIO 1971, pp. 418-421.

[130] Talvolta la segnalazione dei ritrovamenti di fornaci è inserita in testi che riguardano argomenti archeologici e storici, comunque non tecnici. Benchè queste segnalazioni siano importanti, si deve attendere il rapporto completo dello scavo prima di avere la disponibilità dei dati tecnici. Si veda ad esempio: S. LAGONA, Problemi archeologici e topografici della Calabria settentrionale, in ΑΠΑΡΧΑΙ, *Nuove ricerche e studi sulla Magna Grecia e la Sicilia antica in onore di P. E. Arias* (Pisa 1982) pp. 155-170, dove il ritrovamento di una fornace a Laino Borgo diventa una semplice menzione (*ibidem*, p. 168) all'interno di una densa ed approfondita rassegna dei problemi archeologici della Calabria.

[131] Allo stato di degrado in cui vengono di regola trovate le fornaci è da attribuire la difficoltà di rilevare dati tecnici precisi, come si può notare dalla rassegna fatta nel 1982 dei ritrovamenti di fornaci in Italia che erano stati pubblicati negli anni 1975-76-77. Su un totale di 54 segnalazioni, soltanto una decina contengono una descrizione delle fornaci sufficientemente ampia e corredata da dati tecnici più o meno dettagliati: N. CUOMO DI CAPRIO - E. LISSI CARONNA, Italia. Rassegna di fornaci per ceramica e laterizi, in *RdA* 6 (1982) pp. 90-97.

[132] Gli scavi di emergenza sono un problema ben noto; basti ricordare gli scavi incompleti sia della fornace arcaica di Gela: D. ADAMESTEANU, Gela, via Dalmazia. Scoperta di una fornace greca arcaica, in *NSc* 10 (1956) p. 277, sia delle fornaci rinvenute in anni recenti a Taranto: CUOMO DI CAPRIO (*supra*, nota 20) sia della fornace individuata a Sumaga: G. ROSADA, Una fornace romana presso Sumaga (VE), in *AquilNost* 45-46 (1974-75) pp. 295-302.

[133] È da rimarcare che vengono talvolta segnalati ritrovamenti di fornaci, mentre in effetti si tratta soltanto di scarichi di materiale. Va da sè che, benchè preziose, tali notizie non servono agli effetti della conoscenza degli aspetti tecnici delle fornaci. Cfr. D. P. S. PEACOCK, Recent Discoveries of Roman Amphora Kilns in Italy, in *AntJ* 57 (1977) pp. 262-269.

[134] Nella tipologia delle fornaci da me proposta nel 1971 (CUOMO DI CAPRIO 1971), soltanto la categoria I/b potrebbe oggi essere suddivisa in sottogruppi, attribuendo alla categoria I/b,1 le fornaci dal piano forato sorretto da muretti radiali, e alla categoria I/b,2 quelle dal piano forato sorretto dal muro assiale. Le fornaci che presentano ambedue queste strutture (ossia hanno il piano forato sorretto sia da muretti radiali sia dal muro assiale) potrebbero essere attribuite alla categoria I/b,3. Cfr. N. CUOMO DI CAPRIO, in *EAA*, II suppl., vol. II, s.v. "fornace," in corso di stampa.

[135] In aree extra italiane, una classificazione delle fornaci è stata recentemente pubblicata in Francia (LE NY 1988, pp. 39-44), che riprende forme e disegni della classificazione italiana (CUOMO DI CAPRIO 1971, pp. 371-461). Sarebbe stato logico aspettarsi che fossero mantenute le sigle originarie (eventualmente aggiungendo nuove sigle), in modo da evitare che due fornaci aventi la stessa forma venissero indicate con due sigle differenti a seconda della nazione ove è avvenuto il ritrovamento. Invece, pur avendo ripreso esattamente i disegni della tipologia italiana, la studiosa francese ha cambiato le corrispondenze, ragione per cui, per fare alcuni esempi, la forma I/d in Italia è diventata la forma I/E in Francia; la forma II/a in Italia è diventata la forma II/B in Francia; la forma II/d in Italia è diventata II/F' in Francia (CUOMO DI CAPRIO 1971, pp. 406-407, tavv. 2-3; LE NY 1988, pp. 39-41, figg. 22a-22b).

Per quanto riguarda Morgantina, le fornaci nn. 1-2-4-7 possono essere attribuite alla categoria I/c. Quanto alle fornaci nn. 3-5-6-8-9, il loro pessimo stato di conservazione non consente alcuna classificazione. La fornace n. 10 per l'atipicità dei due prefurni contrapposti costituisce un *unicum*, almeno per il momento, poiché non é proponibile il confronto con quelle fornaci che presentano due prefurni contrapposti ma che sono prive del piano forato e del relativo supporto, intendendo tale supporto come elemento strutturale stabile. Definite *fours à éléments non rattachés* in Gallia,[136] e *single-chambered twin-flued kilns* in Britannia,[137] siffatte fornaci (se tali possono essere chiamate) costituiscono una tipologia a sè, da studiare a parte anche per quanto riguarda le tecniche di cottura che vi potevano essere praticate. A mio avviso, non è proponibile neanche il confronto con altre fornaci caratterizzate da due prefurni contrapposti, databili ad epoca medievale, anche perchè le notizie su queste strutture sono estremamente scarse.[138] La fornace n. 10 per il momento non è inquadrabile in nessuna delle categorie note, e si può soltanto auspicare che da futuri ritrovamenti possano essere riportate alla luce fornaci consimili, in modo da appurare se i due prefurni contrapposti siano da considerare elementi strutturali di uso ricorrente, oppure se costituiscano la risposta dell'artigiano di Morgantina alla situazione specifica, caratterizzata dall'esiguità dello spazio disponibile e dalla natura del suolo facilmente scavabile nel tratto di terreno antistante le fortificazioni. La capacità dell'artigiano di adattarsi alle condizioni ambientali e la sua abilità di costruttore avrebbero dato così origine a una fornace unica nel suo genere.

4. Datazione delle fornaci

Per quanto concerne l'epoca di costruzione delle fornaci, è accettabile l'ipotesi che sia da collocare dopo il 211 a.C. in quanto nove di esse si trovano all'interno di vani che prima dell'occupazione romana erano destinati ad altri usi, mentre la fornace n. 10 è costruita in un fossato ai piedi della cinta di fortificazioni, che doveva quindi essere fuori uso.

[136] P. Duhamel, Morphologie et évolution des fours céramiques en Europe Occidentale, in *Brenntechniken*, pp. 72–73, fig. 43. Cfr. anche J. Couppe - M. Tuffreau Libre - F. Vincent, L'officine gallo-romaine de La Calotterie (Pas-de-Calais), in *RNord* 59 (1977) p. 510, fig. 5 (*four* X).

[137] Questo tipo di fornace è stato incluso nella categoria *non-specialist regional kiln types*: Swan 1984, pp. 117–120, fig. XVIII. Cfr. anche R. A. H. Farrar, A Romano-British Black-Burnished Ware Industry at Ower in the Isle of Purbeck, Dorset, in *Roman Pottery Studies in Britain and Beyond*, J. Dore - K. Greene, eds., BAR Suppl. Series 30 (Oxford 1977) pp. 199–227, in particolare pp. 203–207, fig. 14,1.

[138] In Gran Bretagna sono state segnalate fornaci caratterizzate da due prefurni contrapposti, databili ad epoca medievale, che in un primo tempo erano state definite "fornaci orizzontali": P. Corder, The Structure of Romano-British Pottery Kilns, in *ArchJ* 114 (1957) pp. 10–27; cfr. in particolare p. 23, *horizontal-draught kilns* e fig. 13. In un secondo tempo la definizione è stata corretta, avendo accertato che il tiraggio avveniva in senso verticale: G. F. Bryant, Experimental Romano-British Kiln Firings, in *Current Research in Romano-British Coarse Pottery*, A. Detsicas, ed., Council for British Archaeology Research Report 10 (London 1973) p. 149.

Le informazioni disponibili su questo tipo di fornace sono ancora scarse, forse a causa dello stato di degrado in cui sono state ritrovate le fornaci stesse; in particolare, non è ben chiaro se all'interno della camera di combustione vi fosse una struttura stabile per sostenere il piano forato e, in caso affermativo, le sue caratteristiche. Cfr. J. Musty, Medieval Pottery Kilns, in *Medieval Pottery from Excavations: Studies Presented to Gerald Clough Dunning*, V. Evison - H. Hodges - J. G. Hurst, eds. (London 1974) pp. 41–65. Cfr. in particolare pp. 44–46 e fig. 1.

Basti qui accennare a tali ritrovamenti, mentre si rimanda ad altra sede un approfondimento dell'argomento mirato ad accertare se per questo tipo di fornace vi sia una continuità di tradizione tra le fornaci di epoca romana e quelle di epoca medievale.

Volendo restringere i margini della datazione, è opportuno considerare dapprima la fornace n. 10, che per la sua ubicazione e per le sue dimensioni occupa una posizione a sè stante. È ragionevole supporre che una fornace di così vasta mole sia stata costruita in un periodo di ripresa delle attività economiche allorchè fiorivano la monetazione bronzea locale[139] e le iniziative di carattere pubblico,[140] come testimoniano costruzioni quali il *Macellum* e il *Temenos* del teatro,[141] e venivano eseguiti lavori di interesse urbanistico generale quali l'installazione sul lato ovest dell'agorà della conduttura idrica, lunga alcune centinaia di metri, che alimentava quattro vasche nella zona del teatro,[142] nè mancavano iniziative in campo privato, come è provato dalla ristrutturazione di numerosi complessi residenziali.[143] Il periodo di prosperità favoriva nuove imprese, tra le quali ben si poteva inserire la costruzione di questa fornace, forse voluta dalle stesse autorità cittadine oppure da qualche autorevole personaggio locale come redditizio investimento economico.[144] Sia che la fornace servisse interessi pubblici sia che fosse espressione di interessi privati, la datazione più probabile per la sua attività è la seconda metà del II sec. a.C. e l'inizio del I sec. a.C.

Passando alle altre fornaci (nn. 1-9), ricordiamo che esse hanno in comune un insieme di caratteristiche relative all'ubicazione e alla struttura che induce a ritenere siano state attive nello stesso lasso di tempo; ricordiamo pure che lo scarico della II officina, che presumibilmente comprende gli scarti dell'ultimo periodo della sua attività, include ceramica a vernice nera di forme tardo-ellenistiche e ceramica presigillata, portando a collocare la data di abbandono dell'officina verso la fine del terzo quarto del I sec. a.C.[145] Estendendo questa ipotesi di datazione alle altre fornaci, in mancanza di altri elementi differenzianti e pur con tutte le incertezze del caso, si può ritenere che le nove fornaci fossero attive verso la fine del II e nel I sec. a.C., terminando la loro operatività, alcune prima altre dopo, nella seconda metà del I sec. a.C.[146]

5. Elenco delle fornaci ritrovate in Sicilia

I dati qui riportati sono ripresi da Cuomo di Caprio 1971, pp. 457-461, con modifiche e aggiunte. I ritrovamenti sono raggruppati secondo le datazioni attribuite dagli studiosi che hanno effettuato i relativi scavi e, all'interno di ogni gruppo, sono elencati in ordine alfabetico secondo le località.

[139] Per l'emissione della serie HISPANORUM, cfr. MS II, p. 36: "The HISPANORUM series, struck probably in the second half of the second and the early first century B.C., represents the last activity of the mint of Morgantina."

[140] Per lo sviluppo dell'edilizia pubblica nel II e I sec. a.C. cfr. E. Gabba, Considerazioni politiche ed economiche sullo sviluppo urbano in Italia nei secoli II e I a.C., in *Hellenismus in Mittelitalien*, pp. 315-326, e in particolare p. 318.

[141] *Macellum*: PR I, pp. 154-155; PR XII, p. 338 e p. 341 nota 94; De Ruyt 1983, pp. 109-114; *supra*, Introduzione, nota 25.

Temenos: PR VII, pp. 165-166; PR XII, p. 338 e p. 340.

[142] *Infra*, Cap. III note 14-17, Tav. 33; Bell 1986, tav. 33 (la tavola è qui riprodotta in Tav. 55).

[143] Si presume che l'opera di ricostruzione della città sia iniziata nel secondo quarto del II sec. a.C. in quanto frammenti di ceramica campana C (databili dopo il 175 a.C.) sono stati ritrovati sotto il pavimento di nuove costruzioni e di case restaurate, ad esempio nella Casa Pappalardo, nella Casa dell'Ufficiale e nella Casa dei Capitelli Tuscanici (Tsakirgis Diss., p. 14 e nota 64, pp. 433-436; Ead., The Decorated Pavements of Morgantina I: the Mosaics, in *AJA* 93 [1989] pp. 403-405). Cfr. anche Stone 1983, p. 16.

[144] *Supra*, Cap. I note 42 e 44.

[145] Stone Diss., p. 54. Lo studioso suggerisce che la Casa dell'Ufficiale sia stata abbandonata intorno al 35 a.C., ossia al momento della reazione di Ottaviano all'aiuto fornito da Morgantina a Sesto Pompeo (Stone 1983, p. 18).

[146] In base ai dati raccolti, si può ritenere che la produzione della ceramica campana C a Morgantina sia compresa tra la metà del II sec. e il 35 a.C. (comunicazione personale di S. Stone).

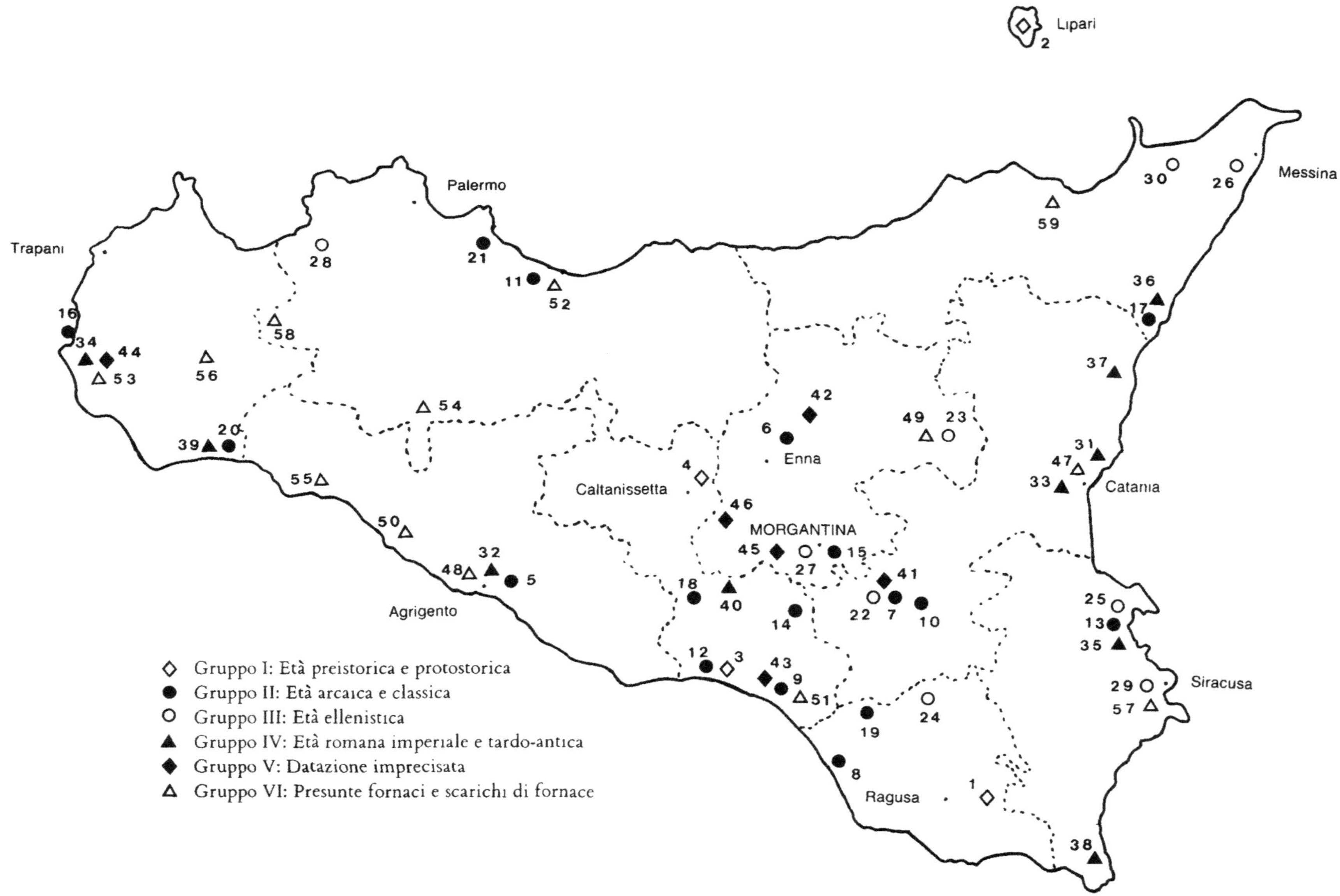

Fig. 7. Sicilia: ubicazione delle fornaci indicate in "Elenco Fornaci"; a tratteggio è indicato il confine di ciascuna delle nove province della Sicilia

Quando possibile, è indicato se il numero delle fornaci ritrovate supera l'unità. Per le abbreviazioni bibliografiche si rimanda all'inizio del presente lavoro.

Ad evitare ripetizioni, le fornaci di Morgantina sono semplicemente indicate nell'elenco, senza citazioni bibliografiche, in quanto già ampiamente trattate nel I e II Capitolo.

I numeri che precedono le località servono unicamente come collegamento con la mappa della Sicilia di cui a Fig. 7.

◇ I Gruppo: "focolari all'aperto" databili ad età preistorica e protostorica

1. CAVA D'ISPICA (Ragusa)
   Due focolari: G. DI STEFANO, Ricerche a Camarina e nel territorio della provincia di Ragusa (1980-1984), in *Kokalos* 30-31 (1984-1985) II,2, p. 798.

2. LIPARI (Messina)
   Scarico di fornace: L. BERNABÒ BREA - M. CAVALIER, *Meligunìs Lipára* IV, *L'Acropoli di Lipari nella preistoria* (Palermo 1980) p. 244.

3. MANFRIA (Caltanissetta)
   Cinque focolari: P. ORLANDINI, Scavo di un villaggio della prima età del bronzo a Manfria presso Gela, in *Kokalos* 6 (1960) p. 32; ID., *Il villaggio preistorico di Manfria* (Palermo 1962) pp. 47-58.

4. SABUCINA (Caltanissetta)
   a. Fornace databile alla tarda età del bronzo, inedita: Archivio della Soprintendenza ai BB.CC.AA. di Agrigento.
   b. Capanna-fornace: E. DE MIRO - G. FIORENTINI, L'attività della Soprintendenza Archeologica di Agrigento dal 1976 al 1980, in *BCASic* 1 (1980) p. 133; E. DE MIRO, Ricerche archeologiche nella Sicilia centro-meridionale, in *Kokalos* 26-27 (1980-1981) II,1, p. 562.

● II Gruppo: fornaci databili ad età arcaica e classica

5. AGRIGENTO
   a. Area delle fortificazioni greche nella zona di porta V, due fornaci: P. GRIFFO, *FA* 10 (1955) n. 1783.
   b. Settore ovest della collina dei Templi: ritrovamento del 1971, inedito: Archivio della Soprintendenza ai BB.CC.AA. di Agrigento.

6. ASSORO (Enna)
   a. Contrada Carmine, tre fornaci: J. P. MOREL, Recherches archéologiques et topographiques dans la région d'Assoro (province d'Enna, Sicile), in *MEFR* 75 (1963) pp. 277-279.
   b. Contrada San Giuliano: ID., *ibidem*, p. 283.

7. CALTAGIRONE (Catania)
   Loc. S. Gregorio e loc. Luppinella, fornaci inedite: Archivio della Soprintendenza ai BB.CC.AA. di Catania.

8. Camarina (Ragusa)

Due fornaci: A. W. Van Buren, News Letter from Rome, in *AJA* 70 (1966) p. 356; P. Pelagatti, Un decennio di ricerche archeologiche in provincia di Ragusa (1960-70), in *SicArch* 10 (1970) pp. 14-15; Ead., *FA* 22 (1967) n. 1996; Ead., Camarina, 1970-1976, in *Magna Graecia* 12, 1-2 (1977) pp. 1-4; N. Cuomo di Caprio, Pottery- and Tile-kilns in South Italy and Sicily, in *Roman Brick*, p. 88.

9. Gela (Caltanissetta)

a. Via Dalmazia: D. Adamesteanu, Vasi gelesi arcaici di produzione locale, in *ArchCl* 5 (1953) p. 244; Id., Gela, via Dalmazia. Scoperta di una fornace greca arcaica, in *NSc* 10 (1956) pp. 277-281; P. Orlandini, *FA* 9 (1954) n. 2084; P. Griffo, Recenti scavi archeologici in Sicilia, in *Kokalos* 10-11 (1964-1965) p. 155; G. Fiorentini, *Gela, la città antica e il suo territorio: Il Museo* (Palermo 1985) p. 22.

b. Via Bonnano: G. Fiorentini (*supra*) p. 22.

c. Loc. Capo Soprano: fornace inedita: Archivio della Soprintendenza ai BB.CC.AA. di Agrigento.

d. Ex scalo ferroviario, fornace inedita: Archivio della Soprintendenza ai BB.CC.AA. di Agrigento.

10. Grammichele (Catania)

G. M. Bacci, Scavi e ricerche a Avola, Grammichele, Portopalo, Taormina, in *Kokalos* 30-31 (1984-1985) II,2, p. 714.

11. Imera (Palermo)

a. Abitato: O. Belvedere - E. Epifanio, L'abitato, Isolato III, in *Himera* II,1 (Roma 1976) p. 252.

b. Area del tempio della Vittoria: N. Bonacasa, I saggi di scavo, in *Himera* II,2 (Roma 1976) p. 634.

12. Manfria (Caltanissetta)

Poggio Mangiatoia, due fornaci: D. Adamesteanu, Manfria (Gela). Scavo di una fattoria-officina, in *NSc* 12 (1958) p. 332; Id., L'opera di Timoleonte nella Sicilia centro-meridionale, in *Kokalos* 4 (1958) pp. 60-61.

13. Megara Iblea (Siracusa)

F. Villard, Un four de potier archaique à Megara Hyblaea, in *CRAI* (1952) pp. 120-122; F. Villard - G. Vallet, Megara Hyblaea, in *MEFR* 65 (1953) pp. 13-18; Iid., *FA* 8 (1953) n. 1687; G. Vallet, Scavi a Megara Hyblaea, in *Magna Graecia* 11, 7-8 (1976) p. 6; P. Griffo, Recenti scavi archeologici in Sicilia, in *Kokalos* 10-11 (1964-1965) p. 149.

14. Monte Bubbonia (Caltanissetta)

Due fornaci: D. Adamesteanu, *FA* 10 (1955) n. 2493; Id., Nouvelles fouilles à Gela et dans l'arrière pays, in *RA* 49 (1957) p. 168; P. Orlandini, L'espansione di Gela nella Sicilia centro-meridionale, in *Kokalos* 8 (1962) pp. 88, 113, tav. 12, fig. 1.

15. Morgantina (Enna)

Supra, Introduzione, pp. 4-5.

16. Mozia (Trapani)

a. "Luogo di Arsione," due fornaci: V. Tusa, L'attività della Sopr. alle Antichità della Sicilia Occ. 1972-1976, in *Kokalos* 22-23 (1976-1977) II,2, p. 667; Id., Relazione preliminare degli scavi eseguiti a Mozia negli anni 1972, 1973, 1974, in *Mozia* IX (Roma 1978) pp. 78-89; N. Cuomo di Caprio,

Commento tecnico sulle fornaci del cosiddetto "Luogo di Arsione" di Mozia, in *Mozia* IX (Roma 1978) pp. 111-117; EAD., Annotazioni tecniche in margine al cosiddetto "Luogo di Arsione" di Mozia, in *SicArch* 45 (1981) pp. 7-14.

b. Zona orientale delle mura: A. CIASCA, Scavi alle mura di Mozia (campagna 1975), in *RStFen* 4 (1976) p. 79; EAD., Scavi alle mura di Mozia (campagna 1976), in *RStFen* 5 (1977) p. 206; N. CUOMO DI CAPRIO, Una fornace a Mozia, in *SicArch* 34 (1977) pp. 7-14; EAD., Pottery- and Tile-kilns in South Italy and Sicily, in *Roman Brick*, p. 88.

c. Zona nord-orientale delle mura, due fornaci: V. TUSA, L'attività della Soprintendenza archeologica della Sicilia Occidentale dal gennaio '76 all'aprile '80, in *BCASic* 1 (1980) pp. 57-58; G. FALSONE, I nuovi scavi di Mozia, *ibidem*, pp. 102-103; ID., Gli scavi della "zona K" a Mozia, in *Kokalos* 26-27 (1980-1981) II,2, p. 879; ID., *Struttura e origine orientale dei forni da vasaio di Mozia*, Fondazione G. Whitaker (Palermo 1981) p. 35; ID., *FA* 34-35 (1979-1980) n. 7074; ID., Mozia, zona K. La quarta campagna di scavo, in *SicArch* 71 (1989) pp. 51-63.

d. Zona sud-orientale delle mura: FALSONE, *Struttura e origine* (*supra* 16 c), pp. 37-38.

e. Strada da porta nord a porta sud: B. PACE, Mozia. Prime notizie sugli scavi eseguiti negli anni 1906-1914, in *NSc* 1915, p. 437; ID., *Studi siciliani. Mozia* (Palermo s.d. [1922?]) p. 70; J. I. S. WHITAKER, *Motya. A Phoenician Colony in Sicily* (London 1921) pp. 173-174; FALSONE, *Struttura e origine* (*supra* 16 c), pp. 36-37.

17. NAXOS (Messina)

a. Area sacra, due fornaci: G. V. GENTILI, Naxos alla luce dei primi scavi, in *BdA* 41 (1956) pp. 329-331; ID., *FA* 8 (1953) n. 1699; P. PELAGATTI, Naxos, relazione preliminare delle campagne di scavo 1961-1964, in *BdA* 49 (1964) p. 153.

b. Settore nord-orientale all'interno della città: M. C. LENTINI, Naxos: esplorazione nell'abitato proto-arcaico orientale. Casa a pastàs n. 1, in *Kokalos* 30-31 (1984-1985) II,2, p. 821.

c. Quartiere del ceramico, tre fornaci: P. GRIFFO, Recenti scavi archeologici in Sicilia, in *Kokalos* 10-11 (1964-1965) p. 145; P. PELAGATTI, L'attività della Soprintendenza alle Antichità della Sicilia Or. tra il 1965 e il 1968, in *Kokalos* 14-15 (1968-1969) p. 351; EAD., *FA* 22 (1967) n. 2158; EAD., Naxos II, ricerche topografiche e scavi 1965-1970, in *BdA* 57 (1972) pp. 213-214; N. CUOMO DI CAPRIO, Pottery- and Tile-kilns in South Italy and Sicily, in *Roman Brick*, p. 86.

d. Area nord-orientale all'esterno della cittá: P. PELAGATTI, L'attività della Sopr. alle Antichità della Sicilia Or., in *Kokalos* 26-27 (1980-1981) II,1, p. 697 e p. 702 nota 29; EAD., Naxos (Messina). Gli scavi extraurbani oltre il Santa Venera (1973-75), in *NSc* 38-39 (1984-85) p. 278 nota 64.

e. Settore ad ovest del torrente Santa Venera: M. C. LENTINI, Distribuzione e cronologia delle necropoli di Naxos, in *NSc* 38-39 (1984-85) pp. 478-479 e nota 429 (due fornaci in proprietà Puglia); *ibidem*, pp. 479-481 e nota 447 (una fornace in proprietà Ponturo); *ibidem*, p. 479 (un quartiere di vasai in proprietà Scalia).

f. Via Dalmazia: fornace inedita, rinvenuta nel 1963-1964 (epoca romana?). Archivio della Soprintendenza ai BB.CC.AA. di Messina.

18. RIESI (Caltanissetta)

Contrada Lo Strazzo ex feudo Calamucini: F. DI PAOLA AVOLIO, *Delle antiche fatture di argilla che si ritrovano in Sicilia* (Palermo 1829) pp. 122-123.

19. SCORNAVACCHE (Ragusa)

Fornaci in numero imprecisato; una di esse è attualmente ricostruita nel Museo di Ragusa: A. DI VITA, La penetrazione siracusana nella Sicilia sud-orientale alla luce delle più recenti scoperte archeologiche, in *Kokalos* 2 (1956) p. 203; ID., Recenti scoperte archeologiche in provincia di Ragusa, in *Archivio Storico Siracusano* 2 (1956) p. 38; ID., *FA* 10 (1955) n. 2016; ID., Camarina e Scornavacche in età timoleontea, in *Kokalos* 4 (1958) pp. 91-96; ID., Breve rassegna degli scavi arch. condotti in provincia di Ragusa nel quadriennio 1955-1959, in *BdA* 44 (1959) p. 356; ID., Il nuovo Antiquarium di Ragusa, in *BdA* 46 (1961) pp. 284-285; P. PELAGATTI, Il Museo Archeologico di Ragusa, in *SicArch* 11 (1970) p. 29; B. BASILE, Ceramiche italiote dall'anonimo abitato greco di Scornavacche sul Dirillo, in *SicArch* 31 (1976) p. 11; G. DI STEFANO, Ricerche a Camarina e nel territorio della provincia di Ragusa (1980-1984), in *Kokalos* 30-31 (1984-1985) II,2, pp. 779-781.

20. SELINUNTE (Trapani)

a. Acropoli, a nord-est del *temenos*, tre fornaci: M. FOURMONT, Les ateliers de Sélinonte, in *Les ateliers de potiers dans le monde grec aux époques géométrique, archaïque et classique, Actes de la table ronde internationale, Athenes 1987* = *BCH* Suppl. 23 (in corso di stampa).
b. Acropoli, a nord-est del *temenos*, fornace inedita.
c. Acropoli, due fornaci, inedite: Archivio della Soprintendenza ai BB.CC.AA. di Trapani.

21. SOLANTO (Palermo)

Contrada S. Cristoforo, S. Flavia: V. FATTA, Sulle tracce dei Fenici di Sólanto, in *SicArch* 49-50 (1982) pp. 57-64; A. VILLA, Una fornace antica a Sólanto (S. Flavia), in *BCASic* 4 (1983) pp. 151-157; V. TUSA, L'attività della Soprintendenza Archeologica della Sicilia Occidentale nel quadriennio 1980-1984, in *Kokalos* 30-31 (1984-1985) II,1, pp. 599-600.

O III Gruppo: fornaci databili ad età ellenistica

22. CALTAGIRONE (Catania)

Loc. Manione, fornace inedita: Archivio della Soprintendenza ai BB.CC.AA. di Catania.

23. CENTURIPE (Enna)

a. Contrada Gelso-Piano Capitano, due fornaci: G. RIZZA, Scavi e ricerche dell'Istituto e della Scuola di Archeologia negli anni 1968-71, in *SicGymn* N.S. 24 (1971) p. 223; ID., Nuove ricerche a Centuripe, in *Kokalos* 18-19 (1972-1973) pp. 371-372; ID., Attività dell'Istituto di Archeologia dell'Università di Catania, in *Kokalos* 22-23 (1976-1977) II,1, pp. 642-643; ID., *FA* 30-31 (1975-1976) n. 100.
b. Vallone Difesa, lungo la strada Centuripe-Mandarano: G. RIZZA, Attività dell'Istituto di Archeologia dell'Università di Catania, in *Kokalos* 22-23 (1976-1977) II,1 p. 643; ID., Attività dell'Istituto di Archeologia dell'Università di Catania, in *Kokalos* 26-27 (1980-1981) II,1, p. 766.

24. CHIARAMONTE GULFI (Ragusa)

Contrada Morana lungo la strada per Licodia: A. DI VITA, Archeologia ed identificazione di un antico centro della Sicilia orientale (Acrille), in *ArchStorSicilia* 4,1 (1951) p. 56; ID., *Ricerche archeologiche in territorio di Chiaramonte Gulfi* (Catania 1954) p. 22.

25. MEGARA IBLEA (Siracusa)
G. VALLET - F. VILLARD - P. AUBERSON, *Mégara Hyblaea* III, *Guide des fouilles*, *MEFR* Suppl. 1 (Roma 1983) pp. 35, 38.

26. MESSINA
Centro urbano: G. VOZA, L'attività della Soprintendenza ai Beni Archeologici della Sicilia Orientale dal 1976 al 1982, in *BCASic* 3 (1982) p. 126.

27. MORGANTINA (Enna)
Supra, Cap. I, pp. 9-40.

28. PARTINICO (Palermo)
Due fornaci: C. A. DI STEFANO, Scoperta di due antiche fornaci nel territorio di Partinico, in *SicArch* 49-50 (1982) pp. 31-36; L. BIVONA, Brevi note sull'*instrumentum domesticum* di Sicilia, in *Kokalos* 28-29 (1982-1983) p. 382.

29. SIRACUSA
a. Quartiere ceramico, tre fornaci: S. L. AGNELLO, Recenti esplorazioni delle catacombe siracusane di S. Lucia, in *RACrist* 30 (1954) p. 53; ID., Siracusa. Nuovi ipogei scoperti nel cimitero di Vigna Cassia, in *NSc* 9 (1955) pp. 242-243; ID., Lavori di sistemazione nelle catacombe siracusane di Vigna Cassia, in *Archivio Storico Siracusano* 2 (1956) p. 51; ID., *FA* 8 (1953) n. 5386; ID., *FA* 11 (1956) n. 7067; ID., *FA* 12 (1957) n. 8150; ID., *FA* 34-35 (1979-1980) n. 18522; G. V. GENTILI, *FA* 11 (1956) n. 2860; FALLICO 1971, pp. 592-594; EAD., *FA* 28-29 (1973-1974) n. 4363; S. LAGONA, Vasai a Siracusa in *Archivio Storico Siracusano* N.S. 2 (1972-73) pp. 91-98; EAD., *FA* 30-31 (1975-1976) n. 6032; Cfr. anche PELAGATTI 1970, p. 470.
b. Contrada Zappalà: G. CULTRERA, Siracusa. Rovine di un antico stabilimento idraulico in contrada Zappalà, in *NSc* 1938, pp. 274-276.

30. SPADAFORA (Messina)
A. SALINAS, Spadafora. Fornace antica scoperta presso Spadafora (Messina), in *NSc* 1898, pp. 257-258.

▲ IV Gruppo: fornaci databili ad età romana imperiale e tardo-antica

31. ACICASTELLO (Catania)
Fornace inedita: Archivio del Museo di Acicastello.

32. AGRIGENTO
P. MARCONI, *Agrigento. Topografia ed arte* (Firenze 1929) pp. 119-120.

33. CATANIA
P. ORSI, Sicilia. Nuove scoperte nella provincia di Catania. Avanzi di edificio termale ai Quattro Canti, in *NSc* 1912, p. 412.

34. LILIBEO (Trapani)
A. M. BISI, Lilibeo (Marsala). Ricerche archeologiche, in *NSc* 20 (1966) pp. 314-321.

35. MEGARA IBLEA (Siracusa)
P. ORSI, Megara Hyblaea. Storia, topografia, necropoli e anathemata, in *MonAnt* I puntata 1 (1889) col. 728 e col. 762, tav. II.

36. NAXOS (Messina)
Zona del torrente San Giovanni, cinque fornaci: P. PELAGATTI, L'attività della Soprintendenza alle Antichità della Sicilia Orientale, in *Kokalos* 22-23 (1976-1977) II,1, p. 545; A. M. FALLICO, Naxos: Fornaci tardo-romane, *ibidem*, pp. 632-633; EAD., *FA* 34-35 (1979-1980) n. 18430.

37. NUNZIATA (Catania)
M. C. LENTINI, Area cimiteriale di epoca bizantina (VI-VII secolo), in *BCASic* 3 (1982) pp. 177-179.

38. PORTOPALO (Siracusa)
S. CIANCIO, Gli abitanti del promontorio Pachino, in *Vita Diocesana*, Noto (Siracusa) 28 Aprile 1972, p. 2.

39. SELINUNTE (Trapani)
G. NASELLI, La fortezza e la fornace, in *SicArch* 17 (1972) pp. 21-26.

40. SOFIANA (Caltanissetta)
D. ADAMESTEANU, Nuovi documenti paleocristiani nella Sicilia centro-meridionale, in *BdA* 48 (1963) p. 264; PELAGATTI 1969, p. 82.

◆ V Gruppo: fornaci di datazione imprecisata

41. CALTAGIRONE (Catania)
Loc. S. Mauro, fornace inedita: Archivio della Soprintendenza ai BB.CC.AA. di Catania.

42. COZZO MATRICE (Enna)
E. CILIA, Cozzo Matrice, scavi 1979. Aspetti e problemi di una ricerca su un centro indigeno ellenizzato, in *Kokalos* 26-27 (1980-1981) II,1, p. 618.

43. GELA (Caltanissetta)
Loc. Capo Soprano, fornace inedita (medievale?): Archivio della Soprintendenza ai BB.CC.AA. di Agrigento.

44. LILIBEO (Trapani)
A. M. BISI, Lilibeo (Marsala). Ricerche archeologiche, in *NSc* 20 (1966) p. 311.

45. PIAZZA ARMERINA (Enna)
Loc. Rabutano, due fornaci: A. LI GOTTI, *FA* 18-19 (1963-1964) n. 7446.

46. PIETRAPERZIA (Enna)
Fornace inedita: Archivio della Soprintendenza ai BB.CC.AA. di Enna.

△ VI Gruppo: segnalazioni di presunte fornaci e di scarichi di fornace

47. ACIREALE (Catania)
Loc. Casalotto, due fornaci: G. LIBERTINI, Sicilia, Acireale. Scoperte a Casalotto, in *NSc* 1922, p. 499.

48. AGRIGENTO

a. Scarico di matrici all'esterno delle mura greche: I. MARCONI BOVIO, Agrigento. Scoperta di matrici fittili e di terrecotte figurate negli anni 1926-1927, in *NSc* 1930, pp. 73-76.

b. Scarico di fornace all'esterno del santuario delle divinità ctonie: P. MARCONI, *Agrigento Arcaica. Il santuario delle divinità ctonie e il tempio detto di Vulcano*, a cura della Società Magna Grecia (Roma 1933) pp. 50-51.

c. Scarico di fornace a sud dell'*Olympeion*: P. ORLANDINI, La rinascita della Sicilia nell'età di Timoleonte, in *Kokalos* 4 (1958) p. 28.

d. Presunta fornace in loc. Bonomorone: P. GRIFFO, *FA* 3 (1948) n. 3244.

49. CENTURIPE (Enna)

a. Contrada del Capitano (cfr. *supra*, III gruppo, Centuripe a). F. ANSALDI, I monumenti dell'antica Centuripi (Catania 1851) p. 67.

b. G. LIBERTINI, Centuripe (Catania 1926) p. 92.

50. ERACLEA MINOA (Agrigento)

a. Zona dell'abitato: E. DE MIRO, Heraclea Minoa. Risultati archeologici e storici dei primi scavi sistematici nell'area dell'abitato, in *Kokalos* 12 (1966) p. 222.

b. Sulla riva del fiume Platini: R. J. A. WILSON, Eraclea Minoa. Ricerche nel territorio, in *Kokalos* 26-27 (1980-1981) II,1, p. 665; ID., The Hinterland of Heraclea Minoa (Sicily) in Classical Antiquity, in *Archaeology and Italian Society*, G. BARKER - R. HODGES, eds., BAR International Series 102 (Oxford 1981) p. 258.

51. GELA (Caltanissetta)

a. Sulle pendici della collina: P. ARNDT, *Studien zur Vasenkunde* (Leipzig 1887) pp. 136-137.

b. Costa Zampogna: P. ORSI, Gela, Scavi del 1900-1905 (Parte V,3, Scarichi di carattere non definito), in *MonAnt* 17 (1906) coll. 563-567; ID., Gela (Terranova di Sicilia). Seconda campagna di scavi (1901), in *NSc* 1901, pp. 309-310.

c. Acropoli: P. ORLANDINI, *FA* 9 (1954) n. 2084.

d. S. Giacomo: D. ADAMESTEANU, Uno scarico di fornace ellenistica a Gela, in *ArchCl* 6 (1954) pp. 129-132; P. ORLANDINI, *FA* 9 (1954) n. 2084; ID., Tipologia e cronologia del materiale archeologico di Gela, in *ArchCl* 9 (1957) p. 167.

e. Municipio: D. ADAMESTEANU, Gela. Nuovo Municipio: pozzi e cisterna, in *NSc* 14 (1960) pp. 116-133.

52. IMERA (Palermo)

a. Quartiere est: N. ALLEGRO, Il quartiere est, in *Himera* II,1 (Roma 1976) p. 486.

b. Canne Masche: N. BONACASA, I saggi di scavo, in *Himera* II,2 (Roma 1976) p. 659.

c. Contrada Quaranta Salme: S. VASSALLO, I siti, in *Himera* III,1 (Roma 1988) p. 81; O. BELVEDERE, Topografia storica, *ibidem*, p. 213.

53. MARSALA (Trapani)

Zona est del fossato, presso l'attuale via Egadi, fornace inedita: Archivio della Soprintendenza ai BB.CC.AA. di Trapani.

54. Palazzo Adriano (Palermo)
   G. Libertini, *Centuripe* (Catania 1926) p. 136.

55. Rocca Nadore (Agrigento)
   G. Bejor, Scavo del **φρούριον** punico-ellenistico di Rocca Nadore (intervento), in *Kokalos* 18–19 (1972–1973) pp. 247–250.

56. Salemi (Trapani)
   Fornace inedita: Archivio della Soprintendenza ai BB.CC.AA. di Trapani.

57. Siracusa
   a. Zona dell'Acradina: P. Orsi, Siracusa. Sepolcro arcaico dell'Acradina e scarico di terrecotte rinvenute nel sito stesso, in *NSc* 1893 (1892 sic) p. 126.
   b. Zona del Fusco: P. Orsi, Siracusa. Opere idrauliche, militari e sepolcri arcaici rinvenuti al Fusco presso Siracusa nel 1903, in *NSc* 1903, p. 525.

58. Sirignano (Palermo)
   C. Trasselli, La fattoria romana di Sirignano, in *SicArch* 12 (1970) pp. 19–24; L. Bivona, Brevi note sull'*instrumentum domesticum* di Sicilia, in *Kokalos* 28–29 (1982–1983) pp. 383–387.

59. Tindari (Messina)
   N. Lamboglia, Una fabbricazione di ceramica megarica a Tindari e una terra sigillata siciliana?, in *ArchCl* 11 (1959) pp. 87–91.

Mentre il presente lavoro era in corso di stampa, è stata reso noto il ritrovamento di due fornaci a Marsala, databili al IV–III sec. a.C.:

Marsala (Trapani)
   Zona Baglio Anselmi, due fornaci: B. Bechtold - I. Valente, Un'area industriale punica nel cortile del Museo Archeologico "Baglio Anselmi," Marsala, in *SicArch* 72 (1990) pp. 39–43.

III

Produzione ceramica

DOPO LA RASSEGNA dei principali aspetti tecnici delle officine da vasaio, resta da esaminare il problema della loro produzione: tra i tanti manufatti riportati alla luce a Morgantina, quali sono stati cotti nelle fornaci di cui si occupa il presente studio?

È arduo dare una risposta sicura, in quanto le fornaci sono state trovate mancanti di molti elementi strutturali e riempite con materiale eterogeneo, presumibilmente franato dalle alture sovrastanti durante i secoli di abbandono. Inoltre, é stato trovato soltanto uno scarico di fornace, il che può sorprendere in quanto dieci fornaci dovrebbero avere lasciato ampia traccia della loro esistenza lavorativa, così come gli inevitabili incidenti di cottura dovrebbero essere testimoniati da numerosi manufatti ipercotti o comunque di scarto.[1] D'altra parte, occorre tenere presente l'ubicazione di ben sette fornaci nella zona dell'agorà, zona che seppure trasformata in centro commerciale e produttivo non era adatta a raccogliere rifiuti. Si potrebbe pertanto formulare l'ipotesi che gli scarti venissero buttati fuori della cinta delle mura. Un'altra ipotesi, forse meno convincente, porterebbe a supporre che le fornaci abbiano avuto vita piuttosto breve, il che spiegherebbe il mancato accumulo di scarichi consistenti.

Se è arduo dare una risposta sicura circa la produzione delle dieci fornaci, è tuttavia possibile formulare alcune ipotesi seguendo due differenti criteri: il primo, basato su osservazioni tecniche indirizzate a negare o confermare che determinate classi di materiali possano essere state cotte in una specifica fornace; il secondo, basato sull'esame dello scarico di fornace ritrovato dentro la cisterna dell'officina II, facendo assumere a tale scarico, l'unico ad essere stato ritrovato, valore di campione rappresentativo della produzione ceramica delle fornaci qui esaminate, pur tenendo presenti i limiti di una generalizzazione in tal senso.[2]

1. Fornace n. 10

Il primo criterio trova applicazione nella fornace n. 10, all'interno della quale gli scavi del 1955 hanno rinvenuto frammenti di numerose e differenti classi ceramiche, quali ceramica a vernice nera, pesi da telaio, lucerne, ceramica comune, mattoni, tegole, rocchi di colonna e condotti idrici.[3] Sebbene la maggiore parte di questi materiali siano da ritenere estranei, essendo probabilmente

[1] Per dare un'idea dell'entità degli scarti che si potevano accumulare durante la lavorazione ceramica, si possono citare le due fosse di scarico trovate a La Graufesenque, fatti salvi, beninteso, la diversa dimensione della produzione e il diverso contesto spaziale e cronologico. Le due fosse erano colme rispettivamente di circa 15.000 e circa 6.000 manufatti in terra sigillata, difettosi per la lavorazione e/o la cottura: M. LABROUSSE, Informations archéologiques, Midi-Pyrénées, Millau (Condatomagos), in *Gallia* 38 (1980) p. 465, fig. 1; R. LEQUEMENT, Informations archéologiques, Midi-Pyrénées, Millau (Condatomagos), in *Gallia* 41 (1983) p. 478.

[2] Alcuni scarti di fornace sono stati rinvenuti anche nella fornace n. 9 sita nella Stoà Est, ma in numero talmente esiguo da non potere essere considerati un vero e proprio scarico di officina da vasaio.

[3] PR I, p. 158. Qui nel testo, alcune di queste classi di materiali sono state abbinate avendo alcune caratteristiche in comune, quali la limitatezza delle dimensioni (lucerne e pesi

franati dalla sovrastante Collina Est, essi possono servire quale utile esemplificazione dei tipi di manufatti che avrebbero potuto essere cotti nella fornace in questione. Pertanto vengono qui avanzate alcune osservazioni tecniche che in ordine crescente di probabilità mirano a verificare l'idoneità o meno della fornace a cuocere sistematicamente determinati materiali.

MANUFATTI A VERNICE NERA: si può essere ragionevolmente certi che siano da considerare in seconda giacitura, in quanto la fornace non è adatta alla cottura della vernice nera, essendo tanto ampie le sue dimensioni da rendere pressochè impossibile padroneggiare l'ambiente di cottura e ottenere nei tempi voluti e alle temperature ottimali il passaggio da atmosfera ossidante ad atmosfera riducente. Inoltre, poichè l'esigenza di un ciclo di cottura con fase finale riducente impediva di cuocere contemporaneamente altri tipi di manufatti, riservare un'intera infornata a manufatti a vernice nera avrebbe comportato una produzione esorbitante, al di là delle possibilità di assorbimento del mercato.

LUCERNE E PESI DA TELAIO: scarse sono le probabilità che siano stati cotti in questa fornace, essendo il loro piccolo formato poco adatto ad un'ampia struttura. È pure da tenere in considerazione il diverso spessore dei singoli oggetti, onde l'impilaggio e la cottura contemporanea dei grossolani pesi da telaio e delle fragili lucerne avrebbero creato problemi non facilmente risolvibili. Nè è ragionevole pensare a un'infornata riservata a ciascuno dei due tipi di manufatti, considerato che l'ampiezza della fornace avrebbe comportato una mole di produzione che, invece, non trova conferma nell'evidenza archeologica.

CERAMICA COMUNE: in questo caso le probabilità di appartenenza alla fornace sono maggiori, in quanto le dimensioni e la relativa solidità di questo tipo di manufatti li rendevano sufficientemente adatti ad essere collocati nei punti della fornace in cui il calore era meno violento, ad esempio lungo il perimetro, permettendo così al vasaio di sfruttare al massimo ogni spazio disponibile. È da ritenere però poco probabile che sistematicamente la ceramica comune fosse cotta insieme con i laterizi, e ciò a causa dei differenti spessori e delle differenti temperature ottimali di cottura.

MATTONI:[4] ben si adattavano ad essere cotti in una fornace quale quella qui esaminata. Tuttavia,

---

da telaio), oppure perchè si tratta di materiale ugualmente grossolano (tegole e coppi).

[4] Nell'area degli scavi sono stati riportati alla luce mattoni le cui dimensioni, calcolate nel valore medio, sono le seguenti:

a) cm 33 x 16 x 8;
b) cm 33 x 33 x 8 (34 x 34 x 8);
c) cm 48 x 34 x 8 (50 x 34 x 8);
d) cm 48 x 24 x 8 (50 x 24 x 8).

Per il piede dorico, che corrisponde a cm 32,6-32,7-32,9, cfr. W. B. DINSMOOR, *The Architecture of Ancient Greece*, 3 ediz. (London 1950) p. 161 nota 1 e p. 195 nota 1; C. TIBERI, *Mnesicle l'architetto dei Propilei* (Roma 1964) p. 120 e nota 5; G. GULLINI, *La cultura architettonica di Locri Epizefiri* (Taranto 1980) p. 14 e nota 26; D. MERTENS, *Der Tempel von Segesta* (Mainz 1984) p. 44.

La rilevante altezza dei mattoni di Morgantina, che di regola è cm 8, potrebbe collegarsi alla tradizione dei mattoni crudi la cui altezza doveva essere necessariamente notevole a causa della loro intrinseca natura (BLAKE 1947, p. 284 nota 21). Ha uno spessore di cm 7, e lato di cm 27.5, il "robusto mattonaccio quadrato ad angoli arrotondati" su cui è tracciata una curiosa epigrafe, ritrovato nella zona di Morgantina all'inizio del secolo: P. ORSI, Sicilia. Nuove scoperte nelle provincie di Caltanissetta e di Messina. Aidone - Scoperte diverse a Serra Orlando, in *NSc* 1912, pp. 451-452, fig. 29.

Per esempi di mattoni regionali: LUGLI 1957, pp. 547-549 e pp. 621-630. Per mattoni di età ellenistica: P. MINGAZZINI, Velia. Scavi 1927, in *AttiMGrecia* N.S. 1 (1954) pp. 39-47. Ricordiamo pure i mattoni della fornace di Spadafora, dalle misure di cm 29 x 50, altezza cm 10: A. SALINAS, Spadafora. Fornace antica scoperta presso Spadafora (Messina), in *NSc* 1898, p. 258, e i mattoni ritrovati a Messina, dalle misure di cm 35 x 53, alcuni dei quali con iscrizioni dei Mamertini: A. SALINAS, Messina, in *NSc* 1886, pp. 460-461.

rimane dubbio l'uso esclusivo di essa per questo tipo di materiale: la fornace è costruita in mattoni, il che dimostra che nell'area di Morgantina preesisteva un'altra fornace capace di produrli. Destinare una così ampia fornace a questa sola produzione sarebbe stato giustificato da un mercato locale molto attivo, posto che un'infornata è stata valutata a circa mille mattoni,[5] mentre a Morgantina la più comune tecnica di costruzione è in pietra.[6]

D'altra parte è da rimarcare che un buon numero di mattoni, sia rettangolari sia quadrati, sono stati impiegati nella Collina Ovest e nella Collina Est per la ristrutturazione di case ivi ubicate, e che numerosi cortili ed aree all'aperto sono pavimentati con larghe mattonelle quadrate (Tav. 35:b);[7] inoltre sono stati riportati alla luce anche alcuni pavimenti in *opus spicatum*, costruiti con piccoli mattoncini posti di costa (Tav. 35:a).[8] Si ritiene che queste opere siano databili al II-I sec. a.C.,[9] donde potrebbe essere valida l'ipotesi che la fornace qui in esame venisse utilizzata non esclusivamente, bensì a seconda delle necessità, per cuocere anche mattoni di varie forme e dimensioni da usare per ristrutturazioni e per lastricare spazi all'aperto.

TEGOLE E COPPI:[10] anche questi, come i mattoni, si adattavano bene ad essere cotti nella fornace qui in esame. L'abbondanza dei ritrovamenti di questa classe di materiali fornisce un supporto all'ipotesi che si tratti di produzione locale, sebbene non sempre sia possibile individuare l'epoca di fabbricazione.

Tra i mattoni crudi ritrovati in Sicilia ricordiamo quelli di Gela e di Bitalemi, aventi altezza tra cm 7 e cm 9: LUGLI 1957, p. 536; P. ORLANDINI, Gela, nuove scoperte nel *Thesmophorion* di Bitalemi, in *Kokalos* 13 (1967) p. 178.

[5] Il calcolo dei mattoni che avrebbero potuto essere cotti in un carico della fornace n. 10 è stato effettuato dall'arch. Christopher Crowley della Missione Americana a Morgantina, basandosi su mattoni dalle misure di cm 33 x 16 x 8, posti di costa, e calcolando un massimo di cinque strati sovrapposti. È da aggiungere che calcoli precedenti (PR I, p. 158) avevano indicato in seimila i mattoni cotti in ogni infornata, calcolo presumibilmente in eccesso.

Un carico di circa 1600 mattoni è stato calcolato per una fornace di Oltina dalle misure di m 4.30 x 3.74 x 1.73: M. IRIMIA, Cuptoarele romano-bizantine de ars ceramică de la Oltina (Jud. Constanţa) (Les fours romano-byzantins d'Oltina [district de Constantza] pour la cuisson de la céramique), in *Pontica* 1 (1968) pp. 379-407, riassunto francese a p. 408.

Circa la produzione giornaliera di laterizi attribuita ad un singolo operaio, si veda *supra*, Cap. I nota 39.

[6] *Supra*, Cap. I note da 9 a 13. Di regola sono stati impiegati blocchetti squadrati più o meno regolari ricavati dalla locale roccia calcarea (TSAKIRGIS Diss., pp. 310-316), con scarso impiego di mattoni (*ibidem*, p. 316).

L'uso del mattone come materiale edilizio è accertato soltanto nel tardo periodo di vita della città (TSAKIRGIS Diss., p. 310 e p. 316).

[7] Si possono ricordare i mattoni impiegati sia per gli stipiti delle porte sia per chiudere precedenti aperture o per costruire paratie interne, come si riscontra nella Casa del Capitello Dorico sulla Collina Est (TSAKIRGIS Diss., pp. 46-70, in particolare cfr. pp. 57-58 e p. 316), trasformazioni attribuite ad epoca successiva al 211 a.C. (*ibidem*, pp. 67-68).

Cortili pavimentati con mattonelle si trovano in numerose case, quali: Casa dell'Ufficiale, Casa Sud-ovest, Casa dei Capitelli Tuscanici, Casa Pappalardo, Casa della Cisterna ad Arco, Casa del Ripostiglio Aureo, Casa del Pithos Riparato, Casa della Doppia Cisterna, ed in altre case ancora (TSAKIRGIS Diss., p. 333 e nota 156). Le dimensioni medie delle mattonelle sono cm 32 per lato (da cm 30 a cm 34 per lato) (*ibidem*, p. 367).

[8] Pavimenti in *opus spicatum* sono stati trovati in: Casa di Ganimede, Casa del Palmento, Casa del Capitello Dorico, Casa Pappalardo, Casa del Pithos Riparato (TSAKIRGIS Diss., p. 334 e nota 160).

[9] In alcune case, il ritrovamento sotto il pavimento di frammenti di ceramica campana C e di monete del II sec. a.C. ha permesso di individuare ristrutturazioni e riparazioni effettuate dopo il 211 a.C. (TSAKIRGIS Diss., pp. 430-440; MS II, pp. 174-181 e pp. 191-199. Si veda anche *supra*, Cap. II nota 143).

[10] LUGLI 1957, p. 545, fig. 112; WILSON 1979, pp. 18-23; W. ROSTOKER - E. GEBHARD, The Reproduction of Rooftiles for the Archaic Temple of Poseidon at Isthmia, Greece, in *JFA* 8 (1981) pp. 211-227; HERES 1982, pp. 25-26; C. WIKANDER, *Acquarossa* I, *The Painted Architectural Terracottas*. Part 2: *Typological and Decorative Analysis* (*SkrRom* 4, 38:1,2; Stockholm 1988) pp. 56-68.

Si ritiene che le coperture del tetto adottate a Morgantina seguissero il sistema laconico e il sistema delle tegole dal bordo rialzato poste accostate, con coppi sopra il punto di giunzione (TSAKIRGIS Diss., p. 346 nota 26). Le dimensioni dei rari coppi ritrovati in buone condizioni sono: lungh. da cm 70 a cm 80; largh. da cm 20 a cm 30; luce da cm 5 a cm 8.

ROCCHI DI COLONNA (Tav. 34:b):[11] buone sono le probabilità di appartenenza, e ciò non soltanto perchè sono stati trovati in largo numero, ma anche perchè la loro forma e il loro spessore li rendevano adatti alla cottura nella fornace di cui ci occupiamo.

CONDOTTI IDRICI (Tav. 32–34:a):[12] alta è la probabilità che siano stati cotti in questa fornace. Si tratta di tubi di ampie dimensioni (valori medi: lungh. m 0.60, diam. m 0.30), caratterizzati da un collarino molto lungo (lungh. m 0.09–0.12, diam. m 0.26), e da una bocchetta sul fianco, munita di *operculum*, che ne permetteva l'ispezione interna.[13] Analisi petrografiche eseguite su alcuni campioni

[11] LUGLI 1957, pp. 548-549, pp. 574-575, fig. 120,4; WILSON 1979, p. 11.

A Morgantina, nell'area degli scavi sono attestati tre tipi di rocchi di colonna di terracotta:

a) rocchio intero: diam. da cm 38 a cm 42, spessore da cm 6 a cm 8;

b) rocchio intero con foro centrale: diam. da cm 43 a cm 45, foro diam. da cm 12 a cm 15, spessore cm 8. Alcuni esemplari misurano diam. cm 52, foro diam. cm 14, spessore cm 6;

c) rocchio diviso a metà con foro centrale: diam. da cm 43 a cm 45, foro diam. da cm 12 a cm 15, spessore cm 8. Alcuni esemplari misurano diam. cm 52, foro diam. cm 12, spessore cm 6.

Nelle case a peristilio, le colonne erano di regola costruite con rocchi di terracotta (PR VI, p. 136, tav. 30, fig. 5). Si vedano ad esempio la Casa dei Capitelli Tuscanici databile al II sec. a.C. (PR II, pp. 160–161), e la Casa della Cisterna ad Arco databile alla metà del III sec. a.C. con restauri effettuati dopo la conquista romana (PR VI, pp. 138–140, tav. 33, fig. 14). Si veda anche TSAKIRGIS Diss., pp. 309–310 e ivi note 19 e 27.

[12] In media ogni tubo è lungo m 0.60 (la lunghezza va da cm 0.55 a cm 0.65), onde il vasaio doveva modellarlo in due sezioni, che poi univa insieme quando esse avevano raggiunto il necessario grado di essiccamento; testimonianza del procedimento è fornita dal maggiore spessore della zona centrale, ove è avvenuta la giunzione delle due sezioni. Ogni tubo presenta a un'estremità un lungo collarino sporgente all'infuori, mentre all'estremità opposta ha una rientranza ricavata nello spessore della parete. Nella posa in opera, il collarino sporgente di ogni tubo veniva infilato nella rientranza interna del tubo successivo, e così di seguito sino al completamento della conduttura. Dipendeva dall'abilità del vasaio far sì che le misure del collarino esterno e della rientranza interna fossero abbastanza precise, altrimenti si rischiava che i tubi non potessero essere raccordati tra loro.

Confronti possono essere trovati con la conduttura ritrovata ad Agrigento, formata da grossi tubi lunghi m 0.55, aventi diametro m 0.29 circa, così descritti da P. MARCONI, Girgenti. Ricerche ed esplorazioni, in *NSc* 1926, pp. 102–103, fig. 9: "... ognuno fornito di una chiusura ovale con tre tacche per le dita," e anche con la conduttura ritrovata a Siracusa, formata da tubi dalla lunghezza di m 0.63 circa, come indicato da P. ORSI, Siracusa. Nuova necropoli greca dei sec. VII–VI, in *NSc* 1925, p. 195, fig. 25. Opere di canalizzazione, seppure per brevi tratti, sono state riportate alla luce vicino all'Ara di Ierone: G. V. GENTILI, Siracusa. Ara di Ierone. Campagna di scavo 1950–1951, in *NSc* 8 (1954) p. 353, fig. 17.

Condutture dalle caratteristiche simili a quelle di Morgantina sono state rinvenute a Locri, in località Centocamere, negli scavi condotti dalla Scuola Naz. di Archeologia di Roma negli anni 1953–1955 (gentile comunicazione della Dott.ssa Elisa Lissi Caronna).

Sono pure da ricordare le condutture ritrovate ad Atene, formate da tubi muniti di *operculum*: K. GEBAUER, H. JOHANNES, Ausgrabungen im Kerameikos, in *AA* (1937) coll. 184–196, fig. 8; G. GRUBEN, Die Ausgrabungen im Kerameikos, in *AA* (1964) coll. 405–406, figg. 13–15; H. A. THOMPSON - R. E. WYCHERLEY, *Agora* XIV, *The Agora of Athens* (Princeton 1972) pp. 197–203, tav. 101; T. LESLIE SHEAR Jr., The Athenian Agora: Excavations of 1980–1982, in *Hesperia* 53 (1984) pp. 48–49, tavv. 12–14. Nelle condutture riportate alla luce a Colofone, la parte centrale di ciascun tubo (lungh. media m 0.65, diametro m 0.25) reca una sorta di nastro di argilla applicato dal vasaio tutto attorno, con funzione di rinforzo nel punto di giunzione delle due sezioni: L. B. HOLLAND, Colophon, in *Hesperia* 13 (1944) pp. 162–163, fig. 28.

Cfr. C. FERNANDEZ CASADO, *Ingenieria hidraulica romana* (Madrid 1983) pp. 295–299.

[13] Ogni tubo è munito di una bocchetta le cui misure, molto irregolari, si aggirano tra cm 20 e cm 30 in lunghezza, cm 10 e cm 15 in larghezza. Il vasaio ha aperto la bocchetta quando il tubo era ancora allo stato crudo, incidendo l'argilla con un coltello dentato che ha lasciato profonde striature lungo il bordo; la parte asportata è stata poi utilizzata per creare il coperchio, per cui questo si inserisce perfettamente dentro la bocchetta. Per alcuni coperchi il taglio non è stato abbastanza netto, oppure il vasaio non ha usato la precauzione di cospargere il lato appena tagliato con argilla polverizzata, fine ed asciutta, o con altro materiale ugualmente antiadesivo, per cui durante la cottura il coperchio si è nuovamente saldato al tubo e non può più esserne staccato. Quasi tutti i coperchi recano impressi i segni lasciati dalle dita del vasaio (dito pollice, dito indice e dito medio), e gli incavi sono così netti e profondi da costituire una comoda presa per sollevare il coperchio stesso. Dopo la cottura del tubo, quando la conduttura veniva messa in opera, ogni tubo era posato sul terreno in modo che la bocchetta guardasse verso l'alto, il che impediva all'acqua che scorreva dentro di fuoriuscire. La bocchetta era un mezzo per ispezionare facilmente l'interno

ne hanno confermato la composizione mineralogica uniforme, sempre tenendo presente la grossolanità del materiale (App. 3, gruppo **2h**), così come hanno rilevato delle differenze tra questi condotti e quelli rinvenuti nel vano-deposito della IV officina, portando indirettamente a confermare l'ipotesi che si tratti di produzioni di differenti officine (*supra*, Cap. I, pp. 25–26).

In contesti attribuiti al II sec. a.C.,[14] sono numerose le condutture formate da tubi aventi dimensioni e caratteristiche simili a quelli trovati dentro la fornace n. 10. La conduttura più imponente è situata sul lato ovest dell'agorà (Tav. 33); essa partiva da una sorgente che sino ad oggi non è stata individuata ma che si presume fosse ubicata entro la cinta delle mura, nell'area occidentale dell'agorà, per portare l'acqua, per gravità, sino alla zona del teatro.[15] La conduttura è visibile tuttora, seppure a tratti, nella parte finale della *plateia* A (ove fuoriesce da una vasca ivi ubicata) e lungo la Stoà Ovest sino a ridosso del teatro dove alimentava una vasca dalla quale proseguivano condutture minori che alimentavano altre tre vasche, site rispettivamente nel Santuario Centrale, nel Santuario del Teatro e nella zona a sud di tale santuario (quest'ultima vasca è denominata Fontana Sud-ovest). Attualmente la conduttura segue un percorso di circa m 150, cui è da aggiungere la lunghezza del tratto non ancora individuato che dalla sorgente, oggi ignota, portava alla vasca nella *plateia* A, onde ne consegue che la lunghezza totale avrebbe potuto raggiungere almeno alcune centinaia di metri.[16]

A questa conduttura, opera di rilievo per la lunghezza e per il percorso che seguiva, vanno aggiunte le altre condutture dello stesso tipo che, talvolta interrotte o ridotte a pochi tubi, si trovano in diverse zone della città, e precisamente a settentrione della Stoà Nord, nella terrazza di fronte alla Stoà Nord, nella Stoà Nord-ovest, nei pressi della grande fontana ellenistica a due vasche, nel *Macellum*, nell'area tra questo e la Scalinata Centrale, nel Granaio Est, nel Santuario Centrale, nella terrazza del cosiddetto Annesso della Stoà Est. Sono anche da aggiungere i condotti ritrovati in alcune case ubicate sulla Collina Ovest quali la Casa del Palmento, la Casa della Cisterna ad Arco, la Casa del Pithos Riparato, e la Casa del Ripostiglio Aureo.[17]

---

della conduttura ogniqualvolta necessario, ad esempio allorchè si volevano saldare le giunture tra tubo e tubo con opportuni materiali leganti per impedire perdite d'acqua, o quando si voleva praticare la pulitura dell'interno.

[14] PR II, p. 161; PR IV, p. 130, tav. 26, fig. 17; PR VII, p. 166; PR VIII, p. 144; Bell 1984, p. 516.

Sono grata al Prof. M. Bell per l'aiuto datomi nel localizzare le condutture idriche della città.

[15] Come è stato rimarcato, i tubi potevano servire tanto per l'adduzione dell'acqua quanto per lo scarico delle acque piovane e di drenaggio (Tsakirgis Diss., p. 340). L'imponente conduttura sita sul lato ovest dell'agorà indica che la funzione principale dei condotti ora descritti consisteva nell'adduzione dell'acqua, e che il sistema idrico funzionava per gravità. Cfr. anche: D. P. Crouch, The Hellenistic Water System of Morgantina, Sicily: Contributions to the History of Urbanization, in *AJA* 88 (1984) pp. 359–360.

[16] Il percorso seguito dalla conduttura è segnato in Bell 1986, tav. 33 (la pianta è qui riprodotta in Tav. 55). È da notare che una piccola parte di tale conduttura consiste in condotti a U.

[17] Lo studio approfondito del sistema idrico di Morgantina è demandato a un programma di futura attuazione. Per ora, basti qui indicare in via preliminare i tratti delle condutture del tipo in esame che sono stati riportati alla luce:

Conduttura sul lato ovest dell'agorà: circa 80 condotti (n. presunto dei condotti 250–300) (Tav. 33).

Zona a nord della Stoà Nord, parallelamente al retro dell'edificio: circa 50 condotti (appartenenti a una conduttura che presumibilmente aveva un percorso più lungo).

Terrazza di fronte alla Stoà Nord: circa 20 condotti.

Stoà Nord-ovest, stanza a nord: circa 6 condotti.

Grande fontana ellenistica a due vasche: circa 8–9 condotti (Bell 1986, p. 119).

Macellum, all'interno del complesso: circa 11 condotti (De Ruyt 1983, pp. 113, 312–313).

Area tra il *Macellum* e la grande Scalinata Centrale: circa 13 condotti.

Granaio Est: circa 11 condotti (Tavv. 32, 34:a).

Santuario Centrale, settore nord, vano n. 4: 5–6 condotti.

Terrazza dell'Annesso della Stoà Est: 2 condotti.

Sono da aggiungere le condutture riportate alla luce nelle abitazioni site sulla Collina Ovest, per un totale di alcune

Ne consegue un quantitativo molto ingente di condotti idrici, presumibilmente parecchie centinaia, che ben poteva giustificare l'attività di una fornace specializzata quale era la fornace n. 10. Tenendo presente il diametro di circa cm 30 di ciascun condotto e lo spazio necessario per l'impilaggio, è stato calcolato che in ogni infornata potessero essere cotti, fianco a fianco e in posizione verticale, circa 40 condotti, onde, calcolando gli scarti e le inevitabili rotture, è da presumere siano state necessarie alcune decine di infornate per preparare i tubi delle condutture sopra indicate.[18] Tutto ciò rafforza l'ipotesi che i condotti idrici rappresentassero una delle possibili produzioni della fornace n. 10, e forse uno degli scopi che avevano motivato la costruzione della fornace stessa.

A conclusione delle osservazioni tecniche sopra esposte, si può aggiungere che nulla vietava, ovviamente, che la fornace venisse utilizzata per cuocere materiali differenti in carichi successivi, o anche in uno stesso carico, ossia che la fornace fosse multiuso.[19] Nel caso di un unico carico comprendente materiali differenti, questi dovevano avere caratteristiche analoghe, soprattutto quanto a spessore, di modo che la stessa temperatura di cottura e la stessa durata del ciclo termico fossero idonee per tutti i manufatti, a parte, ben s'intende, le necessarie precauzioni per l'impilaggio di manufatti di forme diverse, anche agli effetti della stabilità del carico. Ne consegue che l'ipotesi della fornace multiuso è accettabile soltanto se non si generalizza e se si tengono in considerazione un insieme di fattori tecnici.[20]

L'ampia gamma di manufatti ritrovati nella fornace n. 10 e le caratteristiche tecniche della fornace stessa hanno permesso di risalire in via di ipotesi al tipo di produzione che vi poteva essere eseguita, fermo restando il dubbio che i manufatti ivi ritrovati siano stati effettivamente cotti nella fornace oppure siano in seconda giacitura. Per le fornaci contrassegnate con i numeri che vanno da 1 a 9, in base alle caratteristiche tecniche è ragionevole supporre che potessero essere utilizzate per cuocere una vasta gamma di manufatti, dalla ceramica comune alle pentole da fuoco, ed anche, eventualmente, materiali per l'edilizia, seppure in quantità molto modesta, date le loro dimensioni.[21] Sempre in base alle caratteristiche tecniche si può ragionevolmente affermare che tali

decine di condotti, e la conduttura rinvenuta in contrada Agnese nella zona della *tholos* (secondo recenti ipotesi avanzate dagli archeologi della Princeton University, la *tholos* apparterrebbe a un santuario di Afrodite. Ringrazio il Prof. M. Bell per l'informazione). La datazione e il contesto di quest'ultima conduttura sono però ancora da definire (PR XI, pp. 370–379, e *supra*, Cap. II nota 121).

[18] È presumibile che dentro la fornace non venissero impilati dei condotti uno sull'altro, dato il notevole peso di ciascun condotto che allo stato di manufatto cotto si aggira tra 25 e 30 kg.

[19] *Supra*, Introduzione nota 10 e Cap. II nota 54. Cfr. anche J. R. Terrisse, *Les céramiques sigillées gallo-romaines des Martres-de-Veyre*, *Gallia* 19 Suppl. (1968) p. 141. Per un esempio di carico "misto" cfr. F. Laubenheimer et al. Ateliers de potiers gallo-romain de Sallèles d'Aude (Narbonne). Le chargement du four B5, in *Brenntechniken*, pp. 115–116.

[20] Nelle piccole officine, difficilmente la produzione dei laterizi poteva coesistere con la produzione regolare e sistematica di manufatti di tipo diverso, quali ad esempio la ceramica fine, e ciò a causa delle diverse qualità di argilla richieste e delle differenti tecniche di lavorazione da applicare. La specializzazione nelle varie classi di materiali sembra continuare nei secoli successivi nelle officine romane: M. Steinby, La cronologia delle *figlinae* doliari urbane dalla fine dell'età repubblicana fino all'inizio del III sec., in *BullCom* 84 (1974–75) pp. 7–132. In particolare si veda p. 106 laddove la studiosa annota: " . . . la ceramica pesante è attestata solo in figlinae che non producevano bessali, mai in quelle che incentravano la produzione su di essi. Molto probabilmente la qualità dell'argilla aveva come logica conseguenza una specializzazione nelle varie classi dell'opus doliare."

[21] Numerosi condotti idrici lunghi e stretti (lungh. m 0.55–0.60, diam. m 0.12), di qualità scadente e senza bocchetta laterale sono stati ritrovati nella IV officina (Tav. 17:b), nel vano-deposito accanto al vano che racchiude la fornace n. 8, unitamente ad alcuni condotti ipercotti (*supra*, Cap. I nota 21). Ciò potrebbe indurre a supporre che l'attività

fornaci fossero adatte alla cottura di ceramica a vernice nera,[22] mentre non può dirsi altrettanto per la ceramica a vernice rossa, che richiedeva una cottura in atmosfera ossidante continua che nelle fornaci a combustibile solido naturale poteva essere ottenuta soltanto attraverso specifici adattamenti tecnici.[23] Di siffatti adattamenti le fornaci non mostrano oggi alcun segno, nè gli scavi ne hanno evidenziato alcuna traccia, quindi al momento attuale mancano le prove in grado di attestare che a Morgantina fosse realizzato il sistema di cottura che diverrà poi specifico per la terra sigillata. Si deve però aggiungere che alcuni manufatti appartenenti alla presigillata, trovati dentro la cisterna della Casa dell'Ufficiale, dimostrano che da parte dei vasai erano in atto dei tentativi per ottenere il passaggio da ceramica a vernice nera a ceramica a vernice rossa.[24]

2. Cisterna della Casa dell'Ufficiale

Il secondo criterio qui applicato nell'intento di individuare la produzione delle fornaci si basa sull'unico scarico ritrovato, che appartiene alla II officina da vasaio, sita nella Casa dell'Ufficiale. Gli scarti erano contenuti nelle due cisterne esistenti nel complesso residenziale, delle quali soltanto quella ubicata nel peristilio nord ha potuto essere svuotata (*supra*, Cap. I, p. 18). La cisterna era riempita parzialmente, ed è stato rilevato che la ceramica campana C predominava negli strati più bassi, mentre la ceramica presigillata e quella a pareti sottili erano più abbondanti negli strati superiori.[25] Ciò induce a presumere che la cisterna, resa inutilizzabile forse da qualche infiltrazione

dell'officina consistesse prevalentemente nella produzione di questo specifico materiale per l'edilizia. Se così fosse, doveva trattarsi di una produzione non soltanto di qualità scadente ma anche molto modesta in quanto le dimensioni presunte della fornace (diametro inferiore a 1 metro) consentiva l'impilaggio, in posizione verticale, di un numero molto limitato di tubi. Lo stato di degrado della fornace e la mancanza dei suoi principali elementi strutturali non consentono osservazioni precise.

[22] *Supra*, Cap. II note 86 e 87.

[23] Per ottenere la vernice rossa, tipico rivestimento della ceramica aretina e della terra sigillata in genere, occorreva che l'atmosfera della fornace fosse ossidante e non subisse variazioni durante la fase finale della cottura, quando veniva raggiunta la temperatura massima ottimale e la vernice subiva il processo di vetrificazione, più o meno completo. Mantenere ambiente ossidante per un tempo sufficientemente lungo era quasi irrealizzabile in una fornace a combustibile solido naturale, in quanto l'immissione del combustibile creava per via naturale delle fasi riducenti, più o meno brevi (*supra*, Cap. II nota 86). Ne consegue che la fornace doveva essere trasformata in "muffola," come viene oggi chiamata la fornace ove i gas di combustione non hanno contatto diretto con i manufatti in cottura (EMILIANI 1971, p. 75; VECCHI 1977, p. 137). Per quanto ne sappiamo, gli adattamenti tecnici adottati nell'antichità per ottenere un tale effetto consistevano in tubuli fittili che conducevano le fiamme e i gas caldi dalla camera di combustione direttamente alla volta della camera di cottura, e quindi all'esterno. Cfr. G. CHENET - G. GAUDRON, *La céramique sigillée d'Argonne des IIe et IIIe siècles, Gallia* 6 Suppl. (1955) pp. 70-72, 88, fig. 40; M. R. HULL, *The Roman Potters' Kilns of Colchester* (Oxford 1963) pp. 20-34, fig. 12; TERRISSE, (*supra*, nota 19) pp. 133-136, figg. 46-47; N. CUOMO DI CAPRIO, In margine alle fornaci di Pompei, in *CronPomp* 2 (1976) pp. 231-240; A. VERNHET, Un four de La Graufesenque: la cuisson des vases sigillés, in *Gallia* 39 (1981) pp. 25-43.

Il funzionamento di siffatte fornaci doveva presentare molte difficoltà: l'impilaggio di centinaia, talvolta di migliaia di manufatti era soggetto a regole ben precise per un razionale sfruttamento dello spazio e per evitare nel contempo il rischio di crolli rovinosi, lavoro tanto più delicato in quanto si trattava di manufatti crudi, quindi molto fragili. La conduzione del fuoco era altrettanto difficile in quanto la propagazione del calore all'interno della camera di cottura avveniva attraverso i tubuli fittili e quindi per irraggiamento, per cui raggiungere le alte temperature necessarie per la vetrificazione della vernice rossa richiedeva l'impiego di mano d'opera specializzata (*infra*, Cap. IV nota 6).

Per l'impilaggio e la posizione dei tubuli fittili all'interno di una fornace a muffola, si veda il disegno ricostruttivo presentato da A. VERNHET (*supra*, in questa stessa nota) p. 38, fig. 10.

Negli scavi di Morgantina non è stato trovato alcun indizio di tubuli fittili, nè di altri accorgimenti che avrebbero potuto servire a trasformare le fornaci in muffole (*supra*, Cap. II nota 121).

[24] STONE Diss., pp. 146-194; STONE 1987, p. 89.

[25] *Supra*, Cap. I nota 18; STONE Diss., p. 56 e p. 506.

che ne aveva intaccato la tenuta stagna, venisse sfruttata dal vasaio per eliminare gli scarti che via via si producevano durante la lavorazione.[26]

Il materiale recuperato è frammentato e solo alcuni manufatti hanno potuto essere ricostituiti mediante l'appropriato restauro; sono attestati ceramica comune, da fuoco, a pareti sottili, presigillata e a vernice nera. Al tempo dello scavo, oltre alle forme più o meno complete sono stati conservati i frammenti maggiormente significativi, ossia orli, fondi, anse e altri frammenti indicativi delle forme.[27] Tutto questo materiale è allo studio di S. Stone che ne curerà la pubblicazione definitiva; per tale motivo ci si limita qui a fornire una descrizione sommaria delle classi ceramiche, che senza un ordine precostituito vengono indicate con il debito riferimento alla dissertazione di S. Stone,[28] aggiungendo brevi commenti tecnici e l'indicazione delle analisi petrografiche eseguite su alcuni frammenti.

CERAMICA COMUNE:[29] prevalgono le forme chiuse, in maggioranza brocche[30] dal corpo ceramico ricco di degrassante quarzoso (App. 3, gruppo **6**, SS VAS-8, VAS-9, VAS-10), dalle pareti di spessore limitato e dal lungo collo cilindrico. Quest'ultimo presenta la caratteristica di essere stato modellato a parte, come provano le sbavature argillose visibili all'interno, nel punto in cui è avvenuta l'attaccatura; è da presumere che il vasaio abbia dapprima modellato al tornio il corpo della brocca, indi vi abbia inserito un cilindretto di argilla di cui ha completato la modellazione senza però riuscire ad arrivare con le dita a smussare la giuntura, per cui all'interno sono rimaste le sbavature. Tutti i colli presentano la particolarità di essere stati modellati in un secondo tempo, il che costituisce un accorgimento da parte del vasaio per riuscire a modellare manufatti dalla parete sottile e dotati di collo slanciato. Le imboccature delle brocche variano da un esemplare all'altro, dalle forme più semplici alle più elaborate, e anche le anse presentano variazioni.[31]

[26] Un saggio condotto nella seconda cisterna, ubicata nel cortile vicino alle fornaci, ha rivelato che anch'essa contiene scarti ceramici (STONE DISS., p. 56). Il fatto che le due cisterne siano state riempite, più o meno completamente, con scarti di lavorazione prova che avevano perduto la loro funzione originaria, il che fa nascere l'interrogativo sul modo in cui il vasaio si approvvigionasse dell'acqua necessaria alla lavorazione ceramica.

[27] Il materiale proveniente dallo scarico rinvenuto nella cisterna della Casa dell'Ufficiale è conservato nel deposito del Museo di Aidone, in nove cassette. Lo scarico comprendeva anche alcuni esemplari di lucerne, di tipologie diversificate, che sono oggetto di studio (STONE DISS., pp. 511–517).

[28] Per ogni classe di materiale viene indicato il riferimento a STONE DISS. Poiché si tratta di una dissertazione di dottorato presentata a un'università americana e difficilmente reperibile nelle biblioteche italiane, si è ritenuto opportuno riportare testualmente i confronti tipologici forniti dallo studioso americano.

[29] STONE Diss., pp. 458–462; ivi, la nota 23 contiene i riferimenti alla Casa dell'Ufficiale.

[30] STONE Diss., pp. 459–460; nella nota 40 (p. 499) sono indicati i seguenti confronti tipologici:

For plain jugs/pitchers of earlier Hellenistic date from Sicily: GENTILI 1969, p. 38 fig. 46E–F, p. 48 fig. 63A, p. 54 fig. 72B, p. 58 fig. 79A–B, p. 86 fig. 128A, p. 95 fig. 139A, p. 96 fig. 140B; *Lipara* [L. BERNABÒ BREA, M. CAVALIER, *Meligunìs-Lipára* II, *La necropoli greca e romana nella contrada Diana*, Palermo 1965] pl. 206 nos. 6A, 7A; pl. 207 nos. 1A, 2A, 4A; pl. 208 nos. 1A, 2D, 4A; pl. 210 nos. 1B, 5B–C; pl. 211 nos. 1A–B, 3B; pl. 212 nos. 2A, 3A, 4A–B, 5A, 6A, 7D. For pitchers and jugs similar to those of Morgantina of late Republican or early Imperial date: M. VEGAS, Römische Keramik von Gabii (Latium), *BJb* 168 (1968) 34–35 esp. nos. 112 and 118; VEGAS 1973, pp. 101–107 nos. 43–45; N. LAMBOGLIA [La nave romana di Albenga, in *RStLig* 18 (1952)] pp. 179–182; DYSON 1976, fig. 38, PD 122; fig. 39, PD 125; fig. 49, 22-II 87–89; fig. 50, 22-II 93–96; fig. 51, 22-II 109, 111, 114–116. For examples from Sicily: PELAGATTI 1970, p. 478 nos. 39–41. To the jug no. 564 compare G. V. GENTILI, Siracusa, Contrada S. Giuliano. Area Sepolcrale con ipogei ellenistici e tombe tardo-romane, *NSc* 10 (1956) p. 156 no. 13, fig. 6:3. See also FALLICO 1971, pp. 604–606 for plain pitchers of the "San Giuliano" class, and p. 631, fig. 48 for an assortment (primarily of Imperial date).

[31] STONE Diss., pp. 478–487, catalogo nn. 553, 554, 555, 559, 563, 569, 574, 579.

CERAMICA DA FUOCO:[32] il corpo ceramico è estremamente ricco di degrassante quarzoso (App. 3, gruppo **7**, SS KW-9, KW-10, KW-11). Sotto l'aspetto tecnico sono da notare le pentole dal corpo tondeggiante e dall'orlo piatto abbastanza largo da potervi poggiare sopra comodamente il coperchio, munite di anse a forma di aletta rialzata con leggera cordonatura a rilievo, impostate orizzontalmente sulla spalla. Le anse sono molto funzionali in quanto, pur formando un incavo abbastanza ampio da permettere di infilarvi le dita, non superano in altezza l'orlo della pentola (in caso contrario, l'impilaggio delle pentole dentro la fornace al momento della cottura avrebbe creato difficoltà e spreco di spazio).

Altro tipo di ceramica da fuoco attestata nello scarico sono i bassi tegami denominati "a vernice rossa interna," dal diametro di oltre cm 30 e parete alta circa cm 6, con orlo a mandorla.[33] Il corpo ceramico è meno sabbioso rispetto alle pentole prima descritte, e le pareti sono più spesse. All'interno, i tegami recano tracce di un'ingobbiatura rossa, opaca e diluita, talvolta con segni di colature.[34]

CERAMICA A PARETI SOTTILI:[35] è caratterizzata dal corpo ceramico molto ricco di degrassante quarzoso (analogamente alle pentole) e dalle pareti di spessore estremamente limitato (App. 3, gruppo **5**). Prevalgono forme piccole, bicchierini dalla forma ovoidale replicati in serie e ollette biansate dal corto labbro obliquo recanti tracce di ingobbiatura rosso-bruna.[36]

[32] STONE Diss., pp. 454-458; ivi, nelle note 6-8 sono indicati i riferimenti alla Casa dell'Ufficiale. Nella nota 1 (p. 494) sono indicati i seguenti confronti tipologici:

> For cooking wares in the western Mediterranean during the second and first centuries B.C.: VEGAS 1973, pp. 7-8, 11-55; DYSON 1976, pp. 51-112. For Greece: *Corinth* [G. R. EDWARDS, *Corinth* VII, part III, *Corinthian Hellenistic Pottery* (Princeton 1975)] pp. 117-143; H. A. THOMPSON, Two Centuries of Hellenistic Pottery, in *Hesperia* 3 (1934) pp. 466-468 [repr. in ID., *Hellenistic Pottery and Terracottas* (Princeton 1987) pp. 166-168]; *Agora* [H. S. ROBINSON, *Agora* V, *Pottery of the Roman Period, Chronology*, Princeton 1959], pp. 18-19, F75-F83. For southern Asia Minor: *Tarsus* [H. GOLDMAN, ed., *Tarsus* I, *Excavations at Gözlu Kule. The Hellenistic and Roman Periods*, Princeton 1950] pp. 170, 178-179. For Europe north of the Alps: *Novaesium* [M. VEGAS, *Novaesium* VI, *Die Augustische Gebrauchskeramik von Neuss*, Limesforschungen 14 (Berlin 1975)] pp. 33-41. For Sicily: PELAGATTI 1970, pp. 487-490 nos. 70-80.

[33] STONE Diss., p. 456. Nella nota 12 (pp. 495-496) sono indicati i seguenti confronti tipologici:

> For this type of pan: VEGAS 1973, pp. 47-49; *Novaesium* [*supra*, nota 32] pp. 33-35. For lip type A (nos. 498-499): DYSON 1976, pp. 70-71, fig. 19 V-D 17-18; C. GOUDINEAU [Note sur la céramique á engobe interne rouge pompeien, in *MEFR* 82 (1970)] pp. 166-167, pl. 1 no. 6; pp. 172-176, pl. 5, 3-15; pl. 6, 5-26; VEGAS 1973, pp. 47-48 (b) fig. 16.5; *Novaesium* [*supra*, nota 32] pp. 35, 63, pl. 17, 2-3.
>
> For lip type B (nos. 500-503): PELAGATTI 1970, pp. 487-489 no. 77; DYSON 1976, pp. 21-22 CF 7, fig. 1; pp. 69-70 V-D 8-9 fig. 19, and V-D 16 fig. 19; pp. 89-90 P-D 14-15 fig. 29, and P-D 17 fig. 30; GOUDINEAU [*supra*, in questa stessa nota] pp. 166-167, pl. 1, 1-3; pl. 5, 7-8, 11; pp. 168-169, tavv. 2, 17, 21-22; pp. 176-177, tav. 7 *couche* 3B nos. 5-9; *couche* 3 nos. 7-12; pp. 176-179, tav. 8 *couche* 2B nos. 2-4; *couche* 2C nos. 5-8; *couche* 3 nos. 13-15; *Novaesium* [*supra*, nota 32] p. 63, pl. 16, 8-10; LAMBOGLIA [*supra*, nota 30], pp. 169-170 no. 6, fig. 29.

[34] Il rivestimento interno di questa classe di materiali è un ingobbio, in quanto non ha subito alcuna vetrificazione durante la cottura, per cui è rimasto opaco e poroso. Il termine "vernice" è pertanto improprio in quanto sottintende una vetrificazione che nella fattispecie non esiste. Questa distinzione era stata rilevata già negli anni '70: GOUDINEAU (*supra*, nota 33) pp. 159-186. In tale articolo, alle pp. 164-165 è compresa una nota tecnica esplicativa da parte di M. Picon.

Questi bassi tegami potrebbero corrispondere alle *cumanae testae* di Marziale, secondo un'ipotesi avanzata di recente: G. PUCCI, *Cumanae testae*, in *PP* 164 (1975) pp. 368-371.

[35] STONE Diss., pp. 421-432; ivi, la nota 11 contiene i riferimenti alla Casa dell'Ufficiale. Nella nota 1 (p. 446) sono indicati i seguenti confronti tipologici:

> On this class of vase: Cosa [MARABINI 1973]; F. MAYET, *Les céramiques á parois fines dans la péninsule ibérique* (Paris, 1975); BELTRAN LLORIS 1978, p. 147; M. VEGAS, Difusion de algunas formas de vasitos de paredes fines, *ReiCretRomFautActa* 5-6 (1963-1964) pp. 61-83; J. W. HAYES, *Roman Pottery in the Royal Ontario Museum* (Toronto, 1976) pp. 30-31. For Sicily: PELAGATTI 1970, pp. 480-486.

[36] In STONE Diss., nelle pp. 425 e 430 sono indicate come confronti tipologici le forme Cosa (= MARABINI 1973) I-IV-V-VI-XXV. Per la serie di bicchierini ovoidali cfr. STONE Diss., pp. 435-436: "Eleven bases of Cosa form I-IV" (= MARABINI 1973, pp. 49-60).

CERAMICA PRESIGILLATA:[37] prevalgono le coppette di forma analoga alle coppette emisferiche e carenate in vernice nera, e le patere dall'orlo orizzontale ricurvo. Il corpo ceramico è relativamente ricco di degrassante quarzoso (App. 3, gruppo **4**). Il rivestimento ha colore rosato più o meno intenso: la cottura non appropriata non è riuscita a trasformarlo in una vera vernice rossa e lo ha lasciato allo stato di materiale opaco, assolutamente non vetrificato. Si notano sgocciolature, il che dimostra che per rivestire i manufatti il vasaio ha seguito la stessa tecnica ad immersione praticata per la ceramica a vernice nera.

CERAMICA A VERNICE NERA CAMPANA C:[38] è stato accertato un dato tecnico che sinora non era stato rilevato, ossia la presenza di un degrassante composto da materiale vulcanico estraneo all'argilla locale. Il fatto che la maggioranza dei manufatti in campana C esaminati contengano sabbia vulcanica sotto forma di degrassante aggiunto intenzionalmente dal vasaio costituisce un dato tecnico nuovo,[39] che potrebbe permettere di individuare specifiche officine da vasaio e forse potrebbe servire anche ad accertare diversità cronologiche nella produzione di determinate forme di manufatti.

Si è pertanto ritenuto opportuno approfondire il problema, seppure in via preliminare, sottoponendo ad esame alcuni frammenti di campana C ritrovati nella cisterna della Casa dell'Ufficiale e conservati nel deposito del Museo di Aidone.[40] Al riguardo, anzichè limitarsi al riportare i soli confronti indicati da S. Stone (STONE Diss.) come da prassi seguita per tutte le precedenti classi di materiali, vengono qui proposte alcune attribuzioni tipologiche in base alla classificazione del Lamboglia:[41] l'eccezione fatta per la campana C si giustifica con la presenza nei manufatti di questa classe di un degrassante particolare quale è quello vulcanico, il che pone un problema tecnico che è pertinente al presente lavoro.

Si veda anche A. RICCI, I vasi potori a pareti sottili, in *Società romana*, II, pp. 123–138.

[37] STONE Diss., pp. 146–158. Nella nota 96 (p. 275) sono indicati i seguenti confronti tipologici:

> For a general introduction to red gloss wares: *EAA* suppl. s.v. *Terra Sigillata* pp. 803–35 (COMFORT 1973); *RE* suppl. 7 s.v. *Terra Sigillata* col. 1295–1352 (COMFORT 1940). For presigillata: LAMBOGLIA 1951 pp. 35–41; GOUDINEAU 1968, pp. 318–322.

Cfr. inoltre: STONE 1983, p. 18, tav. 7 fig. 3; STONE 1987, p. 89, figg. 6 e 11.

Viene qui mantenuto il termine "presigillata" secondo la definizione data da S. Stone che ha studiato i primi ritrovamenti di questa classe ceramica a Morgantina: "Presigillata is the generic name given to Italian red-gloss pottery of the first century B.C. which predates the beginning of Arretine pottery (ca. 30–20 B.C.)" (STONE 1987, p. 85).

Cfr. anche: WILSON 1988, pp. 241–244; A. MANDRUZZATO, La sigillata italica in Sicilia. Importazione, distribuzione, produzione locale, in *ANRW* II.11,1 (Berlin 1988) pp. 442–445.

Per quanto riguarda l'influenza esercitata dalla Sigillata Orientale A, cfr. J. W. HAYES, Sigillate orientali, in *EAA, Atlante delle Forme Ceramiche*, II (Roma 1985) pp. 9–13. Cfr. anche MOREL 1976, pp. 472–473 e pp. 492–494.

[38] STONE Diss., pp. 98–105. Nella nota 1 (p. 261) sono indicati i seguenti confronti tipologici:

> For earlier scholarship on Campana C: LAMBOGLIA 1952, pp. 156-163; D. M. TAYLOR [Cosa: Black-Glaze Pottery, in *MAAR* 25 (1957)] pp. 164–166; J. P. MOREL [*Céramique à vernis noir du Forum Romain et du Palatin*, Paris 1965], pp. 16, 228, 235, 242; PELAGATTI 1970, pp. 470–476; BELTRÁN LLORIS 1978, p. 54.

Cfr. anche WILSON 1988, pp. 239–240.

[39] Come già annotato, il termine "sabbia" viene qui usato nel suo aspetto granulometrico (*supra*, Introduzione, nota 34).

[40] Non sono stati considerati i manufatti restaurati ed attualmente esposti nelle vetrine del Museo di Aidone data l'impossibilità di esaminarli in frattura.

[41] LAMBOGLIA 1952, pp. 156–163.

3. Ceramica a vernice nera campana C

Tra le forme attestate nella cisterna della Casa dell'Ufficiale prevalgono i piatti con orlo rialzato (forma Lamboglia 7); sono pure presenti coppette dalla parete carenata (forma Lamboglia 18) e coppette emisferiche con orlo non sagomato (forma Lamboglia 20). Tutti i manufatti hanno corpo ceramico dal colore grigiastro, dovuto alla cottura eseguita in atmosfera prevalentemente riducente[42] e sono rivestiti da vernice nera opaca, diluita, applicata per immersione in maniera poco curata per cui si sono formate delle sgocciolature, soprattutto nella zona del piede. La vernice si stacca facilmente e la superficie di molti frammenti appare erosa, con abrasioni e microfessurazioni più o meno profonde. I piatti sono di regola larghi, talvolta raggiungono e talaltra superano cm 50 in diametro, hanno la parete pressochè orizzontale con basso orlo verticale a spigolo vivo, e sovente il basso piedino reca nel piano di appoggio una scanalatura; la decorazione è composta da cerchi incisi e da fasci di trattini a rotella eseguiti con sufficiente precisione, il che permette di dedurre che il vasaio avesse disponibile un tornio dotato di buona stabilità, altrimenti i cerchi sarebbero risultati fuori centro.

Per ragioni di ordine pratico l'esame non è stato rivolto a tutte le forme di campana C attestate nella cisterna della Casa dell'Ufficiale, bensì a quelle più comuni, ed è stato eseguito nei locali del deposito del Museo mediante una semplice lente con fattore di ingrandimento 10. La mancanza in loco di uno stereomicroscopio e l'impossibilità di sezionare i frammenti con apposita apparecchiatura hanno costituito una notevole limitazione, per cui l'esame delle vecchie fratture ha portato a risultati talvolta incerti.

Esame visivo con la lente eseguito su 32 frammenti

	sabbia vulcanica		
	presente	*mancante*	*dubbia*
n. 12 piatti (Lamboglia 7), orlo	8	2	2
n. 6 piatti (Lamboglia 7), piede	4	1	1
n. 8 pareti	4		4
n. 6 coppette (Lamboglia 18 e 20)	2	2	2

È stato rilevato che, soprattutto nei piatti, la sabbia vulcanica si addensa nella zona del piede, mentre si rarefà nella parete e nell'orlo, in maniera del tutto irregolare.

In una seconda fase della ricerca, si è ritenuto opportuno ricorrere all'analisi mineralogico-petrografica per un approfondimento di conoscenza. Sono stati sottoposti all'analisi 13 frammenti di ceramica a vernice nera, dei quali 6 di provenienza erratica e 7 provenienti dalla cisterna della Casa dell'Ufficiale, come da descrizione nell'App. 3, gruppo **3**, brevemente riassunta qui di seguito. Le sezioni sottili (SS) sono indicate con la sigla della classe di materiali (VN) e con il numero di

[42] Per la cottura in atmosfera riducente di manufatti a vernice nera: *supra*, Cap. II nota 86.

inventario del campione analizzato. I campioni contenenti sabbia vulcanica sono contrassegnati con asterisco (*). I campioni contrassegnati con doppio asterisco (**) hanno una microstruttura molto simile a quella dei campioni precedenti, e in essi la presenza della sabbia vulcanica è molto probabile, sebbene non sia stata riscontrata in quella parte del campione da cui é stata ricavata la sezione sottile (App. 3, gruppo **3**).

Analisi mineralogico-petrografiche eseguite su 13 frammenti (16 sezioni sottili)[43]

Frammenti di provenienza erratica		
1. piatto (Lamboglia 7), piede	SS VN-1	*
2. piatto (Lamboglia 7), orlo	SS VN-2	
3. piatto (Lamboglia 7), piede	SS VN-3	**
4. piatto (Lamboglia 7), piede	SS VN-4	**
5. piatto (Lamboglia 7), piede	SS VN-6	*
6. coppetta (Lamboglia 18), orlo	SS VN-15	
coppetta (Lamboglia 18), piede	SS VN-16	
Frammenti dalla cisterna della Casa dell'Ufficiale		
7. piatto (Lamboglia 7), orlo	SS VN-5	**
8. coppetta (Lamboglia 20), orlo (bis VN-13)	SS VN-7	
9. coppetta (Lamboglia 18) orlo (bis VN-14)	SS VN-8	*
10. piatto (Lamboglia 7), piede	SS VN-9	*
11. forma non definibile	SS VN-10	*
12. piatto (Lamboglia 7), orlo	SS VN-11	*
13. coppetta (Lamboglia 20?), parete	SS VN-12	*

L'analisi petrografica ha permesso di rilevare che su un totale di 13 campioni, 10 contengono minerali vulcanici, e precisamente 4 su 6 dei frammenti erratici, e 6 su 7 dei frammenti dalla cisterna.

Tutti i 10 campioni contenenti minerali vulcanici sono caratterizzati da una microstruttura particolare: la massa di fondo ha colore giallo lievemente bruno, è estremamente fine e ben aggregata, con quarzo di granulometria finissima, mentre la sabbia vulcanica è costituita da materiale derivato da rocce basaltiche, e consiste in numerosi granuli vetrosi, in fenocristalli isolati di feldspati (plagioclasi) idiomorfi e a spigoli vivi, in più rari cristalli isolati di pirosseni e di olivine e in alcuni piccoli frammenti di roccia basaltica più o meno alterata. Le dimensioni dei minerali vulcanici raggiungono e talvolta superano micron 500, e sono molto superiori a quelle dei granuli di quarzo (appartenenti alla massa di fondo) che hanno una dimensione media di micron 50 (App. 3, gruppo **3**). Analogamente a quanto rilevato dall'esame precedente, anche nelle sezioni sottili è emerso che nella zona del piede dei manufatti la sabbia è spesso presente in quantità maggiore che non nelle pareti e nella zona degli orli. Il grado elevato di concentrazione dei minerali vulcanici,

[43] Le sezioni sottili delle coppette VN-7 e VN-8 sono state ricavate una seconda volta (VN-13 e VN-14) per allargare il controllo dei risultati.

le maggiori dimensioni di essi rispetto al quarzo, la scarsità di granuli di granulometria intermedia, anche nei granuli vetrosi, infine la mancanza di alterazione nei feldspati, anche nei cristalli isolati, indicano che tutti questi minerali non appartengono al processo di sedimentazione dell'argilla avvenuto nelle passate ere geologiche. Si tratta dunque di materiale aggiunto all'argilla dal vasaio ai fini della lavorazione ceramica, ipotesi avvalorata dagli addensamenti irregolari dei granuli nei manufatti.

I rimanenti tre campioni che all'analisi petrografica sono risultati privi di sabbia vulcanica si riferiscono rispettivamente a un piatto forma Lamboglia 7 (VN-2; Tavv. 46:b, 47:a), a una coppetta forma Lamboglia 20 (VN-7 con bis VN-13), e a una coppetta forma Lamboglia 18 (VN-15) dal cui piede è stata ricavata una seconda sezione sottile contrassegnata VN-16. Le sezioni sottili sono caratterizzate dalla massa di fondo di colore bruno, abbastanza aggregata, con quarzo di granulometria fine con alcuni granuli sino a micron 300. Rispetto ai campioni di campana C contenenti sabbia vulcanica prima descritti, essi si distinguono anzitutto per la loro microstruttura, che costituisce la differenza più significativa, indi per l'assenza del materiale vulcanico e per la maggiore granulometria del quarzo.

A questo punto va ricordato che a Morgantina sono stati trovati dei manufatti ipercotti,[44] alcuni dei quali appartengono alla campana C (App. 3, gruppo **2i**). Tre di essi sono stati sottoposti ad analisi mineralogica: da due frammenti (presumibilmente appartenenti a coppette) sono state ricavate le sezioni sottili F-85 (Tav. 47:b) e F-87, da una coppetta forma Lamboglia 18 è stata ricavata la sezione sottile F-86 (Tav. 48:a). L'analisi ha accertato che i tre ipercotti non contengono sabbia vulcanica, e che mostrano delle affinità microstrutturali con i campioni di campana C ora indicati.

Le differenze rilevate tra il gruppo formato dai 10 manufatti contenenti sabbia vulcanica e il gruppo formato dai tre manufatti che ne sono privi porterebbero ad avanzare l'ipotesi che i primi siano stati importati a Morgantina da altri centri produttori.[45] Ciò postulerebbe l'assunto che Morgantina svolgesse essenzialmente la funzione di centro commerciale ove dalle zone circostanti affluivano manufatti per lo smercio. Sebbene questa ipotesi abbia dei punti a suo favore e sia quella più facile da proporre in prima istanza, essa viene avanzata con cautela per una serie di ragioni brevemente esposte qui di seguito.

La grande quantità di campana C ritrovata a Morgantina presuppone un'attività di produzione in loco e non soltanto l'esistenza di un mercato di assorbimento di merce prodotta altrove, tanto più ove si consideri la posizione della città che, ubicata al centro della Sicilia, mal si prestava per ragioni di costi economici ad attirare una corrente di importazioni di vaste proporzioni, come invece poteva avvenire per altre città poste in vicinanza o sulla riva del mare, quale ad esempio Siracusa. La presenza delle dieci fornaci descritte in precedenza conferma l'importanza di Morgantina quale centro di produzione ceramica, e perdipiù la maggior parte di esse erano adatte alla cottura di ceramica a vernice nera ed erano attive nel I sec. a.C., proprio nel periodo di maggiore produzione della campana C. Dentro lo scarico contenuto nella cisterna della Casa dell'Ufficiale

[44] *Supra*, Cap. II note 33 e 34; STONE Diss., pp. 112–113.

[45] Il criterio che distingue i due raggruppamenti si basa sulle differenze microstrutturali delle sezioni sottili, cui si aggiunge la presenza/assenza del materiale vulcanico (si veda in App. 3, gruppo **3**, la descrizione del raggruppamento A, formato da 10 campioni, e del raggruppamento B, formato da 3 campioni). Pertanto, anche quando, per brevità di linguaggio, si fa riferimento alla sola sabbia vulcanica, è sempre sottinteso che la differenza fondamentale tra i due raggruppamenti consiste nella rispettiva microstruttura.

sono stati ritrovati sia frammenti di campana C contenenti sabbia vulcanica, sia altri che ne sono privi, inducendo a pensare che derivino dalla produzione della stessa officina. Infine, poichè numerosi manufatti in campana C privi di sabbia vulcanica sono stati prodotti a Morgantina (come testimoniano gli ipercotti ivi ritrovati), è ragionevole supporre che il vasaio locale fosse capace di produrre anche manufatti di forma analoga e contenenti sabbia vulcanica. Senza dire che l'importazione di manufatti ceramici comportava rischi di rotture, oltre ai costi di trasporto, il che ne avrebbe aumentato il prezzo, rendendoli non competitivi sul mercato.

Forse, per quanto è possibile presumere allo stato attuale delle nostre conoscenze, non sarebbe da escludere che parte dei manufatti in campana C fossero frutto di importazione, mentre per altri si aveva una produzione in loco, come dimostrano i ritrovamenti di coppette ipercotte e di altri scarti di fornaci, produzione limitata a un numero ristretto di forme derivate dall'ampio repertorio della campana C.

Si potrebbe anche avanzare l'ipotesi che in alcuni specifici casi il vasaio di Morgantina usasse argilla "importata," intendendo con questo termine argilla prelevata in cave particolari, ubicate a distanza più o meno ravvicinata.[46] Va qui ricordato che il vasaio si trovava in una situazione ambientale del tutto particolare ai fini della sua attività lavorativa, poichè, essendo il pianoro su cui sorge la città privo di argilla lavorabile, egli era abituato a procurarsi la materia prima nelle zone finitime (*supra*, Cap. II, pp. 45–46), anche se doveva affrontare il problema del trasporto. Non dovrebbe quindi sorprendere il fatto che il vasaio sfruttasse alcune cave per la produzione dei manufatti comuni, e altre cave particolari per la produzione della campana C, soprattutto per la modellazione dei piatti, che per forma e dimensioni richiedevano argilla dotata di un'ottima plasticità e al tempo stesso di forte resistenza meccanica.

Se questa ipotesi venisse accettata, si dovrebbe ammettere che alcuni vasai prelevavano l'argilla da una cava mentre altri si rifornivano altrove.[47] Si dovrebbe altresì supporre l'impiego di tecniche di lavorazione e processi di depurazione differenziati, così che alcuni vasai usavano la sabbia

[46] Quale esempio si potrebbe indicare Raddusa, un piccolo paese a circa 10 km da Morgantina, dove in una cava di gesso, tuttora sfruttata per la produzione di scagliola e di altri tipi di gesso da presa, esistono delle formazioni di argilla dotata di plasticità e di finezza d'impasto di primissima qualità.

A Tindari, il trasporto di argilla da cave più o meno lontane era stato ipotizzato, seppure con estrema cautela, da N. Lamboglia, Una fabbricazione di ceramica megarica a Tindari e una terra sigillata siciliana?, in *ArchCl* 11 (1959) p. 89: "... Siamo, qui, in pieno territorio dell'antica Tindari, ed è logico supporre che di là venga l'argilla e che là—o più vicino nella città se è autorizzata l'ipotesi di un trasporto dell'argilla stessa a scopo di lavorazione fine e di lusso,—fosse situata la fabbrica in questione, operante almeno a partire dal II secolo a.C."

Un esempio di officine da vasaio ove l'argilla proveniente da altre zone era lavorata in loco potrebbe essere riscontrato a Lipari, dove una serie di analisi mineralogiche ha accertato che alcuni manufatti ceramici sono stati modellati con argilla proveniente dalla costa nord-ovest della Sicilia, argilla alla quale è stato aggiunto del degrassante vulcanico locale, prelevato a Lipari. Al riguardo si veda: J. Ll. Williams, A Petrological Examination of the Prehistoric Pottery from the Excavation in the Castello and Diana Plain of Lipari. Appendice VII in L. Bernabò Brea - M. Cavalier, *Meligunìs Lipára* IV, *L'Acropoli di Lipari nella preistoria* (Palermo 1980) pp. 845–868, in particolare pp. 865 e 866.

[47] Le analisi mineralogico-petrografiche (App. 3) indicano che le argille utilizzate per modellare i manufatti contenenti sabbia vulcanica e quelli che ne sono privi hanno caratteristiche comuni, trattandosi sempre di argille plioceniche a composizione carbonatica, ricche di quarzo fine e di microfossili marini, il che fornisce un supporto all'ipotesi che esse siano state prelevate da cave situate in bacini geolitologici locali.

Sotto l'aspetto della composizione chimica, i risultati delle analisi per attivazione neutronica (App. 2) indicano che a livello di composizione di elementi in traccia non esiste una correlazione tra la presenza della sabbia vulcanica e l'appartenenza oppure l'esclusione dal *cluster* di Morgantina, onde la presenza dei minerali vulcanici non è un criterio discriminante agli effetti della provenienza.

vulcanica, mentre altri preferivano farne a meno, anche se l'uso di più tecniche di lavorazione all'interno di uno stesso centro di produzione costituirebbe un fatto sinora poco noto.[48]

Dovunque siano stati prodotti i manufatti in questione, nascono a questo punto le domande del perchè il vasaio aggiungesse all'argilla la sabbia vulcanica e dove la prendesse, domande a cui occorre comunque dare una risposta.

Quanto alle ragioni che hanno spinto il vasaio a fare uso di questo particolare degrassante, la cui colorazione nera poteva costituire di per sé stessa un motivo preferenziale di scelta, si potrebbero presumere esigenze tecniche di lavorazione, e precisamente la necessità di trovare un giusto equilibrio tra l'eccessiva plasticità e l'eccessiva magrezza dell'impasto argilloso. La modellazione al tornio di piatti di ampie dimensioni presentava notevoli difficoltà e richiedeva argilla molto plastica che però correva il rischio di fessurarsi durante l'essiccamento. Si potrebbe pensare che il vasaio avesse riscontrato empiricamente che la sabbia vulcanica era adatta a correggere in giusta misura la plasticità così da favorire l'essiccamento del manufatto. Egli dunque ne spolverava un poco sull'impasto argilloso prima della modellazione, il che potrebbe spiegare come mai la sabbia si trovi addensata in alcune parti dei manufatti e manchi in altre. Una seconda ipotesi potrebbe essere quella che il vasaio spargesse della sabbia vulcanica sopra il tornio, prima di collocarvi l'argilla da foggiare, per dare maggiore resistenza alla base del manufatto: piatti di così ampie dimensioni, dalla parete pressochè orizzontale, richiedevano un piede molto robusto, altrimenti questo non avrebbe potuto reggere il peso. È possibile che il vasaio seguisse lo stesso procedimento durante le operazioni di rifinitura al fine di evitare un'eccessiva aderenza al tornio del manufatto stesso.[49] Ciò potrebbe spiegare l'addensamento dei granuli vulcanici riscontrato nel piede dei piatti qui presi in esame, granuli che a causa del loro peso tendevano comunque ad accumularsi verso il basso.[50] Ne sarebbe scaturito l'ulteriore vantaggio di evitare incollamenti durante la cottura dentro la fornace, ove i manufatti venivano impilati l'uno sull'altro. Sia la prima che la seconda ipotesi

[48] A proposito dell'officina di Brive è stato rimarcato che l'impiego di più tecniche di lavorazione all'interno di una stessa officina costituirebbe un fatto insolito: F. Moser - M. Picon - J. L. Tilhard, Étude en laboratoire des céramiques sigillées dites du groupe I de Brive. Note complémentaire, in *Aquitania* 5 (1987) p. 119: " . . . Il faudrait donc admettre, au cas où les groupes I et II seraient originaires tous deux de Brive, que les potiers auraient changè d'argile entre ces deux productions, ce qui est un phénomène assez rare lorsque'il s'agit du même type de production."

[49] Circa le difficoltà della modellazione al tornio di grandi piatti si veda Morel 1981, pp. 495-496. Quanto all'uso di spargere sul tornio del materiale di fine granulometria quale la sabbia, si tratta di una tradizione viva tuttora, come dimostrano i vasai del Maghreb: H. Balfet, Methods of Formation and the Shape of Pottery, in *The Many Dimensions of Pottery*, S. E. Van Der Leeuw - A. C. Pritchard, eds. (Amsterdam 1984) pp. 171-197, in particolare pp. 179 e 184.

[50] Non è del tutto da escludere che l'aggiunta della sabbia vulcanica fosse collegata, direttamente o indirettamente, anche a un fatto estetico, ossia all'intento di dare un'unica tonalità cromatica a tutto il manufatto, accordando il colore del corpo ceramico, visibile nelle zone senza rivestimento, al colore della vernice nera. Si potrebbe pensare che il vasaio volesse evitare uno stacco netto di colore tra le parti del manufatto ricoperte da vernice nera e le residue parti che ne erano prive, e per dare a queste ultime una tinta di base grigio-bruna egli aggiungeva della sabbia vulcanica (nera di per sè stessa) ritenendo così (seppure erroneamente) di potenziare gli effetti scurenti che sarebbero poi stati provocati dalla cottura in atmosfera riducente. Il tentativo di ottenere un'unica tonalità cromatica per l'intero manufatto potrebbe indicare un cambiamento di gusto, quasi un'anticipazione del monocromatismo della terra sigillata.

Se questa ipotesi corrispondesse alla realtà, il vasaio avrebbe attribuito al colore nero della sabbia vulcanica un potere colorante che in effetti non esisteva, in quanto alla bassa temperatura di cottura dei manufatti a vernice nera la sabbia vulcanica non esercitava alcuna azione colorante sul corpo ceramico, salvo il fatto che essa stessa aveva colore nero.

portano a desumere che la quantità di sabbia vulcanica usata dal vasaio fosse limitata, onde è presumibile che l'approvvigionamento e il trasporto non creassero particolari difficoltà.

Quanto al luogo di origine del materiale vulcanico, in base ai rilevamenti geologici della Sicilia è possibile asserire che esso è estraneo alla geologia dell'area di Morgantina, essendo questa formata da argille plioceniche, a composizione carbonatica, ove il quarzo è il minerale delle sabbie di gran lunga prevalente.[51] Ciò porta a supporre che il materiale in questione provenisse da altre zone della Sicilia, quali la zona paleovulcanica sud-orientale dell'isola che si estende da Mineo e Grammichele verso Licodia Eubea e verso Lentini,[52] in direzione del mare Ionio, zona formata da rocce magmatiche basiche che per loro natura sono prive di quarzo. La sabbia potrebbe essere stata prelevata dalle sponde di qualche corso d'acqua incassato tra i tufi vulcanici della zona e il cui percorso escludeva contatti con rocce sedimentarie o metamorfiche (altrimenti, essendo queste ricche di quarzo, sarebbe senza dubbio avvenuto un arricchimento della sabbia con granuli quarzosi di varie dimensioni). La provenienza della sabbia vulcanica da un siffatto corso d'acqua spiegherebbe l'assenza di granuli di quarzo aventi le dimensioni dei minerali vulcanici.[53]

Un'altra ipotesi potrebbe indurre a supporre che la sabbia fosse stata prelevata dal greto di uno dei corsi d'acqua che costeggiano l'Etna, il cui greto doveva avere una concentrazione estremamente elevata di materiali vulcanici.[54] Nè si può escludere che il materiale in questione fosse non sotto forma di sabbia bensì sotto altra forma, ad esempio come pietra lavica utilizzata per le macine dei cereali.[55] Di queste macine a Morgantina sono stati trovati numerosi esemplari:[56] il trasporto potrebbe essere avvenuto per vie di terraferma,[57] o per via fluviale, risalendo il corso d'acqua detto Gornalunga dalla Piana di Catania sino alla vallata situata sotto il lato settentrionale del pianoro di Morgantina.[58] Nella Piana di Catania, il Gornalunga incontra il fiume Simeto che va a sfociare nel mare Jonio dopo aver costeggiato per lungo tratto il monte Etna, per cui le pietre laviche potevano essere trasportate prima sul fiume Simeto, indi risalendo il Gornalunga sino a Morgantina.[59]

[51] Carta geologica d'Italia 1:100.000, foglio 269 (Paternò). Cfr. anche *supra*, Cap. I note 3 e 8.

[52] Per i rapporti di Morgantina con Lentini e con Grammichele già in età arcaica, si veda MS I, pp. 9-13. Per le vie interne di penetrazione, si veda *infra*, note 57 e 58.

[53] Carta geologica d'Italia 1:100.000, foglio 273 (Caltagirone) e foglio 274 (Siracusa).

[54] Carta geologica d'Italia 1:100.000, fogli 261, 262, 269, 270. Non si conoscono per ora quali siano i corsi d'acqua il cui letto contenga minerali vulcanici in così alta concentrazione come la sabbia utilizzata per i manufatti di Morgantina e che contemporaneamente sia privo di quarzo.

[55] L'utilizzazione della lava del monte Etna per ricavarne delle macine è menzionata anche da STRABONE (6.2.3). Per la composizione mineralogica di alcune macine ritrovate in Sicilia, cfr. P. FERLA - R. ALAIMO - G. FALSONE - F. SPATAFORA, Studio petrografico delle macine di età arcaica e classica da Monte Castellazzo di Poggioreale, in *SicArch* 56 (1984) pp. 25-52.

[56] D. WHITE, A Survey of Millstones from Morgantina, in *AJA* 67 (1963) pp. 199-206. Pezzi di pietra lavica sono stati impiegati come materiale di riutilizzo per riparazioni edilizie e per costruire i muri di case del II e I sec. a.C.: TSAKIRGIS Diss., pp. 308-309 e 316; ivi in nota 18 (p. 345) sono indicate alcune case ove la pietra vulcanica è stata utilizzata come materiale edilizio: Casa del Capitello Dorico, Casa dei Capitelli Tuscanici, Casa dell'Ufficiale.

[57] D. ADAMESTEANU, Monte Saraceno e il problema della penetrazione rodio-cretese nella Sicilia meridionale, in *ArchCl* 8 (1956) pp. 144-146; ID., Note su alcune vie siceliote di penetrazione, in *Kokalos* 8 (1962) pp. 199-209. Per le strade di epoca tardo-antica che collegavano Catania ad Agrigento, si veda E. ANDRONICO, La *mansio* di Capitoniana sulla via *Catina-Agrigentum*. Una proposta di identificazione, in *Klearchos* 25 (1983) pp. 5-25.

[58] E. SJÖQVIST, I Greci a Morgantina, in *Kokalos* 8 (1962) p. 64; G. VALLET, La colonisation chalcidienne et l'hellénisation de la Sicile orientale, *ibidem*, pp. 43-44.

[59] È ben noto che i corsi fluviali erano utilizzati come vie di penetrazione a carattere commerciale e politico-militare verso l'interno della Sicilia: D. ADAMESTEANU, L'ellenizzazione della Sicilia e il momento di Ducezio, in *Kokalos* 8 (1962) pp. 181-184. Basti qui ricordare l'importanza a tale fine del fiume Salso e del fiume Gela: P. ORLANDINI, L'espan-

Frammenti di qualche macina rotta o comunque inutilizzabile, sottoposti a una buona macinazione, avrebbero potuto fornire al vasaio il degrassante desiderato.

Al riguardo del materiale vulcanico, è da sottolineare che i risultati delle analisi mineralogico-petrografiche riportati nell'App. 3 (e rappresentati nei grafici di cui alle Figg. 10 e 13) dimostrano come su 166 campioni esaminati, soltanto 14 contengano tale particolare degrassante, e precisamente i dieci manufatti a vernice nera campana C prima descritti, due *pithoi* ritrovati nella Casa della Cisterna ad Arco (Tav. 37:a), un puteale pure ubicato nella Casa della Cisterna ad Arco (Tav. 36:b), e una tegola proveniente dalla Cittadella.[60] Tralasciando la tegola, da considerare a parte sia per la datazione (VI sec. a.C.) sia per il luogo di ritrovamento (la Cittadella), notiamo che i due *pithoi* e il puteale hanno in comune con i dieci manufatti a vernice nera la presenza della sabbia vulcanica, ma ne differiscono per la composizione e per la granulometria della sabbia stessa, molto più grossolana, il che porta a presumere una provenienza da un diverso punto dello stesso corso d'acqua, oppure da un altro corso d'acqua, oppure che si tratti di roccia lavica macinata grossolanamente.[61] Un'altra differenza consiste nel fatto che in questi tre manufatti la sabbia vulcanica si presenta distribuita uniformemente in tutto il corpo ceramico, il che dimostra che è stata bene impastata con l'argilla prima della modellazione dei manufatti, al contrario di quanto si riscontra nei manufatti a vernice nera ove la sabbia vulcanica forma degli addensamenti irregolari. La presenza della sabbia vulcanica nei *pithoi* e nel puteale dimostra che tale degrassante era utilizzato anche per altri prodotti di età ellenistica, sebbene la datazione di questi ultimi non sia per il momento meglio definibile, e dimostra pure l'uso di diverse sabbie e l'impiego di diverse tecniche di lavorazione. Ciò starebbe a dimostrare che l'impiego del degrassante vulcanico non era generalizzato ma specifico per alcune classi di materiali, e che nella classe della ceramica da mensa esso era usato soltanto per la campana C.

Va tuttavia ricordato che i dati sui quali si basano le presenti annotazioni sono incompleti non essendo state esaminate tutte le classi di materiali. Inoltre, nell'ambito della campana C sono state prese in esame soltanto alcune forme e non tutte quelle ritrovate a Morgantina; infine, i campioni risultati esenti da degrassante vulcanico all'analisi mineralogica sono soltanto tre, e tre sono pure gli ipercotti di campana C esaminati, il che costituisce un "universo" troppo ristretto per poterne dedurre significazioni generali.

Allo stato attuale delle cose, ci si limita qui a segnalare il fatto che a Morgantina sono stati trovati manufatti di campana C che contengono sabbia vulcanica ed altri che ne sono privi. Si tratta di un problema che merita di essere indagato più ampiamente su una campionatura a più vasto raggio, anche con l'appoggio di analisi fisico-chimiche per la determinazione degli elementi

---

sione di Gela nella Sicilia centro-meridionale, in *Kokalos* 8 (1962) pp. 69–121, in particolare pp. 114–119. Cfr. anche: Scramuzza 1937, pp. 291–295.

Per il percorso seguito dal Gornalunga (detto anche Gurnalunga), si veda: G. Fiorelli, Catania, in *NSc* 1881, p. 221 e nota 1.

[60] Per i campioni di vernice nera campana C: App. 3, gruppo **3**, raggruppamento A, SS VN-1, VN-3, VN-4, VN-5, VN-6, VN-8, VN-9, VN-10, VN-11, VN-12. Per i due *pithoi*: App. 3, gruppo **9**, raggruppamento A, SS PT-1/PT-2, PT-3. Per il puteale che chiude l'imboccatura della cisterna della casa omonima: App. 3, gruppo **10**, SS VV-4. Per la tegola proveniente dal tempio arcaico della Cittadella: App. 3, gruppo **2e**, SS F-33.

[61] I quattro campioni qui in esame, al pari dei dieci manufatti a vernice nera, non contengono chamotte, per cui allo stato attuale delle nostre conoscenze si è indotti ad affermare che l'uso della sabbia vulcanica escludeva l'uso della chamotte, e viceversa (App. 3).

in traccia, allo scopo di verificare se il degrassante vulcanico era utilizzato soltanto per la campana C e per quali forme, e se era impiegato in tutte le officine oppure soltanto in alcune di esse. Infine, sarebbe necessario verificare se questo particolare degrassante era di uso comune in altri centri produttori della Sicilia, nel qual caso occorrerebbe accertare se si tratta di una stessa tecnica di lavorazione.[62] Basti per ora sollevare la questione e proporre un argomento di ricerca che riguarda l'intera Sicilia e coinvolge più settori di studio,[63] rendendo necessaria una stretta collaborazione tra archeologi e ricercatori nel campo delle scienze mineralogiche, chimiche e fisiche applicate all'archeologia.[64]

[62] La necessità di approfondire la conoscenza del corpo ceramico e della vernice era già stata messa in evidenza, senza però rimarcare la presenza del degrassante vulcanico nella campana C: J. P. Morel, Notes sur la céramique étrusco-campanienne. Vases à vernis noir de Sardaigne et d'Arezzo, in *MEFR* 75 (1963) p. 12.

[63] Tra le prime ricerche da condurre, sarebbe necessario uno studio micropaleontologico per individuare l'area sedimentaria delle sabbie carbonatiche che comprendono i microfossili della stessa *facies* di quelli individuati nei manufatti ceramici di Morgantina. Altrettanto necessario sarebbe individuare il corso d'acqua il cui greto sia formato da sabbia con le stesse caratteristiche petrografiche dei minerali vulcanici individuati nei manufatti campana C di Morgantina.

[64] Può essere questa un'occasione per sottolineare che non basta rivolgersi a laboratori di mineralogia, fisica, chimica, per quanto qualificati nel loro campo, qualora essi non abbiano dimestichezza con i problemi archeologici. Infatti, i risultati delle analisi da essi forniti spesso non sono appaganti sotto il profilo archeologico, per cui rimangono fine a sè stessi.

Dovrebbe essere ormai chiaro che occorrono laboratori che non si accontentano di applicare all'archeologia delle tecniche scientifiche note, ma che le elaborano in funzione dell'archeologia, creando una *discipline scientifique nouvelle*, come auspicato da Maurice Picon nell'ormai lontano 1973 (Picon 1973b, p. 130).

IV

Considerazione finali

LO STUDIO TECNICO delle sei officine da vasaio tardo-ellenistiche di Morgantina potrebbe qui concludersi, poichè uno studio globale su Morgantina quale centro di produzione ceramica sarà possibile soltanto quando saranno pubblicati tutti i manufatti ceramici ivi ritrovati, e quando saranno scavate e pubblicate le fornaci individuate in tempi recenti dagli scavi clandestini (*supra*, Introduzione, pp. 4-5). Tuttavia, sembra opportuno aggiungere alcune brevi note che si propongono di riassumere brevemente alcuni temi trattati nei capitoli precedenti nell'intento di risalire all'artefice della produzione ceramica, ossia al vasaio e al suo rapporto con l'ambiente che lo circondava. Nè si può tralasciare di formulare alcuni interrogativi che scaturiscono dalle varie indagini condotte e che potrebbero servire ad indicare degli obiettivi per future ricerche.

1. Aspetti dell'attivitá lavorativa del vasaio

Nel corso del presente studio sono stati usati i termini "artigiano-costruttore," "vasaio," "fornaciaio." Si é inteso così indicare tre attività artigianali che potevano essere eseguite da tre diverse persone o che potevano assommarsi in una sola persona, in quanto svolgere una o più di queste attività dipendeva dal grado di complessità e di difficoltà insiti nelle attività stesse, nonchè dall'abilità e dallo spirito di iniziativa del soggetto operante. Questa divisione dei compiti, o l'accumulo dei compiti stessi, poteva riscontrarsi all'interno delle officine a seconda dell'entità di produzione e del tipo di gestione, e va da sè che a livello di esigenze produttive molto modeste, un solo uomo avrebbe potuto costruire la sua piccola fornace e cuocervi i manufatti da lui stesso modellati, mentre esigenze di una produzione più qualificata e di maggiore quantità avrebbero richiesto l'opera di specialisti in ogni singolo campo.

A Morgantina mancano prove documentali di supporto quali bolli, marchi di fabbrica, etc.[1] che in qualche modo permettano di risalire all'organizzazione del lavoro, per cui è giocoforza limitarsi a sottolineare alcuni aspetti che possono essere desunti dagli oggetti ritrovati e dalla situazione ambientale emersa dagli scavi, anche se tali aspetti sono talvolta di difficile comprensione per la nostra mentalità moderna.

L'esame delle principali caratteristiche tecniche dei manufatti contenuti nello scarico della cisterna della Casa dell'Ufficiale (*supra*, Cap. III, pp. 85-88) ha fatto emergere alcune qualità del vasaio di Morgantina: versatilità e capacità professionale.

[1] In linea generale, la produzione di campana C è anonima, analogamente alla campana A, e mancano indicazioni sia sugli artigiani che sui proprietari delle officine: J. P. MOREL, Aspects de l'artisanat dans la Grande Grèce romaine, in *La Magna Grecia nell'età romana, Atti Taranto 15, 1975* (Napoli 1976) pp. 272-287; ID., La produzione della ceramica campana: aspetti economici e sociali, in *Società romana*, II, p. 92. Si conoscono soltanto i bolli apposti su alcuni piatti ritrovati ad Ampurias: N. LAMBOGLIA, Bolli ampuritani su campana C, in *RStLig* 21 (1955) pp. 51-56.

La versatilità è dimostrata dalla presenza di ceramica comune e di ceramica da fuoco, di ceramica fine da mensa a vernice nera e a pareti sottili, sebbene all'interno di ognuna di queste classi le forme rappresentate siano piuttosto limitate. Alla versatilità si collega l'aspetto innovativo, dimostrato dalla presenza di ceramica presigillata che, seppure di qualità imperfetta, indica sia il desiderio di aggiornarsi ai cambiamenti del gusto, assecondando le richieste del mercato, sia la volontà di rinnovamento, tanto più significativa qualora si consideri il carattere conservatore del vasaio, alieno dall'apportare innovazioni al suo sistema lavorativo abituale, come è tipico di tutte le attività dove il rischio di perdita è molto alto.[2] La capacità professionale è attestata dallo spessore ridotto della ceramica comune e della ceramica da fuoco, nonchè dalla precisa riproduzione di una stessa forma, come dimostrano i bicchierini a pareti sottili replicati in serie. Nel complesso lo scarico della Casa dell'Ufficiale indica una produzione variata di buon livello, che ricercava la funzionalità piuttosto che la raffinatezza, indirizzata a un consumatore di medie possibilità economiche, aperto alle novità del gusto.

Nello svolgimento della sua attività il primo problema che il vasaio doveva affrontare era quello di procurarsi le materie prime, anzitutto l'argilla.

Le indagini condotte sulle argille di Morgantina hanno permesso di rilevare come esse abbiano caratteristiche differenti a seconda delle zone di prelievo e a seconda delle manipolazioni effettuate dal vasaio durante la depurazione. L'analisi per attivazione neutronica ha individuato un gruppo di sette campioni di ceramica fine che presumibilmente hanno subito un processo di depurazione molto accurato (App. 2), tale da differenziarli sotto l'aspetto della composizione chimica a livello di elementi in traccia,[3] il che appunto potrebbe essere riferibile alla cava da cui è stata prelevata l'argilla e al processo di depurazione. Non sappiamo se fosse lo stesso vasaio a procurarsi l'argilla, oppure se avesse degli aiutanti per svolgere questo specifico compito, nè tantomeno sappiamo dove e come l'argilla venisse depurata e resa lavorabile. Scarseggiano le attrezzature collegabili a questa fase di lavorazione, e quelle poche rinvenute sono modeste (*supra*, Cap. II, pp. 46–47). Ciò potrebbe indicare che l'argilla destinata alla modellazione dei manufatti da cucina e da mensa venisse prelevata in piccole quantità e depurata di volta in volta. Qualora questa ipotesi fosse corretta, troverebbero spiegazione i risultati dell'analisi per attivazione neutronica prima indicati, in quanto si potrebbe presumere che il vasaio, o il suo aiutante, sottoponesse a raffinazione molto accurata e a trattamenti particolari il lotto di argilla riservato alla modellazione della ceramica fine da mensa. Proprio il fatto che singoli lotti di argilla venissero depurati di volta in volta e in piccole quantità, potrebbe spiegare le variazioni negli impasti.[4]

Dopo la depurazione dell'argilla, la seconda fase della lavorazione ceramica consisteva nella

[2] A ricordare quanto alto fosse il rischio insito nella lavorazione ceramica, basti citare le fosse di scarico trovate a La Graufesenque, colme di migliaia di manufatti inutilizzabili (*supra*, Cap. III nota 1).

[3] I sette campioni esaminati per NAA sono i seguenti: D2/5 (ceramica a vernice nera); D 3/1 (ceramica a pareti sottili); D 3/2 (ceramica a pareti sottili); D 4/2 (ceramica presigillata), D 7 (ipercotto), D 9 (ipercotto), D 10 (ipercotto).

In proposito sono da tenere presenti i risultati delle decantazioni successive eseguite in laboratorio sul campione di argilla X-5, prelevato in contrada Fondacaccio, decantazioni che hanno avuto l'effetto di rafforzare le concentrazioni di tutti gli elementi analizzati, per cui la composizione dell'argilla è risultata simile a quella dell'argilla usata per modellare i sette campioni sopra indicati. Si veda al riguardo l'App. 2.

[4] Va da sè che questa interpretazione è da ritenersi valida soltanto per questo specifico caso e non può, almeno per il momento, essere generalizzata. Al riguardo si vedano in App. 2 le delucidazioni sui risultati dell'elaborazione statistica.

modellazione dei manufatti, modellazione eseguita a mano per i laterizi, a tornio per gli altri oggetti. Prendendo quale riferimento la II officina, sita nella Casa dell'Ufficiale, una prima domanda che sorge spontanea riguarda il numero dei vasai che vi erano occupati, se uno oppure più di uno, e in quest'ultimo caso se ogni vasaio avesse una sua specializzazione.

La presenza di tre fornaci è all'origine degli interrogativi. Sebbene lo stato di degrado lasci adito a incertezze, esse non presentano grosse differenze strutturali e non differiscono molto neanche nelle dimensioni. Si potrebbe supporre che il vasaio volesse una produzione a ciclo quasi continuo, cosicchè mentre una prima fornace cuoceva, una seconda si stava raffreddando e una terza era pronta per accogliere il nuovo carico. Questo ciclo "continuo" avrebbe permesso uno sfruttamento intensivo del calore, in quanto il vano in cui sono installate le tre fornaci sarebbe stato sempre caldo, favorendo la conduzione termica e permettendo anche un buon essiccamento dei manufatti prima della cottura. Ammettendo che la lavorazione ceramica venisse svolta da un unico vasaio, occorrerebbe chiedersi se egli fosse in grado di preparare così tanti manufatti da tenere in continua attività tre fornaci. Inoltre, se il suo tempo era prevalentemente preso dalla modellazione, si dovrebbe comunque supporre la presenza di qualche aiutante per la preparazione dell'argilla e per tutti gli altri compiti inerenti alla produzione.[5]

Un'altra ipotesi potrebbe essere quella di un'officina in cui più vasai lavoravano fianco a fianco, nel qual caso la vasta gamma della produzione porterebbe a presumere che ogni vasaio avesse una propria specializzazione, non tanto nella modellazione di singole classi ceramiche, quanto nella modellazione di forme aperte oppure di forme chiuse, che implicano due tecniche molto differenti tra loro. Secondo quanto si ricava dalla tradizione, era insolito che uno stesso vasaio fosse esperto nel modellare, ad esempio, brocche dal lungo collo cilindrico e piatti di grandi dimensioni, dalla parete pressochè orizzontale.

Per la ceramica a vernice nera campana C sorge inoltre l'interrogativo del particolare degrassante impiegato (*supra*, Cap. III, pp. 89-96). Sempre rimanendo nel campo delle ipotesi, ove si volesse assumere che almeno parte dei manufatti contenenti sabbia vulcanica fossero prodotti a Morgantina, si sarebbe in presenza di un esempio di sofisticata specializzazione all'interno della II officina: all'argilla scelta appositamente, uno dei vasai aggiungeva un degrassante particolare quale è la sabbia vulcanica ed utilizzava questo specifico impasto argilloso per modellare esclusivamente manufatti da rivestire con vernice nera. Ad un livello di così spiccata specializzazione, non sorprenderebbe il fatto che nella stessa officina lavorassero più vasai e che ognuno di essi utilizzasse la propria fornace.[6]

[5] Nell'Egitto romano, alcuni contratti di affitto di officine da vasaio ritrovati recentemente e databili alla metà del III sec. d.C. contengono espresso riferimento al fatto che competeva all'affittuario provvedere ai vasai, agli aiutanti e ai fornaciai necessari per il buon funzionamento dell'officina: H. Cockle, Pottery Manufacture in Roman Egypt: a New Papyrus, in *JRS* 71 (1981) pp. 87-97.

Anche dalle raffigurazioni sui vasi attici è stato possibile desumere delle informazioni sulla suddivisione del lavoro: J. Ziomecki, *Les représentations d'artisans sur les vases attiques*, Bibliotheca Antiqua 13 (Warszawa 1975) pp. 117-125.

[6] Un ulteriore interrogativo potrebbe riguardare la possibilità che una stessa fornace fosse utilizzata in comune da più vasai, ma la mancanza sia di bolli di fabbricanti sia di una qualsiasi prova documentale del tipo dei ben noti graffiti di La Graufesenque impedisce di avanzare delle ipotesi al riguardo. Cfr. F. Hermet, *La Graufesenque (Condatomago)* (Paris 1934); R. Marichal, *Les graffites de la Graufesenque*, *Gallia* 47 Suppl. (1988).

Inoltre, a mio avviso l'ipotesi di una fornace "comune" sarebbe proponibile soltanto nel caso di una fornace particolare, con una tecnica di cottura specifica che avrebbe reso

Se si accetta l'ipotesi che ogni vasaio avesse una sua specializzazione, si deve pure ammettere una separazione di compiti tra il vasaio e il fornaciaio, soprattutto nelle fornaci di grandi dimensioni. Anzitutto l'impilaggio dentro la fornace dei manufatti crudi, facilmente soggetti a rotture, richiedeva non soltanto una buona esperienza specifica ma anche un adeguato lasso di tempo che sarebbe andato a scapito del ritmo produttivo della modellazione, ove le due attività fossero state eseguite dalla stessa persona. Analoga considerazione è da fare a proposito della conduzione del fuoco, tanto più trattandosi di monocottura: la necessità di raggiungere alte temperature e di ottenere una temperatura la più uniforme possibile all'interno della camera di cottura richiedevano abilità e regole precise nell'immissione del combustibile, nel rallentamento o nell'accelerazione della carica, nella distribuzione del combustibile stesso dentro la camera di combustione, nel fronteggiare gli imprevisti che potevano capitare durante la cottura. Inoltre, come avviene ancora oggi nelle fornaci tradizionali, la temperatura raggiunta all'interno della camera di cottura era giudicata ad occhio in base al colore dei manufatti arroventati dal fuoco, osservandoli attraverso gli angusti spioncini lasciati aperti nella porta della camera di cottura.[7] Con un procedere tanto empirico, soltanto un occhio bene esercitato era in grado di valutare se la temperatura salisse uniformemente e quando fosse giunto il momento di cessare la carica del combustibile e chiudere l'imboccatura del prefurnio, ponendo fine al ciclo termico. Un'errata valutazione significava la cattiva riuscita dell'infornata, con manufatti mal cotti oppure rovinati dall'eccesso di temperatura. Tutto ciò presupponeva una notevole padronanza del mestiere, oltre alla disponibilità del tempo necessario per seguire l'intero ciclo termico che, sempre nel caso di fornaci di forte capacità portante, richiedeva due o anche tre giorni consecutivi.

I fornaciai potevano essere più di uno, come è dimostrato senza ombra di dubbio dalla fornace n. 10 di Morgantina dove i due prefurni contrapposti richiedevano necessariamente la presenza di due fornaciai che lavorassero contemporaneamente (Tav. 69). Per una fornace di tali notevoli dimensioni occorre anche supporre la presenza di aiutanti che provvedessero al rifornimento del combustibile.

Rimane infine da accennare ad una situazione ambientale che al primo approccio può sembrare priva di razionalità, ossia perchè il vasaio di Morgantina abbia scelto come sua sede di lavoro la zona della città, lontana dalle fonti di approvvigionamento dell'argilla e del combustibile, scarsamente dotata di acqua e dove non abbondava neanche lo spazio necessario per le varie fasi lavorative (*supra*, Cap. II, pp. 43-46).

Questa apparente contraddizione potrebbe trovare una sua ragione d'essere nella poca sicurezza di quei tempi e nella specificità della lavorazione ceramica. Occorre infatti tenere presente la diversa condizione in cui operava il vasaio rispetto ad altre attività, ad esempio quella del contadino, il

necessario l'impiego di mano d'opera specializzata, con lunga esperienza sia nell'impilaggio dei manufatti sia nella conduzione del fuoco, tanto più trattandosi di monocottura. Tale potrebbe essere stato il caso della terra sigillata, la cui cottura in atmosfera ossidante continua doveva avvenire in una fornace "a muffola" (*supra*, Cap. III nota 23), ove l'impilaggio dei manufatti e la conduzione del fuoco presentavano difficoltà tali da richiedere personale estremamente competente, altrimenti si correva il rischio di incorrere in insuccessi catastrofici (*supra*, Cap. III nota 1). Una fornace con siffatte caratteristiche e mano d'opera in grado di curarne validamente la conduzione non erano facilmente disponibili in tutte le officine da vasaio. È verosimile quindi che, in casi del genere, due o più vasai facessero cuocere i loro prodotti nella stessa fornace, previ accordi che potevano assumere varie forme che richiamano nel linguaggio moderno la conduzione consortile oppure la lavorazione per conto terzi.

[7] Cuomo di Caprio 1982, pp. 151-176.

quale svolgeva il suo lavoro in campagna ma al calare del sole abbandonava i campi e rientrava nella sua abitazione, sita al sicuro entro la cerchia urbana.[8] Al contrario, l'officina del vasaio richiedeva la presenza costante dell'artigiano e doveva essere sorvegliata anche di notte, sia perchè i manufatti modellati e posti all'aperto ad essiccare non potevano subire ripetuti spostamenti, sia perchè il ciclo di cottura nella fornace, con il relativo carico e scarico dei manufatti, non poteva essere legato a orari fissi. Il vasaio era dunque obbligato ad avere l'abitazione e la sede di lavoro in un unico ambito, e per sentirsi protetto egli doveva insediarsi entro la cerchia cittadina ove la sua merce, ed anche il suo peculio, erano sufficientemente al riparo dalle scorrerie di malintenzionati.[9] Queste ragioni di sicurezza valevano anche per la fornace n. 10, costruita a ridosso delle mura della città, in quanto occorreva ugualmente tenerne sotto custodia la relativa produzione, indipendentemente dal fatto che la fornace fosse di proprietà privata o di proprietà pubblica (*supra*, Cap. I, pp. 34–35).

2. Alcune problematiche tuttora aperte

Uno dei problemi di maggiore interesse che riguardano la Sicilia in età ellenistica è la produzione e la distribuzione della ceramica a vernice nera campana C.

Come è già stato rimarcato,[10] questa classe di materiali si diffonde dalla Sicilia in grandi quantità e a notevole distanza, raggiungendo località della Francia meridionale, della Spagna, dell'Africa del nord e altre ancora.[11] Questa vigorosa forza di espansione accredita l'ipotesi dell'esistenza di un forte centro produttore, *leader* nella lavorazione della campana C, con un volume di produzione su base pressochè industriale, che alimentava nel bacino del Mediterraneo una corrente di esportazione a livello internazionale.[12] Tale centro non è stato ancora localizzato, tuttavia si ritiene che fosse situato nell'area di Siracusa,[13] forse lungo il litorale marittimo, il che avrebbe facilitato l'esportazione dei manufatti ceramici quali merce di accompagno dei prodotti agricoli locali,[14] un binomio merceologico che è attestato da numerosi relitti sottomarini.[15]

[8] Sebbene riferita a Capua preromana, ricordiama la nota frase di Livio: " . . . urbs servata est, ut esset aliqua aratorum sedes" (Livio, XXVI,16,7–8). Al riguardo si veda anche: M. W. Frederiksen, Republican Capua: A Social and Economic Study, in *BSR* 27 (1959) pp. 80–130, in particolare p. 82.

[9] Per i pericoli in cui poteva incorrere chi si allontanava dalla città, ricordiamo l'uccisione di Gorgos di Morgantina e di suo padre ad opera di una banda di schiavi fuggitivi (Diodoro XXXIV-XXXV,11).

[10] J. P. Morel, La Sicile dans les courants commerciaux de la Méditerranée sud-occidentale, d'après la céramique à vernis noir, in *Miscellanea di Studi classici in onore di Eugenio Manni*, V (Roma 1980) p. 1582: " . . . on verra la Sicile . . . exporter la campanienne C—la première céramique sans doute, et sans doute la seule, que la Sicile antique ait jamais diffusée aussi abondamment et aussi loin."

Cfr. anche Wilson 1988, pp. 239–241.

[11] Lamboglia 1952, pp. 139–163. Morel 1980, p. 104.

Per l'Africa del nord cfr. J. P. Morel, Les niveaux préromains, in *Thamusida* I (Paris 1965) pp. 81–82; Id., Céramiques d'Hippone, in *BAAlg* 1 (1962-1965) pp. 117–118; Id., Céramique à vernis noir du Maroc, in *AntAfr* 2 (1968) p. 64; S. Lancel, Tipasitana III: la nécropole préromaine occidentale de Tipasa, in *BAAlg* 3 (1968) p. 115; J. Boube, Introduction à l'ètude de la céramique à vernis noir de Sala, in *BAMaroc* 16 (1985–1986) p. 146.

Per Delo, cfr. Morel 1976, p. 491 nota 66; Id., Céramiques à vernis noir d'Italie trouvèes à Délos, in *BCH* 110 (1986) pp. 477, 484–486.

[12] Per le vie marittime che toccavano la Sicilia : Scramuzza 1937, pp. 293–298.

[13] Lamboglia 1952, p. 161; Pelagatti 1970, p. 471; J. P. Morel, Notes sur la céramique étrusco-campanienne. Vases à vernis noir de Sardaigne et d'Arezzo, in *MEFR* 75 (1963) p. 17; Morel 1980, p. 104; Morel 1981, p. 47 e pp. 520–521.

[14] J. P. Morel, La ceramica e le altri merci d'accompagno nel commercio da e per Roma in età repubblicana, in *Misurare la terra: centuriazione e coloni nel mondo romano. Città, agricoltura, commercio: materiali da Roma e dal suburbio. Catalogo della Mostra, Roma 1985* (Modena 1985) pp. 172–179.

[15] Per i trasporti di anfore contenenti olio o vino, con manufatti ceramici quale merce di accompagno, in preva-

Rimanendo nel campo delle congetture relative a tale centro *leader*, si può pensare che esso potrebbe essere riconosciuto come tale ove si riscontrassero, tra gli altri elementi, la presenza di campana C in quantità estremamente rilevante e con un repertorio di forme molto ampio, la prevalenza della campana C nella produzione complessiva del centro, la presenza di buon numero di scarti ed ipercotti in campana C, e infine l'impiego di una unica tecnica di lavorazione della campana C per quanto attiene alla composizione dell'impasto argilloso e alla scelta del degrassante.[16] Tutte queste caratteristiche dovrebbero potersi riscontrare sia nel caso in cui il centro fosse costituito da una sola grande officina, sia nel caso fosse costituito da una pluralità di officine che formavano un polo di produzione ceramica in cui lo standard del processo lavorativo era unico.[17]

Oltre a un centro *leader* così caratterizzato, si può anche ammettere che potessero esistere dei centri minori formati da piccole officine di dimensioni strettamente artigianali, a diffusione locale e con un repertorio limitato di forme, che avevano una propria specializzazione e una propria indipendenza pur subendo l'influenza del centro *leader* nell'orientamento generale della produzione.[18] In siffatti centri minori si potrebbe riscontrare l'impiego di più tecniche di lavorazione, anche diverse dalla tecnica praticata dal centro *leader* della quale era difficile appropriarsi. Infatti, mentre era relativamente facile copiare le forme dei manufatti, era certamente molto arduo (e lo è tuttora) carpire i segreti di lavorazione altrui, tanto più quando si trattava di un prodotto di successo. Inoltre, più era esteso il numero dei centri produttori minori (e delle officine da vasaio all'interno di ogni centro), maggiori erano le possibilità di diversificazione dei sistemi lavorativi e maggiori erano le possibilità che gli imitatori procedessero per tentativi, magari anche con l'ambizione di superare il prodotto del centro *leader*.

---

lenza campana A, basti ricordare il relitto del Grand Congloué: F. Benoit, *Fouilles sous-marines: L'épave du Grand Congloué à Marseille*, *Gallia* 14 Suppl. (1961); L. Long, Les épaves du Grand Congloué. Etude du journal de fouille de Fernand Benoit, in *Archaeonautica* 7 (1987) pp. 9-36; e il relitto di Giannutri: N. Lamboglia, La campagna 1963 sul relitto di Punta Scaletta all'isola di Giannutri, in *RStLig* 30 (1964) pp. 229-257. Frammenti di campana C erano contenuti anche nel relitto di Giens: A. Tchernia - P. Pomey - A. Hesnard - M. Couvert - M. F. Giacobbi et al., *L'épave romaine de la Madrague de Giens (Var)*, *Gallia* 34 Suppl. (1978).

[16] Va da sé che in un siffatto ipotetico centro *leader*, una forte produzione locale non avrebbe escluso la presenza di prodotti altrui, così come é stato riscontrato a Seleucia di Pieria alla foce dell'Oronte, ove i manufatti di produzione locale erano in numero grossomodo pari a quelli d'importazione. Ne deriva che in tal caso il commercio dei prodotti importati aveva importanza circa pari a quello dei manufatti di produzione locale. Al riguardo si veda J. Y. Empereur - M. Picon, Les régions de production d'amphores impériales en Méditerranée orientale, in *Amphores romaines et histoire économique: dix ans de recherche. Actes du colloque de Sienne, 22-24 mai 1986*, Collection de l'École française de Rome 114 (Roma 1989) pp. 223-248, con particolare riguardo a p. 237 e a fig. 17 con il diagramma che indica la produzione locale e quella d'importazione.

[17] Un tale centro *leader* di produzione ceramica sarebbe definito dagli studiosi anglosassoni *clustered industries* oppure *nucleated industries*: Peacock 1982, pp. 99-113; T. Darvill - A. McWhirr, Brick and Tile Production in Roman Britain: Models of Economic Organisation, in *WorldArch* 15 (1984) pp. 251-254. Ai requisiti attribuiti a tali *clustered industries*, ossia "multiplicity of kilns, high capital investment in production equipment, wide range and high quality of products and an extensive market area" (*ibidem*, p. 251), a mio avviso si dovrebbe aggiungere l'uniformità delle tecniche di lavorazione, in quanto alla standardizzazione delle forme dei manufatti ceramici corrispondeva analoga standardizzazione dei sistemi lavorativi.

[18] J. P. Morel, La produzione della ceramica campana: aspetti economici e sociali, in *Società romana*, II, p. 96. Cfr. anche J. P. Jacob - H. Leredde, Les potiers de Jaulges/Villiers-Vineux (Yonne): étude d'un centre de production gallo-romain, in *Gallia* 43 (1985) pp. 167-192, in particolare pp. 177-178. Si veda pure Peacock 1982, pp. 90-99.

A parte i centri minori produttori di campana C, non è stata ancora identificata l'officina ove sono stati prodotti i mattoni cuneiformi utilizzati per costruire il prefurnio nord e parte del prefurnio sud della fornace n. 10 (*supra*, Cap. I, pp. 38-40, e App. 3, gruppo **2d**).

Tra i centri minori di produzione di campana C, o meglio, con maggiore precisione dei termini, tra i centri minori produttori di ceramica di derivazione dalla campana C, si può annoverare Morgantina, e il suo ruolo produttivo e commerciale è ampiamente dimostrato dalle numerose fornaci e dalla mole di ceramica riportata alla luce dagli scavi,[19] nonchè dalla presenza del *Macellum* che oltre a costituire un importante mercato per le derrate alimentari rappresentava un polo di attrazione per lo smercio nelle sue vicinanze di altri prodotti locali.[20]

Un'indagine sulla distribuzione della campana C prodotta a Morgantina dovrebbe fare parte di uno studio dei manufatti ceramici ivi ritrovati, e non può quindi rientrare nel presente lavoro che riguarda essenzialmente le fornaci e i relativi aspetti tecnici. In questa sede si può soltanto rilevare che le differenze nella microstruttura dei campioni esaminati, nonchè la presenza/assenza del degrassante vulcanico,[21] potrebbero indicare la produzione di specifiche officine da vasaio, e di conseguenza se ne dovrebbe tenere conto nelle future ricerche che coinvolgeranno la ceramica campana C. Pari rilievo dovrebbe essere dato alle ragioni per le quali il vasaio impiegava il degrassante vulcanico, onde trovare una conferma alle ipotesi prima avanzate al riguardo (*supra*, Cap. III, p. 93), oppure completarle o eventualmente superarle con altre ipotesi ancora più convincenti.

Va da sè che le annotazioni qui esposte sono da considerare come preliminari, in quanto ulteriori elementi di conoscenza potranno scaturire dalla pubblicazione in forma definitiva da parte di S. Stone della ceramica tardo-ellenistica e romana ritrovata a Morgantina, e altra messe di informazioni ci aspettiamo dallo scavo completo e dalla pubblicazione delle fornaci individuate in questi ultimi anni in seguito a scavi clandestini nelle zone periferiche della città (*supra*, Introduzione, pp. 4-5).

Da queste nuove fonti di informazioni potranno forse scaturire elementi di conoscenza circa la condizione sociale e giuridica dei vasai, l'uso di manodopera servile e l'eventuale presenza di mandatari con ruoli organizzativi e/o imprenditoriali per la gestione di grandi officine da vasaio quale poteva essere la VI officina di Morgantina,[22] i rapporti dei vasai con i proprietari delle cave di

[19] L'ipotesi che Morgantina fosse un centro di produzione della campana C è già stata avanzata anni addietro (PELAGATTI 1969, p. 78; EAD. 1970, p. 471).

Tuttavia, sarebbe opportuno distinguere tra i centri produttori che partecipavano al sistema economico della campana C, con un vasto repertorio di forme e largo raggio di distribuzione, e i centri minori (quale poteva essere Morgantina) che avevano un repertorio di forme molto limitato e una diffusione che probabilmente era soltanto locale.

Il nome "campana C" dovrebbe forse essere riservato alla produzione del centro (o dei centri) del primo tipo, ossia ai centri *leader*, mentre ai centri minori (tra i quali Morgantina) potrebbe essere attribuita la produzione di ceramica di derivazione dalla campana C.

[20] DE RUYT 1983, pp. 109-114.

[21] *Supra*, Cap. III nota 45.

[22] A. DI PORTO, Impresa collettiva e schiavo "manager" in *Roma antica*, Università di Roma, Pubblicazioni dell'Istituto di Diritto Romano 64 (Milano 1984) pp. 71-80 e ivi note 27-28. Si veda anche la recensione a tale volume: D. MANACORDA, Schiavo "manager" e anfore romane: a proposito dei rapporti tra archeologia e storia del diritto, in *Opus* 4 (1985) pp. 141-151.

L'importante ruolo svolto da liberti e da schiavi nella Capua preromana è messo in risalto da M. W. FREDERIKSEN, Republican Capua: A Social and Economic Study, in *BSR* 27 (1959) pp. 80-125, in particolare p. 113. Si veda anche J. P. MOREL, Les producteurs de biens artisanaux en Italie à la fin de la république, in *Les 'bourgeoisies' municipales italiennes aux 2e et 1er siècles av. J.-C.*, Centre Jean Bérard, Institut Français de Naples, 7-10 Décembre 1981, Colloques internationaux du Centre National de la Recherche Scientifique, 609 (Paris-Naples 1983) pp. 21-39.

argilla[23] e con i committenti,[24] il collegamento tra produzione ceramica e produzione agricola,[25] la commercializzazione dei manufatti[26] e gli sbocchi di mercato.[27] Questi ed altri interrogativi rimangono per il momento senza risposta,[28] in attesa di ricerche volte a delineare più compiutamente il profilo del vasaio nella Sicilia tardo-ellenistica, pur nella consapevolezza che ogni realtà umana, compresa quella di un modesto artigiano quale il vasaio, è poliedrica, complessa e difficilmente riducibile a schemi convenzionali.[29]

[23] Circa la posizione della classe dirigente romana in rapporto alle attività commerciali: T. FRANK, *An Economic History of Rome to the End of the Republic*, 2 ediz. (Baltimore 1927) pp. 227-231; M. I. FINLEY, *The Ancient Economy*, 2 ediz. (London 1985) pp. 189-191; ID., *Economy and Society in Ancient Greece. Technical Innovation and Economic Progress in the Ancient World* (London 1981) pp. 176-195; ID., The Study of the Ancient Economy. Further Thoughts, in *Opus* 3 (1984) pp. 5-11, in particolare p. 9. Cfr. anche *supra*, Cap. I nota 44.

Riguardo l'atteggiamento verso le attività commerciali da parte della classe dominante romana, e la discrepanza tra posizione formale e situazioni reali: J. H. D'ARMS, Republican Senators' Involvement in Commerce in the Late Republic: Some Ciceronian Evidence, in *The Seaborne Commerce of Ancient Rome: Studies in Archaeology and History*, *MAAR* 36 (1980) pp. 77-89; E. GABBA, Riflessioni antiche e moderne sulle attività commerciali a Roma nei secoli II e I a.C., *ibidem*, pp. 91-102.

[24] Gli interrogativi concernono anche i prezzi di vendita dei manufatti. Pure per altre epoche e per altre classi di materiali, i dati che possediamo sui prezzi di vendita sono molto scarsi. Ad esemplificazione ricordiamo: J. H. JONGKEES, An Attic Hydria with a graffito, in *Mnemosyne* 10 (1942) pp. 151-156; D. A. AMYX, An Amphora with a price inscription, in *CPCA* 1,8 (1941) pp. 179-198; ID., The Attic Stelai, Part III, in *Hesperia* 27 (1958) pp. 164-217; G. VALLET, L'introduction de l'olivier en Italie centrale d'après les données de la céramique, in *Hommages à Albert Grenier*, *Latomus* 58 (1962) p. 1557; A. W. JOHNSTON, *Trademarks on Greek Vases* (Warminster 1979) pp. 33-35.

Per i prezzi assegnati ai materiali da costruzione nell'editto di Diocleziano cfr. K. T. ERIM - J. REYNOLDS, The Aphrodisias Copy of Diocletian's Edict on Maximum Prices, in *JRS* 63 (1973) pp. 99-110, in particolare p. 108; C. J. YOUNG, The Value of the Study of Pottery in the Late Roman Period, in *Production and Distribution, a Ceramic Viewpoint*, H. HOWARD - E. L. MORRIS, eds., BAR International Series 120 (Oxford 1981) pp. 209-214.

[25] H. BLOCH, I bolli laterizi e la storia edilizia romana, in *BullCom* 66 (1938) pp. 202-208, ediz. anastatica (*I bolli laterizi e la storia edilizia romana* [Roma 1947, ristampa 1968]) pp. 334-340; SCRAMUZZA 1937, pp. 314-324; A. CARANDINI, Produzione agricola e produzione ceramica nell'Africa di età imperiale, in *StMisc* 15 (1970) pp. 95-119; A. CARANDINI - S. SETTIS, *Schiavi e padroni nell'Etruria romana. La villa di Settefinestre dallo scavo alla mostra* (Bari 1979) pp. 95-99; L. CAPOGROSSI COLOGNESI, Proprietà agraria e lavoro subordinato nei giuristi e negli agronomi latini tra Repubblica e Principato, in *Società romana*, I, p. 447 e note 8-10 a pp. 529-530. Cfr. anche gli studi indicati *infra*, nota 28.

Recentemente è stato sostenuto da M. FULFORD, Pottery and the Economy of Carthage and its Hinterland, in *Opus* 2 (1983) p. 12, che: "... there is considerable support for the thesis that periods of high ceramics imports of both containers and table or domestic-wares coincide with comparative depression in the local agrarian economy (and viceversa)."

[26] A Morgantina sono state riportate alla luce costruzioni nelle quali presumibilmente si svolgevano attività commerciali per la vendita di oggetti ceramici. Si ritiene però che tali botteghe fossero attive nel III sec. a.C., prima dell'occupazione romana (PR XII, botteghe meridionali e centrali, pp. 324-331).

Sul tema dei luoghi destinati ad attività economiche o ad abitazioni: M. BETTALLI, Case, botteghe, *ergasteria*: note sui luoghi di produzione e di vendita nell'Atene classica, in *Opus* 4 (1985) pp. 29-42.

[27] Per le lucerne, alcuni modelli di distribuzione sono stati recentemente proposti da W. V. HARRIS, Roman Terracotta Lamps: the Organisation of an Industry, in *JRS* 70 (1980) pp. 126-145. Cfr. anche C. M. WELLS, Manufacture, Distribution and Date: Some Methodological Considerations on the Dating of Augustan Terra Sigillata, in *ReiCretRomFautActa* 17-18 (1977) pp. 132-140, in particolare pp. 136-137.

[28] Mentre gli aspetti sociali ed economici della produzione ceramica in Sicilia in età ellenistica sono ancora poco noti, la produzione della ceramica di età romana, in particolare della terra sigillata italica, è stato oggetto di numerosi studi, tra i quali ricordiamo: H. COMFORT, Terra Sigillata, in *Economic Survey*, V, pp. 188-194; GOUDINEAU 1968, pp. 338-352; G. PUCCI, La produzione della ceramica aretina. Note sull' "industria" nella prima età imperiale romana, in *DialArch* 7 (1973) pp. 255-293; ID., La ceramica italica (terra sigillata), in *Società romana*, II, pp. 99-121; ID., Schiavitù romana nelle campagne. Il sistema della villa nell'Italia centrale, in *Settefinestre. Una villa schiavistica nell'Etruria romana*, a cura di A. CARANDINI (Modena 1985) I, pp. 15-21; ID., Terra sigillata italica, in *EAA, Atlante delle Forme Ceramiche*, II (Roma 1985) pp. 365-380; D. MANACORDA, Produzione agricola, produzione ceramica e proprietari nell'ager Cosanus nel I sec. a.C., in *Società romana*, II, pp. 3-54.

[29] I problemi di carattere sociale ed economico nel campo archeologico sono stati spesso portati alla ribalta in questi ultimi decenni, ma gran parte di essi continuano a rimanere interrogativi senza risposta. Si veda ad esempio: C. M. WELLS, L'implantation des ateliers de céramique sigillée en Gaule. Problématique de la recherche, in *Figlina* 2 (1977) pp. 1-11, in particolare pp. 6-7. Cfr. anche CALDERONE 1976, p. 371.

APPENDICI TECNICHE

Premessa

L'AMPIO NUMERO di fornaci e la dovizia di manufatti ceramici riportati alla luce a Morgantina hanno indotto ad effettuare una serie di analisi di laboratorio, al fine di ottenere un ampio ventaglio di informazioni che fossero di supporto ed integrazione ai dati ottenuti dall'esame macroscopico e dallo studio tipologico.

Nell'ambito della ricerca cronologica, sono stati sottoposti all'analisi di termoluminescenza n. 9 campioni prelevati dalle fornaci, e ciò nell'intento di avere una conferma alle datazioni proposte in base all'evidenza archeologica. Questa ricerca è illustrata nell'Appendice n. 1.

Nell'ambito degli studi di provenienza, sono stati sottoposti ad analisi per attivazione neutronica n. 99 campioni prelevati dalle fornaci e dai manufatti ceramici per individuare le caratteristiche della produzione ceramica di Morgantina e delinearne il *fingerprinting* dal punto di vista della composizione chimica a livello di elementi in traccia, accertando i valori medi delle concentrazioni e delle deviazioni standard. Questa ricerca è illustrata nell'Appendice n. 2.

Nell'ambito degli studi di caratterizzazione e di provenienza, sono state esaminate le caratteristiche tecnologiche di 5 campioni di argilla prelevati nella zona di Morgantina, che sono poi stati sottoposti ad analisi di microscopia ottica unitamente a 161 campioni prelevati dalle fornaci e dai manufatti ceramici, per un totale di 166 campioni, allo scopo di individuare le caratteristiche della produzione ceramica di Morgantina sotto l'aspetto mineralogico. L'esame microscopico è stato eseguito per mezzo del microscopio stereoscopico e del microscopio polarizzatore su sezioni sottili. Su n. 26 campioni sono state eseguite analisi di diffrazione di raggi X. Inoltre, sono state eseguite delle prove di laboratorio allo scopo di indagare specifici problemi. Queste ricerche sono illustrate nell'Appendice n. 3.

Va da sè che le analisi sopra indicate hanno ciascuna un proprio specifico campo di applicazione e sono completamente indipendenti l'una dall'altra. Pertanto, "accordo" tra le analisi significa che i risultati rientrano nei limiti stabiliti per ciascuna di esse, fermo restando che ogni risultato si riferisce allo specifico ambito dell'analisi da cui deriva.

L'insieme delle tre Appendici è frutto di un lavoro interdisciplinare svolto in collaborazione con studiosi appartenenti a differenti discipline grazie a un felice concorso di circostanze e soprattutto grazie alla disponibilità degli interessati e dei rispettivi laboratori,[1] dal che è derivata la scelta

[1] La collaborazione interdisciplinare è stata svolta con alcune Facoltà dell'Università degli Studi di Milano, e precisamente con il Dipartimento di Scienze della Terra, nelle persone della Dott.ssa Bona Bianchi Potenza, Prof. Giuseppe Liborio e Prof. Rodolfo Crespi; con il Dipartimento di Fisica, nelle persone del Prof. Giorgio Spinolo, Dr. Marco Martini e Dott.ssa Emanuela Sibilia; con l'Istituto di Fisica Generale Applicata, nelle persone del Prof. Mario Milazzo, Dott. Carlo Bui e Dott.ssa Lella Confalonieri. Collaborazione altrettanto fruttuosa è stata svolta con l'Istituto di Ingegneria Nucleare del Politecnico di Milano, nelle persone della Dott.ssa Alessandra Cesana e Prof. Mario Terrani.

Collaborare ha significato non soltanto eseguire le analisi di laboratorio ma anche avere sistematici scambi di idee,

dei tipi di analisi eseguite.[2] Dalla collaborazione con ricercatori scientifici[3] è scaturita una migliore conoscenza dei numerosi problemi tecnici che riguardano Morgantina, fornendo un contributo al progresso degli studi che si svolgono in campo archeologico.

A conclusione di questa premessa è forse opportuno fare alcune considerazioni che riguardano le singole analisi, la scelta dei campioni analizzati e taluni aspetti di carattere generale.

Per quanto riguarda le analisi, queste sono state eseguite in laboratori diversi e in tempi diversi. Ciò ha reso inevitabile contraddistinguere i campioni per mezzo di numeri e di sigle legati ai laboratori che hanno svolto le indagini. Ne consegue che negli elenchi che corredano le Appendici n. 2 e n. 3 i campioni sono indicati con doppia sigla.

Per quanto riguarda la scelta dei campioni da sottoporre alle analisi di laboratorio, i criteri di selezione hanno dovuto conciliarsi con la possibilità o meno di effettuare prelievi: reperti che per

nell'intento di avvicinare il linguaggio umanistico a quello proprio delle scienze esatte. Vivaci e feconde discussioni sono avvenute anche con altri specialisti, tra i quali desidero ricordare le Prof.sse Nice Terzi Bellini, Silvia Doglia e Lucy Pirola Ragnotti del Dipartimento di Fisica dell'Università di Milano, il Prof. Tiziano Mannoni del Dipartimento di Scienze della Terra dell'Università di Genova, il perito chimico Paolo Bianchini già del Centro Studi della Richard Ginori di Milano, e il Prof. Gastone Vecchi già preside dell'Istituto Statale d'Arte per la Ceramica di Faenza. Alcune prove sperimentali sono state eseguite a Lodi nel laboratorio della Sezione Ceramica del Centro di Formazione Professionale del Lodigiano, grazie alla collaborazione della Dott.ssa Franca Maggioli Cigolini e dell'insegnante sig.ra Irene Polizzi. A tutti questi colleghi ed amici vada il mio più vivo ringraziamento.

[2] Va da sè che le analisi chimico-fisiche avrebbero potuto essere eseguite con altre tecniche, ad esempio con la fluorescenza a raggi X (XRF). Basti qui ricordare alcuni importanti lavori eseguiti per mezzo della XRF nel Laboratoire de Céramologie, CNRS-Université de Lyon (a), e nell'Institut de Minéralogie et de Pétrographie, Université de Fribourg (b).

a) M. Picon - M. Vichy - E. Meille, Composition of the Lezoux, Lyon and Arezzo Samian Ware, in *Archaeometry* 13 (1971) pp. 191-208; M. Picon - C. Carre - M. L. Cordoliani - M. Vichy - J. A. Hernandez - J. L. Mignard, Composition of the La Graufesenque, Banassac and Montans Terra Sigillata, in *Archaeometry* 17 (1975) pp. 191-199; R. El Hraiki - M. Picon - D. Robert, Ateliers producteurs et commerce transsaharien à l'époque médiévale, in *La Ceramica Medievale nel Mediterraneo Occidentale, Congresso Int. Università degli Studi di Siena, Siena-Faenza Ottobre 1984* (Firenze 1986) pp. 51-54; M. Picon, A propos de l'origine des amphores massaliètes: méthodes et résultats, in *DocAMérid* 8 (1985) pp. 119-131; J. Empereur - M. Picon, Des ateliers d'amphores à Paros et à Naxos, in *BCH* 110 (1986) pp. 495-511; M. Picon - Y. Garlan, Recherches sur l'implantation des ateliers amphoriques à Thasos et analyses de la pâte des amphores Thasiennes, *BCH* Suppl. 13 (1986) pp. 287-309; M. Picon - A. Desbat, Les importations d'amphores de Méditerranée orientale à Lyon, *BCH* Suppl. 13 (1986) pp. 637-648.

b) M. Maggetti - T. Kupfer, Composition of the Terra Sigillata from La Peniche, in *Archaeometry* 20 (1978) pp. 183-188; M. Maggetti - G. Galetti, Composition of Iron Age Fine Ceramics from Châtillon-s-Glâne and the Heuneburg, in *JAS* 7 (1980) pp. 87-91; G. Kaenel - D. Paunier - M. Maggetti - G. Galetti, Les ateliers de céramique romaine de Lousonna, in *JbSchwGesUrgesch* 65 (1982) pp. 93-132; W. Czysz - M. Maggetti - G. Galetti - H. Schwander, Die spätrömische Topferei und Ziegelei von Rohrbach im Landkreis Aichach-Friedberg, in *BayVgBl* 49 (1984) pp. 215-256; A. Jornet - M. Maggetti, Chemische Analyse von 40 Scherben der Grabungen beim Augster Osttor im Jahre 1966, in *Jahresberichte aus Augst und Kaiseraugst* 5 (1986) pp. 107-122.

L'XRF è stata utilizzata con successo anche per l'esame delle invetriature, e ne ricordiamo alcune applicazioni in Italia: C. Arias - G. Berti - G. Liverani, Analisi con fluorescenza a raggi X dei rivestimenti vetrosi monocromi nelle ceramiche egiziane dei secoli XI-XIII, in *Faenza* 59 (1973) pp. 33-44; C. Arias - G. Berti, L'analisi con fluorescenza a raggi X nello studio dei rivestimenti vetrosi di gruppi di ceramiche, in *Atti VI Convegno Int. della Ceramica, Albisola 1973* (Albisola s.d.) pp. 127-134.

L'impiego delle tecniche analitiche a diversi livelli di applicazione è ampiamente illustrato in: *Guidelines for the Processing and Publication of Medieval Pottery from Excavations*, H. Blake - P. Davey, eds., Directorate of Ancient Monuments and Historic Buildings, Occasional Paper 5 (London 1983).

Si vedano anche le ampie e fondamentali rassegne di Peacock 1970 e Jones 1986.

[3] Il termine "scientifico" viene qui usato con riferimento specifico alle scienze della mineralogia, della chimica e della fisica. Anche l'archeologia, secondo tendenze moderne, viene definita una scienza nell'ambito delle scienze sociali, ma i pareri se definirla una scienza oppure una disciplina sono discordi. Cfr. gli autori citati da N. Cuomo di Caprio, Onde di propagazione della *New Archaeology* in Italia, in *RdA* 10 (1986) p. 68 nota 39.

le loro caratteristiche avrebbero meritato di essere analizzati hanno dovuto essere scartati proprio perchè non era possibile effettuare alcun prelievo, per quanto minimo. Pertanto le analisi hanno dovuto essere indirizzate prevalentemente su frammenti erratici che provengono da ricognizioni di superficie e pertanto rivestono scarsa importanza agli effetti della loro conservazione integrale.

Infine, una considerazione a carattere generale da avanzare in questa sede riguarda il numero dei campioni analizzati. A prima vista, il numero delle analisi di laboratorio eseguite su manufatti di Morgantina può sembrare ragguardevole. Al contrario, quando si passa a considerare Morgantina nella pluralità dei problemi che gli scavi hanno fatto emergere, occorre riconoscere che i campioni sinora analizzati rappresentano una percentuale infinitesima dei manufatti riportati alla luce. In altre parole, le analisi eseguite a tutt'oggi, e che sono illustrate nelle tre Appendici, costituiscono una "goccia nel mare" rispetto alle analisi che sarebbe opportuno fare.

Questa considerazione acquista particolare peso se riferita agli studi di provenienza illustrati nell'Appendice n. 2. Soltanto un numero di analisi molto vasto permette un'elaborazione statistica dei dati e quindi di individuare un *cluster*, ossia un gruppo di campioni aventi composizione chimica analoga, e di stabilire l'appartenenza o meno al gruppo di un determinato campione. Per essere significativi, gli studi di provenienza richiedono una campionatura a tappeto, e questo requisito va tenuto ben presente, a scanso di risultati deludenti o fuorvianti.

E' da auspicare che in un prossimo futuro sia possibile impostare un programma di ricerca a largo raggio e a lungo termine al fine di ottenere un'ampia gamma di dati che, nell'aumentare il numero delle variabili utili per la classificazione dei reperti, renderebbero anche possibile la creazione di una banca-dati su Morgantina.[4]

[4] In questi ultimi anni l'informatica ha fatto progressi molto rapidi nel campo dell'applicazione all'archeologia, con un fiorire di pubblicazioni e di convegni anche in Italia, tra i quali si possono indicare: M. FANO - C. PANELLA, Le iscrizioni sulla ceramica romana: un sistema informativo computerizzato, in *RdA* 8 (1984) pp. 137-141; P. MOSCATI, *Archeologia e calcolatori* (Firenze 1987); *Informatica e Archeologia Classica, Atti del Convegno Internazionale, Lecce 12-13 maggio 1986*, a cura di F. D'ANDRIA (Galatina-Lecce 1987).

APPENDICE 1

Analisi di termoluminescenza (TL) su campioni prelevati da fornaci di Morgantina, nell'ambito degli studi di datazione

NININA CUOMO DI CAPRIO - MARCO MARTINI*
EMANUELA SIBILIA* - GIORGIO SPINOLO*

LA RICERCA è stata svolta negli anni 1983–84 presso il Laboratorio di Termoluminescenza applicata all'Archeologia dell'Università degli Studi di Milano, e ha avuto lo scopo di confrontare le datazioni delle fornaci tardo-ellenistiche di Morgantina proposte in base all'evidenza archeologica con le datazioni risultanti dall'analisi eseguita con il metodo della termoluminescenza (TL). La ricerca era anche finalizzata a verificare se il margine di incertezza che accompagna ogni datazione di TL fosse accettabile sotto il profilo storico-archeologico.

È da rimarcare che le indagini riguardanti Morgantina rientravano tra le prime ricerche di datazione effettuate presso il suddetto Laboratorio, il che aveva consigliato la scelta di campioni prelevati da manufatti la cui età fosse già sostanzialmente nota in base all'evidenza archeologica.

Pertanto, sono stati prelevati nove campioni da mattoni delle fornaci, come da dettaglio che segue:

D5 (MO 83-1)	fornace n. 10 (fortificazioni), mattone dalla camera di combustione.
D7 (MO 83-3)	fornace n. 1 (Granaio Est), mattone dalla camera di combustione
D8 (MO 83-4)	fornace n. 7 (Santuario Centrale), mattone dalla camera di combustione
D50 (MO 84-1)	fornace n. 9 (Stoà Est), mattone dalla camera di combustione
D51 (MO 84-2)	fornace n. 6 (Casa dell'Ufficiale), mattone dalla camera di combustione
D52 (MO 84-3)	fornace n. 5 (Casa dell'Ufficiale), mattone dalla camera di combustione
D53 (MO 84-4)	fornace n. 4 (Casa dell'Ufficiale), mattone dalla camera di combustione
D54 (MO 84-5)	fornace n. 2 (Granaio Est), mattone dalla camera di combustione
D55 (MO 84-6)	fornace n. 8 (Stoà Nord), mattone dalla camera di combustione

Le datazioni sono state effettuate con la tecnica denominata *fine-grain*, secondo le procedure standard di laboratorio. Una mappatura della dose gamma ambiente è stata eseguita direttamente nell'area degli scavi.[1]

La tabella che segue indica i dati relativi ai contenuti di elementi radioattivi dei campioni, nonchè le dosi annue conseguenti:

* Dipartimento di Fisica dell'Università degli Studi di Milano.

[1] La mappatura della dose gamma ambiente è stata effettuata dal Dott. Giuseppe Piccinini, nell'ambito della sua tesi di laurea, durante una visita a Morgantina nel Luglio 1981.

	ppm U	*ppm Th*	*o/o K_2O*	*Fatt. K*	*Dose alfa $Gyx10^{-5}$*	*Dose beta $Gyx10^{-5}$*	*Dose gamma $Gyx10^{-5}$*
D 5	2.1	6.5	1.8	.220	271	171	80
D 7	2.9	9.1	3.1	.230	316	236	121
D 8	3.1	9.7	1.4	.140	231	166	92
D 50	2.0	6.3	1.6	.170	174	158	83
D 51	2.8	8.9	1.6	.229	332	178	81
D 52	2.9	9.1	1.9	.161	238	201	101
D 53	2.9	9.1	2.4	.112	169	233	82
D 54	2.9	9.1	2.4	.22	203	144	92
D 55	2.6	8.2	2.0	.184	245	197	99

Nella seconda tabella sono riassunte le dosi totali misurate, le dosi annue, e le datazioni dei campioni analizzati:

Campione	*Dose totale Gy*	*Dose annua $Gyx10^{-5}$*	*Età (anni da oggi)*
D 5	11.85±0.50	523±26	2266±160
D 7	14.06±0.58	674±34	2086±125
D 8	11.59±0.46	489±24	2370±170
D 50	9.16±0.30	416±19	2200±165
D 51	12.78±0.63	590±29	2166±155
D 52	11.25±0.48	539±27	2087±150
D 53	11.11±0.50	484±24	2295±160
D 54	9.26±0.35	440±21	2105±140
D 55	11.45±0.50	540±30	2120±145

Come si rileva dalla quarta colonna della seconda tabella, le datazioni indicate dall'analisi di termoluminescenza sono in linea di massima in buon accordo con quelle che erano state determinate sulla base delle valutazioni storiche (*supra*, Cap. II, pp. 68-69), in quanto ricadono tutte entro un intervallo temporale accettabile.

In particolare si nota che per la fornace n. 10 la datazione attribuita dalla TL è 2266±160 anni da oggi, a fronte di una datazione storica di 2120-2100 anni da oggi (seconda metà del II sec. a.C.). Per le fornaci nn. 1-2-7-8-9 le datazioni TL sono rispettivamente di 2086±125; 2105±140; 2370±170; 2120±145; 2200±165 anni da oggi, a fronte di una datazione storica di 2100-2050 anni da oggi (fine II sec. a.C.-metà I sec. a.C.).

Possono invece apparire meno convincenti le datazioni rilevate dalla TL per le tre fornaci nn. 4-5-6 appartenenti alla II officina da vasaio che è inserita nella Casa dell'Ufficiale, la grande casa a doppio peristilio sulla Collina Ovest che ha subito sostanziali trasformazioni dopo la conquista romana di Morgantina nel 211 a.C. (*supra*, Cap. I, pp. 17-18). Le tre piccole fornaci in questione sono costruite una accanto all'altra (Tavv. 11, 12, 60), collegate tra loro da una congerie di pietrame ed argilla consolidata dal fuoco che ne ha fatto un tutto unico; sono inserite in un solo piccolo vano e poggiano sopra un pavimento di cocciopesto che apparteneva a una precedente fase di uso del complesso residenziale. È perciò ragionevole ritenere che le tre fornaci fossero contemporanee, e che la loro attività finisse nella seconda metà del I sec. a.C., come testimoniano i frammenti ceramici ritrovati nella cisterna che fungeva da scarico dell'officina da vasaio (*supra*, Cap. I, p. 18, e Cap. III, pp. 85–88).

Questi dati non sembrerebbero trovare conferma nelle risultanze delle tre datazioni fornite dalla TL (2295±160; 2087±150; 2166±155). Tuttavia, nel commentare tali discrepanze occorre tenere presente che, se le tre fornaci costituiscono un tutto unico, le tre datazioni di termoluminescenza devono essere considerate non singolarmente bensì nel loro valore medio, che risulta essere 2180±150. Ammettendo corretta la datazione storico-archeologica circa la fine dell'attività dell'officina (seconda metà del I sec. a.C., ossia 2050–2030 anni da oggi), la discrepanza qui riscontrata è leggermente superiore all'ampiezza del margine di incertezza che di regola si ottiene oggi nei laboratori che applicano l'analisi di TL al materiale archeologico. Quando una ricerca di datazione viene condotta su un'adeguata campionatura e quando sono noti tutti i dati ambientali circa il luogo di rinvenimento, l'analisi di TL arriva a determinare datazioni con un margine di incertezza intorno al 5%.

In conclusione, si può ritenere che le datazioni TL delle fornaci di Morgantina qui indicate siano soddisfacenti, fornendo un'ulteriore prova dell'utilità dell'analisi di TL ai fini di confermare su base scientifica le valutazioni storiche.

Bibliografia tecnica specifica

AITKEN, M. J., 1974: *Physics and Archaeology*, 2 ediz. (Oxford 1974).

AITKEN, M. J., 1976: Thermoluminescence Age Evaluation and Assessment of Error Limits: Revised System, in *Archaeometry* 18, pp. 233–238.

AITKEN, M. J., 1985: *Thermoluminescence Dating* (London 1985).

BELL, W. T., 1979: Thermoluminescence Dating: Radiation Dose-Rate Data, in *Archaeometry* 21, pp. 243–245.

CUOMO DI CAPRIO, N. - MAINONI, I. - SACCHI, F. - SPINOLO, G., 1976: *Il metodo della termoluminescenza nella datazione ed autenticazione di reperti fittili archeologici*, Consiglio Nazionale delle Ricerche, Scienze Sussidiarie dell'Archeologia (Roma 1976).

CUOMO DI CAPRIO, N. - MAINONI, I. - SACCHI, F. - SPINOLO, G., 1978: Il sarcofago fittile etrusco del Civico Museo Archeologico di Milano. Esame tecnico ed analisi di termoluminescenza, in *NotMilano* 21–22, pp. 23–32.

CUOMO DI CAPRIO, N. - MARTINI, M. - SIBILIA, E. - SPINOLO, G., 1983: L'analisi di termoluminescenza nell'autenticazione di materiale fittile: alcuni esempi di applicazione, in *RdA* 7, pp. 75–102.

FLEMING, S. J., 1970: Thermoluminescence Dating. Refinement of the Quartz-Inclusion Method, in *Archaeometry* 12, pp. 133–145.

FLEMING, S. J., 1979: *Thermoluminescence Techniques in Archaeology* (Oxford 1979).

MARTINI, M. - SIBILIA, E. - SPINOLO, G., 1987: Morgantina, in *Ancient TL* 5,3, Supplement Date List 1, Entry 3.

MEJDAHL, V., 1984: Datation par thermoluminescence fondée sur le rayonnement absorbé par le quartz et le feldspath, in *Datation-caractérisation des céramiques anciennes = Pact* 10, pp. 141–162.

MICHELS, J. W., 1973: *Dating Methods in Archaeology* (New York-London 1973).

RALPH, E. K. - HAN, M. C., 1969–1970: Potential of Thermoluminescence in Supplementing Radiocarbon Dating, in *WorldArch* 1, pp. 157–169.

TITE, M. S., 1972: *Methods of Physical Examination in Archaeology* (London-New York 1972).

WAGNER, G. A., 1983: *Thermoluminescence Dating*. Handbook for Archaeologists 1, European Science Foundation (Strasbourg 1983).

ZIMMERMAN, D. W., 1971: Thermoluminescent Dating using Fine Grains from Pottery, in *Archaeometry* 13, pp. 29–52.

APPENDICE 2

Analisi per attivazione neutronica (NAA) su campioni prelevati da fornaci e da manufatti fittili di Morgantina nell'ambito degli studi di provenienza

ALESSANDRA CESANA* - NININA CUOMO DI CAPRIO - MARIO TERRANI*

LA RICERCA illustrata nella presente Appendice è stata finalizzata a caratterizzare la produzione ceramica di Morgantina sotto l'aspetto della composizione chimica a livello di elementi, nell'intento di creare una base per ulteriori indagini nell'ambito degli studi di provenienza. La ricerca è stata pertanto impostata su due direttrici: a) definire i valori caratteristici delle concentrazioni di alcuni elementi chimici presenti come macro- e microcostituenti nei manufatti ceramici riportati alla luce a Morgantina in modo da individuare il *fingerprinting* della produzione locale; b) accertare le fonti di approvvigionamento delle argille usate per modellare tale produzione.

Sono stati sottoposti ad analisi 99 campioni, e precisamente 84 campioni prelevati dalle fornaci tardo-ellenistiche e da manufatti fittili riportati alla luce nell'antica città e 15 campioni di argilla prelevati nell'area circostante, come da indicazioni contenute nell'elenco riportato in fondo alla presente appendice (pp. 118-121).

Dati gli scopi qui perseguiti, i campioni analizzati non rappresentano l'universo ceramico di Morgantina, bensì quei manufatti che con ragionevole fondamento si può assumere siano di produzione locale. In prevalenza sono stati scelti mattoni e tegolame appartenenti alle fornaci, nonchè altri manufatti grossolani, quali i condotti idrici, che verosimilmente si può ritenere non siano stati importati, e che di conseguenza possono costituire degli standard di riferimento con un buon grado di attendibilità.

Come metodo di analisi si è fatto ricorso all'attivazione neutronica (NAA), una tecnica ampiamente utilizzata in svariati campi per la determinazione degli elementi chimici a livello di traccia. I risultati ottenuti dalle analisi sono stati elaborati statisticamente col metodo della *cluster analysis*.

Procedura di laboratorio

I campioni sono stati accuratamente ripuliti, e nel caso dei manufatti decorati a vernice nera, questa è stata rimossa. I campioni di argilla sono stati sottoposti a cottura per due ore in una muffola elettrica alla temperatura di 800° C, allo scopo di eliminare l'acqua di cristallizzazione e le materie organiche eventualmente presenti. Il campione di argilla contraddistinto con la sigla X-5 è stato

* Istituto di Ingegneria Nucleare, Politecnico di Milano.

sottoposto a successive decantazioni in acqua distillata, in modo da ottenere una suddivisione in ulteriori cinque campioni (X-5/1, X-5/2, X-5/3, X-5/4, X-5/5) ognuno dei quali avente una sua propria granulometria in ordine decrescente. Ciò allo scopo di verificare se i processi normalmente impiegati per la depurazione dell'argilla possano introdurre alterazioni significative nelle concentrazioni dei microcomponenti.

I campioni sono stati polverizzati in un mortaio di agata, e di ognuno di essi è stata prelevata una quantità nell'ordine di 150 mg che è stata sottoposta a irraggiamento neutronico nel reattore nucleare Triga Mark II del laboratorio LENA dell'Università di Pavia, in un flusso termico di neutroni di 1E12 n/cm^2 sec per un'ora. L'attività dei campioni è stata determinata presso l'Istituto di Ingegneria Nucleare del Politecnico di Milano mediante uno spettrometro al Germanio, dotato di alto potere risolutivo e calibrato con standard appropriati.

Sono state misurate le concentrazioni dei seguenti 18 elementi: Na (sodio), K (potassio), Fe (ferro), La (lantanio), Ce (cerio), Cr (cromo), Hf (afnio), Sm (samario), Eu (europio), Sc (scandio), Co (cobalto), As (arsenico), Br (bromo), Sb (antimonio), Th (torio), U (uranio), Rb (rubidio), Cs (cesio).

I risultati delle analisi sono presentati nella Tabella A (pp. 122-124).

Elaborazione statistica dei dati

Non tutti gli elementi analizzati hanno pari importanza agli effetti dell'elaborazione statistica. Per alcuni di essi la varianza intrinseca è molto grande, probabilmente perchè si tratta di elementi volatili, come nel caso di As e Br; per altri elementi la causa della varianza può essere attribuita alla scarsa accuratezza dell'analisi quando le attività ottenibili sono molto basse, oppure alla presenza di elementi interferenti, come avviene quando viene analizzato Sb. Inoltre, Hf, Eu e Cr sono risultati poco caratterizzanti. Per tutti questi motivi, gli elementi As, Br, Sb, Hf, Eu e Cr non sono stati utilizzati.

L'elaborazione dei dati è stata condotta per mezzo di un test statistico denominato *cluster analysis*, con un algoritmo basato sulle distanze euclidee, utilizzando tutti gli elementi (esclusi beninteso quelli indicati sopra), oppure un sottoinsieme che esclude anche Rb e Cs. Sono stati anche utilizzati i rapporti di tutte le concentrazioni rispetto alla concentrazione di un elemento scelto come riferimento. Per ogni sottoinsieme sono state adottate due procedure: disgregativa partendo dall'intero gruppo di campioni, e aggregativa partendo da un piccolo gruppo selezionato di campioni. Agli effetti delle finalità della presente ricerca, le due procedure hanno fornito risultati sostanzialmente equivalenti.

A titolo di esempio, vengono qui illustrati i risultati di una delle analisi statistiche eseguite utilizzando i valori assoluti delle concentrazioni, risultati che sono rappresentativi di tutti quelli ottenuti. La procedura adottata è aggregativa.

Il nucleo di partenza è costituito da sedici campioni di ceramica fine che sono omogenei tra loro, e precisamente: 330/1, 330/2, 330/3, 331/1, 331/2, D2/1, D2/2, D2/3, D2/4, B1, B2, D3/3, D3/4, D3/5, D4/1, D6.

Valori medi e deviazioni standard delle concentrazioni di questo gruppo sono elencati nella seconda colonna della Tabella B (p. 125). Gli elementi scelti come caratterizzanti sono quelli con varianza minore, e precisamente: Fe, La, Ce, Sm, Sc, Th, U, Rb.

Il limite di discriminazione tra appartenenza o meno a un determinato *cluster* comprendente N campioni è fissato a un livello di probabilità percentuale 0.5x100/N. Ad esempio, se il *cluster* comprende 100 campioni, si considerano *outsiders* quelli che hanno una probabilità minore dello 0.5% di appartenervi.

RISULTATI DELL'ELABORAZIONE STATISTICA

I numerosi test statistici effettuati hanno fornito sostanzialmente le stesse indicazioni, e i risultati che vengono qui di seguito illustrati hanno validità generale, sebbene si riferiscano principalmente al test sopra indicato.

Su un totale di 99 campioni, 63 si aggregano in un unico *cluster* e sono contrassegnati con il simbolo • nell'elenco riportato in fondo alla presente Appendice. Poichè il *cluster* comprende 12 campioni di argilla e 51 manufatti appartenenti a tutte le classi di materiali esaminati, sembra ragionevole dedurre che questo gruppo è rappresentativo della maggior parte della produzione locale, e che le principali fonti di approvvigionamento dell'argilla erano ubicate nelle immediate vicinanze della città. Il numero elevato di campioni ha consentito una buona determinazione del *fingerprinting* di gran parte della produzione ceramica di Morgantina, come riportato nella terza colonna della Tabella B.

Sette campioni di ceramica fine risultano esclusi dal nucleo di partenza e non si aggregano al *cluster*. Si tratta dei campioni contraddistinti con le seguenti sigle: D2/5, D3/1, D3/2, D4/2, D7, D9, D10.

Tuttavia è da notare che sotto l'aspetto delle concentrazioni essi sono molto simili tra loro, come si può rilevare dalla quarta colonna della Tabella B. Le deviazioni standard sono inferiori a quelle caratteristiche del *cluster* principale, tanto da far pensare che questi campioni costituiscano un nuovo *cluster*. Se si paragonano i valori medi delle concentrazioni di questi campioni con i valori caratteristici del *fingerprinting*, si nota che ad eccezione di Na e Hf i primi sono sistematicamente più alti dei secondi di circa il 25%. È anche notevole il fatto che la differenza percentuale sia in pratica costante da elemento a elemento. Pertanto, se per caratterizzare i campioni si utilizzano i rapporti delle concentrazioni rispetto alla concentrazione di un elemento scelto come riferimento (invece dei valori assoluti), il gruppo formato da questi sette campioni può rientrare nel *cluster* principale.

Si può pertanto avanzare l'ipotesi che l'argilla impiegata per modellare questi sette manufatti sia locale, ma che abbia subito un processo di depurazione molto più accurato di quello solitamente adottato per la maggior parte degli altri manufatti. Incidentalmente, notiamo che il processo di depurazione cui è stata sottoposta in laboratorio l'argilla X-5 ha avuto lo stesso effetto, ha cioè arricchito le concentrazioni di tutti gli elementi analizzati, Na e Hf esclusi, come si può constatare dalla Tabella A.[1]

[1] Queste considerazioni trovano conferma nei risultati sperimentali recentemente ottenuti nel *Nuclear Research Centre Demokritos* (KILIKOGLOU - MANIATIS - GRIMANIS 1988, pp. 37-46).

Al *cluster* formato da questi sette campioni non si aggrega nessun altro dei campioni analizzati. Tale *cluster* potrebbe quindi identificare una particolare officina locale, o una particolare tecnica di lavorazione, indirizzata alla produzione di ceramica fine, il cui *fingerprinting* sarebbe rappresentato dai valori medi riportati nella quarta colonna della Tabella B (l'uso del condizionale è doveroso, visto il numero molto piccolo dei campioni che costituiscono questo gruppo).

I rimanenti 29 campioni sono esclusi dal *cluster* principale. Essi possono essere suddivisi in diverse categorie:

A. N. 3 argille (X-1, X-5, X-6) potrebbero rientrare nel *cluster* principale qualora si utilizzassero come caratterizzanti i rapporti delle concentrazioni. È probabile che in questi campioni siano rimaste incluse quantità rilevanti di materiali non argillosi (forse quarzo), per cui le concentrazioni degli elementi usati come caratterizzanti risultano fortemente diluite rispetto a quelle caratteristiche. L'effetto è vistoso per il campione X-6, l'argilla prelevata a Piazza Armerina, la cui prevalente componente sabbiosa è confermata dall'analisi petrografica (App. 3, gruppo **1**, SS A-5).

B. N. 11 campioni (10/2, 11/1, 11/3, 15A, 15B, 16, 23, 24, 36, 145/1, 145/2) hanno una probabilità di appartenere al *cluster* non troppo inferiore al limite fissato, e per alcuni elementi le concentrazioni rientrano nei limiti caratteristici. Se si utilizzano i rapporti delle concentrazioni, questi campioni possono essere aggregati al *cluster* principale. Pertanto, la causa della loro esclusione potrebbe essere attribuita alla scelta del limite tra appartenenza o meno, scelta che in certa misura è arbitraria, oppure potrebbe dipendere dalla presenza di piccole quantità di impurezze. Questi campioni sono stati classificati come di dubbia appartenenza al *cluster*, e si è rinunciato ad effettuare ulteriori particolari indagini, essendo molteplici le possibili cause della discrepanza.

C. N. 4 campioni (1, 3/1, 3/6, 3/7) provengono da materiale di reimpiego usato per il rivestimento dell'interno della camera di combustione delle fornaci della Stoà Nord e del Granaio Est. Si potrebbe formulare l'ipotesi che tale materiale abbia una provenienza particolare, oppure che l'azione ripetuta del calore e dei gas riducenti durante il periodo di attività delle fornaci ne abbia alterato la composizione.

D. N. 1 campione (37) è stato ricavato da una tegola proveniente dalla Cittadella, e appartiene a un contesto cronologico differente da quello dei campioni inclusi nel *cluster*. L'esame petrografico ha individuato in questo campione la presenza di frammenti di roccia basaltica (App. 3, gruppo **2e**, SS F-33).

E. N. 5 campioni (30, 31, 32, 33, 34) mostrano differenze notevoli, ma per il momento non siamo in grado di formulare ipotesi al riguardo. Gli ultimi tre hanno concentrazioni molto simili tra loro, comprese entro intervalli più piccoli delle varianze tipiche dei campioni del *cluster* principale. Potrebbero quindi appartenere a un gruppo a sè stante e indicare una fonte particolare di approvvigionamento dell'argilla.

F. N. 5 campioni (6/2, 6/3, 6/4, 6/5, 6/7), prelevati dalla fornace n. 10 (Fornace Grande), non si aggregano al *cluster* principale. Tra di essi il campione 6/2 è costituito dalla malta utilizzata per unire i mattoni della camera di combustione, e presenta un'analogia con le argille locali in quanto, esclusi Na e Hf, le concentrazioni degli elementi analizzati risultano sistematicamente la metà delle concentrazioni caratteristiche. Sembra quindi trattarsi di argilla locale che non sia stata sottoposta ad alcun processo di depurazione, oppure, ipotesi più probabile, di argilla locale mescolata con materiale non argilloso (forse quarzo), in parti circa uguali.

Degli altri quattro campioni, tre (6/3, 6/4, 6/5) sono stati prelevati dai mattoni cuneiformi aventi altezza cm 24 del prefurnio nord (App. 3, gruppo **2d**), e si distinguono sostanzialmente per avere una concentrazione di Na particolarmente alta e concentrazioni di Rb e Cs molto più basse di quelle caratteristiche. Le concentrazioni degli altri elementi non si discostano in modo rilevante, per cui questi campioni potrebbero rientrare nel *cluster* qualora venissero effettuate particolari scelte degli elementi caratterizzanti.

Il campione 6/7 è stato prelevato da un mattone cuneiforme centrale avente altezza cm 24 del prefurnio sud (App. 3, gruppo **2d**), ed è caratterizzato da una concentrazione di Na circa quattro volte maggiore rispetto a quelle caratteristiche, e da concentrazioni minori degli altri elementi.

Conclusioni

Le analisi eseguite hanno permesso di individuare il *fingerprinting* di gran parte della ceramica prodotta a Morgantina.

Tra i campioni che non si aggregano nel *cluster* è stato individuato un piccolo gruppo omogeneo, formato da sette campioni di ceramica fine, che mostra caratteristiche particolari che sono però collegabili a quelle della produzione numericamente più importante. Potrebbe trattarsi del *fingerprinting* di una tecnica particolare nella depurazione dell'argilla.

Particolare attenzione è stata rivolta ai mattoni della fornace n. 10 (Fornace Grande): tra i sei mattoni esaminati, due (6/1 e 6/6) rientrano sicuramente nella produzione locale, mentre quattro se ne discostano.

In conclusione, la maggioranza dei campioni appare di produzione locale, il che è coerente con i criteri che avevano guidato la scelta dei campioni stessi.

Analisi per diffrazione di raggi X

L'analisi per diffrazione di raggi X è stata eseguita sugli otto campioni qui indicati: 3/2, 10/3, 11/2, 145/1, D6, D7, D9, D10. I risultati sono i seguenti:

D6, D7, D9, D10: l'analisi ha rilevato una sensibile somiglianza tra i quattro campioni, la cui composizione mineralogica è data da quarzo, feldspati in notevole quantità, diopside, tracce di calcite. Dall'andamento del tracciato del diffrattogramma si presume un'importante presenza di vetro.

3/2, 11/2, 145/1: i campioni sono simili tra loro. La composizione è data da quarzo, carbonati, feldspati, tracce di diopside e gehlenite.

10/3: il campione si differenzia dagli altri campioni per il rapporto invertito tra la calcite e il quarzo (a favore della prima), e per la presenza di importanti quantità di analcime.

Qualora si voglia fare un confronto tra i risultati ottenuti dall'analisi per diffrazione di raggi X e quelli ottenuti dall'analisi per attivazione neutronica, si rileva che, se si paragonano i valori indicati nella Tabella A con quelli caratteristici riportati nella seconda colonna di Tabella B, si può concludere che per questi otto campioni non vi è discordanza tra i risultati ottenuti dalle due analisi poichè i valori chimici sono al limite di inclusione/esclusione dal *cluster* principale.

Bibliografia tecnica specifica

BANTERLA, G. - STENICO, A. - TERRANI, M. - VILLANI, S., 1973: Characterization of Samian Ware Sherds by Means of Neutron Activation Analysis, in *Archaeometry* 15, pp. 209-220.

CESANA, A. - CUOMO DI CAPRIO, N. - TERRANI, M., 1983: Provenance Studies of Phoenician Pottery by NAA, in *Symposium on Archaeometry, Naples 1983* (Napoli 1983), Abstracts, p. 21.

CESANA, A. - CIASCA, A. - CUOMO DI CAPRIO, N. - TERRANI, M. - TUSA, V., 1983: Characterization of Phoenician Pottery from Mozia by NAA, in *Journal of Radioanalytical Chemistry* 78,2, pp. 347-357.

CESANA, A. - CUOMO DI CAPRIO, N. - DI STEFANO, C. A. - TERRANI, M., 1983: Analisi per attivazione neutronica su campioni di ceramica da Lilibeo, in *BCASic* 4, pp. 167-170.

CESANA, A. - CUOMO DI CAPRIO, N. - TERRANI, M., 1986: Elemental Analysis by INAA of Hellenistic-Roman Pottery from Morgantina (Sicilia, Italia), in *Archaeometry. Proceedings of the 25th International Symposium, Athens 1986* (Amsterdam 1989) pp. 525-532.

DEBRUIN, M. - KORTHOVEN, P. J. M. - STEEN, A. J. - HOUTMAN, J. P. W. - DUIN, R. P. W., 1976: The Use of Trace Element Concentrations in the Identification of Objects, in *Archaeometry* 18, pp. 75-83.

FREESTONE, I. C. - HUGHES, M. J., 1988: Examination of Ceramics from Qasrij Cliff and Khirbet Qasrij. Appendix III, in *Excavations at Qasrij Cliff and Khirbet Qasrij. British Museum Western Asiatic Excavations*, I (London 1988) pp. 61-75.

HANCOCK, R. G. V. - HAYES, J. W. - WIGHTMAN, E. M., 1984: INAA Analysis of Ceramic Samples from the Lower Liri Valley, Italy, in *MASCAJ* 3, pp. 75-78.

HARBOTTLE, G., 1976: Activation Analysis in Archaeology, in *Radiochemistry* 3, pp. 33-72.

HUGHES, M. J. - CHERRY, J. - FREESTONE, I. C. - LEASE, M., 1980: Neutron Activation Analysis and Petrology of Medieval English Decorated Floor Tiles from the Midlands, in *BM Seminar 1980*, pp. 113-122.

KILIKOGLOU, V. - MANIATIS, Y. - GRIMANIS, A. P., 1988: The Effect of Purification and Firing of Clays on Trace Element Provenance Studies, in *Archaeometry* 30, pp. 37-46.

KILMURRY, K., 1980: The Manufacture of Stamford Ware: an Application of Thin-Sectioning and Neutron Activation Analysis, in *BM Seminar 1980*, pp. 105-111.

MCGOVERN, P. E. - HARBOTTLE, G. - WNUK, C., 1982: Late Bronze Age Pottery Fabrics from the Baqah Valley, Jordan: Composition and Origins, in *MASCAJ* 2, pp. 8-12.

PERLMAN, I. - ASARO, F., 1969: Pottery Analysis by Neutron Activation, in *Archaeometry* 11, pp. 21-52.

RICE, P. M. - SAFFER, M. E., 1982: Cluster Analysis of Mixed-level Data: Pottery Provenience as an Example, in *JAS* 9, pp. 395-409.

WIDEMANN, F. - PICON, M. - ASARO, F. - MICHEL, H. V. - PERLMAN, I., 1975: A Lyons Branch of the Pottery-making Firm of Ateius of Arezzo, in *Archaeometry* 17, pp. 45–59.

WIDEMANN, F., 1984: Spectrométrie gamma et méthodes d'activation neutronique, in *Datation-caractérisation des céramiques anciennes = Pact* 10, pp. 315–323.

WILSON, A. L., 1978: Elemental Analysis of Pottery in the Study of its Provenance: a Review, in *JAS* 5, pp. 219–236.

WISSEMAN, S. U. - HOPKE, P. K. - SCHINDLER KAUDELKA, E., 1987: Multielemental and Multivariate Analysis of Italian Terra Sigillata in the World Heritage Museum, in *Archeomaterials* 1,2, pp. 101–117.

Analisi per attivazione neutronica: elenco dei campioni esaminati

1: La prima colonna indica il numero di laboratorio assegnato a ogni campione.
2: La seconda colonna indica il numero corrispondente dell'analisi petrografica, quando eseguita; ogni sezione sottile (SS) è seguita dalla sua sigla alfa-numerica (App. 3).
3: La terza colonna indica l'analisi per diffrazione di raggi X (XRD), quando eseguita.
4: La quarta colonna indica il tipo di materiale esaminato.
5: La quinta colonna indica dove è stato prelevato il campione sottoposto ad analisi.

I prelievi sono stati eseguiti su frammenti non inventariati, provenienti dal contesto indicato di volta in volta. I frammenti indicati come "erratici" provengono da ricognizioni di superficie.

I campioni raggruppati nel *cluster* ottenuto dall'elaborazione statistica che è stata descritta nel testo sono contraddistinti con il segno •.

1		2	3	4	5
X-1		SS A-2	XRD	argilla	contrada Fondacaccio
X-2	•	SS A-4	XRD	argilla	Cittadella
X-3	•	SS A-1	XRD	argilla	contrada Mirenda
X-4	•		XRD	argilla	contrada Mirenda
X-5		SS A-3	XRD	argilla	contrada Fondacaccio
X-5/1	•			argilla	*idem*, prima decantazione
X-5/2	•			argilla	*idem*, seconda decantazione
X-5/3	•			argilla	*idem*, terza decantazione
X-5/4	•			argilla	*idem*, quarta decantazione
X-5/5	•			argilla	*idem*, quinta decantazione
X-6		SS A-5	XRD	argilla	Piazza Armerina, da scavi per autostrada tangenziale, a profondità di circa 8 m
X-7	•			argilla	contrada Fondacaccio
X-8	•			argilla	contrada Fondacaccio
X-9	•			argilla	contrada Fondacaccio
X-10	•			argilla	contrada Fondacaccio

1		SS F-96		mattone fornace	fornace 8, camera di combustione
2	•	SS F-97		mattone	fornace 9
3/1		SS F-29	XRD	tegolame fornace	fornace 1, prefurnio
3/2	•		XRD	tegolame fornace	fornace 1, prefurnio
3/3	•	SS F-17		tegolame fornace	fornace 1, prefurnio
3/4	•	SS F-19		tegolame fornace	fornace 1, prefurnio
3/5	•			tegolame fornace	fornace 1, prefurnio
3/6		SS F-32		tegolame fornace	fornace 1, prefurnio
3/7				mattone fornace	fornace 1, prefurnio
4	•	SS F-99	XRD	mattone	fornace 2, prefurnio
5	•			tegolame fornace	fornace 3
6/1	•	SS F-98		mattone fornace	fornace 10, pareti della camera di combustione
6/2		SS F-35	XRD	malta	fornace 10, malta tra i mattoni della camera di combustione
6/3		SS F-31		mattone a cuneo, cm 24	fornace 10, arco del prefurnio nord
6/4		SS F-39		mattone a cuneo, cm 24	fornace 10, arco del prefurnio nord
6/5		SS F-40		mattone a cuneo, cm 24	fornace 10, arco del prefurnio nord
6/6	•	SS F-47		mattone a cuneo, cm 32	fornace 10, arco del prefurnio nord
6/7		SS F-46		mattone a cuneo, cm 24	fornace 10, arco del prefurnio sud
9	•	SS F-100	XRD	mattone	fornace 7, pareti della camera di combustione
10/1	•	SS F-25	XRD	tegolame fornace	fornace 4, prefurnio
10/2		SS F-26	XRD	tegolame fornace	fornace 4, prefurnio
10/3	•		XRD	tegolame fornace	fornace 4, prefurnio
10/4	•	SS F-21	XRD	mattone	fornace 4, prefurnio
10/5	•	SS F-23	XRD	mattone	fornace 4, prefurnio
10/6	•			tegolame fornace	fornace 4, prefurnio
10/7	•			tegolame fornace	fornace 4, prefurnio
11/1		SS F-27	XRD	tegolame fornace	fornace 5, camera di combustione
11/2	•		XRD	tegolame fornace	fornace 5, camera di combustione
11/3		SS F-28	XRD	tegolame fornace	fornace 5, camera di combustione
11/4	•			tegolame fornace	fornace 5, camera di combustione
11/5	•			tegolame fornace	fornace 5, camera di combustione
11/6	•			tegolame fornace	fornace 5, camera di combustione
12	•	SS F-91		condotto idrico, diam. cm 12, senza bocchetta	Stoà Nord, vano-deposito accanto alla fornace 8
13	•	SS VV-9		*pithos*	Stoà Nord
14	•			mattone	Annesso della Stoà Est, pavimento
15A				mattone pavimento	Collina Ovest, erratico
15B		SS F-103		mattone pavimento	Collina Ovest, erratico

16		SS F-88		condotto idrico, diam. cm 30, con bocchetta	*Macellum*, conduttura idrica
17	•	SS F-89		condotto idrico, diam. cm 30, con bocchetta	*Macellum*, conduttura idrica
18	•	SS F-90		condotto idrico, diam. cm 30, con bocchetta	Granaio Est, erratico, conduttura idrica
19	•			condotto idrico, diam. cm 30, con bocchetta	Granaio Est, estremità sud, conduttura idrica
22	•	SS F-92		rocchio di colonna	Casa dell'Ufficiale, cortile
23		SS F-93	XRD	rocchio di colonna	Casa della Cisterna ad Arco, cortile
24		SS F-102		mattone	Casa della Cisterna ad Arco, pavimento
25	•	SS F-94		condotto idrico, diam. cm 30, con bocchetta	*Dromos*, lungo la strada in mattoni, conduttura idrica
26	•	SS F-104		mattone	*Dromos*, pavimento
27	•	SS F-95		condotto idrico, diam. cm 30, con bocchetta	*plateia* A, conduttura idrica
29A	•			mattone	*plateia* A, sedile della *taberna*
29B	•			mattone	*plateia* A (vedi **29A**)
29C	•			mattone	*plateia* A (vedi **29A**)
30				tegola	Granaio Est
31				tegola	botteghe sud
32				tegola	Stoà Est
33				tegola	botteghe nord est
34				condotto idrico, diam. cm 12	Stoà Nord, frammento erratico
35A	•			tegola	erratico
35B	•			tegola	erratico
36				tegola	erratico
37		SS F-33		tegola	Cittadella, Area III tempio arcaico
					Farmhouse Hill
145/1			XRD	mattone	fornace 6, camera di combustione
145/2				mattone	fornace 6, camera di combustione
330/1	•			lucerna	Santuario Centrale
330/2	•			lucerna	Santuario Centrale
330/3	•			lucerna	Santuario Centrale
331/1	•			*skyphos*	Casa dell'Ufficiale, cisterna
331/2	•			*skyphos*	Casa dell'Ufficiale, cisterna
D2/1	•			ceramica a vernice nera, piatto, campana C	Casa dell'Ufficiale, cisterna
D2/2	•			ceramica a vernice nera	Casa dell'Ufficiale, cisterna
D2/3	•	SS VN-5	XRD	ceramica a vernice nera	Casa dell'Ufficiale, cisterna
D2/4	•			ceramica a vernice nera	Casa dell'Ufficiale, cisterna

D2/5			ceramica a vernice nera	Casa dell'Ufficiale, cisterna
B1	•		ceramica a vernice nera	Casa dell'Ufficiale, cisterna
B2	•		ceramica a vernice nera	Casa dell'Ufficiale, cisterna
D3/1			ceramica a pareti sottili	Casa dell'Ufficiale, cisterna
D3/2			ceramica a pareti sottili	Casa dell'Ufficiale, cisterna
D3/3	•		ceramica a pareti sottili	Casa dell'Ufficiale, cisterna
D3/4	•		ceramica a pareti sottili	Casa dell'Ufficiale, cisterna
D3/5	•		ceramica a pareti sottili	Casa dell'Ufficiale, cisterna
D4/1	•		ceramica presigillata	Casa dell'Ufficiale, cisterna
D4/2			ceramica presigillata	Casa dell'Ufficiale, cisterna
D6	•	XRD	ipercotto, supporto ad anello	inv. 65-530 (Tav. 41:b)
D7		XRD	ipercotto, coppetta campana C	inv. 62-554 (Tav. 39:b)
D9		XRD	ipercotto, coppetta campana C	inv. 62-597 (Tav. 40:a)
D10		XRD	ipercotto, coppetta campana C	inv. 62-598 (Tav. 40:b)

Tabella A

Concentrazioni degli elementi analizzati nei campioni di Morgantina

Le concentrazioni di Na, K e Fe sono espresse in percento, mentre le concentrazioni degli altri elementi sono espresse in parti per milione.

Campione	Concentrazioni																
	Na	**K**	**Fe**	**La**	**Ce**	**Cr**	**Hf**	**Sm**	**Eu**	**Sc**	**Co**	**As**	**Br**	**Sb**	**Th**	**U**	**Rb**	**Cs**
X-1	0.475	1.25	2.28	25.55	43.1	60.9	8.7	2.62	0.86	7.21	4.96	12.3	0.75	0.34	7.75	2.21	65.6	3.02
X-2	0.534	1.53	2.94	30.54	49.8	83.6	9.44	2.96	0.97	9.44	6.03	14.3	1.75	0.48	8.9	2.61	79.6	4.36
X-3	0.443	1.66	3.38	29.98	49.4	71.8	7.34	2.75	1.10	9.28	10.58	53.5	0.27	0.74	8.23	1.81	92.1	3.27
X-4	0.417	1.38	2.99	29.61	57.3	69.7	7.17	2.86	0.89	8.97	6.7	16.23	0.41	0.49	8.34	2.01	85.9	3.87
X-5	*0.402*	*1.24*	*2.29*	*23.82*	*40.9*	*60.3*	*6.24*	*2.19*	*0.87*	*7.61*	*6.04*	*10 49*	*1.47*	*0.33*	*6.36*	*1.77*	64.0	*3.62*
X-5/1	0.336	1.46	2.88	28.70	47.0	73.7	4.48	2.79	0.96	9.36	6.63	12.12	1.33	0.354	8.03	1.98	92.9	5.34
X-5/2	0 387	1.39	2.61	28.20	47.6	66.8	5.71	2.77	1.00	8.73	6.46	11.18	1.12	0.39	8.34	2.33	70.5	4.09
X-5/3	0.325	1.66	2.82	33.20	54.2	85.0	4.74	3.10	0.99	10.6	7.36	12.23	1.35	0.326	9.32	2.55	93.26	8.42
X-5/4	0.337	1.50	2.97	31.88	52.6	79.7	5.35	3.01	1.09	10.0	6.59	11.63	1.15	0.42	8.88	2.46	97.7	4.64
X-5/5	0.272	1.41	3.17	33.11	54.2	87.3	4.12	2.99	0.97	10 67	6.69	11.62	1.53	0.37	8.8	2.43	104.0	4.7
X-6	0.542	1.18	1.69	18.53	32.2	74.4	4.64	1.72	0.61	5.23	4.68	9.38	1 67	0.26	4.78	1.07	59.9	2.25
X-7	0.499	1.31	4.61	29.68	47.0	72.0	6.45	2 74	0.60	8 83	9.38	24.96	6.3	0.744	8.23	1.82	69.59	8.51
X-8	0.338	1.48	3.37	31.78	51.3	84.3	5.05	2.86	0.89	10.31	7.87	12.86	3.89	0.55	8.77	1.86	99.59	6.0
X-9	0.475	1.50	2.90	29.85	48.5	74.3	6.83	2.74	1.03	9.16	9 0	12.11	5.12	0.46	8.41	1.84	88.19	4.52
X-10	0.361	1.36	2.95	29.44	47.2	75.7	5.23	2.69	0.90	9.15	7.68	12.73	1.0	0.42	8.08	2.13	88.28	6.21
1	0 419	1 57	3.15	28.09	77.7	52.7	6.38	2.71	1.15	8.9	8.24	22.11	0.56	0.58	7.89	1.89	74 4	3.73
2	0.460	1.09	2.84	29.83	47.7	68.7	5.73	2.78	0.95	8.7	7.32	12.5	0.48	0.51	8.29	2.23	49.9	3.28
3/1	0.806	1.99	1.73	16.88	44.7	38.4	7.16	1 76	0.79	5.17	6.91	9.4	10.87	0.37	5.27	1.82	54.2	3.32
3/2	0.593	1.39	3.66	36.12	59.9	85.8	6.95	3.32	1.06	11.4	11.35	21.58	6.34	0.55	9.81	2.01	92.34	4.12
3/3	0.944	2.65	3.21	30.53	51.3	74.7	7.44	2.87	0.93	9.32	9.43	8.1	5.01	0.47	8.53	2.16	83.86	3.45
3/4	1.092	2.29	3.60	34.68	57.8	79.5	7.53	3.21	1.18	10.75	11.13	8.63	5.4	0.50	9.5	2.29	70.42	3.14
3/5	0.659	1.57	2.98	29.80	52.0	73.4	7.37	3.00	1.10	9.05	8.01	12.8	4.7	0.50	8.79	3.02	70.3	3.24
3/6	1.820	3.25	2.72	19.19	39.2	42.4	7.41	2.17	0.98	7 89	7.19	20.7	4.5	0.94	7.6	2.22	106.5	5.35
3/7	0.328	1.79	2.77	26.23	46.1	71 7	5.81	2.49	0.92	7.92	8.65	7.34	0.85	0.30	7.69	1.52	266.5	4.18
4	0.447	1.48	2.92	27.96	50.6	69.6	6.81	2.60	0.96	8.72	8.23	15.05	1.02	0.50	7.83	2.07	81.2	3.97
5	0.753	1.67	3.09	30.85	55.1	76.7	7.15	2.89	0.97	9.36	8.75	30.99	0.56	0.72	8.55	2.32	51.6	3.51
6/1	0.395	1.21	2.68	27.01	44.5	65.1	6.24	2.58	1.00	8.29	6.5	15.42	1.28	0.42	7.54	1.94	68.2	4.1
6/2	0.501	0.92	1.42	16.54	29.9	27.1	6.91	1.63	0.76	4.45	3.61	14.3	1.71	0.26	5.0	1.21	44.1	2.05
6/3	0.998	0.97	2.23	23.18	37.4	51.5	5.35	2.26	0.71	6.94	7 6	17.3	16.8	0.41	6.39	2.17	29.7	1.17

	Na	K	Fe	La	Ce	Cr	Hf	Sm	Eu	Sc	Co	As	Br	Sb	Th	U	Rb	Cs
6/4	0.810	1.26	2.68	22.89	45.8	73.1	6.18	2.48	0.96	8.62	6.97	16.7	0.88	0.46	7.29	2.29	41.6	1.38
6/5	0.744	1.17	2.75	27.50	44.8	75.2	6.71	2.52	0.94	8.8	6.79	14.4	1.59	0.43	7.17	2.26	39.4	1.07
6/6	0.878	1.64	3.89	31.90	52.3	79.4	6.70	2.83	1.04	10.04	8.69	17.2	2.69	0.56	8.86	2.14	76.4	3.76
6/7	2.180	0.71	2.07	22.48	37.4	55.9	5.29	2.06	0.89	6.58	4.63	12.2	2.75	0.33	5.8	2.73	83.0	3.17
9	0.626	1.43	3.09	29.78	55.7	76.9	7.75	2.81	0.72	9.59	7.96	15.37	6.42	0.54	8.03	2.27	70.0	2.52
10/1	1.360	2.25	3.75	35.09	61.3	87.5	5.21	3.11	1.46	11.3	11.83	3.69	2.81	0.23	9.32	2.27	124.3	7.31
10/2	0.400	2.96	2.21	21.58	36.0	51.3	5.80	2.10	0.77	6.54	6.88	6.54	10.76	0.29	6.05	1.53	51.21	3.62
10/3	1.063	1.52	3.31	31.10	52.1	77.3	5.19	2.90	1.02	9.91	10.3	6.63	5.87	0.28	8.56	2.16	108.3	4.75
10/4	1.51	2.47	3.31	31.44	52.7	67.5	6.73	3.02	0.81	9.91	7.84	3.41	1.32	0.29	8.99	1.69	134.6	6.14
10/5	0.509	1.37	2.84	28.60	46.0	69.9	6.74	2.76	0.97	8.74	7.46	15.7	10.4	0.50	8.18	2.0	60.3	2.23
10/6	0.666	1.08	3.09	29.08	49.9	72.7	7.19	2.79	1.04	9.17	7.57	19.8	2.56	0.45	8.12	2.21	67.9	7.42
10/7	0.432	1.23	3.61	35.10	53.2	94.9	3.50	2.93	0.96	11.56	14.05	5.3	0.77	0.40	8.95	2.39	114.8	6.45
11/1	0.413	1.66	2.55	25.78	49.5	60.6	3.32	2.33	1.11	7.67	8.633	3.46	3.72	0.51	6.83	1.43	59.4	2.46
11/2	0.557	1.87	2.82	28.05	45.6	71.1	5.32	2.68	0.96	8.23	6.73	13.8	7.09	0.56	8.18	1.88	88.4	11.8
11/3	0.547	0.52	2.46	24.71	37.7	64.2	2.33	2.11	0.81	7.95	12.8	9.37	9.3	0.75	6.43	1.81	55.6	5.04
11/4	0.586	1.47	2.73	27.22	46.8	62.9	7.44	2.66	0.90	7.98	7.98	17.2	7.95	0.55	8.15	1.97	64 8	3.29
11/5	0.873	2.45	3.1	29.14	51.4	69.2	5.50	2.92	1.06	9.13	7.12	5.53	5.47	0.29	8.57	2.14	83.7	3.91
11/6	1.054	2.32	3.19	28.50	50.8	57.0	7.14	2.78	1.02	8.99	9.13	4.8	5.7	0.18	8.76	1.98	106.6	3.76
12	0.299	1.55	3.93	33.21	58.5	94.6	3.88	2.86	1.02	11.46	12.79	10.28	0.47	0.62	9.57	2.41	93.8	3.25
13	0.744	1.26	3.65	29.03	52.4	90.2	6.95	2.77	0.93	10.41	12.99	38.87	1.28	0.65	8.46	1 84	74.3	8.44
14	0.358	1.12	3.01	24.90	52.2	77.8	6.87	2.53	0.86	8.24	6.75	20.82	5.56	0.60	8.2	1.9	70.0	3.21
15A	0.560	1.39	2.68	26.40	47.2	63.9	5.96	2.42	1.26	7.88	8.91	6.03	6.46	0.36	7.65	1.8	77.8	5.42
15B	0.498	2.22	3.81	37.61	69.2	81.7	9.33	3.68	0.65	10.74	9.82	19.34	13.1	0.65	11.27	2.34	93.1	4.01
16	0.410	1.60	2.70	26.74	46.5	49.0	6.27	2.50	0.90	8.05	6.84	15.48	3.33	0.50	7.37	1.69	85.2	2.82
17	0.607	1.57	3.07	30.21	51.1	70.4	5.82	2.71	1.03	9.48	8.27	11.11	2.57	0.49	8.79	2.18	86.4	3.86
18	0.579	1.82	3.44	32.89	58.0	70.6	8.04	2.98	1.16	10.0	9.36	15.79	3.85	0.54	8.94	2.11	94.3	5.36
19	0.607	1.67	3.22	29.81	52.6	74.0	7.90	2.96	1.10	9.06	8.95	15.99	13.65	0.67	9.13	2.12	94.3	4.56
22	0.429	1.59	2.84	29.74	51.6	70.5	7.66	2.80	0.93	9.1	8.26	22.12	3.12	0.56	8.9	1.85	95.3	8.56
23	0.173	1.26	2.89	27.00	44.1	71.2	2.34	2.26	0.76	8.9	14.27	7.93	1.53	0.51	7.3	1.47	76.6	3.9
24	0.351	1.09	2.57	24.76	44.0	68.0	6.11	2.33	0.88	7.12	6.01	33.0	3.03	0.68	6.57	2.08	57.6	5.87
25	0.467	1.81	3.74	33.56	59.3	82.7	6.60	3.00	1.08	10.63	11.7	15.8	2.15	0.56	9.87	1.87	84.5	4.2
26	0.544	1.58	3.76	33.28	57.6	85.2	7.72	3.13	1.01	10.52	9.62	22.8	5.49	0.65	10.04	2.1	80.4	5.42
27	0.412	1.34	2.87	28.06	46.8	68.5	7.02	2.67	0.87	8.67	5.90	26.2	5.42	0.72	8.01	2.0	63.0	2.83
29A	0.339	1.25	3.10	27.86	47.3	73.8	6.29	2.77	0.97	9.13	7.12	21.8	7.35	1.08	8.11	2.44	67.2	3.16
29B	0.474	1.65	3.5	31.08	55.2	82.5	6.40	3.19	1.09	10.08	10.19	26.7	4.45	0.79	9.35	3.2	96.5	6.29
29C	0.331	1.27	3.74	34.58	59.3	88.4	7.55	3.28	1.10	10.4	10.29	14.8	10.43	0.55	10.17	1.93	55.9	2.96
30	0.302	1.65	3.84	32.62	57.6	97.2	3.58	2.29	1.35	11.36	13.1	7.8	5.3	0.41	7.74	1.14	87.4	3.46
31	0.892	1.75	3.61	35.41	56.7	95.9	4.00	2.26	1.20	11.5	12.2	5.6	1.10	0.35	7.46	0.98	61.7	3.49
32	0.449	1.34	2.73	27.02	48.6	78.8	7.45	1.99	0.98	8.69	6.71	9.98	0.85	0.32	6.36	1.11	54.9	1.82
33	0.371	1.12	2.93	27.31	48.2	63.1	6.20	2.00	0.86	8.47	8.08	15.5	1.16	0.34	6.29	0.81	40.9	2.07

TABELLA A

	Na	K	Fe	La	Ce	Cr	Hf	Sm	Eu	Sc	Co	As	Br	Sb	Th	U	Rb	Cs
34	0.455	1.50	3.02	29.47	49.8	70.3	6.44	2.02	0.96	9.15	8.31	9.8	1.73	0.23	6.4	0.88	60.5	2.68
35A	0.384	1.96	3.32	32.10	52.4	59.8	4.30	2.82	1.05	10.63	11.74	8.23	2.47	0.59	8.76	2.05	92.5	4.21
35B	0.599	2.24	4.07	35.80	55.5	100.9	5.73	3.09	1.16	12.69	14.45	6.16	1.57	0.69	10.81	2.37	106.9	5.81
36	0.338	1.35	4.03	39.38	67.6	67.4	5.37	3.4	1.20	12.34	14.74	8.95	1.27	0.58	11.31	2.2	82.4	3.96
37	0.847	1.18	5.53	38.08	58.4	228.8	4.83	3.54	1.53	16.34	23.08	6.09	2.33	0.42	8.86	2.28	78.0	3.72
145/1	0.472	1.71	1.79	27.77	41.9	70.3	6.05	2.30	0.92	8.4	6.86	13.19	12.07	0.45	7.47	2.38	68.3	6.77
145/2	0.498	1.57	2.61	26.19	45.4	55.0	6.88	2.54	0.92	7.95	6.45	12.2	2.1	0.50	7.38	1.93	65.4	2.23
330/1	0.393	1.73	3.74	36.92	63.2	99.8	5.87	3.37	1.24	11.58	14.02	14.41	7.49	0.55	10.37	2.08	81.0	7.02
330/2	0.620	1.64	3.95	35.70	61.5	96.3	8.11	3.24	1.14	11.47	9.98	5.39	4.12	0.39	10.62	2.11	74.4	4.15
330/3	0.520	1.88	3.53	34.92	60.2	88.0	8.03	3.16	1.29	10.57	8.93	10.66	3.07	0.60	9.73	1.95	101.8	4.51
331/1	0.407	0.87	3.78	29.43	50.7	83.4	6.63	2.88	1.09	9.84	10.44	25.43	8.27	0.36	9.52	1.78	71.65	3.31
331/2	0.561	0.90	3.93	38.41	63.8	95.9	7.37	3.38	1.32	12.01	22.46	13.6	12.36	0.42	10.24	1.95	88.1	4.09
D2/1	0.609	1.89	3.64	34.27	59.1	86.0	5.70	3.15	0.92	10.64	9.92	17.93	4.48	0.36	9.61	2.25	83.2	7.35
D2/2	0.761	1.50	3.45	34.93	58.6	85.4	5.53	3.24	0.67	10.44	10.06	23.1	5.68	0.60	10.12	2.28	75.1	5.63
D2/3	0.494	1.71	3.43	33.23	53.9	87.1	7.12	3.2	1.32	10.36	9.52	19.86	1.68	0.39	10.0	2.29	96.3	4.97
D2/4	0.518	1.79	3.46	31.13	53.2	85.0	7.32	3.13	1.16	10.52	8.74	13.72	1.43	0.47	10.03	2.76	97.05	6.37
D2/5	0.673	1.93	4.09	38.65	61.0	98.2	6.33	3.48	1.21	11.98	9.98	18.39	4.28	0.43	10.76	2.6	106.7	4.95
B1	0.525	1.63	3.76	38.14	66.4	87.2	10.60	3.21	1.08	10.67	12.67	4.28	2.01	0.33	10.8	1.93	74.5	4.29
B2	0.490	1.44	3.58	30.59	55.72	78.3	7.41	2.77	1.07	10.17	10.38	13.96	2.97	0.44	9.23	1.67	80.2	4.20
D3/1	0.531	2.10	4.07	38.54	65.35	94.4	5.94	3.55	1.23	11.78	12.46	8.34	0.31	0.57	11.5	2.16	115.4	7.16
D3/2	0.467	1.91	4.24	40.49	67.22	103.5	5.76	3.63	1.30	12.63	12.41	10.31	0.54	0.68	11.03	2.27	114.3	7.67
D3/3	0.555	1.93	3.54	34.21	57.7	82.1	6.67	3.19	1.06	10.73	9.55	11.57	0.10	0.49	9.56	2.07	100.8	5.84
D3/4	0.414	1.83	3.99	36.79	63.4	93.0	5.0	3.32	1.48	11.61	12.18	11.26	0.30	0.65	10.3	1.84	106.7	4.52
D3/5	0.457	1.81	3.61	34.86	60.8	76.8	5.69	3.13	1.19	10.66	11.41	12.84	0.64	0.57	9.57	1.67	103.0	4.85
D4/1	0.498	1.74	3.62	27.54	51.1	75.6	4.81	2.94	1.07	10.75	10.97	3.92	1.40	0.57	10.23	2.17	101.0	4.31
D4/2	0.567	2.02	3.87	41.51	69.8	102.3	6.67	3.73	1.41	13.08	10.58	6.33	0.81	0.63	11.96	2.69	111.4	6.44
D6	0.572	1.82	4.02	37.96	64.1	96.0	5.64	3.15	1.08	12.16	12.3	5.2	0.01	0.54	9.84	1.94	99.6	4 71
D7	0.494	2.06	4.14	40.94	70.6	99.7	5.56	3.64	1.20	12.67	12.77	13.01	0.24	0.68	11.2	2.14	117.7	6.49
D9	0.606	2.37	4.42	41.13	68.9	106.9	5.78	3.79	1.26	13.37	13.88	8.92	0.01	0.64	11.77	2.34	108.1	5.95
D10	0.455	2.02	4.00	37.78	64.3	95.9	5.24	3.45	1.15	12.21	12.31	2.24	0.01	0.46	10.52	1.99	111.5	5.43

Tabella B

Valori medi e deviazioni standard delle concentrazioni degli elementi analizzati nei campioni di Morgantina

I valori di Na, K, Fe, sono espressi in percento, mentre i valori degli altri elementi sono espressi in parti per milione.

Elemento	*Nucleo di partenza*	*Cluster principale*	*Sette campioni di ceramica fine, esclusi dal nucleo di partenza* *
Na	0.52±0.09	0.57±0.24	0.56±0.09
K	1.63±0.32	1.62±0.36	2.08±0.15
Fe	3.69±0.20	3.35±0.43	4.15±0.19
La	34.30±3.2	31.60±3.1	40.00±1.4
Ce	59.00±4.9	53.80±5.3	66.00±3.8
Cr	87.30±7.3	79.10±9.9	103.00±9.0
Hf	6.70±1.5	6.50±1.3	6.00±0.5
Sm	3.15±0.17	2.94±0.22	3.60±0.1
Eu	1.14±0.18	1.03±0.16	1.27±0.09
Sc	10.90±0.7	10.00±1.1	12.60±0.6
Co	11.40±3.3	9.50±2.7	12.00±1.3
As	12.90±6.4	15.00±8.5	11.30±6.6
Br	3.50±3.5	3.70±3.1	1.50±2.1
Sb	0.48±0.10	0.51±0.15	0.58±0.10
Th	10.00±0.4	9.00±0.8	11.30±0.5
U	2.04±0.27	2.12±0.29	2.34±0.24
Rb	89.70±12.3	85.70±17.0	112.00±4.0
Cs	5.00±1.1	4.80±1.8	6.20±0.9

*I sette campioni di ceramica fine esclusi dal nucleo di partenza sono contraddistinti con i seguenti numeri: D2/5, D3/1, D3/2, D4/2, D7, D9, D10.

APPENDICE 3

Indagini tecniche e analisi di microscopia ottica su campioni prelevati da fornaci e da manufatti fittili di Morgantina, nell'ambito degli studi di caratterizzazione e di provenienza

NININA CUOMO DI CAPRIO

Campioni esaminati al microscopio da mineralogia in sezione sottile (SS):

La ricerca illustrata nell'Appendice n. 3 si basa essenzialmente sulla microscopia ottica, ed è stata finalizzata ad accertare la composizione mineralogico-petrografica dei materiali ceramici di Morgantina più indicativi ai fini del presente lavoro.[1] Particolare attenzione è stata rivolta ai

[1] La ricerca illustrata nella presente Appendice è stata realizzata grazie alla collaborazione della Dott.ssa Bona Bianchi Potenza e del Prof. Giuseppe Liborio del Dipartimento di Scienze della Terra dell'Università degli Studi di Milano. Devo molto alla competenza professionale di entrambi, e sono vivamente grata per la loro disponibilità che ha costituito per me un insostituibile aiuto.

mattoni e al tegolame che compongono le fornaci. Nel caso della fornace n. 10 (la cosiddetta "Fornace Grande"), l'indagine è stata anche indirizzata a verificare se i mattoni cuneiformi che compongono gli archi dei due prefurni contrapposti fossero stati prodotti a Morgantina, oppure se fosse possibile dare una conferma mediante analisi di laboratorio all'ipotesi di una loro importazione (*supra*, Cap. I, p. 38). Sono stati inoltre esaminati alcuni manufatti, quali i condotti idrici e i rocchi di colonna, che per la loro composizione grossolana e modellazione poco curata si avvicinano qualitativamente ai laterizi che compongono le fornaci.

Tra i manufatti ceramici di tipo fine, la scelta è stata indirizzata in prevalenza verso classi di materiali che presentano aspetti tecnici di rilievo: ceramica a vernice nera, ceramica presigillata, ceramica a pareti sottili, ceramica comune, ceramica da fuoco, statuette fittili comunemente denominate "tanagrine." In totale sono stati presi in considerazione n. 166 campioni che sono stati dapprima sottoposti ad esame macroscopico,[2] indi ad analisi microscopica per mezzo di stereomicroscopio e di microscopio da mineralogia a luce polarizzata trasmessa su sezione sottile (le sezioni sottili sono 176 in quanto da 10 campioni sono state ricavate due sezioni sottili, per un supplemento di indagine). Il grafico riportato in Fig. 8 indica la suddivisione dei campioni per classi di materiali.

Le analisi sono state eseguite per mezzo di stereomicroscopio Zeiss mod. DR, con ingrandimenti da 63x a 151x, munito di oculari con rete micrometrica allo scopo di misurare per confronto le dimensioni dei granuli di degrassante, e per mezzo di microscopi da mineralogia Leitz mod. Standard, ingrandimenti da 28x a 400x, e Jenalab mod. Pol/d, ingrandimenti da 25x a 500x, anch'essi muniti di scala micrometrica.[3]

Alle due analisi ottiche microscopiche è stata affiancata l'analisi per diffrazione di raggi X per un ulteriore completamento dei dati acquisiti e per rilevare l'eventuale presenza di quei composti cristallini che hanno dimensioni talmente piccole da non potere essere evidenziati al microscopio. Sono stati esaminati n. 11 campioni ricavati da manufatti di diverse classi ceramiche, oltre a 5 campioni di argille e a 2 campioni dell'ingobbio di una tanagrina (gruppo 8), cosicchè, considerando anche gli 8 campioni indicati nell'Appendice 2, sono 26 in totale i campioni sottoposti a questo tipo di analisi. Le analisi per diffrazione di raggi X sono state eseguite con diffrattometro automatico per polveri Philips mod. PW 1700/00, presso il Dipartimento di Scienze della Terra dell'Università degli Studi di Milano.[4]

[2] Il primo passo per dare un valido supporto tecnico alla descrizione delle diverse classi di materiale è rappresentato dall'esame macroscopico, come ad esempio è stato eseguito per un gruppo di anfore di Pompei: C. PANELLA - M. FANO, Le anfore con anse bifide conservate a Pompei, in *Méthodes classiques et méthodes formelles dans l'étude des amphores*, Collection de l'École française de Rome 32 (Roma 1977) pp. 133–177.

Va da sè che affiancando all'esame macroscopico l'esame stereoscopico e quello microscopico su sezione sottile si possono ottenere risultati più approfonditi, riducendo nel contempo la soggettività delle descrizioni. È auspicabile che l'uso di siffatta documentazione tecnica sussidiaria diventi prassi comune, e che gli studiosi concordino di uniformare sia i termini lessicali sia le rappresentazioni illustrative delle tecniche applicate (PANELLA - FANO, *ibidem*, p. 145). Per uno schema finalizzato alla descrizione standardizzata del corpo ceramico cfr. PEACOCK 1977a, p. 29.

L'uso abbinato dello stereomicroscopio e del microscopio da mineralogia trova valida applicazione anche per confrontare materiali di epoche differenti (ad es. SCHURING 1986).

[3] Le analisi di microscopia ottica sono state eseguite dall'autrice del presente studio.

[4] Le analisi per diffrazione di raggi X sono state eseguite dal Prof. Giuseppe Liborio presso il Dip. di Scienze della Terra dell'Università degli Studi di Milano.

Quadro di riferimento per la raffigurazioni grafiche

Gruppo **1**	argille	
Gruppo **2**	fornaci	
con suddivisione in:		
Gruppo **2a**	calcareniti	*raggruppamento A*
		raggruppamento B
		raggruppamento C
Gruppo **2b**	malta	
Gruppo **2c**	intonaco	
Gruppo **2d**	mattoni	*raggruppamento A*
		raggruppamento B
Gruppo **2e**	tegolame	
Gruppo **2f**	coppi	
Gruppo **2g**	rocchi di colonna	
Gruppo **2h**	condotti idrici	
Gruppo **2i**	ipercotti	*ceramica a vernice nera (3)*
		ceramica comune (6)
		ceramica da fuoco (7)
Gruppo **3**	ceramica a vernice nera	*raggruppamento A*
		raggruppamento B
Gruppo **4**	ceramica presigillata	
Gruppo **5**	ceramica a pareti sottili	
Gruppo **6**	ceramica comune	*raggruppamento A*
		raggruppamento B
Gruppo **7**	ceramica da fuoco	
Gruppo **8**	tanagrine	*raggruppamento A*
		raggruppamento B
Gruppo **9**	pithoi	*raggruppamento A*
		raggruppamento B
Gruppo **10***	materiali vari	

I grafici a Figg. 11-16 privilegiano i parametri dell'altezza e della larghezza, senza rispettare l'area. L'altezza di ciascuna colonna è proporzionale al numero dei campioni, mentre la larghezza rispecchia visivamente l'intervallo della granulometria del degrassante (Figg. 11, 12, 13, 14) oppure della percentuale del quarzo (Fig. 16).

* Nelle Figg. 11, 13, 14, 16, 17 e 18 il gruppo dei materiali vari è rappresentato soltanto dal puteale dal quale è stata ricavata la sezione sottile VV-4 (Tav. 53:a), essendo questo manufatto il solo pertinente agli esami rappresentati in dette figure. Tale campione è quindi semplicemente indicato con il numero 10.

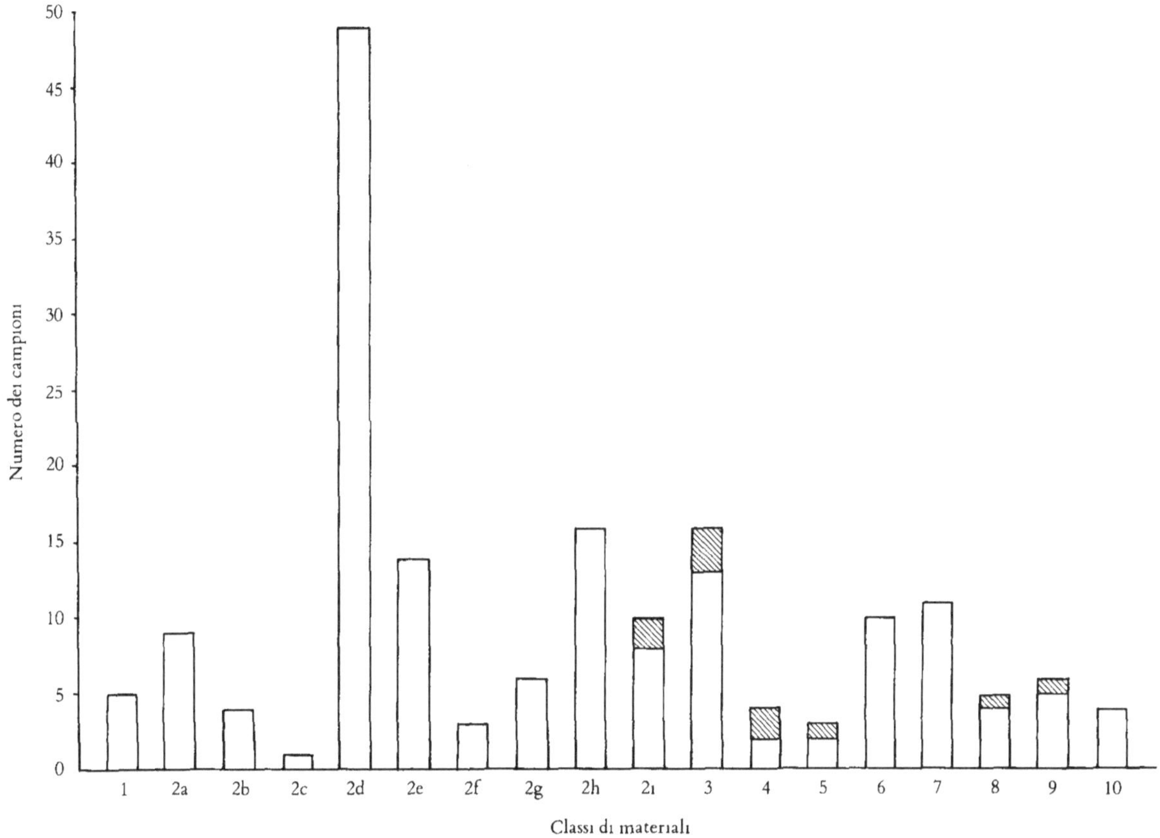

Fig. 8. Suddivisione per classe di materiali dei campioni esaminati al microscopio polarizzatore in sezione sottile. Le zone a tratteggio indicano le sezioni sottili supplementari. Numero dei campioni: 166; Numero delle sezione sottili: 176.

Sono pure state condotte alcune prove sperimentali per indagare specifici problemi, tra i quali la natura di alcuni pigmenti coloranti e la composizione dell'ingobbio bianco che ricopre le tanagrine.

Illustrare singolarmente i risultati di ciascuna analisi avrebbe richiesto eccessivo spazio, onde si è preferito formare dieci gruppi di campioni che corrispondono ad altrettante classi di materiali, salvo il gruppo **2** che comprende differenti materiali collegati direttamente o indirettamente alle fornaci, ragione per cui gli è stato attribuito il nome capo-fila "fornaci." All'interno di ogni gruppo sono stati presentati i risultati sia delle analisi microscopiche sia delle prove sperimentali eseguite. Le analisi mineralogico-petrografiche su sezioni sottili (SS) sono contraddistinte da un codice alfanumerico che indica la classe del materiale e il numero di inventario del campione (ad esempio, SS A-1, ove "A" indica argilla e "1" il campione). Nell'elenco riportato in calce all'Appendice (pp. 174–180) sono indicati i luoghi e i manufatti dai quali sono stati prelevati i campioni.

Alla descrizione dettagliata delle analisi viene premessa l'indicazione di alcuni parametri che nell'ambito del presente lavoro sono stati ritenuti maggiormente significativi per interpretare il comportamento e le scelte del vasaio nelle diverse fasi della lavorazione dei manufatti. I parametri sono i seguenti: 1) colore della massa di fondo a luce naturale, per classi di materiali; 2) tipo di degrassante: degrassante naturale (quarzo) e degrassante artificiale (sabbia vulcanica); 3) grado di uniformità del degrassante naturale (quarzo) e dei degrassanti artificiali (sabbia vulcanica e chamotte); 4) quantità del degrassante quarzoso; 5) caratteristiche dei microfossili.

Sui parametri in questione sono state condotte le analisi prima indicate; i risultati ottenuti sono visualizzati da una serie di grafici (Figg. 9–18) che, più che a livello statistico, sono da considerare come un sussidio per l'archeologo per l'interpretazione di una massa di dati non facilmente quantificabili numericamente. I parametri prescelti sono stati rilevati per ognuno dei 166 campioni esaminati, nelle rispettive sezioni sottili.[5]

1. Colore della Massa di Fondo

Il primo parametro (Fig. 9) si riferisce al colore delle sezioni sottili (SS) preparate per l'esame al microscopio polarizzatore (dimensioni cm 3 x 2, spessore circa micron 30). Si è preferito specificare il colore delle SS, anzichè quello dei reperti visti direttamente, in quanto le SS sono la fonte principale delle informazioni contenute nella presente Appendice, basata sulla microscopia ottica, e perdipiù esse offrono un campo di osservazione bene delimitato e quindi più preciso. L'esame del colore è stato condotto in luce naturale (di seguito abbreviata in "l.n.") mediante confronto con gli standard contenuti nel *Munsell Book of Color.*

Ai fini del presente lavoro, il colore è importante in quanto legato alla temperatura di cottura dei manufatti e alle eventuali successive esposizioni al calore, indicando il grado di ossidazione degli ossidi di ferro finemente diffusi nell'argilla. In un manufatto ceramico il colore dipende da un insieme di fattori tra loro correlati, tra i quali sono fondamentali il tenore in ferro e la composizione carbonatica dell'argilla; il colore dipende altresì dalla temperatura di cottura del manufatto che nell'aumentare provoca sia dei cambiamenti nel grado di ossidazione del ferro e di conseguenza il passaggio da un colore rosso-bruno a un colore giallo-verde tenue, sia la formazione di silicati ricchi di ferro dalle tonalità tanto più chiare quanto più forte è stato il calore subito dal manufatto.[6] Nella fase finale della cottura influisce grandemente l'atmosfera riducente che tende a prevalere su quella ossidante a causa della necessità di caricare il combustibile più velocemente per fare aumentare la temperatura, il che può provocare dei fenomeni di riduzione localizzati sulla superficie del manufatto che comportano uno schiarimento della superficie stessa.

Data la scarsa uniformità della composizione dei manufatti esaminati e la loro grande variabilità cromatica, la specificazione dei colori è stata limitata alle tonalità predominanti che includono tutte le zone delle tonalità intermedie. Per fare un esempio, il colore definito "rosso-bruno" viene specificato con il codice alfanumerico che va da rosso (R) a giallo-rosso (YR), nell'intervallo che intercorre tra 10 R e 2.5 YR. Il codice è completato con l'indicazione del grado di chiarezza e di saturazione della tinta (ad esempio: da 10R 4/10 a 2.5 YR 5/10).

La Fig. 9 consiste in quattro grafici circolari (9:a, 9:b, 9:c, 9:d), ognuno dei quali indica i colori

[5] In linea di massima sono stati seguiti i criteri proposti da D. P. S. Peacock per i manufatti riportati alla luce nello scavo di Cartagine (Peacock 1984, pp. 6–7).

[6] Per il colore chiaro della superficie di alcuni manufatti, dovuto ad effetti di cottura oppure ad ingobbiatura, si veda quanto annotato a proposito della ceramica comune, gruppo **6** (*infra*, nota 17) e a proposito delle tanagrine, gruppo **8** (*infra*, note 19 e 20).

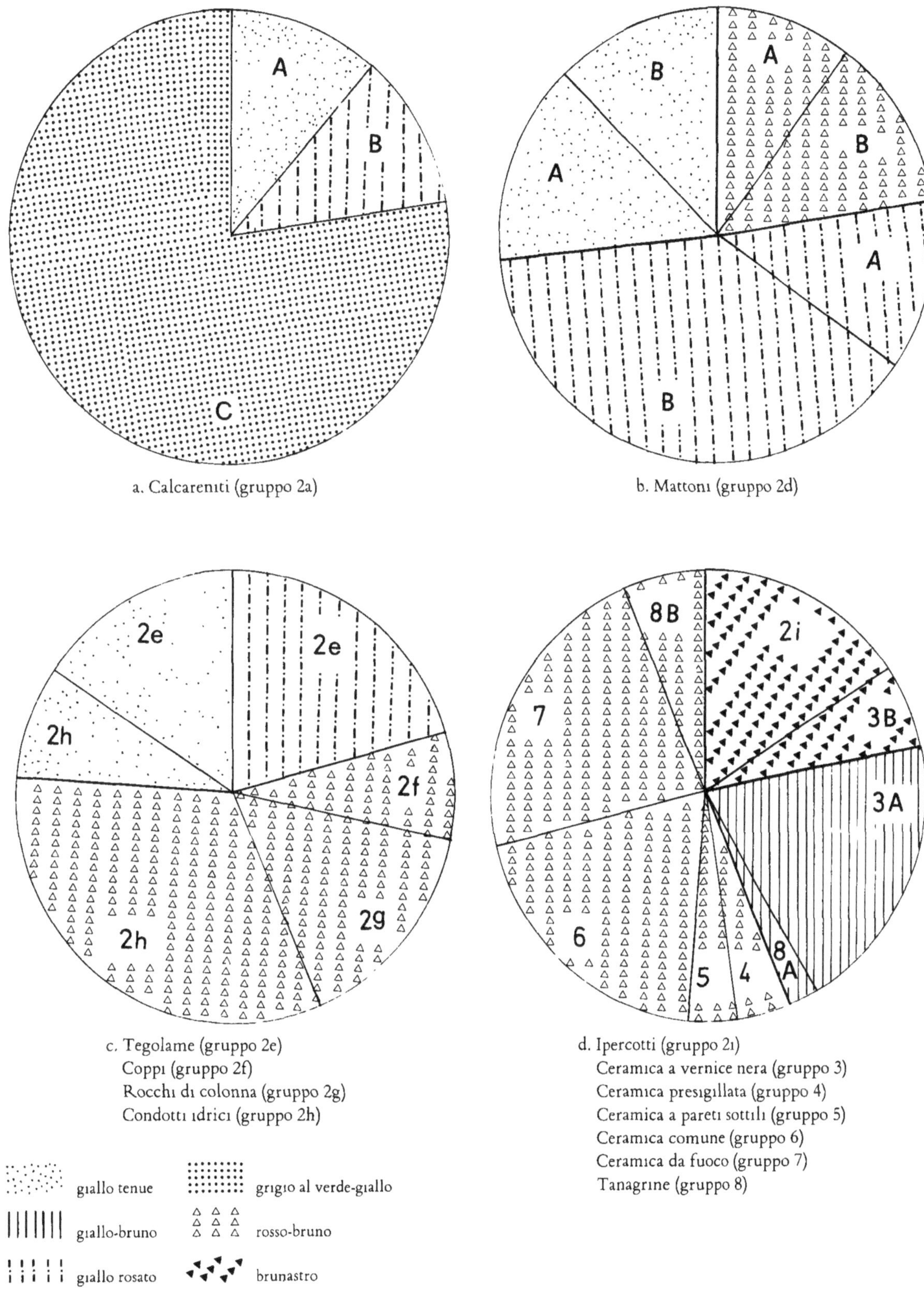

Fig. 9. Colore a luce naturale delle classi di materiali. Il riferimento alle tavole di colore *Munsell Book of Color* è indicato nel testo

prevalenti nelle classi di materiali più significative ai fini dell'evidenziare il rapporto temperatura-colore.

La Fig. 9:a concerne le calcareniti che formano il pianoro di Morgantina (gruppo **2a**). I nove campioni esaminati sono stati prelevati in diversi punti della fornace n. 10 e nella camera di combustione della fornace n. 1 (*supra*, Cap. I, p. 35 e p. 13). Il campione F-36 (contrassegnato nella figura con la lettera A), è stato prelevato dalla parete del fossato nord della fornace n. 10 e ha il colore giallo tenue delle calcareniti allo stato naturale; il campione F-10 (contrassegnato nella figura con la lettera B) è stato prelevato al'interno della "piattaforma" della fornace n. 10, e indica col suo colore giallo-rosato di avere subito un calore moderato, mostrando un lieve grado di ossidazione; i campioni F-2, F-7, F-8, F-9, F-11, F-12, F-13 (contrassegnati nella figura con la lettera C) indicano col loro colore dal grigio al verde-giallo molto chiaro di avere subito l'attacco violento e ripetuto del fuoco, con effetti riducenti.

La Fig. 9:b rappresenta i tre colori prevalenti tra i 49 mattoni esaminati (gruppo **2d**), formando tre settori.

Al settore rosso-bruno appartengono 11 mattoni, 5 dei quali rientrano nel raggruppamento A (mattoni cuneiformi degli archi della Casa Pappalardo), mentre dei rimanenti 6 ben 4 appartengono a mattoni da pavimento (raggruppamento B).

Al settore giallo-rosato appartengono 25 mattoni, 6 dei quali rappresentano i mattoni cuneiformi aventi altezza cm 24 del prefurnio nord della fornace n. 10 (raggruppamento A), mentre gli altri 19 mattoni appartengono a mattoni provenienti da diverse fornaci (raggruppamento B).

Al settore giallo tenue appartengono 13 mattoni, 7 dei quali appartengono prevalentemente a mattoni cuneiformi aventi altezza cm 24 della fornace n. 10 (raggruppamento A), e i rimanenti 6 appartengono prevalentemente a mattoni cuneiformi aventi altezza cm 32, sempre della fornace n. 10 (raggruppamento B).

L'esame dei 49 mattoni sotto l'aspetto cromatico ha messo in evidenza il rapporto temperatura-colore: i mattoni cuneiformi hanno colori intensi nella Casa Pappalardo, mentre si schiariscono nella fornace n. 10 ove hanno subito violenti e ripetuti attacchi del fuoco. Lo stesso fenomeno si nota confrontando i mattoni da pavimento con i mattoni delle fornaci: i primi hanno conservato l'originario colore rosso-bruno, mentre i secondi hanno tonalità più chiare dovute agli effetti termici provocati dal susseguirsi delle fiammate e alle reazioni localizzate.

La Fig. 9:c rappresenta i colori prevalenti in quattro classi di materiali: tegolame (gruppo **2e**), coppi (gruppo **2f**), rocchi di colonna (gruppo **2g**) e condotti idrici (gruppo **2h**), per un totale di 39 campioni.

Come nella figura precedente, i colori prevalenti sono tre, con forte preponderanza del colore rosso-bruno (22 campioni). Tra i condotti idrici si nota che 13 condotti del tipo con bocchetta laterale (presumibilmente cotti nella fornace n. 10) hanno colore rosso-bruno, mentre altri 3 condotti senza bocchetta laterale (rinvenuti nel vano-deposito sito accanto alla fornace n. 8) hanno colore giallo tenue.

Nel tegolame prelevato dall'interno delle fornaci si nota un'ampia variabilità di tonalità cromatiche, dal giallo-bruno rosato al giallo tenue, a seconda della posizione dentro la fornace e del contatto più o meno diretto col fuoco, per cui il rapporto temperatura-colore trova qui un'ulteriore conferma.

La Fig. 9:d rappresenta i tre colori prevalenti in sette classi di materiali: ipercotti (gruppo **2i**), ceramica a vernice nera (gruppo **3**), ceramica presigillata (gruppo **4**), ceramica a pareti sottili (gruppo **5**), ceramica comune (gruppo **6**), ceramica da fuoco (gruppo **7**), tanagrine (gruppo **8**).

Al colore brunastro appartengono sia gli ipercotti sia tre campioni di vernice nera che non contengono sabbia vulcanica (al riguardo si veda *supra*, Cap. III nota 45).

Nel settore attiguo, con tonalità da giallo a bruno, rientrano i 10 campioni di vernice nera contenenti sabbia vulcanica e il campione prelevato dalla tanagrina che ha caratteristiche di composizione sue proprie (TAN-3).

I campioni prelevati dalle altre tre tanagrine rientrano nel settore rosso-bruno insieme con gli altri campioni esaminati.

Nel complesso si nota che prevale il colore rosso-bruno dovuto all'alto grado di ossidazione degli ossidi di ferro, il che conferma che la cottura dei manufatti è avvenuta in atmosfera prevalentemente ossidante. Soltanto per gli ipercotti e per i manufatti a vernice nera, l'atmosfera di cottura prevalentemente riducente ha limitato il grado di ossidazione, provocando tonalità brunastre o comunque tendenti al bruno.

2. Tipo di Degrassante

Il secondo parametro (Fig. 10) riguarda il tipo di degrassante ed evidenzia la presenza del degrassante naturale (quarzo) e del degrassante artificiale (ossia la sabbia vulcanica aggiunta

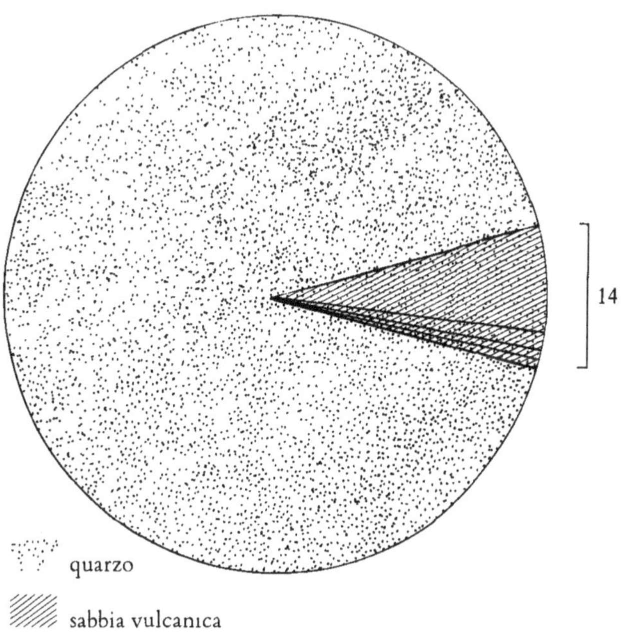

Fig. 10. Tipo di degrassante: degrassante naturale (quarzo) e degrassante artificiale (sabbia vulcanica). Il diagramma circolare rappresenta i 166 campioni esaminati, 14 dei quali (indicati a tratteggio) contengono oltre al quarzo anche la sabbia vulcanica

intenzionalmente dal vasaio ai fini della lavorazione ceramica) nei 166 campioni esaminati in sezione sottile.

È stato rilevato che tutti i campioni presentano una massa di fondo derivata dalla cottura di argille plioceniche, ricche di carbonati e di minerali delle sabbie e di microfossili marini. Il quarzo è presente in tutti i campioni, in quantità variabile e in granulometria da finissima a media.

È stato pure rilevato che 152 campioni non contengono minerali caratterizzanti, mentre 14 campioni si differenziano nettamente dal gruppo principale in quanto contengono materiale vulcanico di granulometria grossolana. I 14 campioni provengono da 10 manufatti di vernice nera campana C (gruppo **3**), da due *pithoi* (gruppo **9**), da un puteale (gruppo **10**) e da una tegola della Cittadella (gruppo **2e**), come da descrizione fatta in precedenza (*supra*, Cap. III, p. 95).

Il materiale vulcanico è estraneo alle argille plioceniche del bacino sedimentario di Morgantina, e probabilmente proviene dai tufi vulcanici della zona paleovulcanica della Sicilia orientale, il che fa presumere che il vasaio lo abbia aggiunto intenzionalmente all'impasto argilloso (*supra*, Cap. III, pp. 90-94). Nel grafico circolare della Fig. 10, i 14 campioni differenziati sono messi in evidenza all'interno di un cerchio che rappresenta il totale dei 166 campioni esaminati.

3. Grado di Uniformità del Degrassante

Il terzo parametro (Figg. 11-15) riguarda il grado di uniformità relativa del degrassante naturale (quarzo) e dei degrassanti artificiali (sabbia vulcanica e chamotte). È un dato essenzialmente tecnico e serve a indicare se il vasaio ha sottoposto l'argilla a un processo di depurazione, nel qual caso il grado di uniformità del degrassante è tanto più alto quanto più spinto è stato il processo di depurazione. Serve pure per confermare se il vasaio ha modificato la composizione dell'impasto argilloso aggiungendovi degrassanti artificiali quali la chamotte oppure la sabbia vulcanica (nei campioni esaminati l'uso della chamotte esclude l'uso della sabbia vulcanica, e viceversa). Il grado di uniformità del degrassante artificiale è tanto più alto quanto più spinta è stata la macinazione subita dal degrassante stesso.

Per esaminare questo parametro si è fatto ricorso alla scala micrometrica di cui è dotato il microscopio da mineralogia procedendo alla rilevazione dei seguenti dati: A) diametro del granulo di quarzo di massima dimensione; B) diametro del granulo di chamotte e del granulo di sabbia vulcanica di massima dimensione; C) granulometria della frazione maggiore del quarzo, essendo questa la più rappresentativa per caratterizzare il manufatto ceramico (vedi Legenda, pp. 145-146).[7]

Il confronto di A con C (e di B con C) mette in evidenza la maggiore o minore uniformità del degrassante: tanto più il valore di C è ravvicinato a quello di A (o di B), tanto maggiore è l'uniformità del degrassante; tanto più cresce il distacco di C rispetto a A (e rispetto a B), tanto minore è il grado di uniformità.

[7] La granulometria del degrassante (*grain-size distribution* nell'ambito della *textural analysis*) è stata oggetto in questi ultimi anni di approfondite indagini presso numerosi laboratori stranieri, tra i quali il British Museum Research Laboratory che ha messo a punto un analizzatore semi-automatico delle immagini che diminuisce la soggettività dell'esame ed aumenta la precisione delle misurazioni (Middleton - Freestone - Leese 1985, pp. 64-65). Si vedano anche: Darvill - Timby 1980, Streeten 1980, e le altre pubblicazioni indicate in fondo alla presente Appendice, Bibliografia tecnica specifica, Microscopia ottica.

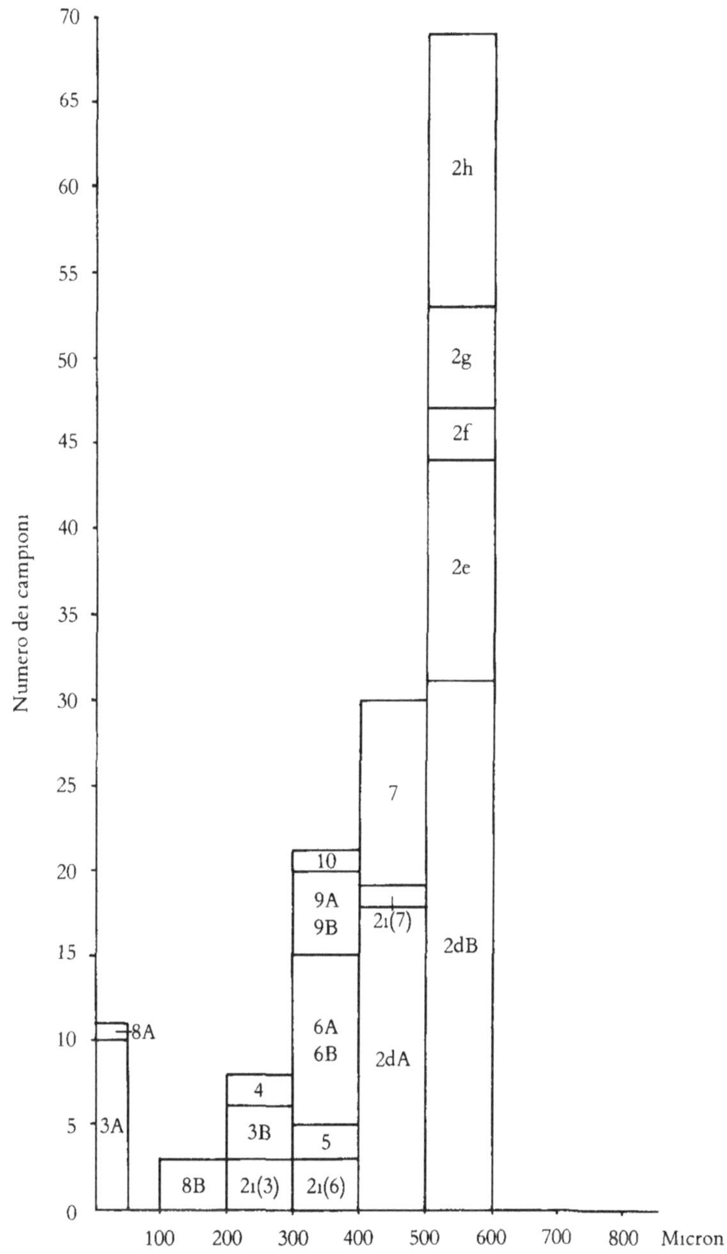

Fig. 11. Granulometria massima del quarzo

La granulometria massima del quarzo, della chamotte e della sabbia vulcanica è riportata rispettivamente nelle Figg. 11, 12, 13; la granulometria della frazione maggiore del quarzo è riportata in Fig. 14. Nella Fig. 15, sotto forma di rettangoli orizzontali sono indicati gli intervalli del rapporto (R) tra la granulometria massima del quarzo, della chamotte e della sabbia vulcanica rispetto alla granulometria della frazione maggiore del quarzo. Per ciascuna classe di materiali,

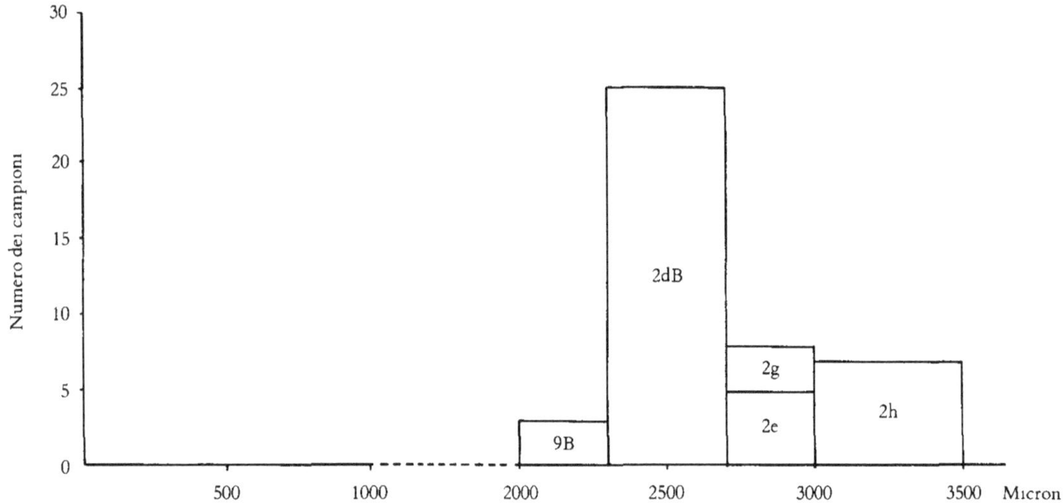

Fig. 12. Granulometria massima della chamotte

tanto più l'intervallo è corto e si avvicina al valore uno, tanto maggiore è il grado di uniformità relativa del degrassante.[8]

La Fig. 15 permette di rilevare che i manufatti contenenti soltanto degrassante naturale (quarzo) hanno un buon grado di uniformità e sono stati modellati con argilla bene depurata (caso della ceramica presigillata, a pareti sottili, comune e da fuoco). Al contrario, per i manufatti contenenti chamotte il grado di uniformità è molto basso, il che è dovuto alle grandi dimensioni dei granuli della chamotte stessa (caso del tegolame, dei rocchi di colonna, dei condotti idrici e dei mattoni,

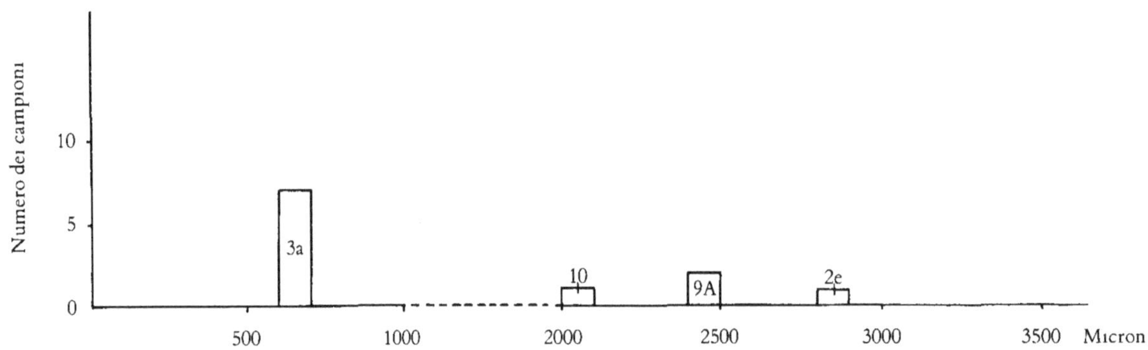

Fig. 13. Granulometria massima della sabbia vulcanica. La colonna 3a rappresenta soltanto i sette campioni di VN contenenti sabbia vulcanica (*supra* Cap. III, p. 90)

[8] Per la rappresentazione dei grafici a rettangoli: SPIEGEL 1976, pp. 1-17.

È opportuno sottolineare che la Fig. 15 ha carattere qualitativo e intende semplicemente dare un'indicazione visiva del grado di uniformità relativa del degrassante. In un campione ideale, perfettamente uniforme, l'intervallo si ridurrebbe a un punto in corrispondenza del valore uno. Un forte grado di difformità relativa implica intervalli estesi e lontani dal valore uno.

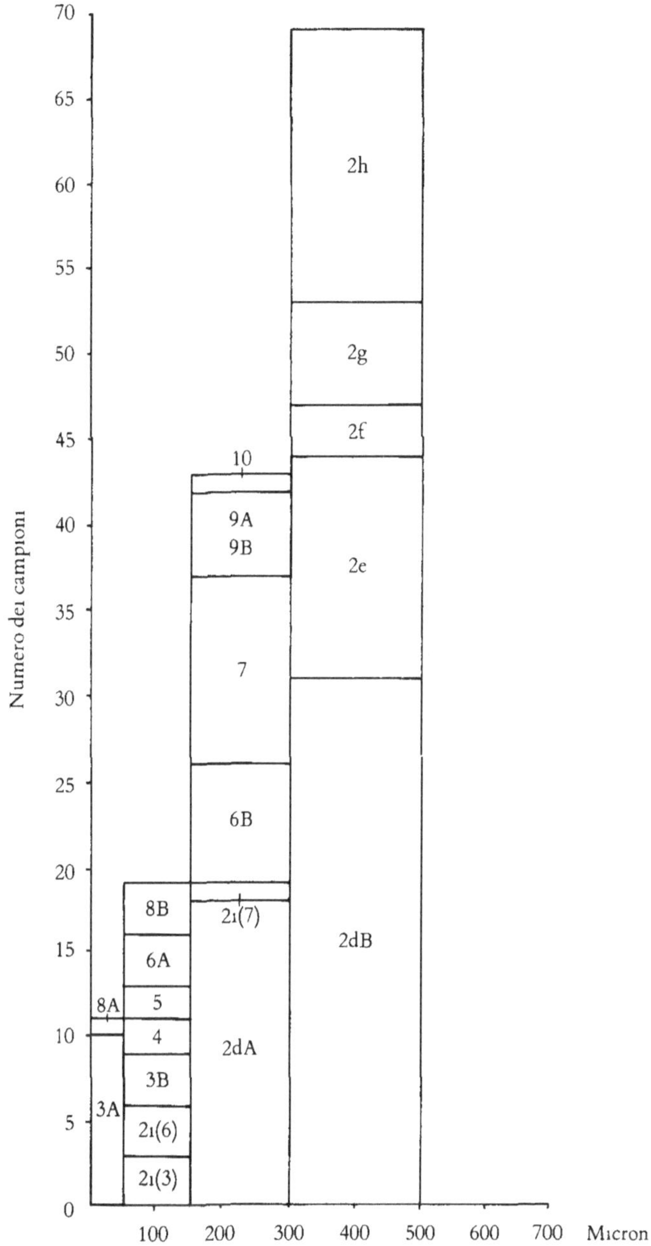

Fig. 14. Granulometria della frazione maggiore del quarzo. La granulometria è rappresentata per intervalli di dimensioni: <50μ = quarzo finissimo; 50-150μ = quarzo fine; 150-300μ = quarzo medio-fine; 300-600μ = quarzo medio; 600-1000μ = quarzo medio-grossolano; >1000μ = quarzo grossolano.

limitatamente però ai mattoni dei raggruppamento B). Il grado di uniformità è a livelli minimi nei manufatti che contengono sabbia vulcanica (caso di 10 manufatti a vernice nera campana C e di 2 *pithoi*), essendo la granulometria dei minerali vulcanici di gran lunga maggiore di quella di tutti gli altri componenti del corpo ceramico.

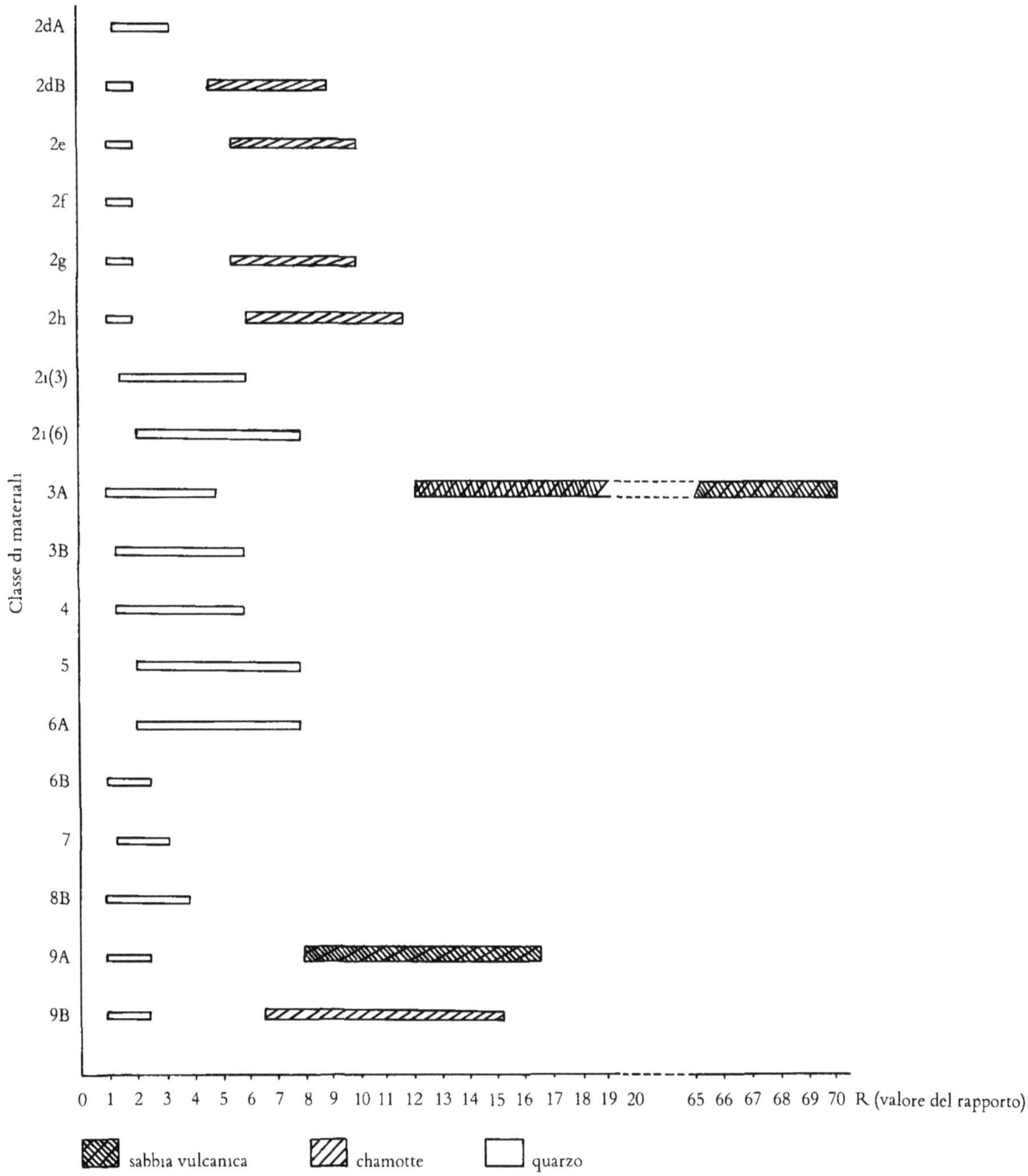

Fig. 15. Grado di uniformità del degrassante naturale (quarzo) e dei degrassanti artificiali (chamotte e sabbia vulcanica). Il grado di uniformità è espresso attraverso il rapporto (R) della granulometria massima del quarzo (Fig. 11), della chamotte (Fig. 12) e della sabbia vulcanica (Fig. 13) rispetto alla granulometria della frazione maggiore del quarzo (Fig. 14). Per ciascuna classe di materiali, tanto più l'intervallo è corto e si avvicina al valore uno, tanto maggiore è il grado di uniformità relativa del degrassante

Sempre con riferimento alla Fig. 15, a prima vista può sembrare incongruente che il grado di uniformità del degrassante naturale dei mattoni del gruppo **2d** (raggruppamento A) sia pressochè uguale a quello del degrassante di classi di materiali quali la ceramica da fuoco (gruppo **7**). Questa apparente incongruenza dipende nel caso specifico dalle caratteristiche delle argille locali che contengono quarzo di granulometria piuttosto uniforme (*infra*, gruppo **1**), e in linea generale dal fatto che il degrassante di ogni classe di materiali ha una sua specifica granulometria, che può essere uniforme o non uniforme indipendentemente dalla qualità dei manufatti, grossolana (mattoni), oppure relativamente fine (ceramica da fuoco).

È poi da rimarcare che la Fig. 15 non comprende le classi di materiali per le quali è stato esaminato un solo campione, essendo una singola unità scarsamente significativa. Pertanto il campione contrassegnato 8 A (tanagrine, gruppo **8**, raggruppamento A, SS TAN-3/TAN-4), il campione **2i** (7) (ipercotto di ceramica da fuoco, gruppo **2i**, SS F-84), e il campione 10 ricavato dal puteale appartenente ai materiali vari (gruppo **10**, SS VV-4) sono stati esclusi da tale grafico. Va da sè che più ampio è il numero dei campioni esaminati, maggiori sono le informazioni ottenibili sulle manipolazioni effettuate dal vasaio durante la depurazione dell'argilla.

4. Quantità del Degrassante

Il quarto parametro (Fig. 16) indica la quantità del degrassante quarzoso, ed è anch'esso un dato essenzialmente tecnico in quanto sottolinea la capacità del vasaio di discernere le classi di manufatti per le quali l'impasto argilloso doveva essere particolarmente ricco di quarzo, ad esempio la ceramica comune, la ceramica a pareti sottili e soprattutto la ceramica da fuoco. Per produrre questi manufatti occorreva scegliere un'argilla quarzosa oppure aggiungere quarzo se l'argilla allo stato naturale non ne conteneva a sufficienza.

Nelle sezioni sottili, la quantità di degrassante presente in ogni manufatto è rappresentata dal rapporto tra la superficie occupata dai granuli di quarzo e la superficie totale presa in esame. Nel presente lavoro, tale rapporto (espresso in percento nella Fig. 16) è stato rilevato mediante confronto visivo di ogni sezione sottile con le tabelle comparative della composizione percentuale dei granuli minerali, comunemente usate a tale scopo.[9] In un secondo tempo, per verificare i risultati ottenuti, si è proceduto a scegliere per ogni classe di materiali una sezione sottile considerata come rappresentativa della rispettiva classe, e a fotografarne al microscopio alcune parti, anch'esse scelte in base al principio della massima rappresentatività. Su ogni fotografia (stampa cm 13 x 18) è stata misurata la superficie occupata dai granuli quarzosi, indi è stato calcolato il rapporto rispetto alla superficie totale. Ognuna di queste sezioni sottili è così diventata standard di riferimento per la propria classe di materiali, ed è stata poi utilizzata per il confronto con tutte le sezioni sottili della stessa classe.[10]

Sempre attraverso il microscopio da mineralogia si è così proceduto a un doppio confronto visivo, dapprima con le tabelle comparative, indi con le sezioni sottili scelte come standard di riferimento, per cui la quantità di quarzo contenuta in ogni sezione sottile è stata determinata con

[9] Le tabelle comparative della composizione percentuale (*Comparison chart for estimating percentage composition*) sono di regola riportate nei manuali di mineralogia ottica, tra i quali: Jones - Bloss 1980, fig. 16-2.

[10] I risultati qui ottenuti sono paragonabili a quelli che possono essere conseguiti con il contatore di punti (Schubert 1986, pp. 163-178).

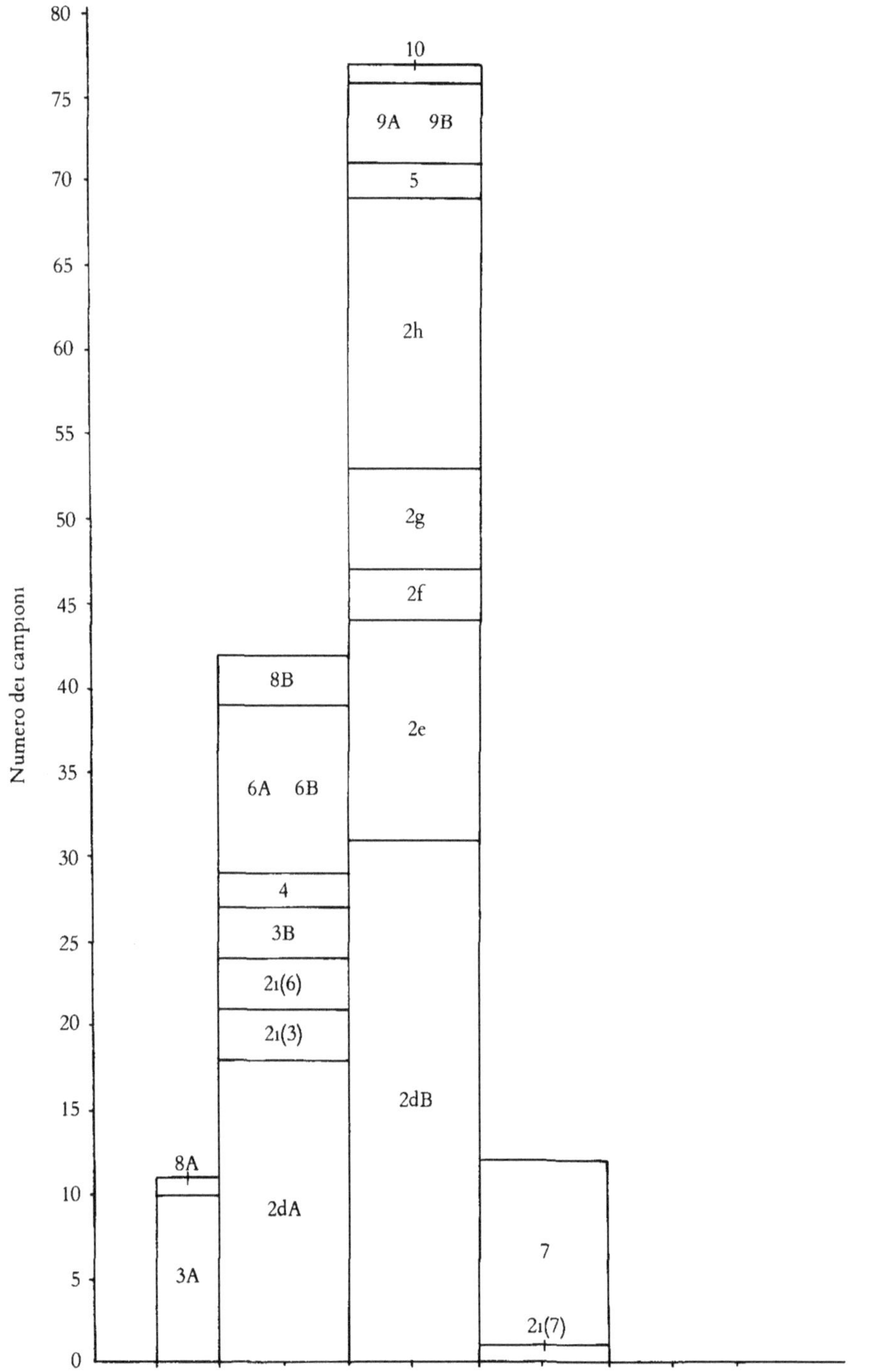

Fig. 16. Percentuale del quarzo

un grado di attendibilità abbastanza soddisfacente, tenendo tuttavia presente che l'ingrandimento microscopico qui usato (25x) ha limitato la possibilità di accertare la presenza del quarzo avente granulometria finissima e fine. I risultati del confronto sono rappresentati nella Fig. 16.

5. Caratteristiche dei Microfossili

Il quinto parametro (Figg. 17 e 18) riguarda i microfossili a guscio calcareo (ordine dei Foraminifera): i campioni di argilla prelevati nei dintorni di Morgantina (*infra*, gruppo **1**) ne sono

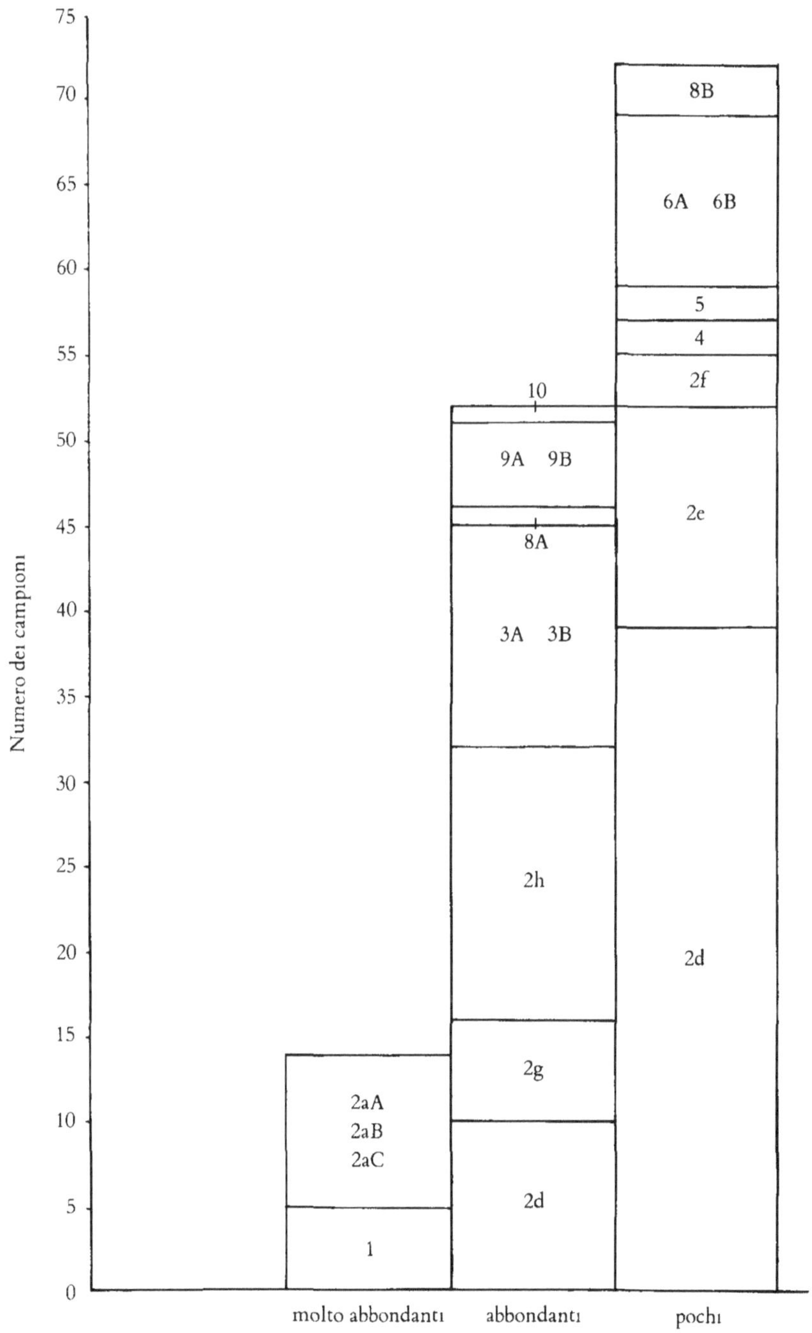

Fig. 17. Quantità dei microfossili

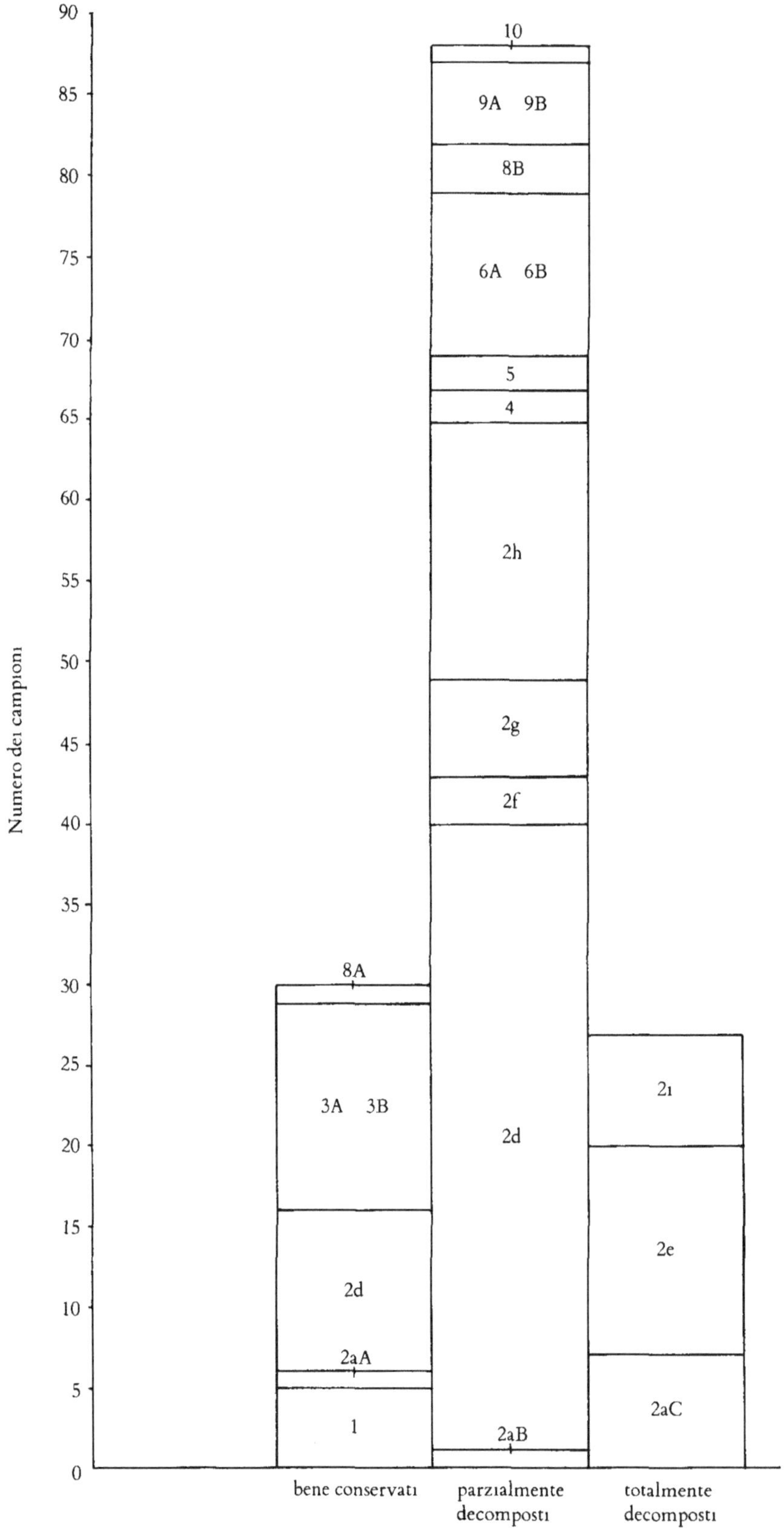

Fig. 18. Stato di conservazione dei microfossili

molto ricchi, cosicchè la minore presenza di essi nelle sezioni sottili è presumibilmente da correlare al processo di depurazione più o meno spinto subito dall'argilla, tale da eliminare gli esemplari di maggiori dimensioni. Senza alcuna pretesa di voler condurre uno studio micropaleontologico, che si auspica venga effettuato nel prossimo futuro da specialisti del campo (*supra*, Cap. III nota 63), è stato eseguito un esame preliminare, utilizzando l'ingrandimento microscopico 25x, allo scopo di accertare in prima approssimazione la quantità dei microfossili e il loro stato di conservazione.

Per quanto riguarda la quantità (Fig. 17), si nota che i microfossili sono particolarmente abbondanti nelle calcareniti e nelle argille (considerate allo stato naturale), mentre diminuiscono nei manufatti a seconda del grado di depurazione subito dall'argilla usata per modellarli. Nei 13 manufatti a vernice nera esaminati (gruppo **3**), la cottura in atmosfera prevalentemente riducente ha permesso ai microfossili di mantenere la loro forma originaria in maniera bene delineata, il che ha agevolato il conteggio degli esemplari di minori dimensioni, che altrimenti sarebbero facilmente sfuggiti alla ricerca. Una considerazione a parte va fatta per la ceramica da fuoco (gruppo **7**), nelle cui sezioni sottili i microfossili sembrano essere assenti o sono rari (ragione per cui questo gruppo non è stato incluso nelle Figg. 17 e 18). Ciò potrebbe trovare una spiegazione sia nell'accurata depurazione subita dall'argilla usata per modellare tali manufatti, sia nel fatto che il vasaio abbia aggiunto quale degrassante una sabbia quarzosa (macinata) la cui forte quantità ha diluito la presenza dei microfossili, sia negli effetti provocati dalle ripetute esposizioni al calore dei manufatti stessi durante il loro uso.

Quanto all'esame dello stato di conservazione dei microfossili a guscio calcareo (Fig. 18), esso può fornire indirettamente un'indicazione sull'intensità del calore subito dal materiale entro cui i microfossili erano inglobati, tenuto conto che il carbonato di calcio si decompone tra 800° C e 900° C. È infatti accettabile il presupposto che i microfossili che conservano la forma inalterata e relativamente integra anche nei dettagli interni testimoniano di non aver subito rilevanti effetti termici (caso dell'argilla del gruppo 1 e delle calcareniti del gruppo **2a**, raggruppamento A), oppure di avere avuto una cottura in atmosfera prevalentemente riducente (caso dei manufatti a vernice nera del gruppo **3**), oppure di non avere sostenuto ripetute esposizioni al calore (caso dei mattoni cuneiformi della Casa Pappalardo e dei mattoni da pavimento, gruppo **2d**).

Diversamente, vacuoli che hanno la forma dei microfossili, ma che sono vuoti all'interno e sono circondati da un alone carbonatico a grana molto fine, indicano che essi sono l'impronta residua dei microfossili originari, i quali hanno subito una dissociazione più o meno completa a seconda della maggiore o minore vicinanza alla fonte del calore, dell'intensità di questo e dell'aver subito più volte l'azione del fuoco (caso della maggioranza dei campioni esaminati).

Alla totale decomposizione sono giunti i microfossili contenuti nelle calcareniti all'interno delle fornaci n. 1 e n. 10 (gruppo **2a**, raggruppamento C), negli ipercotti (gruppo **2i**) e in alcuni frammenti di tegolame usati come rivestimento interno delle fornaci (gruppo **2e**).

A conclusione dei brevi commenti sopra esposti, va ricordato che essi sono una sintesi dei risultati ottenuti dalle varie analisi eseguite, mentre per i dettagli si rimanda alla descrizione delle analisi eseguite per ogni classe di materiali, qui di seguito presentate.

Per quanto superfluo, va pure ricordato che l'intento della presente ricerca è stato quello di verificare mediante la microscopia ottica la validità dell'esame macroscopico e di accertare nella maniera più approfondita possibile le caratteristiche dei manufatti esaminati, creando con ciò la necessaria premessa per ulteriori ricerche che potranno essere condotte in futuro mediante altre tecniche di laboratorio.[11]

Legenda

La ricerca illustrata nella presente Appendice attiene al campo archeologico e pertanto si è ritenuto opportuno restringere il più possibile le descrizioni tecniche ed evitare termini estremamente specialistici, non consueti nell'ambito dell'archeologia. Per alcuni termini tecnici usati nel testo, viene qui brevemente illustrato il significato loro attribuito.

CARBONATI FINEMENTE DIFFUSI: conferiscono alla sezione sottile un sottofondo iridescente che costituisce una caratteristica comune dei reperti qui esaminati, legata al fatto che essi sono stati sepolti per molti secoli nel sottosuolo di Morgantina, formato da rocce carbonatiche (calcareniti). Durante l'interramento le acque sotterranee, ricche di sali in soluzione, si sono ripetutamente infiltrate nei reperti, depositandovi parte dei sali e dando così luogo alla formazione di calcite a grana finissima.

Occorre però ricordare che le argille di Morgantina sono esse stesse di tipo calcareo: la cottura subita dai manufatti non sempre ha provocato la completa dissociazione dei carbonati contenuti nell'argilla usata per modellarli, e comunque possono essere intervenuti successivamente dei fenomeni di ricarbonatazione.

Queste due considerazioni debbono essere tenute presenti allorchè si esegue l'esame delle sezioni sottili al microscopio da mineralogia a nicol incrociati (NX). Infatti, essendo fortemente birifrangenti, i carbonati finemente diffusi creano una sorta di sottofondo iridescente, e in linea generale non è possibile accertare quando esso sia dovuto a carbonati primari e quando a effetti di ricarbonatazione avvenuta durante il periodo di sepoltura. Pertanto la presenza del sottofondo iridescente è stata segnalata soltanto nei casi in cui gli effetti della birifrangenza erano particolarmente evidenti.

CORPO CERAMICO: termine generico usato per indicare l'argilla che ha subito una cottura; comprende tanto la massa di fondo quanto il degrassante.

DEGRASSANTE "NATURALE": è composto essenzialmente da quarzo (ossido di silicio o silice), nonchè da altri minerali, soprattutto carbonati, feldspati, miche e ossidi di ferro; talvolta sono presenti frammenti di rocce e microfossili. Il degrassante è sempre presente nelle argille da vasaio di cui

[11] Presso il Dip. di Scienze della Terra dell'Università degli Studi di Milano, grazie alla cortese collaborazione della Dott.ssa Bona Bianchi Potenza sono state utilizzate in via preliminare altre tecniche di analisi, quali l'analisi modale e la separazione di fasi mineralogiche con metodi gravitativi. I risultati ottenuti non hanno portato ad una maggiore discriminazione rispetto alle tecniche fondamentali illustrate nel presente lavoro. Tali metodi sono stati pertanto accantonati, in attesa di ulteriori ricerche finalizzate a temi specifici concernenti le ceramiche di Morgantina.

costituisce uno dei componenti più importanti; può anche essere aggiunto intenzionalmente dal vasaio, di solito sotto forma di sabbia quarzifera prelevata dalla riva dei corsi d'acqua, nell'intento di correggere argille eccessivamente plastiche oppure per renderle più refrattarie. Quando non specificato altrimenti, per "degrassante" si intende il quarzo, nelle sue diverse granulometrie.

DEGRASSANTE "ARTIFICIALE" (talvolta chiamato "aggiunto," senza altra specificazione): di regola è composto da chamotte, ossia da terracotta macinata fine; si presenta sotto forma di glomeruli dal colore rosso-bruno più o meno intenso e dalle dimensioni irregolari, più o meno fini a seconda del grado della macinazione eseguita dal vasaio. Utilizzata prevalentemente nella modellazione dei laterizi e dei grossi contenitori, la chamotte svolge la sua funzione principale nel limitare il ritiro dell'impasto argilloso crudo, nel diminuire sia il rischio di fessurazioni del manufatto durante l'essiccamento sia il tempo necessario per l'essiccamento stesso, e nel facilitare la cottura, avendo essa un coefficiente di dilatazione termica simile a quello dell'argilla cui viene aggiunta. Per convenzione la chamotte viene denominata degrassante "artificiale" in quanto, non appartenendo all'argilla per via naturale, dimostra con la sua presenza che il vasaio ha volutamente apportato delle modifiche all'argilla che aveva a disposizione.

Nel caso specifico dei manufatti di Morgantina, anche la sabbia vulcanica presente in alcuni di essi viene denominata "degrassante artificiale" in quanto è anch'essa frutto di un'aggiunta intenzionale da parte del vasaio.

FORMA DEL DEGRASSANTE: nei manufatti qui esaminati la forma del degrassante quarzoso è risultata essere prevalentemente da sub-angolosa a sub-rotonda.[12] Pertanto tale indicazione è stata omessa nella descrizione dei campioni esaminati, salvo nei casi in cui si è ritenuto opportuno sottolineare questo particolare aspetto.

GRANULOMETRIA: indica le dimensioni dei granuli di degrassante presenti nel corpo ceramico, riferendosi a un diametro medio, ed è qui indicata entro i seguenti valori limite:

degrassante finissimo: inferiore a micron 50
degrassante fine: tra micron 50 e micron 150
degrassante medio-fine: tra micron 150 e micron 300
degrassante medio: tra micron 300 e micron 600
degrassante medio-grossolano: tra micron 600 e micron 1000
degrassante grossolano: superiore a mm 1

Nel presente studio è stata accertata la granulometria della frazione maggiore del quarzo, in quanto ritenuta la più rappresentativa per caratterizzare il manufatto ceramico. Per frazione maggiore si intende la frazione che raggruppa i granuli di maggiore diametro sempreché siano presenti

[12] La tabella comparativa che indica il grado di maggiore o minore rotondità dei granuli minerali è di regola riportata nei manuali di mineralogia, tra i quali ricordiamo: F. J. PETTIJOHN - P. E. POTTER - R. SIEVER, *Sand and Sandstone* (Berlin 1972, 2 ediz. New York 1987) p. 521, fig. A-2, redrawn from M. C. POWERS, A New Roundness Scale for Sedimentary Particles, in *Journal of Sedimentary Petrology* 23 (1953) p. 118, fig. 1; A. E. ADAMS - W. S. MACKENZIE - C. GUILFORD, *Atlas of Sedimentary Rocks under the Microscope* (Harlow 1984) p. 3 fig. A.

in quantità significativa, ma che esclude i granuli di diametro massimo. Per fare un esempio, in un campione ove il degrassante sia stato definito di granulometria medio-fine, la frazione maggiore del quarzo è quella che comprende i granuli tra micron 150 e micron 300.

Massa di Fondo: indica i composti del corpo ceramico derivati dalla cottura e dalle trasformazioni dei minerali argillosi, componenti primari dell'argilla con cui è stato modellato il manufatto. La microscopia ottica non permette di individuare specificamente i singoli componenti a causa della loro estrema finezza (dell'ordine di alcuni micron), per cui è possibile soltanto specificare se la massa di fondo è più o meno aggregata, il che dipende sia dal tipo dei minerali argillosi che componevano l'argilla originaria, sia dalla temperatura e dalle modalità della cottura subita dal manufatto.

Microstruttura: indica l'aspetto generale del corpo ceramico e il tipo di rapporto esistente tra i suoi vari componenti, come si osserva al microscopio da mineralogia.

Minerali Opachi: minerali non trasparenti alla luce neanche in sezione sottile (il cui spessore si aggira intorno a micron 30). Si tratta di regola di minerali di ferro comunemente presenti nelle rocce sedimentarie i quali, quando sottoposti a cottura, possono trasformarsi in ematite e in magnetite. L'esame in sezione sottile non permette di accertare di quale minerale si tratti. Essendo i minerali opachi presenti in quasi tutti i campioni esaminati, si è ritenuto opportuno segnalarne la presenza soltanto in casi particolari.

Ocre (Glomeruli Ocracei): indicano i composti derivati dalla cottura degli originari aggregati di ossidi e idrossidi di ferro legati dai minerali delle argille. Hanno colore rosso-bruno, granulometria grossolana e all'osservazione microscopica (ingrandimenti 25x e 100x) risultano contenere granuli fini di quarzo. Queste due ultime caratteristiche (dimensioni maggiori e presenza di quarzo all'interno del glomerulo) contraddistinguono le ocre, per cui si è ritenuto opportuno differenziarle dagli ossidi di ferro indicati nel paragrafo successivo.

Ossidi di Ferro: indicano i composti derivati dalla cottura degli originari ossidi e idrossidi di ferro, e possono essere finemente diffusi, nel qual caso danno alla massa di fondo una colorazione rosso-bruna più o meno intensa a seconda della quantità degli ossidi, del loro grado di finezza e della temperatura di cottura subita dal manufatto. Gli ossidi di ferro possono anche costituire degli aggregati, di colore rosso-bruno, aventi granulometria fine, che all'osservazione microscopica condotta con ingrandimenti 25x e 100x non risultano contenere granuli di quarzo.

Sabbia: questo termine viene qui usato nel suo aspetto granulometrico nel senso che la maggioranza dei granuli hanno dimensioni comprese tra i due valori limite di micron 62 e mm 2. A seconda dei casi, nel testo è specificato se si tratta di sabbia quarzifera (che è la più comune e che viene sottintesa, quando non altrimenti specificato), oppure sabbia calcarea, sabbia calcareo-silicatica, sabbia vulcanica.

Gruppo 1: Argille

Indagini Tecniche

In base alle prospezioni geologiche che erano state condotte a Morgantina negli anni '50,[13] sono stati prelevati 4 campioni di argilla dalle seguenti località:

Campione n. 1 è stato prelevato nelle vicinanze dell'agorà sul versante meridionale del pianoro, in località oggi denominata contrada Mirenda. Qui, presso una piccola fonte che sgorga dal fianco del pianoro, l'argilla affiora in superficie in tratti limitati e frammisti ai banchi di arenaria, per cui contiene una percentuale molto alta di sabbia quarzifera.

Campioni nn. 2 e 3 sono stati prelevati nella vallata che si estende a sud ai piedi del pianoro di Morgantina, a una distanza di circa km 2, in località oggi denominata contrada Fondacaccio, ove l'argilla si trova immediatamente sotto lo strato di terreno agricolo. Sono state eseguite due campionature, contrassegnate rispettivamente con il n. 2 e il n. 3, in due differenti punti della contrada distanti tra loro un centinaio di metri circa.

Campione n. 4 è stato prelevato alle pendici della Cittadella, la collina che si eleva a poca distanza dal pianoro, in un tratto ove i banchi di argilla sono stati portati allo scoperto dal taglio verticale praticato nella collina per la costruzione della strada moderna.[14]

Tutti e quattro i campioni sono stati prelevati utilizzando una comune zappa, scegliendo le zolle il più possibile compatte e prive di radici vegetali e altri materiali estranei. I campioni sono stati sottoposti a differenti esami tecnici con i risultati qui di seguito indicati:

Colorazione (Munsell Book of Color)	*in crudo*	*in cotto*
campione n. 1 (contrada Mirenda)	2.5Y 6/4	2.5YR 5/10
campione n. 2 (contrada Fondacaccio)	10YR 6/4	7.5YR 6/6
campione n. 3 (contrada Fondacaccio)	2.5Y 7/4	2.5YR 5/10
campione n. 4 (Cittadella)	10YR 6/1	10YR 6/8

Plasticità:[15]

campione n. 1: plasticità da scarsa a sufficiente
campione n. 2: plasticità buona
campione n. 3: plasticità ottima
campione n. 4: plasticità media

[13] Judson ms. 1959, pp. 4-6. Per il distretto minerario di Catania, si veda: Alaimo et al. 1974, pp. 267-282.

Ringrazio la signora Rina Drago e il sig. Filippo Dalù per l'aiuto gentilmente datomi nel prelevare la campionatura delle argille.

[14] Alle pendici della Cittadella, nel luogo dove è stato fatto il prelievo dell'argilla, si trovano i resti di alcune fornaci rotonde, oggi non più in uso, che hanno funzionato per la produzione dei laterizi sino alla seconda guerra mondiale. Altre fornaci, ormai ridotte a ruderi, si trovano in altre contrade situate nel raggio di alcuni km da Morgantina. Oggi, l'argilla del posto non trova più un impiego produttivo, mentre sino alla metà circa di questo secolo era fiorente la produzione sia di laterizi (mattoni, coppi per tetti, condotti idrici, etc.), sia di ceramica domestica (brocche da acqua, orci, etc.), che dava lavoro a numerosi artigiani. Cfr. *supra*, Cap. II nota 54.

[15] La plasticità é stata calcolata in base alla quantità di acqua assorbita per unità di peso. Shepard 1956, pp. 14-16 e pp. 148-153; Emiliani 1971, pp. 226-232; Emiliani 1982, pp. 49-52 e pp. 418-419; Rice 1987, pp. 58-63.

Contrazione totale di volume:[16]
campione n. 1: ritiro medio (tra 5 e 10%)
campione n. 2: ritiro forte (maggiore del 10%)
campione n. 3: ritiro medio (tra 5 e 10%)
campione n. 4: ritiro medio (tra 5 e 10%)

ANALISI MINERALOGICHE

SS nn. A-1, A-2, A-3, A-4, A-5

Le argille prelevate dalle località sopra indicate sono state sottoposte ad analisi mineralogiche, con i seguenti risultati.

A-1, A-2, A-3, A-4: il degrassante più comune e in percentuale più elevata è il quarzo, con granulometria relativamente uniforme, da finissima a media. Presenti in subordine sono i feldspati, sia plagioclasi sia K-feldspati. Presenza di miche, sia muscovite sia biotite, in lamine molto fini, e di numerose ocre con inclusi granuli di quarzo. Si notano numerosi microfossili (ordine dei foraminifera) con gusci e scheletri formati da carbonati microcristallini.

La composizione mineralogica delle quattro argille esaminate è molto simile, e la presenza di microfossili dello stesso tipo sottolinea la comune provenienza da un bacino sedimentario di età pliocenica. Sebbene l'esame limitato a soli quattro campioni fornisca delle indicazioni puramente di massima, esso conferma i dati resi noti dalle indagini geologiche (JUDSON ms. 1959; *supra*, Cap. I nota 8 e Cap. III note 51–53). Le rocce argillose della zona sono ricche di carbonati e di minerali delle sabbie, con presenza più o meno accentuata di minerali argillosi; abbondano i minerali comuni mentre mancano i minerali fortemente caratterizzanti.

Per la lavorazione di manufatti grossolani, le argille nn. 2 e 3 potrebbero essere utilizzate tal quali, le argille n. 1 e 4 dopo una depurazione più o meno accurata. Per la lavorazione di manufatti fini, soltanto le argille nn. 2 e 3 hanno un grado di plasticità sufficiente per essere modellate al tornio, dopo un'appropriata depurazione.

L'analisi per diffrazione di raggi X ha confermato la presenza di abbondanti minerali delle sabbie (quarzo, feldspato potassico, feldspati sodico-calcici, calcite), con una frazione argillosa costituita da illite e da caolinite in quantità praticamente equivalenti.

A-5: si riferisce a un campione di argilla prelevato a Piazza Armerina, cittadina distante circa km 15 da Morgantina, in una zona dove nel 1985 fervevano i lavori per la costruzione della strada tangenziale. Il campione venne prelevato da una massa di argilla portata in superficie dalla macchina scavatrice in occasione di uno scavo condotto a una profondità di circa 8 metri. L'includere questo campione nelle analisi riservate ai materiali di Morgantina è stato dettato dall'intento di accertare se e quanto la lontananza da una specifica zona (circa km 15) e la profondità (circa m 8) possano influire sulla composizione dell'argilla.

[16] SHEPARD 1956, p. 18 e p. 23; EMILIANI 1971, pp. 242–244; EMILIANI 1982, p. 53 e pp. 421–425; ALIPRANDI 1975, I, pp. 617–633; RICE 1987, pp. 63–71.

L'analisi petrografica ha rilevato una forte presenza di quarzo, con granulometria poco uniforme, anche grossolana. Scarseggiano i carbonati e molto scarsi sono i minerali argillosi, il che rende questa argilla non adatta alla modellazione ceramica. L'analisi per diffrazione di raggi X ha messo in evidenza la prevalenza del quarzo rispetto agli altri minerali (calcite e feldspati). Sono presenti sia illite sia caolinite, in quantità più ridotte rispetto ai precedenti campioni. La presenza di una componente sabbiosa prevalente conferma i risultati dell'analisi per attivazione neutronica (App. 2, campione X-6), che ha accertato la diluizione di determinati elementi chimici provocata appunto dalla notevole quantità di quarzo.

Gruppo **2**: Fornaci

SS nn. da F-1 a F-112

Questo gruppo, molto vasto, comprende differenti materiali collegati direttamente o indirettamente alle fornaci, dalle roccia calcarenitica in cui esse sono state scavate ai materiali da costruzione (mattoni, etc.), e comprende altresì alcuni manufatti che si avvicinano ai laterizi per la composizione grossolana e per la modellazione di scarso pregio. All'interno del gruppo sono state eseguite delle suddivisioni in sottogruppi, ognuno dei quali viene qui di seguito descritto.

Gruppo **2a**: Calcareniti

SS nn. F-2, F-7, F-8, F-9, F-10, F-11, F-12, F-13, F-36

Sono rocce calcaree detritiche assai comuni, più o meno ricche in quarzo e feldspati, a cemento carbonatico. La grana sia dei granuli calcarei che di quelli quarzoso-feldspatici varia da fine a grossolana. Comuni sono i microfossili e i frammenti di macrofossili (*supra*, Cap. II, p. 53).

Le nove sezioni sottili qui esaminate mostrano le varie *facies* della roccia, in quanto alcune mostrano prevalente la componente calcarea, altre quella quarzosa-feldspatica. Tutte presentano minerali opachi e miche in lamine fini; la birifrangenza della massa di fondo è elevata. In particolare si nota che: F-2, F-7, F-8, F-9, F-10, F-11, F-12, F-13 passano da un calcare quasi puro (F-2) a calcarenite quarzosa (F-7 e F-8), con aree di transizione (F-9); F-9, F-11, F-12 sono molto simili tra loro e presentano sia zone prevalentemente calcaree sia zone prevalentemente quarzose, a diretto contatto e nettamente distinte; F-7 e F-8 sono molto simili a F-9, F-11 e F-12, sebbene le zone quarzose diventino predominanti. Presenza di fini minerali neri opachi, uniformemente diffusi.

L'esame delle sezioni sottili F-2, F-9, F-10, F-11, F-12, F-13 ha confermato che la piattaforma situata al centro della camera di combustione della fornace n. 10 (*supra*, Cap. I, p. 37 e Cap. II, pp. 57–59) è formata da calcareniti, e che ha composizione mineralogica analoga a quella del materiale calcinato biancastro, dall'aspetto simile alla calce, che ricopre il pavimento della camera di combustione della fornace n. 1 nel Granaio Est (F-7, F-8).

Nel corso dell'indagine è stato preso in esame il grado di ossidazione presentato dai campioni, ossia gli effetti termici provocati dall'esposizione più o meno vicina a una fonte di calore. Il grado di ossidazione è rivelato dalla colorazione, che nel caso specifico va dalle tonalità giallo tenue (nessun effetto termico), alle tonalità giallo-rosato (effetti termici deboli), alle tonalità dal grigio al verde-giallo molto chiaro (effetti termici intensi), tendendo verso il bianco via via che il calore è stato più intenso e continuo (Fig. 9:a). Inoltre, sempre per accertare quali zone siano state colpite dal calore con maggiore intensità, attenzione è pure stata rivolta ai microfossili a guscio calcareo, e precisamente al grado di decomposizione da essi presentato (*supra*, pp. 140–142 e Fig. 18). A tali effetti sono stati ottenuti i seguenti raggruppamenti:

Raggruppamento A (colore a l.n. giallo tenue, Munsell 2.5Y 8.5/2)

F-36: non mostra alcun effetto termico. La calcarenite è nelle condizioni originarie e include molti microfossili dalle forme nette e dai contorni chiaramente distinguibili anche nei dettagli interni.

Raggruppamento B (colore a l.n. giallo-rosato, Munsell 10YR 7/6)

F-10: il colore rosato denota un lieve grado di ossidazione. Presenza di microfossili che hanno subito una decomposizione parziale.

Raggruppamento C (colore a l.n. dal grigio al verde-giallo molto chiaro, Munsell da 2.5Y 8/4 a 7.5Y 8.5/2)

F-2, F-7, F-8, F-9, F-11, F-12, F-13: le colorazioni chiare hanno tonalità che indicano un forte grado di ossidazione. Presenza di microfossili fortemente decomposti; di alcuni di essi è rimasto soltanto il contorno, costituito da calcite a grana finissima.

L'indagine indica una diversa gradualità negli effetti termici: il campione F-36 prelevato dalla parete del fossato nord della fornace n. 10, in un punto lontano dal fuoco, conferma con la sua interezza di non aver subito l'azione del calore. Il campione F-10, prelevato all'interno della piattaforma della fornace n. 10, a una profondità di circa cm 10, indica di aver subito un calore moderato, essendo stato protetto dal fuoco dalla parte superiore della piattaforma stessa. F-2, F-9, F-11, F-12, F-13, prelevati dalla superficie della piattaforma stessa, denunciano di avere subito l'attacco violento e ripetuto delle fiamme, analogamente a quanto avvenuto per i campioni F-7 e F-8 provenienti dal pavimento della camera di combustione della fornace n. 1.

Gruppo **2b**: Malta

SS nn. F-4, F-5, F-6, F-35

Nelle fornaci descritte nel presente lavoro si nota un largo impiego di malta usata quale legante tra i mattoni delle fornaci e tra i frammenti di tegolame utilizzati per rivestirne le pareti interne (*supra*, Cap. II nota 69), il che ha indotto ad esaminare al microscopio da mineralogia alcuni campioni di malta prelevati dalle fornaci nn. 1 e 10.

F-4, F-5, F-6, F-35 (colore a l.n. giallo-rosso bruno, Munsell da 2.5Y 8.5/2 a 5YR 6/6) presentano una massa di fondo non aggregata, con zonature chiare e scure, ricca di degrassante composto prevalentemente da quarzo angoloso. Presenza di feldspati, di miche e di numerosi glomeruli ocracei. Si notano minerali neri opachi fini che richiamano quelli presenti nelle sezioni sottili delle calcareniti (gruppo **2a**, F-7, F-8, F-9).

L'indagine indica che si tratta di malta quarzoso-carbonatica, ossia di abbondante quarzo mescolato a calce, con scarsa presenza di minerali argillosi, come confermato dalla diffrazione di raggi X. Le zonature chiare e scure denotano insufficiente opera di impastatura e di amalgamazione, dal che si deduce che il vasaio non si è preoccupato di curare la preparazione dell'impasto nè di renderlo omogeneo. La composizione e la mancanza di uniformità spiegano perchè l'analisi per attivazione neutronica abbia escluso questo materiale dal *cluster* che rappresenta il *fingerprinting* dei manufatti di Morgantina (App. 2, NAA campione 6/2).

Per quanto riguarda le materie prime usate per preparare la malta, si può supporre che i costruttori delle fornaci abbiano utilizzato l'argilla locale aggiungendovi una buona quantità di sabbia, forse ottenuta dalle calcareniti tanto abbondanti in loco, e della calce. Poichè l'analisi petrografica rileva che la malta è ricca di sostanze carbonatiche, si potrebbe avanzare l'ipotesi che i costruttori abbiano ottenuto la calce sottoponendo a calcinazione le calcareniti locali, sfruttando così la roccia naturale come fonte di approvvigionamento sia del materiale inerte (sabbia) sia del legante calcareo. Questa ipotesi è valida soltanto a condizione che si presuma fossero selezionate le parti calcaree compatte, ossia quelle parti di roccia dotate di tale consistenza da poter essere utilizzate, ad esempio, come materiale da costruzione. Ridotte in pezzatura appropriata, siffatte rocce potevano essere cotte dentro una fornace da calce, o quantomeno in una maniera idonea, con vigoroso afflusso d'aria, onde trasformarsi in calce, seppure di qualità scadente. In caso contrario, se fossero state prese la parti poco coerenti delle calcareniti, esse non avrebbero potuto subire una cottura in quanto, sbriciolandosi in sabbia al salire della temperatura, avrebbero soffocato il fuoco che le doveva calcinare (*supra*, Cap. II, pp. 53–54).

Prove sperimentali sulla composizione della malta

Per condurre un'ulteriore verifica sulla composizione della malta si è ritenuto opportuno sottoporne un campione ad attacchi chimici e confrontarne la risposta con quella data da materiali di composizione nota. Il campione (qui denominato A) è stato prelevato dalla fornace n. 10, e precisamente dalla malta che unisce i mattoni della camera di combustione. Quali materiali di confronto sono stati effettuati due prelievi sempre nella fornace n. 10, e precisamente il campione B è stato prelevato dalle calcareniti che formano la parete del tratto nord del fossato, il campione C dalla piattaforma che si trova al centro della camera di combustione.

I tre campioni sono stati sottoposti ad attacchi a freddo con HCl diluito (5%). Dopo un intervallo di 24 ore sono state controllate le condizioni di conservazione:

Campione A: ha conservato la sua forma originaria (scheletro siliceo) pur diventando estremamente poroso per la perdita della parte carbonatica.

Campioni B e C: i campioni sono collassati e sono rimasti soltanto i minerali silicatici, soprattutto quarzo sotto forma di sabbia fine, mentre tutta la parte carbonatica si è completamente dissociata.

I risultati dell'esperimento hanno confermato che la malta (campione A) è stata ricavata da un impasto argilloso ricco di quarzo e di carbonati che si era consolidato per effetto del forte calore subito durante il periodo di attivitá della fornace. Gli altri due campioni, B e C, formati da calcareniti, nel subire una dissociazione pressochè completa hanno confermato la natura prevalentemente calcarea della roccia.

Indirettamente, l'esperimento condotto sul campione C ha fornito un ulteriore riscontro sulla composizione della piattaforma sita al centro della camera di combustione della fornace n. 10, confermando che si tratta di un corpo di roccia calcarenitica naturale (*supra*, Cap. I, p. 37 e Cap. II, pp. 57–59).

GRUPPO **2c**: INTONACO INTERNO DELLE FORNACI

SS n. F-79

È stato esaminato un campione di intonaco (*supra*, Cap. II, pp. 54–55) prelevato dall'intercapedine attigua al prefurnio nord della fornace n. 10. La sezione sottile (colore a l.n. giallo-grigio molto chiaro, Munsell 2.5Y 8.5/2) ha rivelato una composizione molto simile a quella della malta di cui al gruppo **2b**, però caratterizzata dalla presenza di piccole masse vetrose: l'azione del fuoco è stata talmente violenta da provocare la fusione e la formazione di vetro che è rimasto inglobato nell'intonaco.

GRUPPO **2d**: MATTONI

SS nn. F-1, F-3, F-14, F-15, F-16, F-21, F-23, F-31, F-34, F-37, F-38, F-39, F-40, F-41, F-42, F-43, F-44, F-45, F-46, F-47, F-48, F-49, F-50, F-51, F-52, F-53, F-54, F-55, F-72, F-73, F-74, F-75, F-76, F-77, F-78, F-96, F-97, F-98, F-99, F-100, F-102, F-103, F-104, F-105, F-106, F-107, F-108, F-109, F-110

Tavv. 50:a, 50:b

Il numero elevato di laterizi analizzati, 49, sottolinea la varietà dei problemi sollevati dalle fornaci di Morgantina.

Fornace n. 10 (per un totale di 31 campioni)

N. 31 campioni sono stati prelevati dalla fornace n. 10. Come già indicato in precedenza (*supra*, Cap. I, pp. 35–36), gli archi che compongono i due prefurni contrapposti sono formati da laterizi cuneiformi aventi differenti caratteristiche: 21 mattoni dell'arco del prefurnio nord (Tavv. 24:b, 25:a) e 14 mattoni centrali dell'arco del prefurnio sud (Tav. 26:a) misurano in altezza cm 24 e sono privi di chamotte, formando una serie omogenea che è stata denominata "raggruppamento A." Al contrario, 8 mattoni laterali dell'arco del prefurnio sud (4 posti su ciascuna delle due parti terminali dell'arco) misurano in altezza cm 32 e sono ricchi di chamotte, formando un insieme denominato "raggruppamento B" (Tav. 26:a). La qualità selezionata dei mattoni cuneiformi del raggruppamento A aveva fatto nascere l'ipotesi che essi fossero stati importati a Morgantina espressamente per la costruzione della fornace n. 10, e allo scopo di verificare la fondatezza di tale ipotesi sono stati analizzati 17 laterizi cuneiformi, dei quali 7 dall'arco nord e 10 dall'arco sud (precisamente 4 di altezza cm 24 e 6 di altezza cm 32).

Per fare un confronto, sono stati inoltre prelevati 12 campioni dai mattoni quadrangolari che formano i piedritti degli archi dei prefurni e le pareti della camera di combustione, partendo dal presupposto che essi siano stati modellati in loco, e ciò sia perchè sono mattoni di fattura molto semplice che non richiede particolari abilità, sia perchè il numero totale dei mattoni che formavano l'interno della fornace era così elevato da rendere poco credibile, nella situazione specifica, l'ipotesi di un'importazione.

Altri due campioni sono stati prelevati dai mattoni che ricoprono i fianchi della piattaforma: alcuni di essi sembrano essere cuneiformi, per quanto è dato rilevare dal loro stato frammentario, e sembrano richiamare i laterizi degli archi dei prefurni, per cui si è ritenuto opportuno analizzarli onde verificare eventuali analogie con la composizione mineralogica di questi ultimi.

I risultati delle analisi mineralogiche hanno confermato la correttezza della suddivisione nei due raggruppamenti A e B dei mattoni cuneiformi aventi rispettivamente altezza cm 24 e cm 32, e hanno permesso di attribuire al raggruppamento B i 12 mattoni prelevati dai piedritti degli archi dei prefurni e dalle pareti della camera di combustione. L'analisi ha altresì consentito di accertare che dei due mattoni prelevati dai fianchi della piattaforma un mattone è da attribuire al raggruppamento A, l'altro al raggruppamento B. Pertanto, i due raggruppamenti risultano così composti:

RAGGRUPPAMENTO A (per un totale di 12 campioni): prefurnio nord, mattoni cuneiformi alt. cm 24: F-31 (Tav. 50:a), F-37, F-38, F-39, F-40, F-41, F-110; prefurnio sud, mattoni cuneiformi centrali alt. cm 24: F-16, F-42, F-46, F-107; fianchi della piattaforma: F-15.

Massa di fondo aggregata e ben lavorata, degrassante quasi uniforme, composto prevalentemente da quarzo medio-fine. Presenza di plagioclasi e miche fini. Scarsi microfossili.

RAGGRUPPAMENTO B (per un totale di 19 campioni): prefurnio sud, mattoni cuneiformi laterali cm 32: F-43, F-44, F-45, F-47, F-108, F-109; camera di combustione, mattoni quadrangolari: F-3, F-48, F-49 (Tav. 50:b), F-50, F-51, F-52, F-53, F-54, F-55, F-98, F-105, F-106; fianchi della piattaforma: F-14.

Massa di fondo poco aggregata, con zonature chiare/scure. Degrassante assolutamente non uniforme composto da quarzo abbondante, di granulometria media, e da chamotte in granuli irregolari contornati da bordo di distacco, di granulometria molto grossolana che spesso supera mm 2. Presenza di feldspati, sia plagioclasi sia K-feldspati. Di regola, forte presenza di miche, sia muscovite sia biotite, in sottili lamine. Microfossili e resti di macrofossili più o meno decomposti.

Le diversità riscontrate nei due raggruppamenti sono di tipo tecnologico piuttosto che di tipo mineralogico. Infatti, in tutti e due i raggruppamenti abbondano minerali comuni (quarzo, feldspati, miche) e sono assenti i minerali considerati caratterizzanti. Al contrario, dal punto di vista tecnologico le differenze sono notevoli: nel raggruppamento A la massa di fondo è aggregata e il degrassante è abbastanza uniforme, mentre nel raggruppamento B la presenza di grossi e irregolari granuli di chamotte rende la massa di fondo ancora meno omogenea e meno aggregata (per la chamotte si veda Cap. I nota 47). Quindi, pur considerando la grossolanità intrinseca del materiale in questione, si potrebbero presumere due diversi centri di produzione, o comunque due differenti officine e due diversi livelli di abilità professionale.

La composizione mineralogica di tutti i laterizi esaminati si accorda con i dati emersi dall'analisi delle argille (A-1, A-2, A-3, A-4). Ciò induce a presumere che i mattoni del raggruppamento B siano stati prodotti a Morgantina, e che i laterizi cuneiformi del raggruppamento A siano stati prodotti nelle vicinanze, o comunque in un'area geograficamente abbastanza ristretta (non definibile al momento per mancanza di elementi più precisi), ove i vasai utilizzavano argille plioceniche aventi composizione mineralogica simile a quella delle argille di Morgantina.

Ulteriore conferma all'ipotesi di due distinti centri di produzione è stata data dall'analisi per attivazione neutronica (App. 2). È stato rilevato infatti che due campioni prelevati rispettivamente da un mattone della parete della camera di combustione (NAA campione 6/1) e da un mattone cuneiforme avente altezza cm 32 (NAA campione 6/6) rientrano nel *cluster* in cui si aggrega la produzione di Morgantina, mentre quattro campioni prelevati dai mattoni cuneiformi del raggruppamento A hanno differenti concentrazioni di determinati elementi chimici, il che ha portato ad escluderli dal *cluster* di Morgantina e a ritenerli *outsiders* (NAA campioni nn. 6/3, 6/4, 6/5, 6/7).

Mattoni da altre fornaci (per un totale di 8 campioni)

Otto campioni sono stati prelevati da mattoni quadrangolari di altre fornaci allo scopo di poter effettuare opportuni confronti. Di essi, 6 provengono dalle fornaci nn. 2, 4, 7, 8 e 9, mentre 2 campioni provengono da mattoni erratici.

Fornace n. 2: F-99
Fornace n. 4: F-21, F-23
Fornace n. 7: F-100
Fornace n. 8: F-96
Fornace n. 9: F-97
Mattoni erratici: F-1, F-34

La composizione mineralogica è analoga a quella dei campioni del raggruppamento B della fornace n. 10, come è stato confermato dall'analisi per attivazione neutronica (App. 2, NAA campioni 4, 9, 10/4, 10/5).

Laterizi cuneiformi dagli archi della Casa Pappalardo (per un totale di 6 campioni)
F-73, F-74, F-75, F-76, F-77, F-78

Sei campioni provengono dagli archi di scarico della Casa Pappalardo sulla Collina Ovest (Tav. 36:a). I mattoni cuneiformi misurano in altezza cm 24-25, in lunghezza cm 50-51, e non contengono chamotte. Si ritiene che la costruzione degli archi sia avvenuta in seguito alle trasformazioni subite dalla casa in epoca romana e che essi possano appartenere allo stesso ambito cronologico della fornace n. 10 (*supra*, Cap. I note 37, 38 e 48).

La composizione mineralogica è analoga a quella descritta sopra per i mattoni cuneiformi del raggruppamento A; la principale differenza consiste nell'aspetto dei microfossili che qui si presentano ben conservati.

Mattoni da pavimento di vari edifici (per un totale di 4 campioni)
F-72, F-102, F-103, F-104

Quattro campioni sono stati prelevati dai mattoni del pavimento di differenti edifici. (Per le dimensioni dei mattoni rinvenuti a Morgantina, cfr. *supra*, Cap. III nota 4). Si riscontra una composizione simile a quella dei mattoni che costituiscono il raggruppamento B.

È da aggiungere che nei 6 campioni prelevati dagli archi della Casa Pappalardo e nei 4 campioni prelevati dal pavimento di vari edifici si nota la presenza di microfossili in buone condizioni di conservazione, il che conferma che, a differenza dei laterizi prelevati dalle fornaci, questi 10 campioni non hanno subito azioni termiche ripetute.

Per quanto riguarda il colore, la grande variabilità delle tonalità cromatiche riscontrate all'interno sia del raggruppamento A che del raggruppamento B ha reso necessaria una suddivisione in tre settori: rosso-bruno (Munsell da 10R 4/10 a 2.5YR 5/10), giallo rosato (Munsell da 7.5YR 6/4 a 10YR 8/4), giallo tenue (Munsell da 5Y 8/4 a 7.5Y 8.5/2), come raffigurato nel grafico circolare di cui a Fig. 9:b.

GRUPPO **2e**: TEGOLAME INTERNO DELLE FORNACI

SS nn. F-17, F-18, F-19, F-20, F-22, F-24, F-25, F-26, F-27, F-28, F-29, F-30, F-32 (oltre a F-33 proveniente dalla Cittadella)

Poichè le fornaci di Morgantina presentano la caratteristica di avere l'interno del prefurnio e della camera di combustione rivestito con frammenti di tegolame, è sembrato opportuno condurre un'indagine mediante il prelievo di 13 campioni, e precisamente 7 dalla fornace n. 1 del Granaio Est e 6 dalle fornaci della Casa dell'Ufficiale (per la precisione, 4 campioni dalla fornace n. 4 e 2 dalla fornace n. 5).

I risultati dell'analisi sono i seguenti:

F-17, F-18, F-19, F-20, F-22, F-24, F-25, F-26, F-27, F-29, F-30: massa di fondo relativamente aggregata. Numerose piccole cavità allungate isorientate. Degrassante non uniforme composto da abbondante quarzo di granulometria media, e in alcuni campioni da chamotte in granuli grossolani che talvolta raggiungono mm 3. Feldspati spesso alterati, miche fini, microfossili decomposti. Presenza di carbonati diffusi, presumibilmente secondari.

F-28: composizione mineralogica analoga a quella descritta sopra, salvo la presenza di microfossili, decomposti, aventi grandi dimensioni.

F-32: composizione mineralogica come sopra, salvo la presenza abnorme di chamotte in granuli di dimensioni fuori del comune.

Nel complesso i 13 campioni sono abbastanza omogenei tra loro, salvo due, F-28 prelevato dalla camera di combustione della fornace n. 5, e F-32 dal prefurnio della fornace n. 1. Va tuttavia ricordato che i campioni sono stati prelevati dai frammenti di tegolame che costituiscono il rivestimento interno delle fornaci, e sebbene si tratti presumibilmente di coppi per tetti, non è stato sempre possibile accertare con sicurezza il tipo di manufatto (*supra*, Cap. II, pp. 53-54).

Colore delle sezioni sottili a l.n.: giallo-bruno rosato (Munsell da 10YR 6/6 a 2.5Y 8/4) e dal giallo-grigio al giallo-verde tenue (Munsell da 2.5Y 7/4 a 5Y 7/2) (Fig. 9:c).

Pur esulando dal contesto cronologico del presente lavoro, è stata analizzata anche una tegola databile al VI sec. a.C., proveniente dalla Cittadella, con i seguenti risultati:

*F-33**: la composizione mineralogica richiama quella di F-17 e delle altre sezioni sottili sopra indicate, ma si differenzia per la presenza di frammenti di roccia basaltica alterata, di granulometria irregolare e molto grossolana che arriva a circa mm 3. I risultati dell'analisi microscopica concordano con quelli ottenuti dall'attivazione neutronica (App. 2, NAA campione 37), che ha indicato questo campione come *outsider*.

Questo campione è l'unico del gruppo **2e** che contenga sabbia vulcanica, e di conseguenza è l'unico di tale gruppo ad essere rappresentato nella Fig. 13. Circa la presenza del materiale vulcanico, si vedano i due *pithoi* del gruppo **9**, raggruppamento A, e il puteale del gruppo **10** (SS VV-4) che contengono anch'essi frammenti di roccia basaltica (Figg. 10 e 13).

Gruppo 2f: Coppi

SS nn. F-69, F-70, F-71

Per avere dei termini di confronto con materiale moderno, sono stati analizzati 3 coppi di fabbricazione recente che a quanto risulta sono stati portati nella zona degli scavi in occasione dei restauri eseguiti a più riprese in questi ultimi anni. Due coppi provengono dal vano del Granaio Est che ospita le fornaci nn. 1, 2 e 3, mentre il terzo proviene dalla zona del teatro ed era utilizzato quale elemento di una canaletta costruita poco tempo addietro per convogliare l'acqua piovana verso la cisterna.

F-69, F-70, F-71: Massa di fondo aggregata (colore a l.n. rosso-bruno, Munsell da 10R 4/10 a 2.5YR 5/10) (Fig. 9:c). Numerose piccole cavità allungate isorientate. Degrassante quasi uniforme composto prevalentemente da abbondante quarzo di granulometria media. Presenza di ossidi di ferro, miche fini, feldspati (plagioclasi e K-feldspati). Scarsi microfossili.

Nel complesso non si notano differenze sostanziali nella composizione mineralogica di questi tre campioni rispetto al gruppo **2e**. Si nota piuttosto una differenza a livello tecnologico, sia nella maggiore aggregazione della massa di fondo sia nella granulometria del degrassante che è più uniforme di quello osservato nei campioni prelevati dai laterizi antichi esaminati.

Gruppo 2g: Rocchi di Colonna

SS nn. F-56, F-57, F-58, F-92, F-93, F-101

Tav. 51:a

Sono stati analizzati 6 campioni prelevati dai rocchi di colonna di terracotta che si trovano numerosi a Morgantina, appilati uno sopra l'altro per formare il fusto delle colonne che costituivano il surrogato economico di quelle marmoree (*supra*, Cap. III nota 11). Tre campioni sono stati prelevati da rocchi erratici (F-56, F-57, F-58), 1 da un rocchio che fa parte di una colonna che si erge mutila nel cortile della Casa dell'Ufficiale (F-92), e 2 da rocchi che formano la base di alcune colonne site nel cortile della Casa della Cisterna ad Arco sulla Collina Ovest (F-93 e F-101).

F-56, F-57, F-58, F-92, F-93, F-101: Massa di fondo poco aggregata (colore a l.n. rosso-bruno, Munsell da 10R 4/10 a 2.5YR 5/10) (Fig. 9:c). Degrassante assolutamente non uniforme composto da abbondante quarzo di granulometria media e in alcuni campioni da chamotte in grossi granuli che arrivano a mm 3. Presenza di feldspati e di miche fini. Microfossili in condizioni di conservazione relativamente buone.

L'analisi indica una composizione mineralogica simile a quella dei gruppi precedenti, senza dati di rilievo.

Gruppo 2h: Condotti Idrici

SS nn. F-59, F-60, F-61, F-62, F-63, F-64, F-65, F-66, F-67, F-68, F-88, F-89, F-90, F-91, F-94, F-95

Tav. 51:b

Data l'estensione della rete idrica che attraversa la città di Morgantina, si è ritenuto opportuno analizzare 13 campioni dei tubi di ampie dimensioni (lungh. media m 0.60, diam. esterno medio m 0.30), caratterizzati dal collarino molto lungo (lungh. media m 0.10) e da una bocchetta con *operculum* sul fianco, per i quali è stata avanzata l'ipotesi siano stati cotti nella fornace n. 10 (*supra*, Cap. III note 13–18). I 13 campioni sono stati prelevati dai condotti ubicati nei posti qui di seguito specificati:

F-59: conduttura a fianco del teatro (Tav. 33)

F-60 e F-90 (Tav. 51:b): Granaio Est (Tavv. 32, 34:a)

F-61 e F-62: zona tra il teatro e la *plateia* A

F-63 e F-64: Stoà Est

F-65 e F-66: Casa Pappalardo

F-88 e F-89: *Macellum*

F-94: *Dromos*

F-95: *plateia* A

I risultati dell'analisi microscopica sono i seguenti:

Massa di fondo con zonature chiare/scure (colore a l.n. rosso-bruno, Munsell da 10R 4/10 a 2.5YR 5/10) (Fig. 9:c). Degrassante assolutamente non uniforme composto da abbondante quarzo di granulometria media e, in numerosi campioni, anche da chamotte in granuli molto grossolani che arrivano a superare mm 3. Presenza di feldspati e di miche fini. Microfossili e frammenti di macrofossili parzialmente decomposti.

Si è ritenuto opportuno sottoporre ad analisi anche 3 campioni prelevati dai tubi giacenti nella Stoà Nord nel vano-deposito accanto alla fornace n. 8, tubi che differiscono da quelli sopra indicati sia per le dimensioni minori (lungh. cm 55, diam. cm 12, lungh. del collarino cm 3), sia per la mancanza della bocchetta laterale. I risultati sono i seguenti:

F-67, F-68, F-91: si differenziano per il colore dal giallo-grigio al giallo-verde tenue (Munsell da 2.5Y 7/4 a 5Y 7/2) e per la presenza di numerosi microfossili. Non si rileva presenza di chamotte.

L'indagine ha evidenziato che dal punto di vista tecnologico si tratta di due diversi tipi di condotti, fornendo così un supporto all'ipotesi che essi appartengano alla produzione di due differenti officine.

Gruppo 2i: Ipercotti (Scarti)

SS nn. F-80, F-81, F-82, F-83, F-84, F-85, F-86 (bis F-111 e F-112), F-87

Tavv. 47:b, 48:a

Questo gruppo di manufatti comprende campioni appartenenti a diverse classi di materiali, e precisamente a ceramica comune, ceramica da fuoco e ceramica campana C. Si tratta di manufatti comunemente denominati "scarti di fornace," qui chiamati "ipercotti" nell'intento di mettere in evidenza il peculiare aspetto tecnico che consiste nel fatto che essi hanno subito una cottura a temperatura superiore a quella necessaria, per cui sono contorti dal fuoco e più o meno greificati (*supra*, Cap. II nota 33). Partendo dal presupposto che i manufatti rovinati dalla cottura siano stati prodotti localmente, sono stati esaminati 7 campioni allo scopo di ottenere dei dati sicuri sulla composizione dei manufatti di Morgantina: 3 appartengono a ceramica comune (F-81, F-82, F-83), 1 a ceramica da fuoco (F-84), e 3 a ceramica campana C (F-85, F-86 [con le due sezioni sottili bis F-111 e F-112], F-87). Gli ultimi tre campioni appartengono presumibilmente a coppette, ma soltanto il frammento

F-86 può essere attribuito alla forma Lamboglia 18, mentre le dimensioni degli altri campioni sono talmente ridotte da non permettere di risalire a forme certe.

*Ceramica comune (gruppo **6**): F-81, F-82, F-83.* Massa di fondo aggregata, con numerosi vacuoli. Piccole cavità isorientate. Degrassante scarsamente uniforme composto prevalentemente da abbondante quarzo di granulometria fine. Presenza di feldspati, talvolta con bordo di reazione e talvolta alterati, e di minerali neri opachi diffusi. Presenza di piccole masse vetrose.

*Ceramica da fuoco (gruppo **7**): F-84.* Composizione mineralogica analoga alle sezioni sottili di cui sopra, salvo la presenza di grande quantità di quarzo di granulometria medio-fine, angoloso.

*Ceramica a vernice nera (gruppo **3**): F-85, F-86 (bis F-111 e F-112), F-87.* Massa di fondo aggregata. Degrassante quasi uniforme composto prevalentemente da quarzo fine. Feldspati, talvolta alterati e con bordo di reazione. Isorientamento dei vacuoli. Microfossili decomposti. F-86 (Tav. 48:a) mostra delle affinità con le sezioni sottili VN-2 (Tavv. 46:b, 47:a), VN-7 e VN-15 del gruppo **3** (*infra*). Sui frammenti non si nota alcun rivestimento, essendo scomparsa completamente la vernice nera che in origine era stata applicata sulla superficie dei manufatti.

L'esame ha permesso di rilevare gli effetti della cottura a temperatura eccessiva che ha provocato la distorsione dei manufatti, effetti che hanno portato alla formazione sia di piccole masse vetrose, sia di bordi di reazione attorno ai feldspati, sia di numerosi vacuoli, sede originaria dei granuli quarzosi che la violenta azione termica ha fatto saltare via a causa del loro differente comportamento al calore rispetto agli altri componenti del corpo ceramico, avendo ogni materiale un proprio coefficiente di dilatazione. Non si rileva la presenza di miche.

Ai sette ipercotti è stato aggiunto un ottavo campione (F-80), prelevato da uno dei blocchi di terracotta greificata che giacciono ammassati in un angolo del vano del Granaio Est che ospita le fornaci della I officina, blocchi che potrebbero appartenere agli archi di una fornace oggi non più esistente, come da ipotesi già formulata (*supra*, Cap. I, pp. 11–12).

F-80: composizione mineralogica simile ai laterizi del gruppo **2d**. Le principali differenze consistono nell'abbondanza del quarzo nonchè nella presenza di numerosi vacuoli e di feldspati con anello di reazione, i quali costituiscono la conferma del processo di greificazione subito dal manufatto.

Il colore delle sezioni sottili esaminate a l.n. è brunastro (Munsell da 10YR 4/22 a 5Y 6/2) (Fig. 9:d).

I campioni ipercotti chiudono il numeroso gruppo di materiali che sono stati inclusi sotto il nome capo-fila "Fornaci." Viene ora presentato un breve commento sui risultati delle analisi cui sono stati sottoposti altri campioni, raggruppati in classi di materiali.

Gruppo **3**: Ceramica a vernice nera "campana C"

SS nn. VN-1, VN-2, VN-3, VN-4, VN-5, VN-6, VN-7 (bis VN-13), VN-8 (bis VN-14), VN-9, VN-10, VN-11, VN-12, VN-15/VN-16

Tavv. 42–47:a

Sono stati esaminati 13 campioni di campana C (*supra*, Cap. III nota 38), e precisamente: 8 piatti tipologicamente riconducibili alla forma Lamboglia 7; 4 coppette forme Lamboglia 18 e 20; 1 frammento dalla forma non definibile con sicurezza. Le sezioni sottili VN-13 e VN-14 sono state ricavate dai manufatti dai quali erano già state ricavate le SS VN-7 e VN-8, e ciò ai fini di un supplemento di indagine. Le SS VN-15 e VN-16 sono state ricavate dallo stesso manufatto, rispettivamente dall'orlo e dal piede.

L'indagine petrografica ha permesso di formare i seguenti raggruppamenti:

Raggruppamento A *

VN-1, VN-6, VN-8 (bis VN-14), VN-9, VN-10, VN-11, VN-12: Massa di fondo estremamente fine e ben aggregata (colore a l.n. giallo-bruno, Munsell da 10YR 5/4 a 10YR 6/6), con quarzo molto uniforme di granulometria finissima (valore medio inferiore a micron 50). Si notano numerosi fenocristalli isolati di plagioclasi aventi dimensioni anche grossolane (taluni superano micron 500 e arrivano a mm 1), e più rari cristalli di olivine e pirosseni di tipo augitico, anch'essi di dimensioni grossolane, tutti molto angolosi. Presenza di numerosi granuli vetrosi e di pochi granuli di roccia basaltica più o meno alterata. Microfossili di grandi dimensioni, in buone condizioni di conservazione. I fenocristalli di plagioclasio e i granuli vulcanici sono sparsi in modo non uniforme, formando degli addensamenti irregolari in alcuni punti della sezione sottile, mentre mancano totalmente in altri punti. La sabbia vulcanica non è classata dal punto di vista granulometrico e i componenti hanno un aspetto morfologicamente diverso tra loro avendo alcuni forma propria, altri forma irregolare. Si nota una forte differenza granulometrica tra sabbia vulcanica e quarzo.

VN-3, VN-4, VN-5 **: Queste sezioni sottili non contengono fenocristalli di plagioclasi nè minerali vulcanici. Tuttavia, la microstruttura è talmente simile a quella delle sezioni sottili del raggruppamento A, da indurre a includere questi campioni nello stesso insieme. Per l'addensamento irregolare della sabbia vulcanica in alcune parti dei manufatti, e la mancanza in altre parti, si veda *supra*, Cap. III, pp. 89, 93–94.

Raggruppamento B

VN-2, VN-7 (bis VN-13), VN-15 (orlo) / VN-16 (piede): Massa di fondo aggregata (colore a l.n. brunastro, Munsell da 10YR 4/2 a 5Y 6/2) (Tavv. 46:b, 47:a). Degrassante quasi uniforme composto da quarzo di granulometria fine con taluni granuli medio-fini (micron 200–300). Presenza di feldspati e di miche fini, sia muscovite che biotite. Minerali neri opachi. Notevole presenza di microfossili in buone condizioni di conservazione.

Su tutti i campioni si nota evidente il rivestimento (ossia la vernice nera) che costituisce una copertura molto sottile, nell'ordine di poche decine di micron; si differenzia nettamente dal corpo ceramico sottostante non soltanto per il colore nero e per il minimo spessore, ma soprattutto per la composizione che ha una natura talmente fine da non essere risolvibile al microscopio.

È ancora da aggiungere che i campioni del raggruppamento B (SS VN-2 VN-7, VN-15/VN-16) mostrano sia nella microstruttura sia nella composizione mineralogica delle spiccate somiglianze con gli ipercotti descritti in precedenza (gruppo **2i**, SS F-85, F-86, F-87).

Il colore delle sezioni sottili esaminate a l.n. è giallo-bruno per il raggruppamento A (Munsell da 10 YR 5/4 a 10YR 6/6), e brunastro per il raggruppamento B (Munsell 10/YR 4/2 a 5Y 6/2) (Fig. 9:d).

Prove sperimentali di ricottura

Per verificare gli effetti di una ripetuta esposizione al calore, è stato prelevato un frammento dal campione da cui in precedenza era stata ottenuta la SS VN-6 (contenente sabbia vulcanica). Il frammento è stato sottoposto a ricottura in un forno elettrico a muffola, in atmosfera prevalentemente ossidante, sino a raggiungere la temperatura di 920° C che è stata poi mantenuta per due ore. Il frammento è stato estratto dal forno a raffreddamento avvenuto. Si è notato un forte cambiamento cromatico: l'originario colore giallo-bruno si è trasformato in rosso-bruno dalle tonalità intense, e anche la vernice nera ha assunto un colore rosso che potrebbe essere paragonato a quello della terra sigillata.

Dal frammento ricotto è stata ricavata una sezione sottile che, esaminata al microscopio da mineralogia, ha mostrato di essere attraversata da numerose fessurazioni, molto ramificate, che presumibilmente sono da attribuire alle tensioni che si sono create durante la ricottura e che hanno indebolito la resistenza meccanica del frammento. Quanto alla composizione mineralogica, si nota che i minerali vulcanici sono rimasti inalterati e che la microstruttura non è assolutamente cambiata. In particolare, la grana estremamente fine dei noduletti carbonatici induce a supporre una ricristallizzazione avvenuta dopo la dissociazione del carbonato di calcio durante la ricottura.

Gruppo **4**: Ceramica presigillata

SS nn. PS-1/PS-2, PS-3/PS-4
Tav. 48:b

I due campioni esaminati provengono dalla cisterna della Casa dell'Ufficiale, e precisamente le sezioni sottili PS-1 e PS-2 sono state ricavate dalla parete di una coppetta, mentre le SS PS-3 e PS-4 sono state ricavate da una patera ad orlo orizzontale ricurvo (*supra*, Cap. III nota 37).

Massa di fondo poco aggregata (colore a l.n. rosso-bruno, Munsell da 10YR 5/4 a 10YR 6/6) (Fig. 9:d). Degrassante quasi uniforme composto da quarzo abbondante, in prevalenza fine. Miche bianche non uniformi. Feldspati talvolta alterati. Ossidi di ferro in aggregati medio-fini. Microfossili.

Si notano delle affinità sia di carattere strutturale sia nella composizione mineralogica, con i campioni del raggruppamento B della ceramica a vernice nera (gruppo **3**, SS VN-2, VN-7, VN-15/16).

Gruppo **5**: Ceramica a pareti sottili

SS nn. SOTT-1/SOTT-2, SOTT-3
Tav. 49:a

Anche questi due campioni provengono dalla cisterna della Casa dell'Ufficiale: SOTT-1 e SOTT-2 sono state ricavate dal fondo di un bicchierino, SOTT-3 dalla parete di un'olletta globulare (*supra*, Cap. III note 35 e 36).

La composizione mineralogica è molto simile a quella descritta sopra per il gruppo **4**, con la differenza che qui il quarzo, pur essendo in prevalenza di granulometria fine, ha dei granuli di dimensioni superiori (Tav. 49:a).

Gruppo **6**: Ceramica comune

SS nn. VAS-1, VAS-2, VAS-3, VAS-4, VAS-5, VAS-6, VAS-7, VAS-8, VAS-9, VAS-10

Si è ritenuto opportuno esaminare alcuni campioni di ceramica comune (*supra*, Cap. III nota 30) allo scopo di verificarne la composizione mineralogica (da confrontare in un secondo tempo con quella che caratterizza la ceramica da fuoco). Quale ulteriore scopo l'indagine si è proposta di accertare se il colore chiaro della superficie di questi manufatti fosse o meno da attribuire a un ingobbio. Pertanto, sono stati prelevati 5 campioni da manufatti la cui superficie molto chiara poteva far supporre la presenza di un ingobbio (contraddistinti da VAS-1 a VAS-5), e 2 campioni da manufatti con ingobbiatura rossa (VAS-6 e VAS-7) da utilizzare quale confronto. Sono stati inoltre analizzati tre campioni provenienti dalla cisterna della Casa dell'Ufficiale (VAS-8, VAS-9, VAS-10). I risultati dell'esame mineralogico sono i seguenti:

VAS-1, VAS-2, VAS-3, VAS-4, VAS-5, VAS-8, VAS-9, VAS-10: Massa di fondo relativamente aggregata (colore a l.n. rosso-bruno, Munsell da 2.5YR 5/10 a 7.5YR 5/6) (Fig. 9:d). Degrassante scarsamente uniforme, composto da quarzo abbondante prevalentemente sub-angoloso, di granulometria fine nelle SS VAS-1, VAS-2, VAS-3 (indicate come raggruppamento A nelle Figg. 11–18), e da quarzo più uniforme e di granulometria medio-fine nelle altre sezioni sottili (indicate come raggruppamento B nelle dette figure). Feldspati, carbonati, miche fini isorientate. Alcuni granuli ocracei fini. Microfossili parzialmente decomposti.

Per verificare la presenza o meno di un rivestimento, le sezioni sottili dei campioni sopra indicati erano state ricavate in senso ortogonale alla parete del manufatto. L'esame microscopico ha permesso di rilevare che ciascuna di esse presenta una zona superficiale di profondità variabile, ma sempre nell'ordine di alcuni millimetri, che ha una colorazione differente da quella della zona interna, con una tonalità chiara che dall'esterno sfuma gradualmente verso l'interno più scuro. La colorazione rappresenta l'unica differenza tra le due zone del corpo ceramico, in quanto la composizione mineralogica è la stessa in tutta la sezione sottile, senza discontinuità nè variazioni di rilievo. Non si notano stacchi nel corpo ceramico, e nell'area di transizione tra la zona interna (più scura) e quella superficiale (più chiara) numerosi granuli di quarzo appartengono contemporaneamente a tutte e due le zone. La composizione mineralogica omogenea di ciascuna sezione sottile dimostra che il colore biancastro della superficie dei manufatti non è dovuto a un rivestimento, bensì ad effetti di cottura, che proprio perchè tali sfumano dalla superficie verso l'interno del manufatto.[17]

[17] Le argille comunemente usate dal vasaio sono calcaree e dopo cottura si trasformano in corpo ceramico dai tenui colori giallo-rosati in quanto la calcite, se presente in granulometria molto fine e se è strettamente connessa ai minerali argillosi, agisce nel senso di decolorare il corpo ceramico, mitigando gli effetti arrossanti degli ossidi di ferro (Picon 1973a, pp. 71–75; Rice 1987, p. 336).

Per rafforzare gli effetti schiarenti e di conseguenza ottenere merce più pregiata, era tradizione dei vasai siciliani usare acqua marina nella modellazione e nella levigazione

VAS-6, VAS-7: Rispetto ai campioni precedenti, in questi due campioni si rileva una differenza sostanziale, sebbene la loro composizione mineralogica sia analoga (con quarzo prevalentemente medio-fine come nel raggruppamento B), e sebbene anche qui le sezioni sottili rivelino nel corpo ceramico una zona superficiale più chiara e una zona interna più scura. La differenza consiste nella presenza di una sottilissima copertura di colore rosso scuro, che costituisce appunto l'ingobbiatura rossa. Quest'ultima si contraddistingue anzitutto per il minimo spessore (nell'ordine di poche decine di micron) e poi per la composizione mineralogica, che si differenzia nettamente dal corpo ceramico sottostante, essendo formata da materiale di granulometria estremamente fine, tale da non essere risolvibile al microscopio. Si può supporre che l'antico vasaio abbia usato un'argilla estremamente depurata e molto ricca di ossidi di ferro, che in cottura si è trasformata in rivestimento opaco rosso bruno, cui ben si addice il termine di ingobbio.

Gruppo 7: Ceramica da fuoco

SS nn. KW-1, KW-2, KW-3, KW-4, KW-5, KW-6, KW-7, KW-8, KW-9, KW-10, KW-11
Tav. 49:b

Sono stati analizzati 11 campioni di ceramica da fuoco (*supra*, Cap. III nota 32):

KW-1, KW-2, KW-3, KW-4, KW-6, KW-7, KW-8, KW-9, KW-10, KW-11: Massa di fondo abbastanza aggregata (colore a l.n. rosso-bruno, Munsell da 2.5YR 5/10 a 7.5YR 5/6) (Fig. 9:d, Tav. 49:b). Grande abbondanza di degrassante, composto da quarzo in prevalenza medio-fine, quasi uniforme, angoloso e sub-angoloso. Scarsi feldspati (plagioclasi) talvolta alterati; poche miche fini (biotite e muscovite) in lamine anche grossolane. Glomeruli ocracei.

KW-5: differisce per la presenza di abbondanti plagioclasi talora molto alterati, e di abbondanti miche, sia fini sia grossolane.

L'analisi microscopica ha sottolineato l'abbondanza di degrassante quarzoso che caratterizza questa classe di materiali. Alcuni granuli di quarzo mostrano contorni angolosi, il che induce a

dei manufatti in modo da sbiancarne la superficie: A. RAGONA, *La ceramica medievale dello scarico di S. Giorgio in Caltagirone*, Museo Regionale della Ceramica (Caltagirone 1979) pp. 23-25.

Anche le condizioni in cui viene effettuata la cottura, e i combustibili che vengono usati, possono provocare degli effetti schiarenti sulla superficie dei manufatti. È infatti da ricordare che un manufatto modellato con argilla calcarea subisce durante la cottura delle variazioni cromatiche particolarmente intense nella superficie. Infatti, l'alta temperatura della fornace provoca la dissociazione del carbonato di calcio ($CaCO_3 = CaO + CO_2$): l'anidride carbonica si allontana con i fumi, mentre il calcio tende a combinarsi con l'ossigeno presente nell'aria. Quando la cottura avviene in atmosfera riducente, l'ossigeno scarseggia e il calcio lo sottrae agli ossidi di ferro, sempre presenti nelle argille comunemente usate dal vasaio. Ne consegue che la superficie del manufatto si sbianca, ossia acquista una colorazione chiara, e l'effetto schiarente penetra a una profondità minore o maggiore a seconda dell'intensità e della durata del processo di riduzione (*supra*, Cap. II, nota 86).

Per lo schiarimento della superficie cfr. anche C. ARIAS - G. BERTI - L. TONGIORGI, Caratteristiche tecniche di alcuni tipi di ceramica (XI-XVI secolo). Ingobbiatura e fenomeni di schiarimento negli impasti, in *Atti VIII Convegno Int. della Ceramica, Albisola 1975* (Albisola s.d.) pp. 137-150; N. CUOMO DI CAPRIO, La cottura della ceramica: i combustibili, in *ReiCretRomFautActa* 19-20 (1979) pp. 236-239; A. RAGONA, La ceramica solcata rinvenuta nelle fornaci normanno-sveve di Agrigento, in *Atti XIX Convegno Int. della Ceramica, Albisola 1986* (Albisola 1989) p. 193; G. BERTI - T. MANNONI, Ceramiche medievali nel Mediterraneo Occidentale. Considerazioni su alcune caratteristiche tecniche, in *Atti IV Congresso de cerâmica medieval do Mediterrâneo ocidental, Lisboa 1987* (in corso di stampa).

supporre l'uso di sabbia macinata fine, aggiunta intenzionalmente dal vasaio all'impasto argilloso per fargli acquisire quelle proprietà di refrattarietà e di resistenza agli sbalzi di temperatura che contraddistinguono la ceramica da fuoco.

L'esame ha pure permesso di individuare le differenze presentate dal campione KW-5 rispetto agli altri campioni del gruppo, differenze soprattutto di ordine quantitativo in quanto esso contiene plagioclasi e miche in quantità maggiori e con granulometria superiore. Saranno necessarie ulteriori indagini per stabilire se queste differenze siano da ritenere significative agli effetti della provenienza del manufatto. Nel campione KW-10 si nota la presenza di alcuni microfossili.

Rispetto alla ceramica comune, si nota nella ceramica da fuoco una maggiore quantità e una migliore distribuzione dei granuli di quarzo di differente granulometria che tendono a formare una struttura piuttosto fittamente legata, cioè un complesso e bene articolato scheletro siliceo, dal che derivava una più elevata resistenza meccanica. Anche la presenza dei numerosi glomeruli ocracei aveva effetti positivi in quanto gli ossidi di ferro, esercitando in cottura una notevole influenza fondente, aumentavano la solidità del manufatto finito.

Gruppo 8: Statuette del tipo "Tanagra"

SS nn. TAN-1, TAN-2, TAN-3/TAN-4, TAN-5

Sono state esaminati i frammenti di quattro statuette del tipo chiamato "tanagrine," con i seguenti risultati:

Raggruppamento A

TAN-3/TAN-4 (dallo stesso frammento è stato effettuato un doppio prelievo allo scopo di eseguire una reiterazione dell'esame dell'ingobbio): Massa di fondo aggregata e con un aspetto omogeneo del tutto particolare (colore a l.n. giallo-bruno, Munsell da 10YR 5/4 a 10YR 6/6) (Fig. 9:d). Il quarzo è finissimo e molto scarso. Abbondanti carbonati e abbondanti microfossili in buone condizioni di conservazione.

Raggruppamento B

TAN-1, TAN-2, TAN-5: Massa di fondo relativamente aggregata (colore a l.n. rosso-bruno, Munsell da 2.5YR 5/10 a 7.5YR 5/6) (Fig. 9:d). Degrassante quasi uniforme, composto da quarzo prevalentemente fine. Carbonati, feldspati, miche fini. Minerali neri opachi diffusi. Microfossili.

Dagli esami è emerso che tre campioni risultano omogenei (TAN-1, TAN-2 e TAN-5), mentre il quarto manufatto (TAN-3 e la replica TAN-4) mostra una microstruttura particolare per cui è da considerare un *outsider*. L'indicazione che scaturisce dalla composizione differenziata di questa tanagrina induce a non sottovalutare l'ipotesi di scambi di modelli tra centri produttori siti nelle diverse località della Sicilia antica.[18]

Le statuette sono ricoperte da ingobbio di colore biancastro, dallo spessore di alcune decine di micron (talora raggiungendo il centinaio di micron), a composizione prevalentemente carbonatica. Si notano delle differenze: il rivestimento delle SS TAN-1, TAN-2 e TAN-5 include anche

[18] M. Bell, Some Sikeliote Tanagras, in *OpRom* 9 (1973) p. 86.

microfossili e granuli di quarzo, mentre quello di TAN-3/TAN-4 è privo di quarzo. SS TAN-5 presenta sopra il rivestimento biancastro un ulteriore strato sottilissimo di materiale colorante dal colore ciclamino.

La seconda parte dell'indagine sulle tanagrine è stata rivolta ad accertare la composizione sia dell'ingobbio sia dei pigmenti coloranti usati per dipingere i motivi ornamentali sullo sfondo chiaro formato dall'ingobbio.

Prove sperimentali sulla composizione dell'ingobbio

Si è ritenuto opportuno condurre alcune prove sperimentali allo scopo di identificare il materiale usato quale ingobbio dal vasaio e ricostruirne il procedimento di applicazione.[19] Anzitutto due piccoli campioni del rivestimento biancastro di frammenti di tanagrine sono stati sottoposti ad analisi per diffrazione di raggi X, i cui risultati hanno confermato quanto già era emerso dall'esame petrografico, ossia che si tratta di materiale a base prevalentemente carbonatica, con quantità subordinata di quarzo. La seconda fase della ricerca ha avuto come scopo il preparare un materiale dalle caratteristiche analoghe. Per maggior sicurezza, poichè la presenza del quarzo segnalata dalla XRD potrebbe essere dovuta al corpo ceramico della statuetta asportato involontariamente durante il prelievo del campione, sono state preparate due sospensioni, una a base calcarea (denominata A) e una a base calcareo-silicea (denominata B). Per ambedue è stata utilizzata calce spenta, diluita in opportuna quantità di acqua, in modo da ottenere una sospensione densa ma ancora sufficientemente liquida. Alla sospensione B è stato aggiunto quarzo macinato finemente.

Utilizzando la sospensione A sono state effettuati i seguenti esperimenti:

Esperimento n. 1: la sospensione è stata applicata sopra un frammento di terracotta in modo da rivestirne la superficie, indi l'insieme è stato lasciato essiccare, senza ulteriori trattamenti. Risultato: il rivestimento è rimasto attaccato alla terracotta, aderendovi abbastanza fermamente. Occorre però che la sospensione venga applicata uniformemente in modo da formare uno leggero strato sottile, altrimenti si screpola e si stacca.

Esperimento n. 2: la sospensione è stata applicata sopra un frammento di terracotta; dopo l'essiccamento il tutto è stato sottoposto a cottura a 700° C. Risultato: il rivestimento si è fittamente screpolato e si è staccato completamente dalla terracotta.

Esperimento n. 3: la sospensione è stata applicata sopra un manufatto crudo; dopo l'essiccamento il tutto è stato sottoposto a cottura a 850° C. Risultato: il rivestimento si è fittamente screpolato e si è staccato completamente dal corpo ceramico.

[19] Sorge qui il quesito se il materiale in questione possa essere correttamente denominato "ingobbio." Di regola con questo termine si intende un rivestimento argilloso di colore rosso o bianco, avendo il primo una composizione ricca di ferro e il secondo una composizione caolinica, o anche illitica purchè priva di impurezze coloranti. Qualunque sia il colore del rivestimento argilloso, resta basilare il fatto che, una volta applicato sul manufatto, esso subisce la cottura cui viene sottoposto il manufatto stesso. Al contrario, il materiale presente sulle tanagrine qui in esame, come su altri busti e statue consimili riportate alla luce a Morgantina, è allo stato crudo. Tuttavia, se consideriamo la funzione svolta da questo materiale, appare evidente che esso svolge lo stesso compito affidato all'ingobbio, ossia creare una superficie liscia e bianca, o comunque il più chiara possibile, per finalità estetiche in quanto lo sfondo bianco e levigato valorizza i colori della decorazione. Pertanto, a mio avviso, seppure con qualche esitazione si può accettare il termine "ingobbio" per indicare materiale allo stato crudo, come nel caso qui preso in esame.

Uguale serie di prove è stata condotta con la sospensione B, ottenendo dei risultati analoghi a quelli ottenuti con la sospensione A. Tutto ciò induce a ritenere che l'ingobbio venisse applicato sulle tanagrine (già cotte), e che venisse lasciato allo stato crudo. È possibile che il vasaio aggiungesse qualche collante organico per migliorare l'aderenza del rivestimento, collante di cui oggi è difficile trovare traccia a causa delle alterazioni chimiche subite dai rivestimenti durante i secoli nei quali i manufatti sono rimasti sepolti, a diretto contatto con la falda freatica del sottosuolo.

È da ricordare che, secondo quanto accertato dall'analisi per diffrazione di raggi X, l'ingobbio in esame è composto da un materiale praticamente monomineralogico (carbonato di calcio con tracce di quarzo) che non contiene minerali argillosi. Pertanto, la XRD non è stata in grado di fornire alcuna indicazione per quanto riguarda la cottura o meno del materiale stesso.

Prove sperimentali di cottura dell'ingobbio

Nell'intento di verificare ulteriormente se l'ingobbio presente sulle tanagrine sia effettivamente allo stato crudo, sono state effettuate delle prove di cottura per accertare quali cambiamenti esso subisca, quando sottoposto ad azione termica.

Un frammento di statuetta recante il tipico rivestimento biancastro è stato suddiviso in tre parti: il primo campione (denominato A) è stato lasciato tal quale per essere successivamente utilizzato quale termine di confronto; il secondo campione (B) e il terzo (C) sono stati sottoposti a cottura in muffola elettrica, rispettivamente alle temperature di 600° C e 800° C. Dopo la cottura e a raffreddamento avvenuto, i campioni B e C sono stati osservati mediante lo stereomicroscopio. L'ingobbio è apparso solcato da fessurazioni, tanto numerose da formare dei fitti reticoli e tanto profonde da lasciare intravvedere il corpo ceramico sottostante. Si sono altresì formate numerose scagliette che si sono staccate spontaneamente, per cui i due campioni, seppure maneggiati con estrema cautela, hanno ben presto perduto il rivestimento e sono rimasti allo stato di nuda terracotta. Non sono state rilevate forti differenze nella risposta al trattamento termico tra il campione B e C. Al contrario, è notevole la differenza di B e C rispetto al campione A rimasto allo stato originario.

Anche questi risultati, come quelli illustrati nel precedente esperimento, inducono a ritenere che l'ingobbio venisse applicato sulle tanagrine già cotte e venisse lasciato allo stato crudo. Va da sè che queste osservazioni si riferiscono esclusivamente ai manufatti di Morgantina qui esaminati e non possono assumere a generalità.[20]

Prove sperimentali di cottura di un pigmento colorante

Per quanto riguarda la decorazione colorata eseguita sopra il rivestimento descritto al punto precedente, tra i vari colori usati sulle statuette ellenistiche spicca il vivace colore ciclamino

[20] È possibile che in taluni casi l'ingobbio venisse sottoposto a cottura, come proverebbero due campioni esaminati nel 1954 nel British Museum Research Laboratory: M. Bimson, Note on White Slip, in R. A. Higgins, *Catalogue of the Terracottas in the Department of Greek and Roman Antiquities, British Museum* (Oxford 1954, ristampa 1969) p. viii. A mio avviso, le indagini condotte su un numero ristretto di campioni danno risultati significativi per il caso specifico, ma non possono assumere valore di generalità data la grande variabilità delle materie prime e delle tecniche di preparazione dei rivestimenti usate nel mondo antico.

Cfr. anche Shepard 1956, pp. 67–69; Rice 1987, pp. 149–152.

riscontrato sulla SS TAN-5, che si ritiene sia costituito da un pigmento organico naturale tratto dalla pianta *rubia tinctorum*.[21] Per avere una conferma della natura organica di questo colorante, un minuscolo frammento erratico ricoperto da ingobbio bianco e con una macchia di colore ciclamino (dal diametro di pochi mm) è stato sottoposto a cottura a differenti temperature. I risultati, osservati al microscopio stereoscopico, sono i seguenti:

a 300° C il pigmento di colore ciclamino ha perduto la vivacità della tinta, perdendo in saturazione e passando a tonalità smorte.

a 600° C il pigmento è passato a un colore grigio/bruno, perdendo completamente la tinta originale e subendo dissociazione e decomposizione più o meno complete.

Si è così avuta un'ulteriore conferma che i coloranti usati per la decorazione delle tanagrine sono composti da pigmenti di natura organica, impiegati allo stato naturale e non sottoposti ad alcun processo di cottura.

Gruppo 9: *Pithoi*[22]

SS nn. PT-1/PT-2, PT-3, PT-4, PT-5, PT-6
Tav. 52

L'analisi microscopica è stata eseguita su 5 *pithoi*: il primo si trova nella Casa della Cisterna ad Arco e su di esso è stato eseguito un doppio prelievo (PT-1 e PT-2); dalla stessa zona proviene il *pithos* da cui è stata ricavata la sezione sottile PT-3, mentre i *pithoi* ai quali si riferiscono PT-4, PT-5 e PT-6 fanno parte di ammassi di materiale frammentario conservati rispettivamente nel Granaio Est, nella Stoà Est, e nella Stoà Nord.

Raggruppamento A *

PT-1/PT-2, PT-3: Massa di fondo poco aggregata (colore a l.n. rosso-bruno, Munsell da 10R 4/10 a 2.5YR 5/10). Degrassante assolutamente non uniforme da fine a ultra grossolano, composto da abbondante quarzo medio-fine, da pochi fenocristalli isolati di plagioclasi, di olivine e di pirosseni di tipo augitico, e da numerosi frammenti di rocce effusive basaltiche, aventi granulometria irregolare e molto grossolana che supera mm 2. Miche fini. Numerosi microfossili parzialmente decomposti.

È da rilevare che scarseggia la parte vetrosa, e che i minerali vulcanici sono composti prevalentemente da frammenti di roccia basica, e non da minerali singoli come nel caso dei manufatti a vernice nera (gruppo **3**, ragguppamento A). Per questi due *pithoi*, così come per il puteale di cui al

[21] U. Wintermeyer, Die polychrome Reliefkeramik aus Centuripe, (Anhang von J. Riederer), in *JdI* 90 (1975) pp. 136-241. M. Kriens - R. Wessicken, Pigmentanalyse römischer Wandmalereien aus Vindonissa, in *JberProVindon* (1981) pp. 54-76; R. Higgins, *Tanagra and the Figurines* (London 1986; Princeton 1987) pp. 69-70.

[22] I *pithoi* rinvenuti a Morgantina non sono ancora stati oggetto di uno studio specifico. Soltanto un *pithos*, ritrovato nel 1957 nell'area del Santuario Nord e databile presumibilmente al IV sec. a.C., è stato esaminato sotto l'aspetto epigrafico in quanto reca incisa sul labbro una breve iscrizione in caratteri greci (PR II, p. 160, e ivi G. A. Stamires, Appendix, pp. 162-164, fig. 38; nel rapporto preliminare, il nome attribuito al Santuario Nord era "Santuario di Demetra e Kore").

gruppo **10**, SS VV-4, potrebbe quindi essere valida l'ipotesi che si tratti di degrassante ottenuto dalla macinazione di pezzi di macine per cereali (*supra*, Cap. III, p. 95).

Il raggupppamento A è indicato nella Fig. 13.

RAGGRUPPAMENTO B

PT-4, PT-5, PT-6: Massa di fondo poco aggregata Degrassante assolutamente non uniforme composto da quarzo medio-fine, e da granuli di chamotte molte grossolani che superano mm 2. Feldspati, miche fini, minerali neri opachi diffusi. Numerosi microfossili.

Il raggruppamento B è indicato nella Fig. 12.

Il confronto dei risultati evidenzia una netta differenza tra i due *pithoi* della Casa della Cisterna ad Arco e gli altri tre, in quanto nei primi compaiono dei frammenti di roccia vulcanica che sono del tutto assenti negli altri *pithoi* esaminati.

Gruppo **10**: Materiali vari

SS nn. VV-1, VV-2, VV-3, VV-4
Tav. 53

Sono stati raggruppati sotto la sigla VV alcuni materiali che non appartengono alle classi precedentemente illustrate, e il cui esiguo numero non giustificherebbe ulteriori suddivisioni.

VV-1: Sezione sottile tratta da un frammento di macina utilizzata per tritare i cereali, attualmente sita all'ingresso della zona degli scavi.

Lava basaltica costituita da plagioclasi, olivine e pirosseni di tipo augitico (colore a l.n. grigio molto scuro, Munsell 10YR 5/1). Fenocristalli di abnormi dimensioni di plagioclasi, alcuni dei quali contengono cristalli di olivina alterati (Tav. 53:b).

I risultati dell'analisi mineralogica inducono a ritenere che la macina sia stata ricavata dalle rocce basaltiche del vicino monte Etna, e ciò a causa della struttura e dei componenti mineralogici che sono tipici delle rocce di tale vulcano.[23] Scopo della sezione sottile VV-1 è servire da termine di confronto con il materiale vulcanico usato dal vasaio come degrassante (gruppo **2e**, gruppo **3**, gruppo **9**, e gruppo **10**).

VV-2 e VV-3: Le due sezioni sono ricavate dal rivestimento di opere che, seppure in terracotta, hanno rilievo architettonico.

VV-2 è composta da un cemento calcareo microcristallino che include granuli di quarzo, di feldspati e di carbonati (colore a l.n. giallo-grigio tenue, Munsell 2.5Y 8.5/2). Contiene anche microfossili.

Il campione proviene dalla malta che era stata applicata all'esterno di una colonna del peristilio

[23] A Cirene sono state recentemente analizzate con il microscopio polarizzatore delle macine per cereali probabilmente ricavate dalla lava del monte Etna: J. A. RILEY, Imported Grain Mills at Cyrene, in *LibSt* 12 (1980–1981) pp. 55–59. La frase conclusiva di tale articolo: "... study of any artefact requires study on a Mediterranean-wide scale" (*ibidem*, p. 59) è pienamente da condividere.

della Casa di Ganimede (*supra*, Cap. I nota 28), colonna formata da rocchi di terracotta sovrapposti. L'analisi microscopica ha confermato che la malta è composta da calce e da sabbia macinati, applicata a crudo sopra i rocchi di terracotta e modellata nella forma di scanalature allo scopo di imitare le colonne di marmo.

VV-3: massa di fondo poco aggregata (colore a l.n. giallo-rosato, Munsell 10YR 7/6). Degrassante abbastanza uniforme composto prevalentemente da quarzo medio-fine; presenza di feldspati e di miche fini.

Il campione proviene dallo strato superficiale, decorato con motivi ornamentali a rilievo, di una colonnina la cui funzione non è ben chiara (forse sostegno per un bacile o per una piccola vasca), attualmente conservata nel cortile del Museo di Aidone. Il campione rappresenta l'originaria argilla, depurata, apposta dal vasaio a crudo sopra la colonnina appena modellata, per darle levigatezza e per renderla adatta a ricevere la decorazione a rilievo. Sulla superficie resa morbida in tale maniera, il vasaio ha poi fatto scorrere un piccolo rullo recante in negativo i motivi ornamentali. Dopo l'opportuno essiccamento, la colonnina è stata sottoposta a cottura come un qualsiasi altro manufatto ceramico, e la decorazione a rilievo si è ben conservata sino ai giorni nostri.

VV-4: * Il campione è stato prelevato dal puteale a forma di lastra rettangolare (Tav. 36:b) che chiude l'imboccatura della cisterna sotto l'arco in pietra che ha dato il nome alla Casa della Cisterna ad Arco, sita sulla Collina Ovest.[24]

Massa di fondo poco aggregata (colore a l.n. rosso-giallo bruno, Munsell 5YR 5/8). Degrassante assolutamente non uniforme composto da scarso quarzo di granulometria medio-fine, e da numerosi frammenti di roccia basaltica alterata, irregolari e molto grossolani, che superano mm 2. Numerosi microfossili parzialmente decomposti (Tav. 53:a).

La sezione sottile si differenzia fortemente in quanto contiene frammenti grossolani di materiali vulcanici. Si tratta di un degrassante particolare, aggiunto volutamente dal vasaio, che richiama sia la SS F-33 del gruppo **2e** (tegolame), sia le SS PT-1/PT-2 e PT-3 del gruppo **9** (*pithoi*).

Questo campione è l'unico del gruppo **10** ad essere indicato nelle Figg. 11, 13, 14, 16, 17 e 18.

Analisi per diffrazione di raggi X

L'analisi per diffrazione di raggi X è stata eseguita su n. 11 campioni, come di seguito indicato: F-21, F-23, F-25, F-26, F-27, F-28, F-29, F-35, F-93, F-99, F-100.

Vengono qui riassunti i risultati, sebbene essi siano già stati in parte indicati all'interno dei gruppi cui appartengono i campioni stessi.

L'analisi ha rilevato che tutti i campioni contengono quarzo e calcite, con diversi rapporti quantitativi tra loro. In linea generale il quarzo prevale sui carbonati. È stata segnalata la presenza di composti che si sono formati per effetto dell'alta temperatura subita, e che qui vengono indicati con i nomi dei minerali naturali, come nel caso del diopside.

Gruppo **2b** (F-35): si rileva la presenza di notevoli quantità di quarzo e di calcite.

[24] PR VI p. 139, tav. 32 figg. 17-18; TSAKIRGIS Diss., p. 132.

Gruppo **2d** (F-21, F-23, F-100): i tre campioni sono molto simili tra loro. Oltre alla presenza costante di quarzo e calcite, si rileva la presenza di pirosseni diopsidici e di feldspati. Si notano anche tracce di gehlenite.

Gruppo **2d** (F-99): si rileva la presenza di quarzo e di calcite, con tracce di feldspati. Si può supporre che la composizione mineralogica di questo campione, diversa rispetto ai campioni precedenti, sia stata influenzata dall'alta temperatura subita.

Gruppo **2e** (F-28): si rilevano una notevole quantità di calcite, in netta prevalenza sul quarzo, ed anche una sensibile quantità di analcime, probabilmente derivato dall'alterazione del vetro feldspatico.

Gruppo **2e** (F-25): è molto simile a F-28.

Gruppo **2e** (F-26, F-27, F-29): questi tre campioni sono molto simili tra loro, e la composizione mineralogica è data da quarzo nettamente prevalente su calcite, feldspati e diopside: il campione F-27 presenta tracce di gehlenite.

Gruppo **2g** (F-93): si rileva la presenza di quarzo, che è prevalente rispetto a calcite, feldspati e diopside. Il campione è molto simile ai campioni F-26, F-27 e F-29.

Bibliografia tecnica specifica

Per le abbreviazioni bibliografiche generali, si rimanda all'inizio del presente lavoro (pp. ix–xvii).

Tecnologia ceramica

ALAIMO, R. - ANZALONE, S. - CALDERONE, S. - FERLA, P. - VIANELLI, G., 1974: Sicilia, in *Giacimenti argille*, pp. 235–300.

ARBUTHNOT, P., 1978: Village Kilns and their Archaeological Relevance, in *Annali Istituto Orientale di Napoli* 38, N. S. 28, pp. 169–177.

CHAZAN, M. - MCGOVERN, P. E., 1984: Khirbet Kerat Pottery at Beth Shan: Technological Evidence for Local Manufacture?, in *MASCAJ* 3, pp. 20–24.

COCKLE, H., 1981: Pottery Manufacture in Roman Egypt: a New Papyrus, in *JRS* 71, pp. 87–97.

CUOMO DI CAPRIO, N., 1982: *Ceramica rustica tradizionale in Puglia* (Galatina, Lecce 1982).

DORE, J. - GREENE, K., eds., 1977: *Roman Pottery Studies in Britain and Beyond*, BAR Suppl. Series 30 (Oxford 1977).

ECHALLIER, J.-C., 1984: Éléments de technologie céramique et d'analyse des terres cuites archéologiques, *DocAMérid* Série Méthodes et Techniques 3 (Lambesc 1984).

ECHALLIER, J.-C. - MONTAGU, J., 1985: Données quantitatives sur la préparation et la cuisson en four à bois de reconstitutions actuelles de poteries grecques et romaines, in *DocAMérid* 8, pp. 141–145.

GOLVIN, L. - THIRIOT, J. - ZAKARIYA, M., 1982: *Les potiers actuels de Fustāt*, Institut français d'Archéologie Orientale du Caire, Bibliothèque d'Étude 89 (Le Caire 1982).

HOWARD, H. - MORRIS, E. L., eds., 1981: *Production and Distribution: A Ceramic Viewpoint*, BAR International Series 120 (Oxford 1981).

LEACH, B., 1976: *A Potter's Book* (London 1976)

LONDON, G., 1981: Dung-tempered Clay, in *JFA* 8,2, pp. 189–195.

MANIATIS, Y. - TITE, M. S., 1981: Technological Examination of Neolithic-Bronze Age Pottery from Central and Southeast Europe and from the Near East, in *JAS* 8, pp. 59–76.

MCGOVERN, P. E. - VERNON, W. W. - WHITE, J. C., 1985: Ceramic Technology at Prehistoric Ban Chiang, Thailand. Physiochemical Analyses, in *MASCAJ* 3, pp. 104–113.

Munsell Book of Color 1976 (Baltimore 1976).

NICKLIN, K., 1971: Stability and Innovation in Pottery Manufacture, in *WorldArch* 3, pp. 13–48.

RAGONA, A., 1975: *La maiolica siciliana* (Palermo 1975).

SPIEGEL, M. R., 1976: *Statistica* (New York 1961, traduz. ital. Milano 1976).

TITE, M. S. - FREESTONE, I. C. - BIMSON, M., 1983: Egyptian Faience: an Investigation of the Methods of Production, in *Archaeometry* 25, pp. 17–27.

TITE, M. S. - FREESTONE, I. C. - BIMSON, M., 1984: A Technological Study of Chinese Porcelain of the Yuan Dynasty, in *Archaeometry* 26, pp. 139–154.

VAN DER LEEUW, S. E. - PRITCHARD, A. C., eds., 1984: *The Many Dimensions of Pottery* (Amsterdam 1984).

WETHERINGTON, R. K., ed., 1978: *The Ceramics of Kaminaljuyu, Guatemala*, Pennsylvania State University (University Park, Pennsylvania 1978).

WHITBREAD, I. K., 1986: The Characterisation of Argillaceous Inclusions in Ceramic Thin Sections, in *Archaeometry* 28, pp. 79–88.

WHITE, K. D., 1986: *Greek and Roman Technology* (London 1986).

Microscopia ottica

BETTS, I. M., 1980: Roman Brick and Tile: a Study in Fabric Variability, in *BM Seminar 1980*, pp. 63–71.

BOURGEOIS, A. - GAUTIER, J., 1978: Étude au laboratoire de céramiques locales de Mactar, in *Karthago* 18, pp. 117–126.

BROTHWELL, D. - HIGGS, E., eds., 1969: *Science in Archaeology. A Survey of Progress and Research*, 2 ediz. (London 1969).

BULLARD, R. G., 1978: Geology in Field Archaeology, in DEVER, W. G. - LANGE, H. D., eds., *A Manual of Field Excavation*, Hebrew Union College (Cincinnati 1978)

CALOGERO, S. - LAZZARINI, L., 1984: Caratterizzazione chimico-fisica di ceramiche grigie dallo scavo dell'area ex Pilsen a Padova, in *ArchVen* 7, pp. 81–97.

CARRARA, M. - MIROCLE CRISCI, G. - DE FRANCESCO, A. M., 1982: Mineralogical, Petrographic and Geochemical Analyses of Iron Age Pottery from Torre Mordillo (Cosenza), in *Rend. Soc. Ital. di Mineralogia e Petrologia* 38,3, pp. 1459–1470.

CUOMO DI CAPRIO, N., 1987: Tecniche analitiche applicate a campioni ceramici di Tarquinia, in *Tarquinia: Ricerche, scavi e prospettive. Atti Conv. Int. di Studi "La Lombardia per gli Etruschi," Milano Giugno 1986* (Milano 1987) pp. 111–127.

D'AMBROSIO, B. - MANNONI, T. - SFRECOLA, S., 1986: Stato delle ricerche mineralogiche sulle ceramiche mediterranee, in *La ceramica medievale nel Mediterraneo Occidentale. Congresso Int. Università degli Studi di Siena, Siena-Faenza 1984* (Firenze 1986) pp. 601-609.

D'AMBROSIO, B. - MANNONI, T. - SFRECOLA, S., 1989: La provenienza delle anfore romane di alcuni contesti italiani: possibilità e limiti del metodo mineralogico, in *Amphores romaines et histoire économique: dix ans de recherche. Actes du colloque de Sienne, 22-24 mai 1986*, Collection de l'École française de Rome 114 (Roma 1989) pp. 269-284.

DARVILL, T., 1979: A Petrological Study of LHS and TPF Stamped Tiles from the Cotswold Region, in *Roman Brick*, pp. 309-349.

DARVILL, T. - TIMBY, J., 1980: Textural Analysis: a Review of Potentials and Limitations, in *BM Seminar 1980*, pp. 73-87.

DE FRANCESCO, A. M. - FRISATTO, W., 1986: Utilisation de basalte provenant de l'Etna dans les constructions de Locri Epizefiri-Centocamere (Calabre), in *Revue d'archéométrie* 10, pp. 25-32.

FARNSWORTH, M., 1964: Greek Pottery: a Mineralogical Study, in *AJA* 68, pp. 221-228.

FERLA, P. - ALAIMO, R. - FALSONE, G. - SPATAFORA, F., 1984: Studio petrografico delle macine di età arcaica e classica da Monte Castellazzo di Poggioreale, in *SicArch* 56, pp. 25-52.

FREESTONE, I. C. - RIGBY, V., 1980: Class B Cordoned and Other Imported Wares from Hengistbury Head, Dorset, in *BM Seminar 1980*, pp. 29-41.

FREESTONE, I. C. - MIDDLETON, A. P., 1987: Mineralogical Applications of the Analytical SEM in Archaeology, in *Mineralogical Magazine* 51, pp. 21-31.

GALVAN, J. - ZAMORA, A. - TARDIO, T., 1973: Estudio mineralògico de ceràmica de la Edad del Bronce de la Cueva de la Vaquera (Segovia), in *XII Congreso Nacional de Arqueologia Jaen 1971* (Zaragoza 1973) pp. 241-250.

HEIMANN, R. B. - MAGGETTI, M., 1981: Experiments on Simulated Burial of Calcareous Terra Sigillata (Mineralogical Change): Preliminary Results, in *Scientific Studies in Ancient Ceramics*, M. J. HUGHES, ed., British Museum Occasional Paper 19, pp. 163-177.

JONES, N. W. - BLOSS, F. D., 1980: *Laboratory Manual for Optical Mineralogy* (Minneapolis 1980).

JORNET, A., 1982: *Analyse minéralogique et chimique de la céramique romaine suisse á enduit brillant*, Thèse n. 846, Université de Fribourg

KEMPE, D. R. C. - HARVEY, A. P., eds., 1983: *The Petrology of Archaeological Artefacts* (Oxford 1983).

KILKA, T., 1988: Groupes de référence des poteries romaines d'Aegerten (canton de Berne - Suisse): Caractéristiques minéralogiques, chimiques et techniques, in *Revue d'archéométrie* 12, pp. 71-80.

MAGGETTI, M. - GALETTI, G. - SCHWANDER, H. - PICON, M. - WESSICKEN, R., 1981: Campanian Pottery: the Nature of the Black Coating, in *Archaeometry* 23, pp. 199-207.

MAGGETTI, M. - GALETTI, G., 1986: Chemischer Herkunftsnachweis der schwarzen Sigillata vom Magdalensberg, in *Magdalensberg-Grabungsbericht* 15, pp. 391-431.

MAGGETTI, M. - MARRO, C. - PERINI, R., 1979: Risultati delle analisi mineralogiche-petrografiche della ceramica Luco, in *Studi trentini di scienze storiche* 58,1, pp. 3–19.

MANNONI, T., 1975: Studio mineralogico di alcuni tipi ceramici provenienti dall'abitato preromano di Genova, in *Archaeologica. Scritti in onore di A. Neppi Modona* (Firenze 1975) pp. 373–386.

MANNONI, T., 1977: Prime informazioni sulle analisi minero-petrografiche delle ceramiche di Luni, in *Luni* II, a cura di A. FROVA (Roma 1977) pp. 723–725.

MANNONI, T., 1980: Analisi delle ceramiche dipinte neolitiche di Lipari. Appendice VIII in L. BERNABÒ BREA - M. CAVALIER, *Melìgunis-Lipára* IV, *L'Acropoli di Lipari nella preistoria* (Palermo 1980) pp. 871–875.

MANNONI, T., 1984a: Caratterizzazioni mineralogico-petrografiche di alcune classi di reperti, in *Ricerche a Pompei. L'insula 5 della regio VI dalle origine al 79 d.C.*, M. BONGHI JOVINO, ed. (Roma 1984) I, pp. 346–351.

MANNONI, T., 1984b: Analyses cristallographiques, in *Datation-caractérisation des céramiques anciennes = Pact* 10, pp. 237–246.

MANNONI, T., 1985: Dove e come venivano fabbricati mattoni, pentole ed anfore usati nella villa, in *Settefinestre. Una villa schiavistica nell'Etruria romana*, a cura di A. CARANDINI, III (Modena 1985) pp. 340–341.

MICHEL, B. - WEISS, J. - WESSICKEN, R. - MAGGETTI, M., 1987: Analyses minéralogique, chimique et technologique d'engobes argileux, in *Revue d'archéométrie* 11, pp. 63–75.

MIDDLETON, A. P. - FREESTONE, I. C. - LEESE, M. N., 1985: Textural Analysis of Ceramic Thin Sections: Evaluation of Grain Sampling Procedures, in *Archaeometry* 27, pp. 64–74.

MILANESE, M. - MANNONI, T., 1986: Gli Etruschi a Genova e il commercio mediterraneo, in *StEtr* 52, pp. 117–146.

MOTTANA, A. - CRESPI, R. - LIBORIO, G., 1977: *Minerali e rocce* (Milano 1977).

PEACOCK, D. P. S., ed., 1977a: *Pottery and Early Commerce* (London-New York 1977).

PEACOCK, D. P. S., 1977b: Bricks and Tiles of the Classis Britannica: Petrology and Origin, in *Britannia* 7, pp. 235–248.

PEACOCK, D. P. S., 1977c: Roman Amphorae: Typology, Fabric and Origins, in *Méthodes classiques et méthodes formelles dans l'étude des amphores*, Collection de l'École française de Rome 32 (Roma 1977) pp. 261–278.

PEACOCK, D. P. S., 1984: Petrology and Origins, in *Excavations at Carthage: The British Mission* I,2. *The Avenue du President Habib Bourguiba, Salammbo: the Pottery and other Ceramic Objects from the Site* (Sheffield 1984) pp. 6–28.

PEACOCK, D. P. S. - WILLIAMS, D. F., 1986: *Amphorae and the Roman Economy* (London-New York 1986).

PICON, M., 1984: Problèmes de détermination de l'origine des céramiques, in *Datation-caractérisation des céramiques anciennes = Pact* 10, pp. 425–433.

PICON, M. - LE MIERE, M., 1987: Géochimie, in J. C. MISKOVSKY, ed., *Géologie de la préhistoire: méthodes, techniques, applications*. Association pour l'Étude de l'Environnement Géologique de la Préhistoire (Paris 1987) pp. 883–901.

PICON, M. - RICQ-DE BOUARD, M., 1989: *Étude en laboratoire des céramiques archéologiques*, Centre de Recherches Archéologiques, CNRS, Documents de Formation 8 (s.l.) pp. 1–149.

Prag, A. J. - Schweizer, F. - Williams, J. Ll. W., 1974: Hellenistic Glazed Wares from Athens and Southern Italy: Analytical Techniques and Implications, in *Archaeometry* 16, pp. 153-187.

Reille, J. L., 1985: L'analyse pétrographique des céramiques et le problème de la provenance des amphores massaliètes, in *DocAMérid* 8, pp. 101-112.

Ricq-De Bouard, M. - Meille, E. - Vichy, M. - Picon, M., 1989: Les argiles utilisées pour la fabrication des amphores en Italie, in *Amphores romaines et histoire économique: dix ans de recherche. Actes du colloque de Sienne, 22-24 mai 1986*, Collection de l'École française de Rome 114 (Roma 1989) pp. 257-268.

Riley, J. A., 1978-79: The Petrological Investigation of Roman and Islamic Ceramics from Cyrenaica, in *LibSt* 10, pp. 35-46.

Riley, J. A., 1980: The Petrological Analysis of Aegean Ceramics, in *BM Seminar 1980*, pp. 1-7.

Riley, J. A., 1982: Islamic Wares from Ajdabiyah, in *LibSt* 13, pp. 85-104.

Schubert, P., 1986: Petrographic Modal Analysis - A Necessary Complement to Chemical Analysis of Ceramic Coarse Ware, in *Archaeometry* 28, pp. 163-178.

Schuring, J. M., 1986: The Roman, Early Medieval and Medieval Coarse Kitchen Wares from the San Sisto Vecchio in Rome, in *BABesch* 61, pp. 158-207.

Shackley, M. L., 1975: *Archaeological Sediments. A Survey of Analytical Methods* (London-Boston 1975).

Shotton, F. W. - Hendry, G. L., 1979: The Developing Field of Petrology in Archaeology, in *JAS* 6, pp. 75-84.

Streeten, A. D., 1980: Textural Analysis: An Approach to the Characterization of Sand-tempered Ceramics, in *BM Seminar 1980*, pp. 123-134.

Tite, M. S. - Bimson, M. - Freestone, I. C., 1982: An Examination of the High Gloss Surface Finishes on Greek Attic and Roman Samian Wares, in *Archaeometry* 24, pp. 117-126.

Whitbread, I. K., 1986: The Application of Ceramic Petrology to the Study of Ancient Greek Amphorae, in *BCH* Suppl. 13, pp. 95-101.

Williams, J. Ll. W. - Jenkins, D. A. - Livens, R. G., 1974: An Analytical Study of the Composition of Roman Coarse Wares from the Fort of Bryn y Gefeiliau in Snowdonia, in *JAS* 1, pp. 47-67.

Analisi mineralogico-petrografiche: elenco dei campioni esaminati

1: la prima colonna indica il numero progressivo di laboratorio assegnato a ogni sezione sottile.
2: la seconda colonna indica il numero corrispondente dell'analisi per attivazione neutronica (NAA), quando eseguita (App. 2).
3: la terza colonna indica l'analisi per diffrazione di raggi X (XRD), quando eseguita.
4: la quarta colonna indica il tipo di materiale esaminato.
5: la quinta colonna indica dove è stato prelevato il campione sottoposto ad analisi.

I prelievi sono stati eseguiti su frammenti non inventariati, provenienti dal contesto indicato di volta in volta. I frammenti indicati come "erratici" provengono da ricognizioni di superficie.

I campioni che contengono sabbia vulcanica sono contraddistinti con il segno *. Nei campioni contraddistinti ** la presenza della sabbia vulcanica è presunta (*supra*, Cap. III, pp. 89–91; cfr. anche Cap. III nota 45).

1	2	3	4	5
			GRUPPO 1: ARGILLE	
A-1	NAA X-3	XRD	argilla	contrada Mirenda
A-2	NAA X-1	XRD	argilla	contrada Fondacaccio
A-3	NAA X-5	XRD	argilla	contrada Fondacaccio
A-4	NAA X-2	XRD	argilla	Cittadella
A-5	NAA X-6	XRD	argilla	Piazza Armerina, scavi per autostrada tangenziale a profondità di ca. m 8
			GRUPPO 2: FORNACI	
F-1			mattone fornace	erratico
F-2			piattaforma, superficie (calcarenite)	fornace 10, centro della camera di combustione
F-3			mattone fornace	fornace 10, arco della camera di combustione
F-4			malta	fornace 10, camera di combustione, malta tra i mattoni degli archi
F-5			malta	fornace 10, arco del prefurnio, malta tra i mattoni
F-6			malta	fornace 1, volta del prefurnio, malta tra il tegolame
F-7			materiale calcinato (calcarenite)	fornace 1, camera di combustione, pavimento
F-8			materiale calcinato (calcarenite)	fornace 1, camera di combustione, pavimento
F-9			piattaforma, superficie (calcarenite)	fornace 10, centro della camera di combustione

F-10			piattaforma, all'interno a prof. cm 10 circa (calcarenite)	fornace 10, centro della camera di combustione
F-11			piattaforma, superficie (calcarenite)	fornace 10, centro della camera di combustione
F-12			piattaforma, superficie (calcarenite)	fornace 10, centro della camera di combustione
F-13			piattaforma, superficie (calcarenite)	fornace 10, centro della camera di combustione
F-14			mattone fornace	fornace 10, fianco della piattaforma, dal moncone a ridosso delle fortificazioni
F-15			mattone fornace	fornace 10, fianco della piattaforma, dal moncone verso la scarpata
F-16			mattone a cuneo, cm 24	fornace 10, arco del prefurnio sud
F-17	NAA 3/3		tegolame fornace	fornace 1, prefurnio
F-18			tegolame fornace	SS bis di **F-17**
F-19	NAA 3/4		tegolame fornace	fornace 1, prefurnio
F-20			tegolame fornace	SS bis di **F-19**
F-21	NAA 10/4	XRD	mattone fornace	fornace 4, prefurnio
F-22			tegolame fornace	fornace 4, prefurnio
F-23	NAA 10/5	XRD	mattone fornace	fornace 4, prefurnio
F-24			tegolame fornace	fornace 4, prefurnio
F-25	NAA 10/1	XRD	tegolame fornace	fornace 4, prefurnio
F-26	NAA 10/2	XRD	tegolame fornace	fornace 4, prefurnio
F-27	NAA 11/1	XRD	tegolame fornace	fornace 5, camera di combustione
F-28	NAA 11/3	XRD	tegolame fornace	fornace 5, camera di combustione
F-29	NAA 3/1	XRD	tegolame fornace	fornace 1, prefurnio
F-30			tegolame fornace	fornace 1, prefurnio
F-31	NAA 6/3		mattone a cuneo, cm 24	fornace 10, arco del prefurnio nord
F-32	NAA 3/6		tegolame fornace	fornace 1, prefurnio
F-33 *	NAA 37		tegola	Cittadella, tempio arcaico *Farmhouse Hill*
F-34			mattone fornace	erratico
F-35	NAA 6/2	XRD	malta	fornace 10, malta tra i mattoni della camera di combustione
F-36			calcarenite	fornace 10, dalla parete del fossato nord
F-37			mattone a cuneo, cm 24	fornace 10, arco del prefurnio nord
F-38			mattone a cuneo, cm 24	fornace 10, arco del prefurnio nord
F-39	NAA 6/4		mattone a cuneo, cm 24	fornace 10, arco del prefurnio nord
F-40	NAA 6/5		mattone a cuneo, cm 24	fornace 10, arco del prefurnio nord
F-41			mattone a cuneo, cm 24	fornace 10, arco del prefurnio nord
F-42			mattone a cuneo, cm 24	fornace 10, arco del prefurnio sud
F-43			mattone a cuneo, cm 32	fornace 10, arco del prefurnio sud
F-44			mattone a cuneo, cm 32	fornace 10, arco del prefurnio sud
F-45			mattone a cuneo, cm 32	fornace 10, arco del prefurnio sud

F-46	NAA 6/7	mattone a cuneo, cm 24	fornace 10, arco del prefurnio sud
F-47	NAA 6/6	mattone a cuneo, cm 24	fornace 10, arco del prefurnio sud
F-48		mattone fornace	fornace 10, pareti della camera di combustione
F-49		mattone fornace	fornace 10, pareti della camera di combustione
F-50		mattone fornace	fornace 10, pareti della camera di combustione
F-51		mattone fornace	fornace 10, pareti della camera di combustione
F-52		mattone fornace	fornace 10, pareti della camera di combustione
F-53		mattone fornace	fornace 10, pareti della camera di combustione
F-54		mattone fornace	fornace 10, pareti della camera di combustione
F-55		mattone fornace	fornace 10, pareti della camera di combustione
F-56		rocchio colonna	erratico (con foro centrale)
F-57		rocchio colonna	erratico (con foro centrale)
F-58		rocchio colonna	erratico (con foro centrale)
F-59		condotto idrico, diam. cm 30, con bocchetta	teatro, conduttura idrica
F-60		condotto idrico, diam. cm 30, con bocchetta	Granaio Est, dal vano con pozzetto verso fornace 10
F-61		condotto idrico, diam. cm 30, con bocchetta	zona tra teatro e *plateia* A verso botteghe ovest
F-62		condotto idrico, diam. cm 30, con bocchetta	zona tra teatro e *plateia* A verso botteghe ovest
F-63		condotto idrico, diam. cm 30, con bocchetta	Stoà Est, da ammasso di materiale frammentato
F-64		condotto idrico, diam. cm 30, con bocchetta	Stoà Est, da ammasso di materiale frammentato
F-65		condotto idrico, diam. cm 30, con bocchetta	Casa Pappalardo, dal vano attiguo alla stanza con archi in laterizio
F-66		condotto idrico, diam. cm 30, con bocchetta	Casa Pappalardo, dal vano attiguo alla stanza con archi in laterizio
F-67		condotto idrico, diam. cm 12, senza bocchetta	Stoà Nord, dal vano accanto alla fornace 8
F-68		condotto idrico, diam. cm 12, senza bocchetta	Stoà Nord, dal vano accanto alla fornace 8
F-69		coppo per tetto di produzione moderna	Granaio Est, dal vano delle fornaci 1, 2 e 3
F-70		coppo per tetto di produzione moderna	Granaio Est, dal vano delle fornaci 1, 2 e 3

F-71			coppo per tetto di produzione moderna	teatro/Santuario Centrale, dalla canaletta verso la cisterna
F-72			mattone pavimento	Collina Est, erratico
F-73			mattone a cuneo, cm 24	Casa Pappalardo, dalla stanza con archi in laterizio
F-74			mattone a cuneo, cm 24	Casa Pappalardo, come sopra
F-75			mattone a cuneo, cm 24	Casa Pappalardo, come sopra
F-76			mattone a cuneo, cm 24	Casa Pappalardo, come sopra
F-77			mattone a cuneo, cm 24	Casa Pappalardo, come sopra
F-78			mattone a cuneo, cm 24	Casa Pappalardo, come sopra
F-79			intonaco	fornace 10, camera di combustione, da intercapedine attigua al prefurnio nord
F-80			ipercotto (blocchi greificati)	Granaio Est, vano delle fornaci 1, 2 e 3, da ammasso di materiale frammentato
F-81			ipercotto (parete)	Area I, tr. 3, ceramica comune (brocchetta?)
F-82			ipercotto (parete)	Stoà Est, vano fornace 9, ceramica comune
F-83			ipercotto (parete)	Stoà Est, vano fornace 9, ceramica comune
F-84			ipercotto (orlo)	Stoà Est, vano fornace 9, ceramica da fuoco, pentola
F-85			ipercotto (parete)	Casa dell'Ufficiale, cisterna, coppetta campana C?
F-86			ipercotto (orlo)	Casa dell'Ufficiale, cisterna, coppetta campana C (Lamboglia 18)
F-87			ipercotto	Stoà Est, vano fornace 9, coppetta campana C?
F-88	NAA 16		condotto idrico, diam. cm 30, con bocchetta	*Macellum*, conduttura all'interno dell'edificio
F-89	NAA 17		condotto idrico, diam. cm 30, con bocchetta	*Macellum*, conduttura all'interno dell'edificio
F-90	NAA 18		condotto idrico, diam. cm 30, con bocchetta	Granaio Est, frammento erratico
F-91	NAA 12		condotto idrico, diam. cm 12, senza bocchetta	Stoà Nord, dal vano accanto alla fornace 8
F-92	NAA 22		rocchio di colonna	Casa dell'Ufficiale, cortile
F-93	NAA 23	XRD	rocchio di colonna	Casa della Cisterna ad Arco, cortile
F-94	NAA 25		condotto idrico, diam. cm 30, con bocchetta	*Dromos*, all'inizio della strada pavimentata in mattoni
F-95	NAA 27		condotto idrico, diam. cm 30, con bocchetta	*plateia* A, salendo dal *Dromos*
F-96	NAA 1		mattone fornace	fornace 8, camera di combustione

F-97	NAA 2		mattone	fornace 9
F-98	NAA 6/1		mattone fornace	fornace 10, pareti della camera di combustione
F-99	NAA 4	XRD	mattone	fornace 2, prefurnio
F-100	NAA 9	XRD	mattone	fornace 7, pareti della camera di combustione
F-101			rocchio di colonna	Casa della Cisterna ad Arco, cortile
F-102	NAA 24		mattone pavimento	Casa della Cisterna ad Arco, pavimento
F-103	NAA 15B		mattone pavimento	Collina Ovest, erratico
F-104	NAA 26		mattone pavimento	*Dromos*, pavimento
F-105			mattone	fornace 10, dal piedritto del prefurnio nord
F-106			mattone	fornace 10, dal piedritto del prefurnio nord
F-107			mattone a cuneo, cm 24	fornace 10, arco del prefurnio sud
F-108			mattone a cuneo, cm 32	fornace 10, arco del prefurnio sud
F-109			mattone a cuneo, cm 32	fornace 10, arco del prefurnio sud
F-110			mattone a cuneo, cm 24	fornace 10, arco del prefurnio nord
F-111			ipercotto (piede), bis di **F-86**	Casa dell'Ufficiale, cisterna, coppetta campana C (Lamboglia 18)
F-112			ipercotto (orlo), bis di **F-86**	Casa dell'Ufficiale, cisterna, coppetta campana C (Lamboglia 18)

GRUPPO 3: CERAMICA A VERNICE NERA

VN-1 *			ceramica a vernice nera (piede)	erratico, piatto (Lamboglia 7)
VN-2			ceramica a vernice nera (orlo)	erratico, piatto (Lamboglia 7)
VN-3 **			ceramica a vernice nera (piede)	erratico, piatto (Lamboglia 7)
VN-4 **			ceramica a vernice nera (piede)	erratico, piatto (Lamboglia 7)
VN-5 **	NAA D2/3	XRD	ceramica a vernice nera (orlo)	Casa dell'Ufficiale, cisterna piatto (Lamboglia 7)
VN-6 *			ceramica a vernice nera (piede)	erratico, piatto (Lamboglia 7)
VN-7			ceramica a vernice nera (orlo)	Casa dell'Ufficiale, cisterna, coppetta (Lamboglia 20)
VN-8 *			ceramica a vernice nera (orlo)	Casa dell'Ufficiale, cisterna, coppetta (Lamboglia 18)
VN-9 *			ceramica a vernice nera (piede)	Casa dell'Ufficiale, cisterna, piatto (Lamboglia 7)
VN-10 *			ceramica a vernice nera	Casa dell'Ufficiale, cisterna, forma non definibile

VN-11*	ceramica a vernice nera (orlo)	Casa dell'Ufficiale, cisterna, piatto (Lamboglia 7)
VN-12*	ceramica a vernice nera (parete?)	Casa dell'Ufficiale, cisterna, coppetta (Lamboglia 20?),
VN-13	ceramica a vernice nera (orlo) bis di **VN-7**	Casa dell'Ufficiale, cisterna coppetta (Lamboglia 20)
VN-14*	ceramica a vernice nera (orlo) bis di **VN-8**	Casa dell'Ufficiale, cisterna coppetta (Lamboglia 18)
VN-15	ceramica a vernice nera (orlo)	erratico, coppetta (Lamboglia 18)
VN-16	ceramica a vernice nera (piede)	stesso manufatto della SS **VN-15**

GRUPPO 4: CERAMICA PRESIGILLATA

PS-1	ceramica presigillata (parete)	Casa dell'Ufficiale, cisterna, coppetta
PS-2	ceramica presigillata (parete) bis di **PS-1**	Casa dell'Ufficiale, cisterna, coppetta
PS-3	ceramica presigillata (parete)	Casa dell'Ufficiale, cisterna, patera
PS-4	ceramica presigillata (parete) bis di **PS-3**	Casa dell'Ufficiale, cisterna, patera

GRUPPO 5: CERAMICA A PARETI SOTTILI

SOTT-1	ceramica a pareti sottili (fondo)	Casa dell'Ufficiale, cisterna, bicchiere
SOTT-2	ceramica a pareti sottili (fondo) bis di **SOTT-1**	Casa dell'Ufficiale, cisterna, bicchiere
SOTT-3	ceramica a pareti sottili (parete)	Casa dell'Ufficiale, cisterna, olletta globulare

GRUPPO 6: CERAMICA COMUNE

VAS-1	ceramica comune	brocca con superficie chiara
VAS-2	ceramica comune	erratico con superficie chiara
VAS-3	ceramica comune	erratico con superficie chiara
VAS-4	ceramica comune	erratico con superficie chiara
VAS-5	ceramica comune	erratico, ansa con superficie chiara
VAS-6	ceramica comune	coppetta con ingobbio rosso
VAS-7	ceramica comune	coppetta con ingobbio rosso
VAS-8	ceramica comune	Casa dell'Ufficiale, cisterna
VAS-9	ceramica comune	Casa dell'Ufficiale, cisterna
VAS-10	ceramica comune	Casa dell'Ufficiale, cisterna

GRUPPO 7: CERAMICA DA FUOCO

KW-1			ceramica da fuoco	erratico
KW-2			ceramica da fuoco	erratico
KW-3			ceramica da fuoco	erratico
KW-4			ceramica da fuoco	erratico
KW-5			ceramica da fuoco	erratico
KW-6			ceramica da fuoco	erratico
KW-7			ceramica da fuoco (orlo)	erratico
KW-8			ceramica da fuoco (orlo)	erratico
KW-9			ceramica da fuoco (orlo)	Casa dell'Ufficiale, cisterna
KW-10			ceramica da fuoco (ansa)	Casa dell'Ufficiale, cisterna
KW-11			ceramica da fuoco (ansa)	Casa dell'Ufficiale, cisterna

GRUPPO 8: TANAGRINE

TAN-1			tanagrina	erratico, con ingobbio chiaro
TAN-2			tanagrina	erratico, con ingobbio chiaro
TAN-3		XRD	tanagrina	erratico, con ingobbio chiaro
TAN-4			tanagrina, bis di **TAN-3**	erratico, con ingobbio chiaro
TAN-5		XRD	tanagrina	erratico, con ingobbio chiaro

GRUPPO 9: *PITHOI*

PT-1 *			*pithos*	Casa della Cisterna ad Arco, zona all'aperto
PT-2 *			*pithos*, bis di **PT-1**	Casa della Cisterna ad Arco, zona all'aperto
PT-3 *			*pithos*	Casa della Cisterna ad Arco, da vano con ammasso di materiale frammentato
PT-4			*pithos*	Granaio Est, vano delle fornaci 1, 2 e 3, da ammasso di materiale frammentato
PT-5			*pithos*	Stoà Est, da ammasso di materiale frammentato
PT-6	NAA 13		*pithos*	Stoà Nord

GRUPPO 10: MATERIALI VARI

VV-1			lava vulcanica	macina per tritare i cereali
VV-2			rivestimento di colonna (malta)	Casa di Ganimede, colonna con scanalature
VV-3			rivestimento di colonnina (superficie decorata)	Museo di Aidone, cortile, colonnina-sostegno
VV-4 *			puteale (lastra rettangolare)	Casa della Cisterna ad Arco

English abstract

THIS STUDY examines ten late-Hellenistic potters' kilns excavated at Morgantina between the years 1955 and 1963. The kilns belonged to six potters' workshops, five of which were located in the area of the city's agora, while one was located in a house in the residential quarter on the West Hill. A few other kilns, which were either less well-preserved or discovered clandestinely, have also been documented at Morgantina; a checklist of these kilns is included in the introduction. The kilns studied here were all in operation in the final period of Morgantina's history. The transition from Greek to Roman rule took place abruptly in 211 B.C., when the city, captured by a Roman army, was assigned to a group of Spanish mercenaries, and it survived as an urban center until the early years of the Christian era. In addition to their importance for the study of ancient technology, the late-Hellenistic kilns offer interesting historical evidence for the transformation of the political and commercial agora of the Greek city into a center of industrial activity.

The study consists of a general introduction and four chapters. There follow three technical appendices describing the results of laboratory analyses of samples collected from the kilns and from elsewhere at the site.

The first chapter contains a catalogue of the ten kilns, each of which is discussed within the compass of the workshop to which it belongs, and then described in detail. The workshops and kilns have been numbered as follows:

Workshop	*Location*	*Kiln No.*
I	East Granary	1-2-3
II	House of the Official	4-5-6
III	Central Sanctuary	7
IV	North Stoa	8
V	East Stoa	9
VI	city wall (Great Kiln)	10

Description of structural features and measurements of each kiln are provided, as well as an indication of the classes of ceramic materials recovered during the excavations of the workshops.

The second chapter describes the general characteristics of the potters' workshops and the technical aspects and function of the structural elements of the kilns. The topics considered include: the widespread pattern of reuse by potters of spaces originally reserved for public purposes, the amount of space available for each workshop, and the provision of water, fuel, and clay. The latter was rendered difficult by the fact that clay deposits do not exist in the immediate vicinity of the agora. In order to obtain clay, the potters had to make use of deposits along the slopes of the plateau on which Morgantina stands, or clay pits at a distance of several kilometers in the valley which extends to the south.

The structural features of the kilns are described in the order followed during the process of firing up the kiln, and they are compared to the features of other kilns discovered in Italy and in the Mediterranean basin. The volume of the stoking corridor (*praefurnium*) is compared to that of the combustion chamber, and the latter is examined in terms of its shape, dimensions, and its internal revetment, which usually consists of tile fragments in a thick binding of calcareous clay mortar. Two other characteristics of the combustion chamber also considered are the step which was built into the wall at the back (presumably with the aim of eliminating dead space and of facilitating the circulation of heat), and the arches that support the perforated oven floor, formed either from a single unit of clay or built of bricks. Special attention is given to the very large kiln no. 10, which is especially noteworthy because of its position adjacent to the city wall, its well-built brick arches, and its unusual structure, with two opposing stoking corridors formed by brick barrel vaults. The oven floor is preserved only in kiln no. 1; there the ratio between the area occupied by the holes and that of the entire floor has been calculated. The possibility is also considered that the oven floor of kiln 10 might not have been a fixed and permanent structural element, but might have been created by the placement of perforated bricks (or tiles) side by side, spanning the cross flues between the supporting arches. Discussion follows of the oven chamber (preserved only in kiln no. 1) and of the system of covering the oven chamber, which was evidently temporary—that is, built up of sherds, rooftiles and clay for each firing cycle.

Proposed datings are provided for the ten kilns of Morgantina: kiln no. 10 was probably in use in the second half of the second century B.C. and the beginning of the first century B.C.; the other kilns were most likely active toward the end of the second century, ending their operations, some early, others later, in the second half of the first century B.C.

A list is provided of all Sicilian kilns known to the author, ranging from pre- and proto-historic open-air hearths to the kilns of the late antique.

The third chapter considers the ceramic production of the ten kilns.[1] The question is difficult because many structural elements are lacking and the kilns were filled with extraneous material fallen in from above during the centuries of abandonment. A few hypotheses regarding production have been formulated, based on two main criteria. The first concerns the probability that certain classes of material might or might not have been fired in a specific kiln. The second criterion stems from the examination of misfirings and other wasters found in a cistern in workshop II, on the assumption that this potter's dump (the only one to have been found at Morgantina) may be representative of the ceramic production of the other kilns.

The first criterion finds application in kiln no. 10, where the excavations of 1955 discovered fragments of numerous classes of pottery. Although most of the ceramic material is considered to belong to post-abandonment fill, it can serve to exemplify the types of manufactured articles that could have been fired in the kiln in question. Technical observations in some cases deny, and in others confirm in ascending order the suitability of the kiln for firing particular materials. It is

[1] The Hellenistic pottery of Morgantina, including deposits from the workshops, is the subject of a doctoral dissertation by Shelley C. Stone, III, and at first it was anticipated that a single volume of *Morgantina Studies* would include both the final report on the pottery, presently in the process of being revised for publication, and the catalogue of the kilns. In order to avoid further delay it has been decided to proceed with the present study.

improbable that black-glazed vessels were fired there, and there is only a slight probability that oil lamps and loom weights were produced in any significant quantity. Somewhat greater is the likelihood that this kiln was used for firing ordinary pottery, and there is a good probability that bricks, roof tiles, pithoi, anular bricks for columns, and water pipes were fired. The latter might represent one of the principal products of the kiln, given the presence at Morgantina of numerous public and private conduits with the dimensions and characteristics of the fragments found in the kiln. Indeed, the "Great Kiln" may well have been been built primarily for the production of water pipes.

The cistern in Workshop II contained ordinary pottery, kitchen ware, thin-walled ware, presigillata, and black-glazed Campana C. Mineralogical analyses have revealed that the majority of samples of Campana C have a particular microstructure, very fine and well aggregated, and contain a special temper of volcanic sand derived from basaltic rock. The volcanic sand was added intentionally by the potter in the process of working the clay, as is demonstrated by the very irregular distribution of the volcanic grains in the finished products. It could be assumed that the pottery containing volcanic sand was imported. Such a hypothesis, however, does not seem to agree with the evidence of the Workshop II cistern, which contained Campana C misfirings of small bowls (form Lamboglia 18). Furthermore, the great quantity of Campana C found at Morgantina suggests an active local production and not just a market for imported ware. Such local production is all the more likely if one considers the location of the city in central Sicily, distant from ports and seaborn trade. For these reasons, it is an attractive hypothesis that some of the Campana C was imported to Morgantina, while some of it, along with all the other pottery, was made locally. The local potters may have collected clay from appropriate deposits, more or less distant from the workshops. Resolution of this question may have to wait for the definitive publication of the Campana C pottery of Morgantina, and perhaps also for further research utilizing chemical-physical analysis of trace elements. It might then be possible to ascertain whether the volcanic temper was used only for some forms of Campana C, whether it was employed by all the workshops or only by a few, and whether it was in common use in other centers of production in Sicily.

The fourth chapter describes the potter of Morgantina and his relation to his milieu. His versatility and professional skill are emphasized, and the possibility is considered that each potter had his own specialty. Also examined is the question of why the local potters chose to work in the city, far from the sources of clay and fuel and with limited supplies of water. This preference for an urban setting could be explained by the lack of security in the Sicilian countryside during the second and first centuries B.C., and also by the basic requirements of pottery manufacture, which required the constant and continual presence of the potter, who was therefore obliged to have both his home and his workshop within the well-protected town.

The study is followed by three technical appendices. In the first are presented the results of thermoluminescence anaylsis of nine structural ceramic samples from the kilns. The objective was to verify the proposed dating of the kilns based on archaeological evidence, and the results in fact confirmed that dating. The second appendix deals with ninety-nine samples of clay, bricks from the kilns, and ceramic material, examined by means of neutron activation anaylsis with the dual aim of specifying the characteristics of the ceramic production of Morgantina, and of "fingerprinting" the chemical composition, with particular attention to trace elements. The third appendix concerns 166 samples collected from clay deposits, kilns, and certain manufactured ceramic articles, all of which underwent analysis by optical microscope for the purpose of pinpointing the mineralogical characteristics of the ceramic production of Morgantina (Fig. 8). Thin sections were examined with polarizing microscopes. Analysis by X-ray diffraction was also performed on twenty-six samples. This last appendix is accompanied by a series of graphs illustrating the parameters considered most significant in interpreting the behavior and the choices of the potter in the different phases of production. These parameters include the following: 1) the color in natural light of the basic fabric of the various classes of materials, in order to demonstrate the relationship between color and firing temperature (Fig. 9); 2) the presence of quartz temper in all 166 samples examined, while volcanic sand is present in only fourteen of them (Fig. 10); 3) the relative uniformity of the temper, whether natural (quartz) or artificial (volcanic sand and chamotte), to gain information about the process of purifying the clay and modifying its composition (Figs. 11–15); 4) the quantity of quartz temper in specific classes of materials (Fig. 16); and 5) the characteristics of the microfossils present in the pottery, to gain information on the temperature of its firing (Figs. 17, 18).

Indice analitico

Indice topografico

TAVOLE

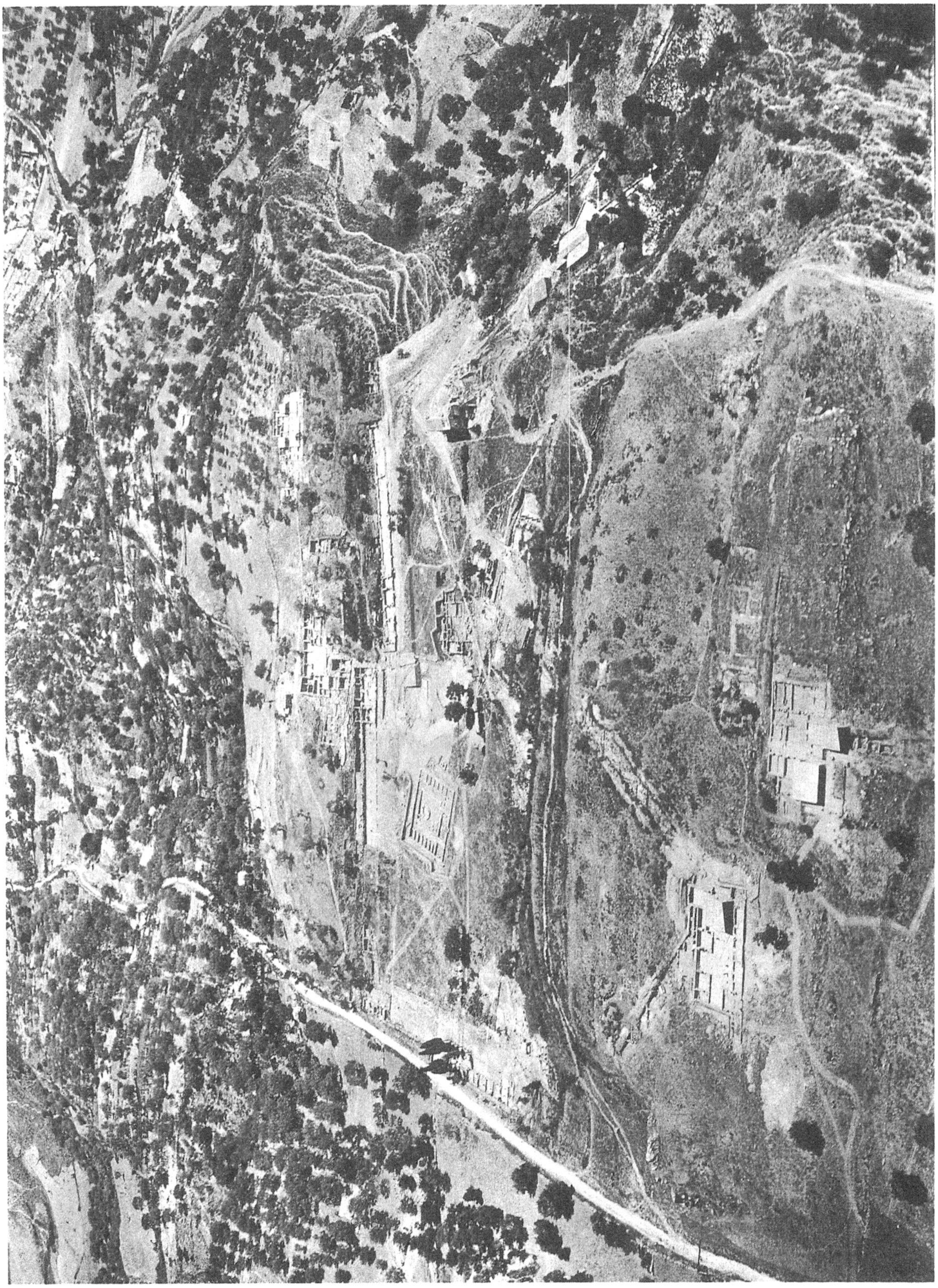

Foto aerea del pianoro di Serra Orlando, con gli scavi condotti a partire dal 1955

TAV. 1

TAV. 2

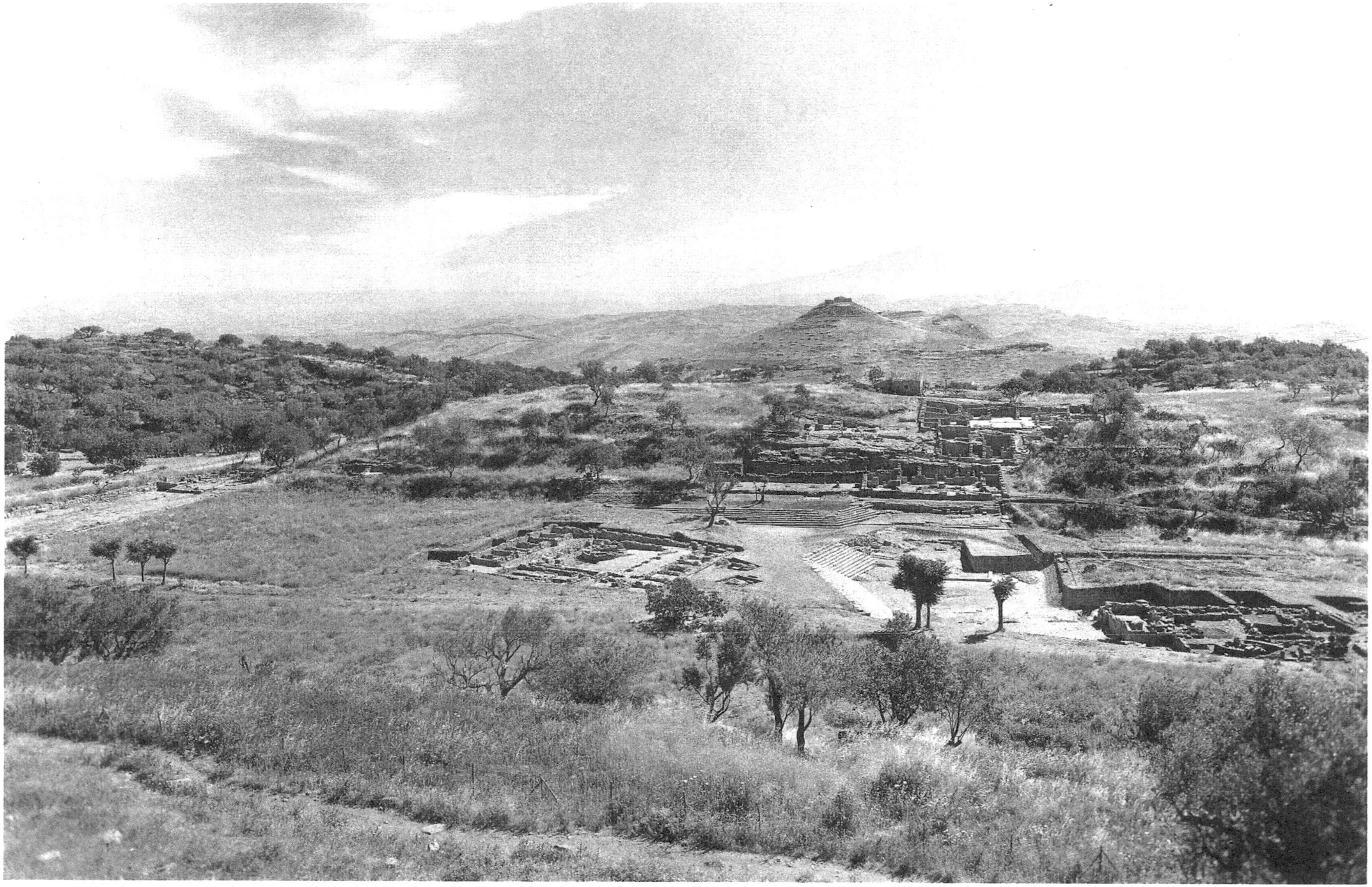

Veduta generale degli scavi: nel pianoro, verso sinistra l'agorà superiore con il *Macellum*, verso destra l'agorà inferiore con il Santuario Centrale; di fronte la Collina Est, dietro la quale si eleva la Cittadella; sullo sfondo si intravvede il monte Etna (foto: 1963)

TAV. 3

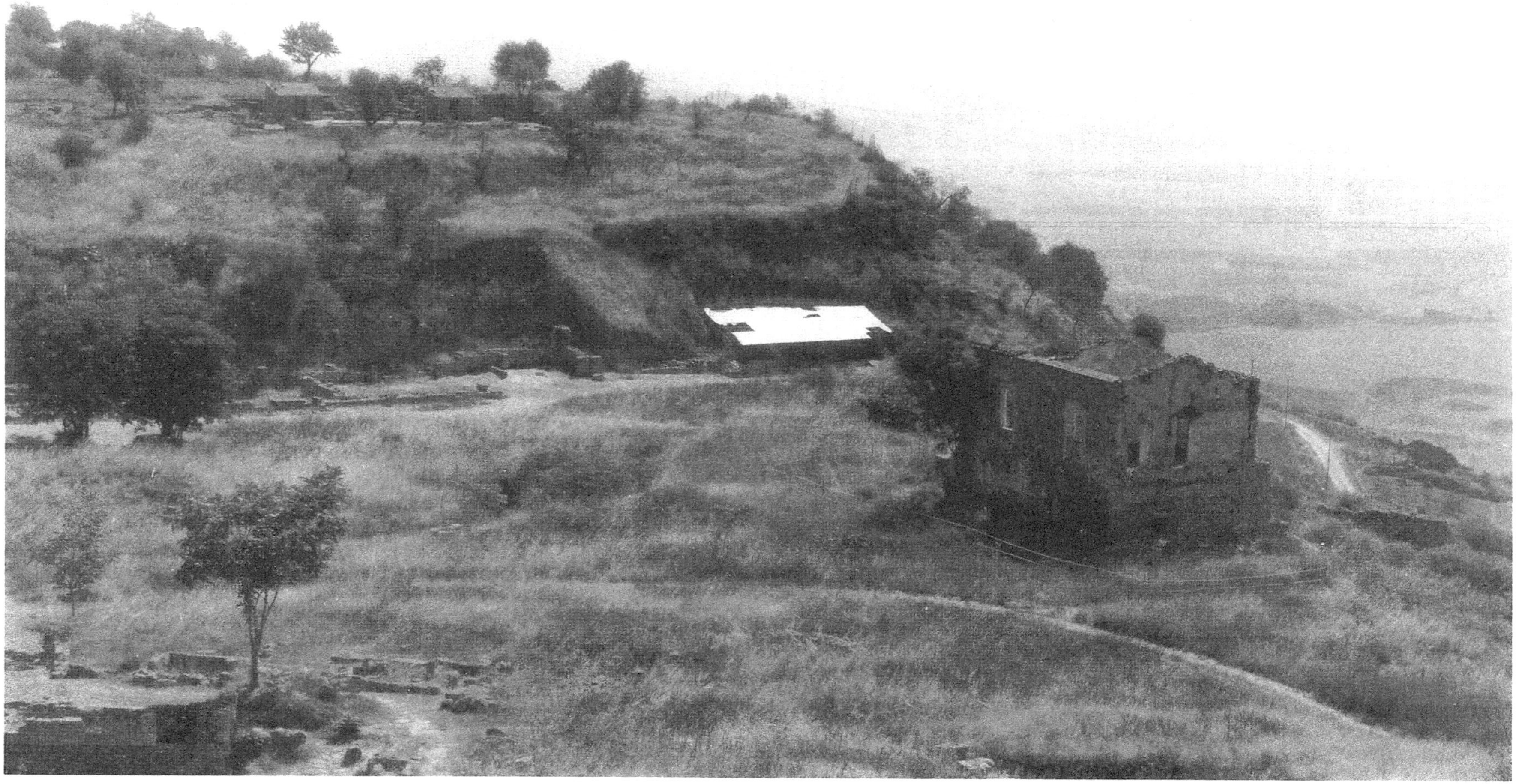

Veduta del lato sud-est dell'agorà, ove il pianoro termina con un ripido pendio verso la vallata sottostante; verso centro, una grande tettoia protegge la fornace 10, sita a ridosso delle fortificazioni (foto: 1963)

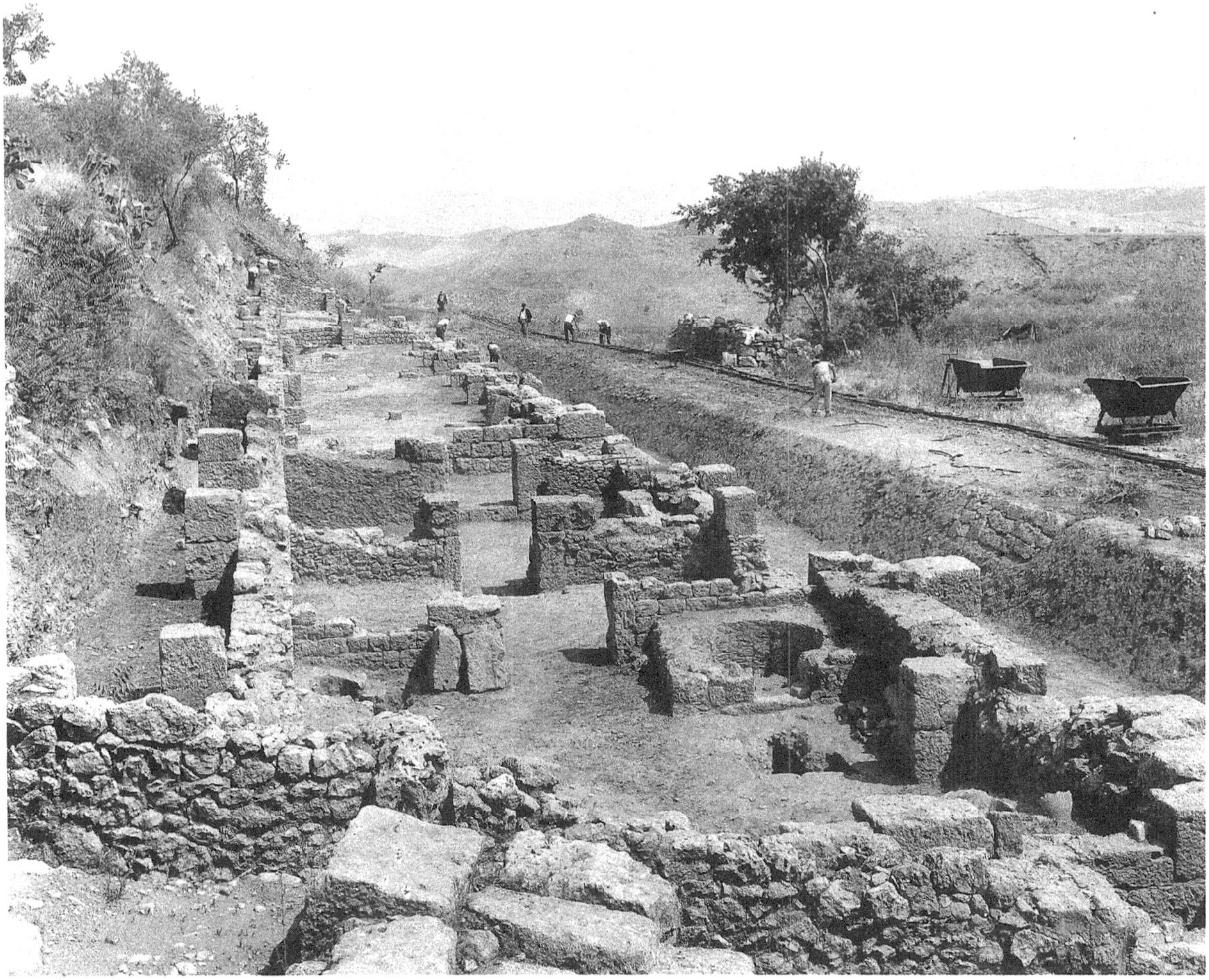

I officina, Granaio Est. Veduta d'insieme all'epoca degli scavi, negli anni 1959-1960; in primo piano le fornaci della I officina da vasaio (foto: 1960)

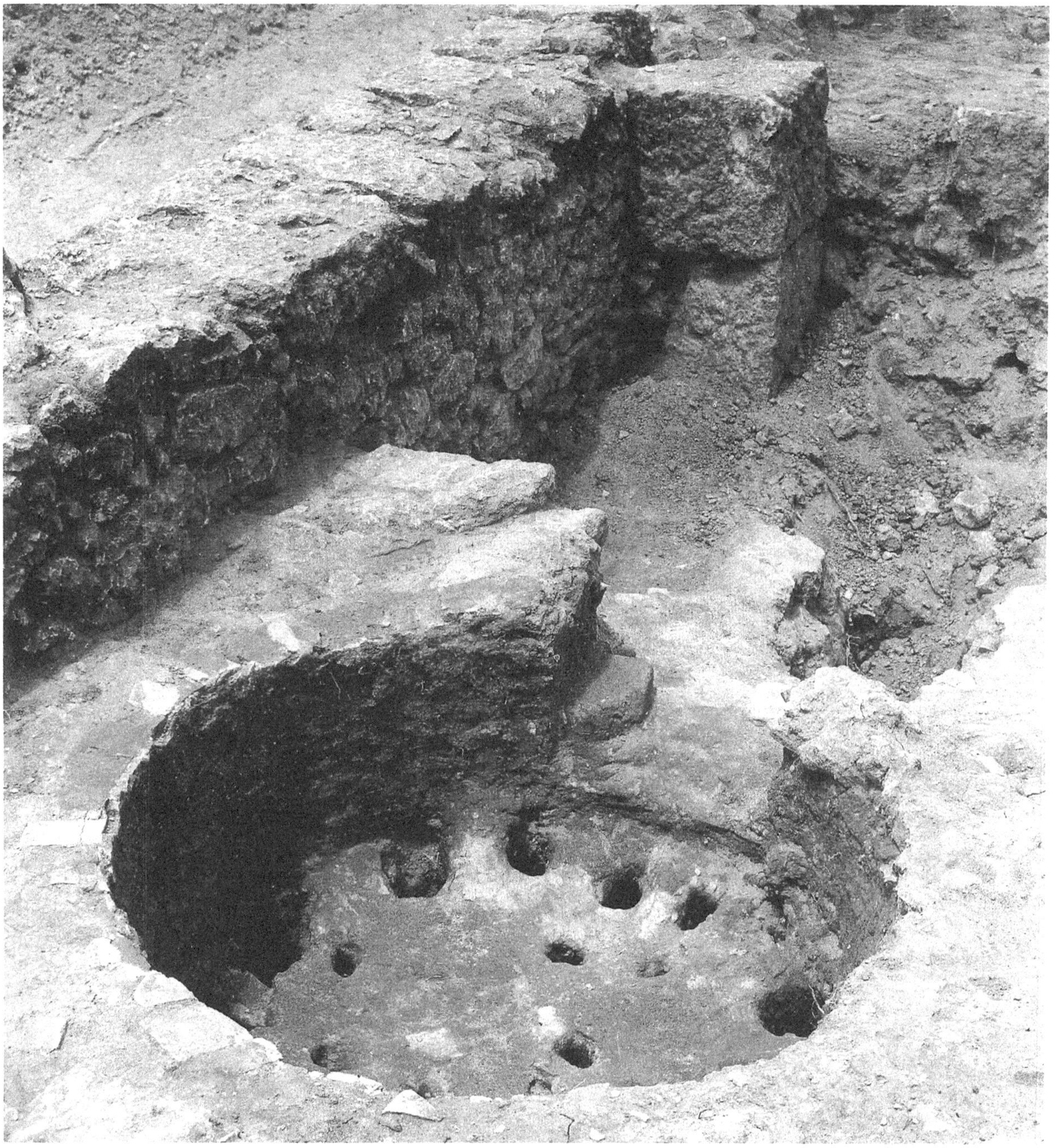

I officina, fornace 1. Veduta dall'alto del prefurnio, della camera di cottura munita di porta di accesso, e del piano forato (foto: 1960)

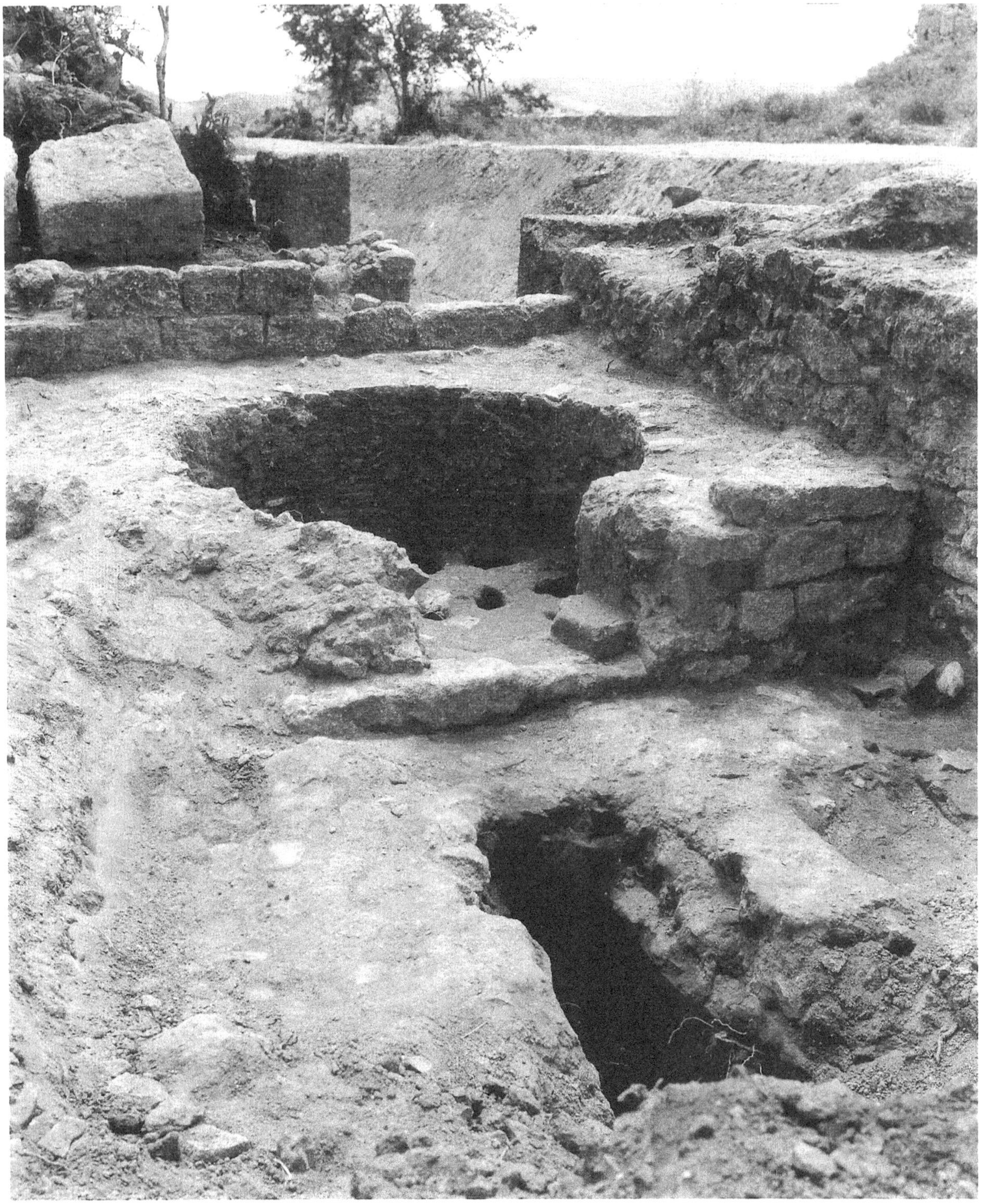

I officina, fornace 1. In primo piano il prefurnio dalla volta ad ogiva in parte crollata; in secondo piano l'accesso alla camera di cottura (foto: 1959, Fototeca Unione presso Accademia Americana, Roma)

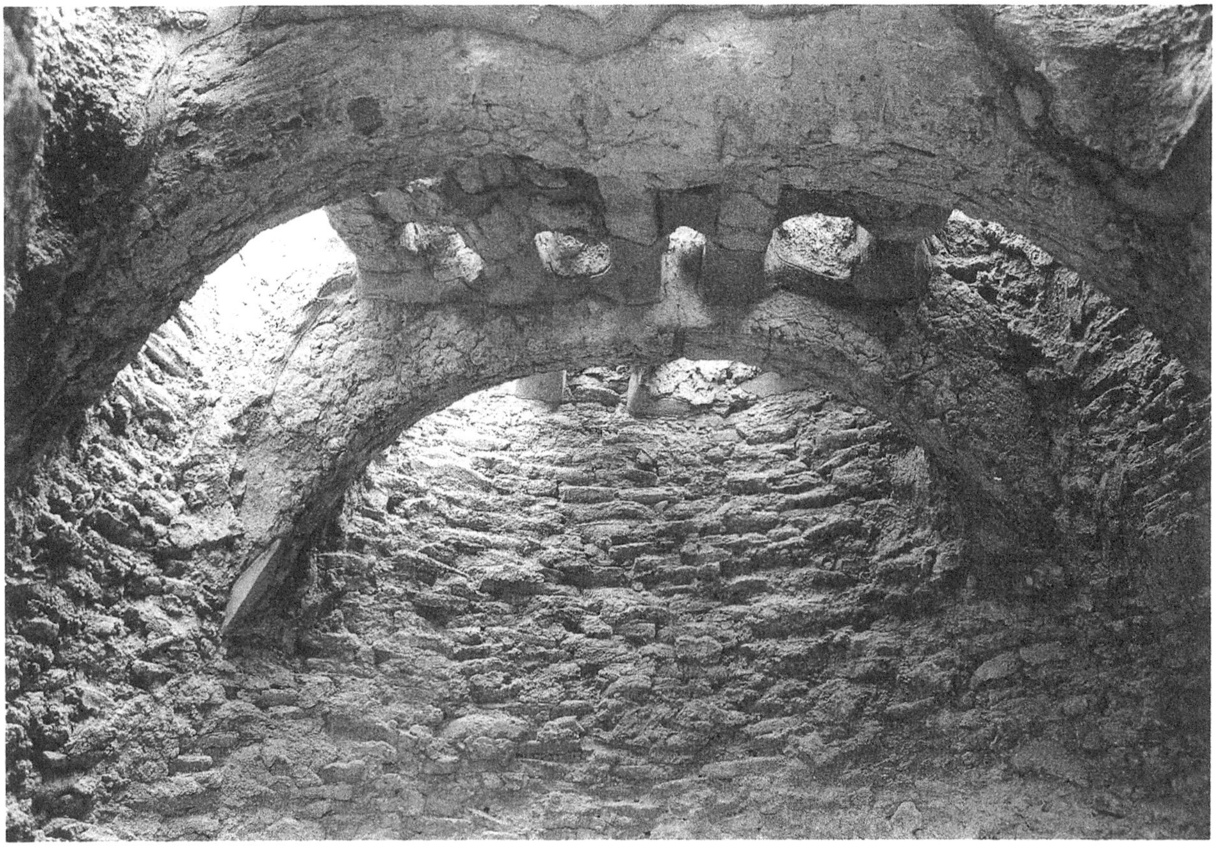

a. I officina, fornace 1. L'interno della camera di combustione: sono visibili sia i due archi-costolone che sorreggono il piano forato, sia la parete perimetrale rivestita con frammenti di tegolame (foto: 1960)

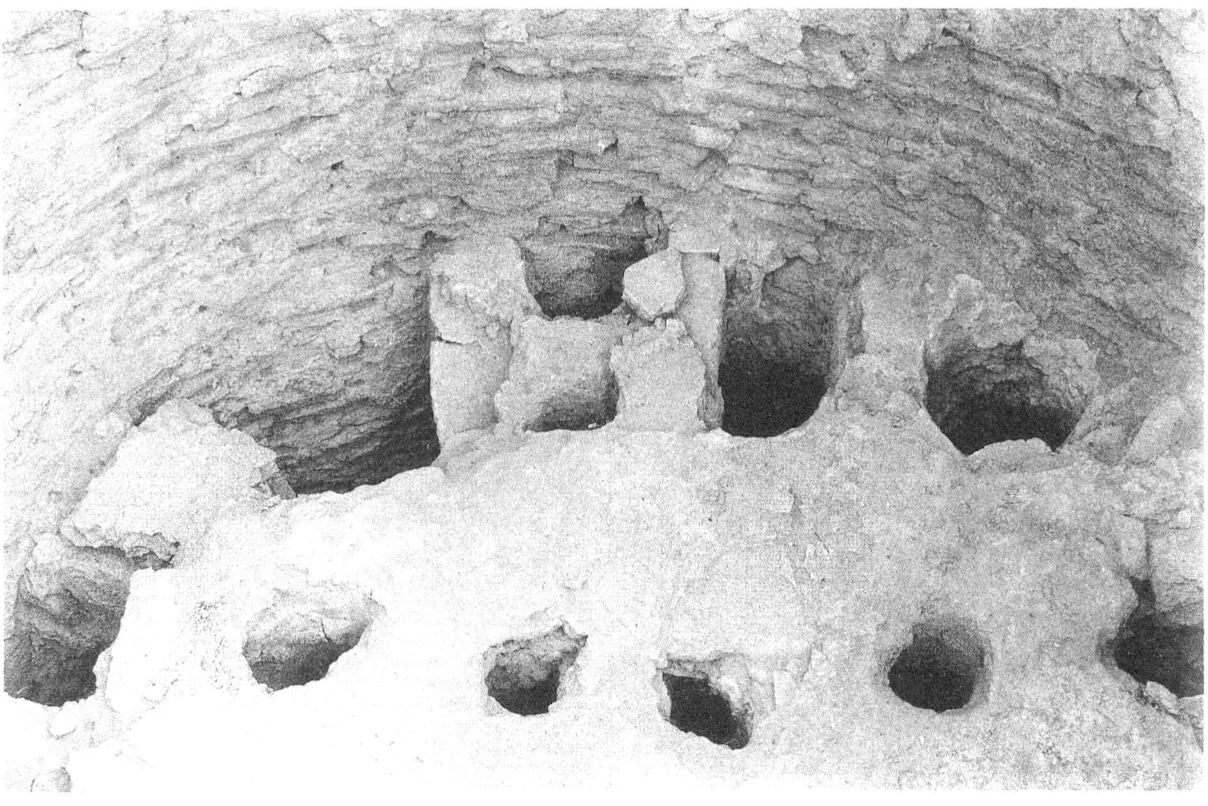

b. I officina, fornace 1. Il piano forato e un tratto di parete della camera di cottura rivestita con frammenti di tegolame, con resti di intonaco (foto: 1960)

TAV. 7

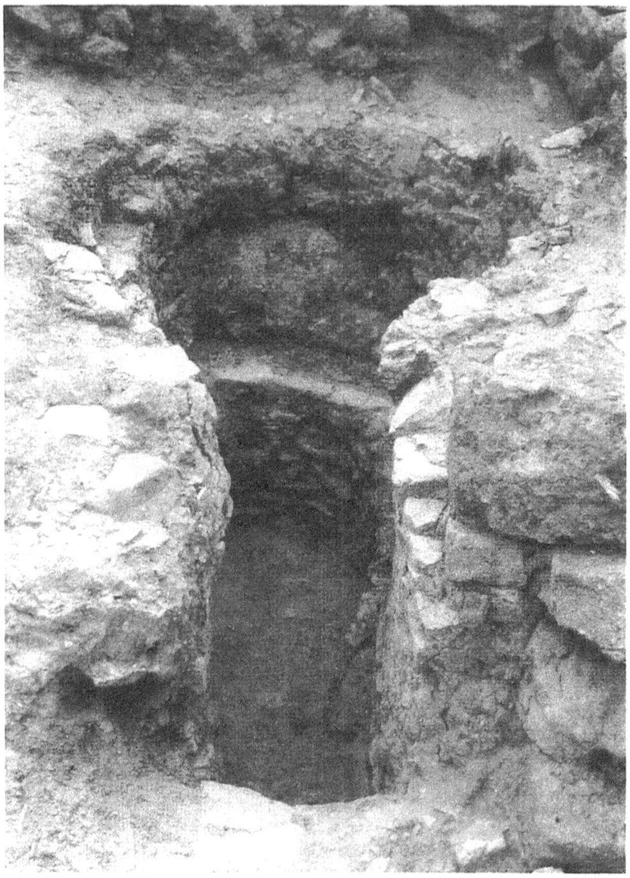

a. (sinistra) I officina, fornace 2. Veduta d'insieme; in primo piano il prefurnio, scoperchiato; verso il centro è visibile il gradino che si addossa alla parete di fondo della camera di combustione

b. (sotto) I officina, fornace 2. Veduta dall'alto della camera di combustione; le pareti sono rivestite con frammenti di tegolame

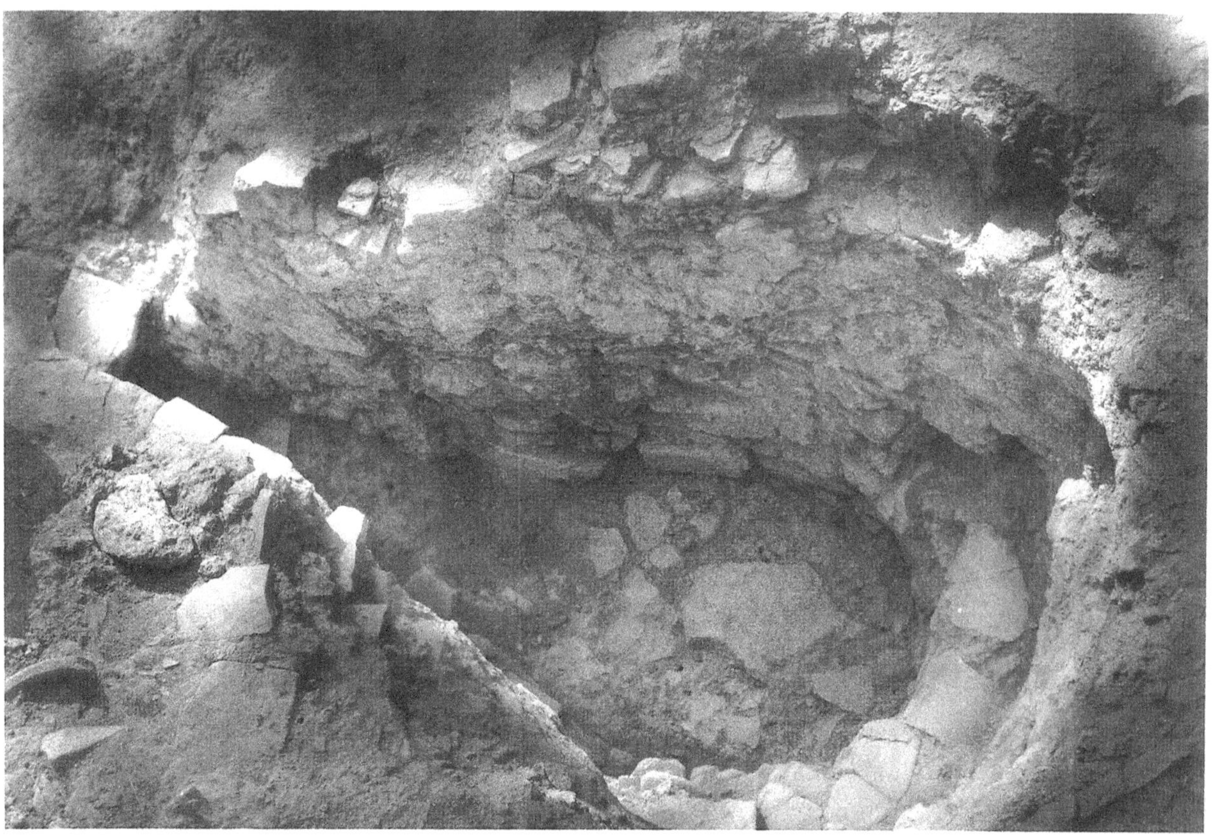

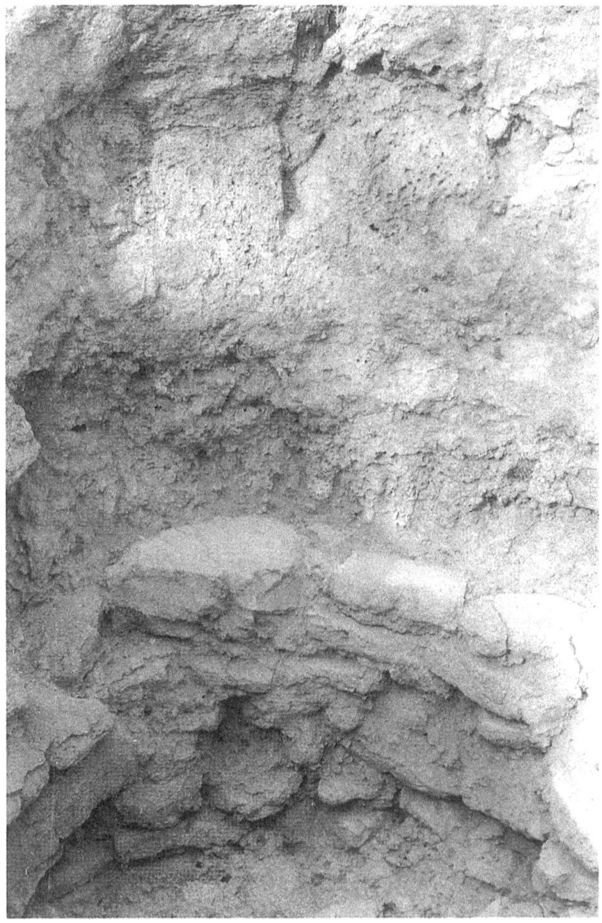

a. (destra) I officina, fornace 2. Vetrificazioni sulla parete di fondo della camera di combustione, sopra il gradino arrotondato

b. (sotto) I officina, fornace 3. Veduta d'insieme dei resti della piccola fornace

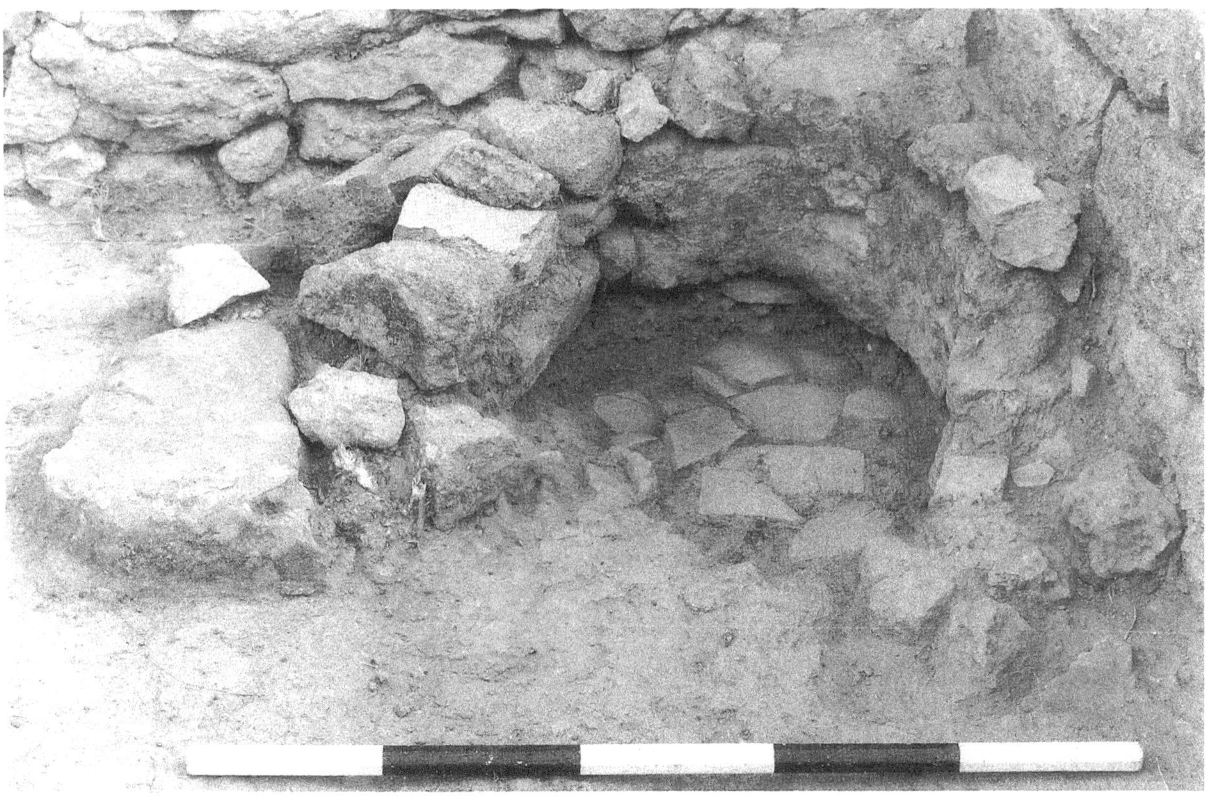

TAV. 9

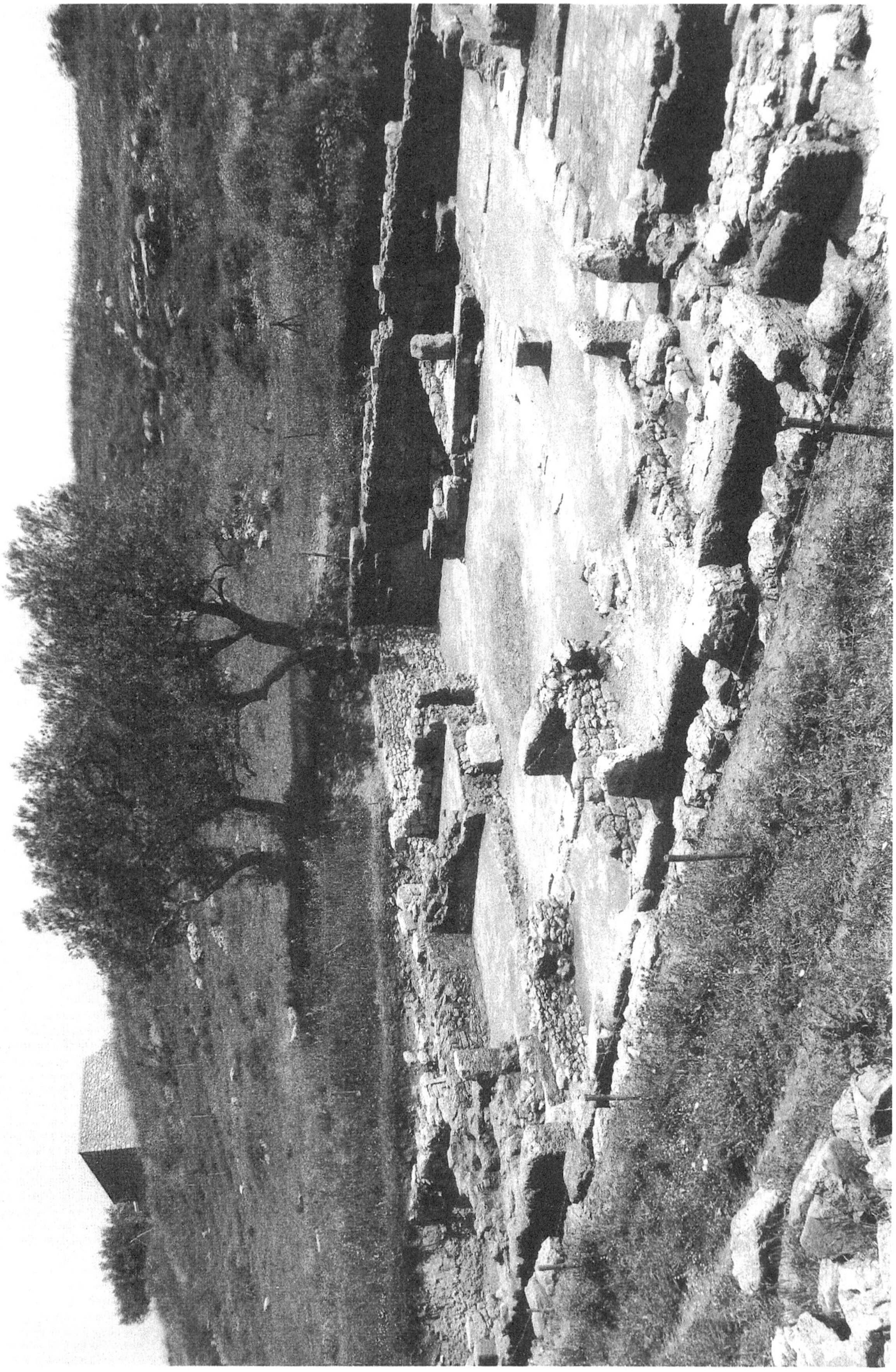

II officina, Casa dell'Ufficiale. Veduta della parte nord del complesso residenziale a doppio peristilio (foto: 1963)

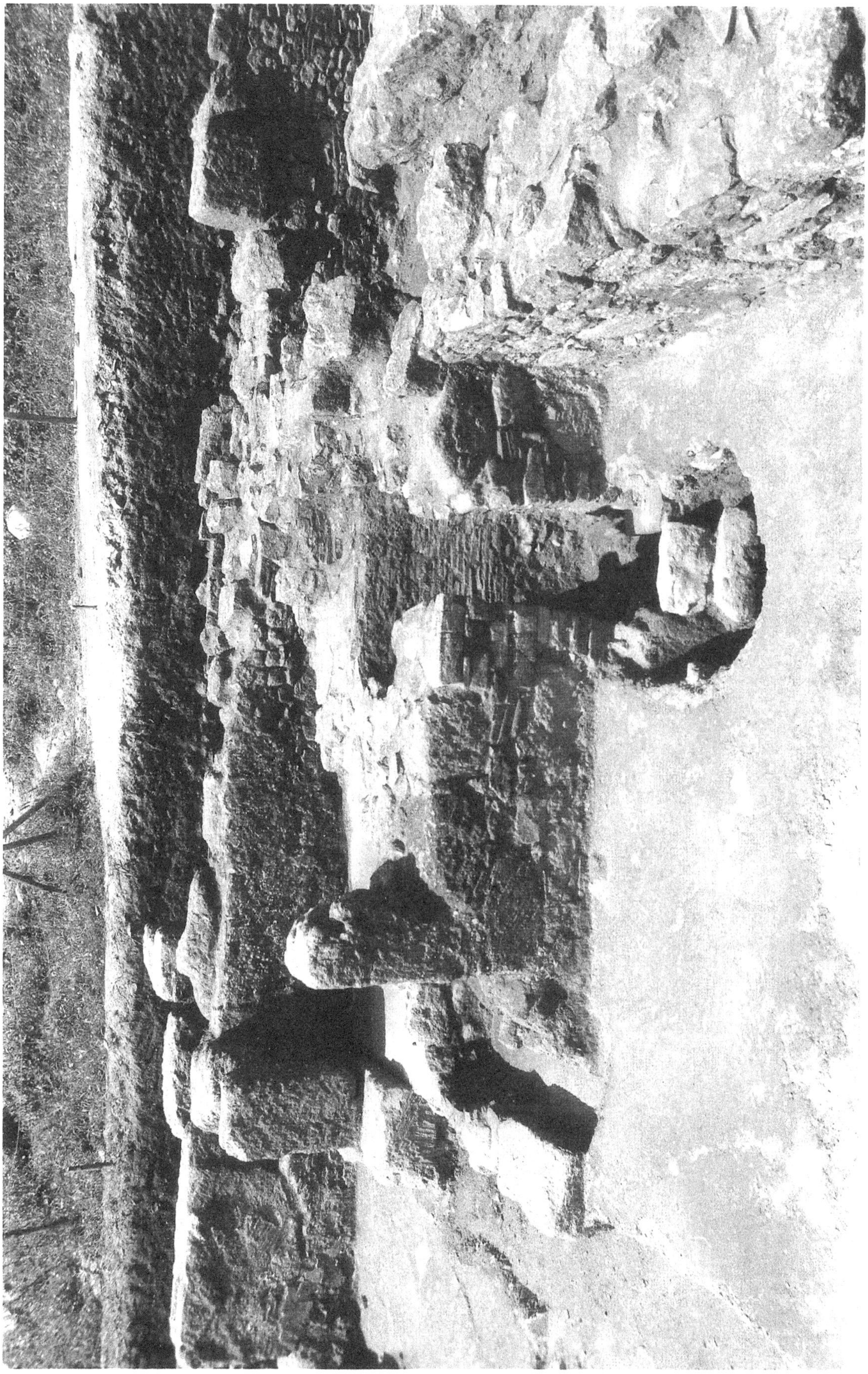

II officina, fornaci 4 e 5. Veduta frontale della fornace 4 (verso il centro) e della fornace 5 (a sinistra) (foto: 1963)

TAV. 11

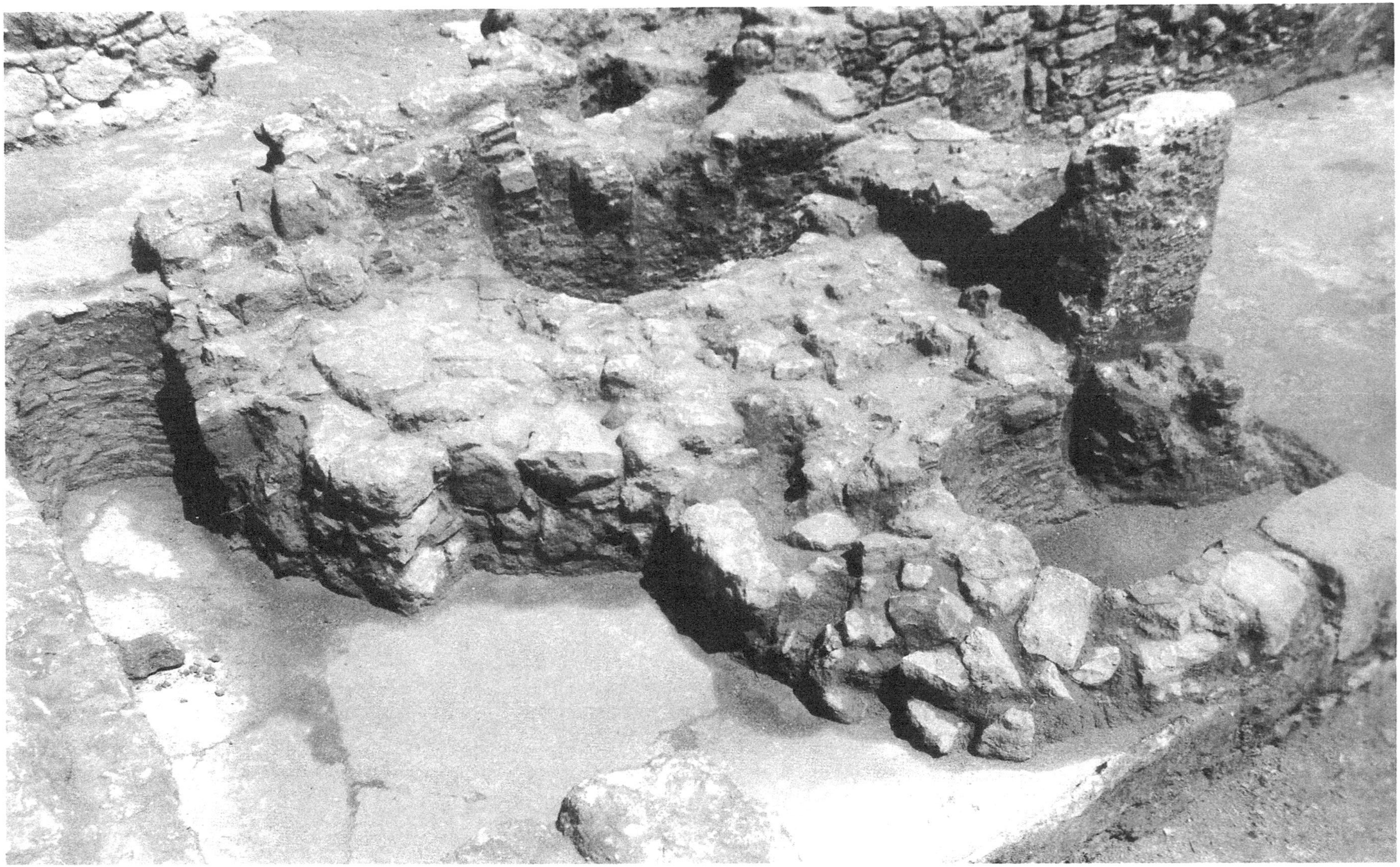

II officina, le tre fornaci 4, 5 e 6 collegate tra loro da una fitta congerie di pietrame e cocciame; sulla destra la fornace 5, al centro in alto la fornace 4, a sinistra si intravvede parte della fornace 6; in primo piano è visibile il pavimento in cocciopesto sopra il quale sono state costruite le tre fornaci (foto: 1963)

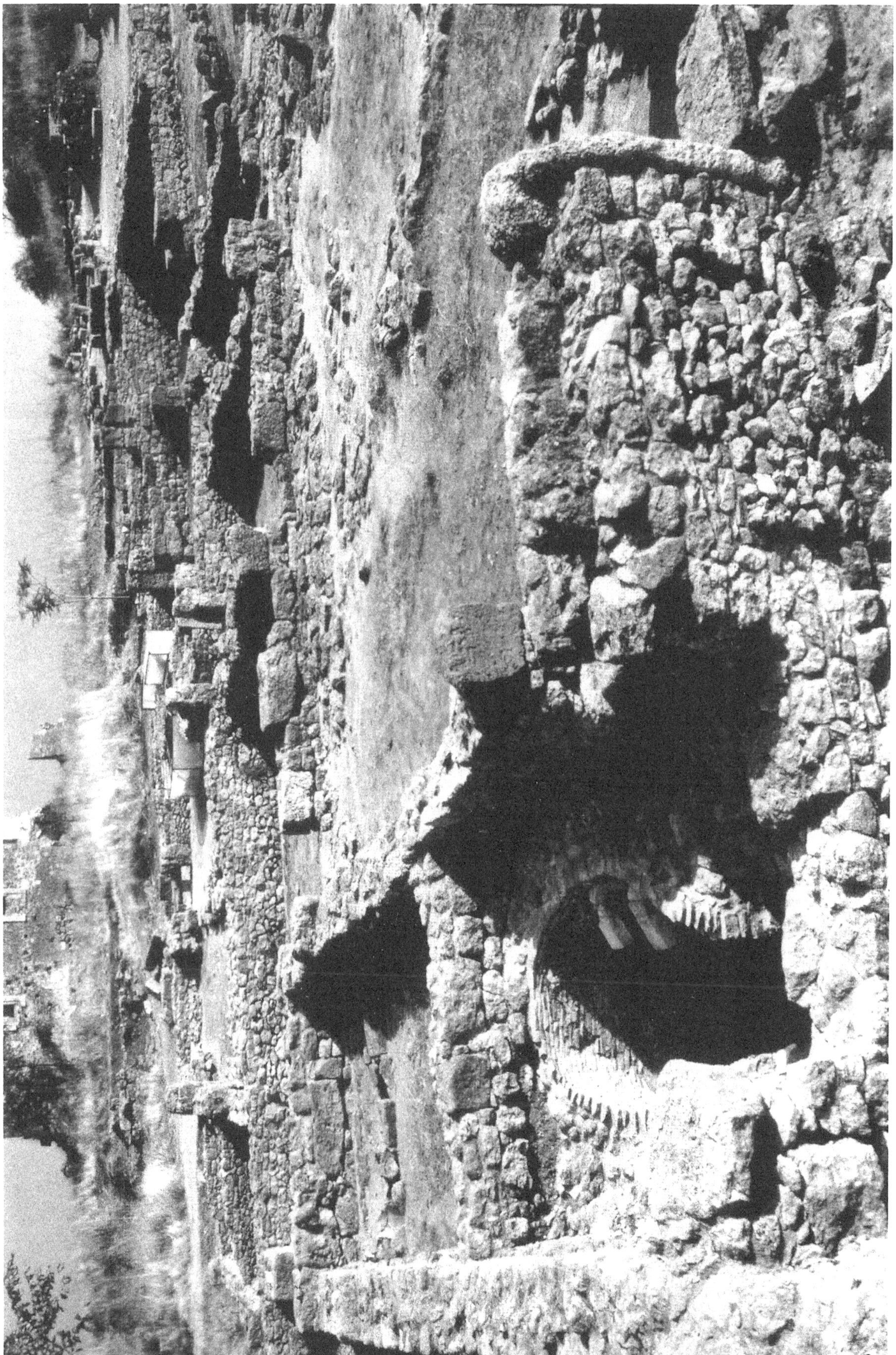

III officina, Santuario Centrale. Veduta d'insieme del santuario; a sinistra la fornace 7 costruita dentro il piccolo vano che si affaccia sul cortile nord (foto: 1963)

TAV. 13

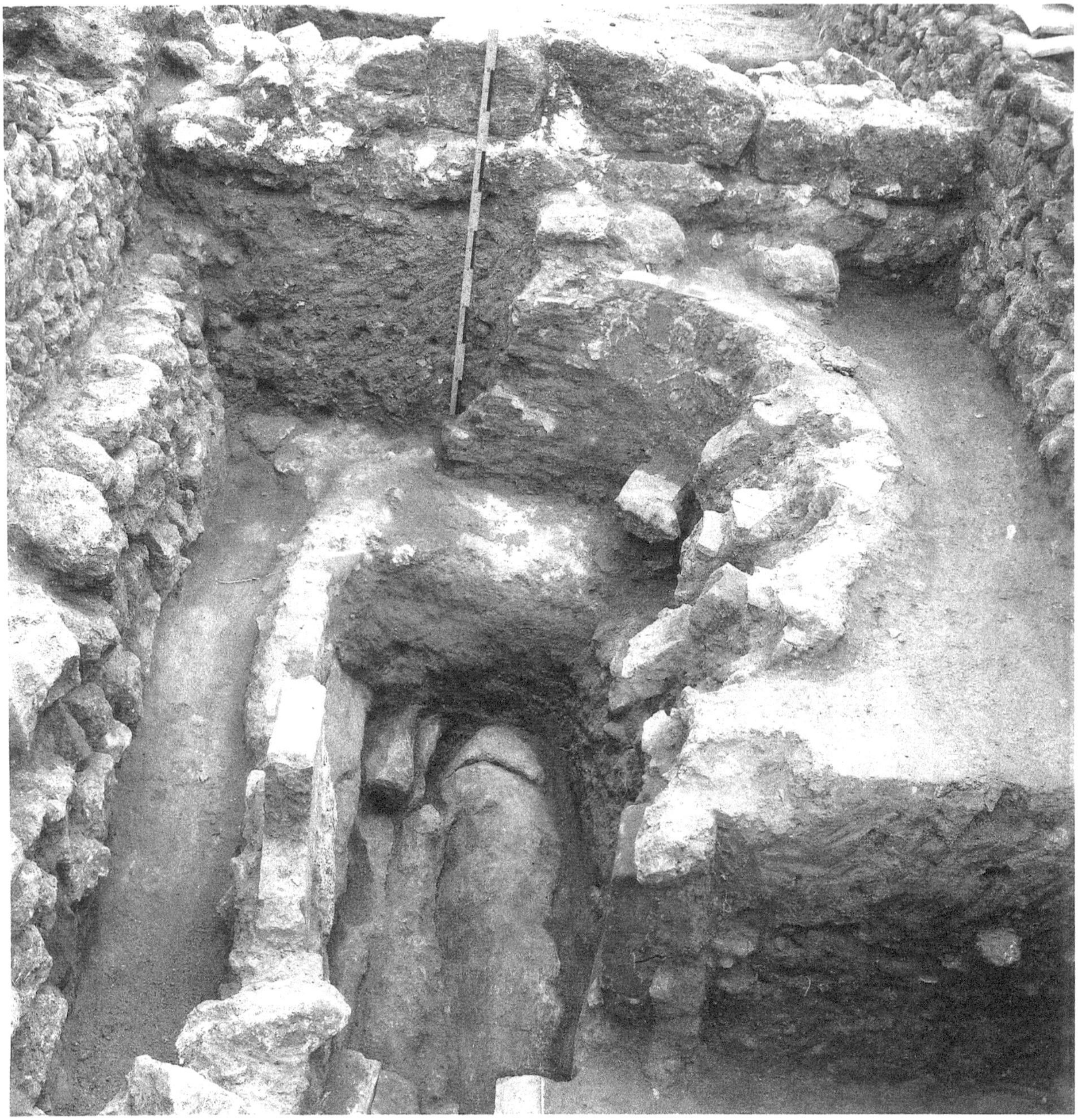

III officina, fornace 7. Veduta ravvicinata del piccolo vano che accoglie la fornace, della quale è stata trovata soltanto la parte destra della camera di combustione (foto: 1956)

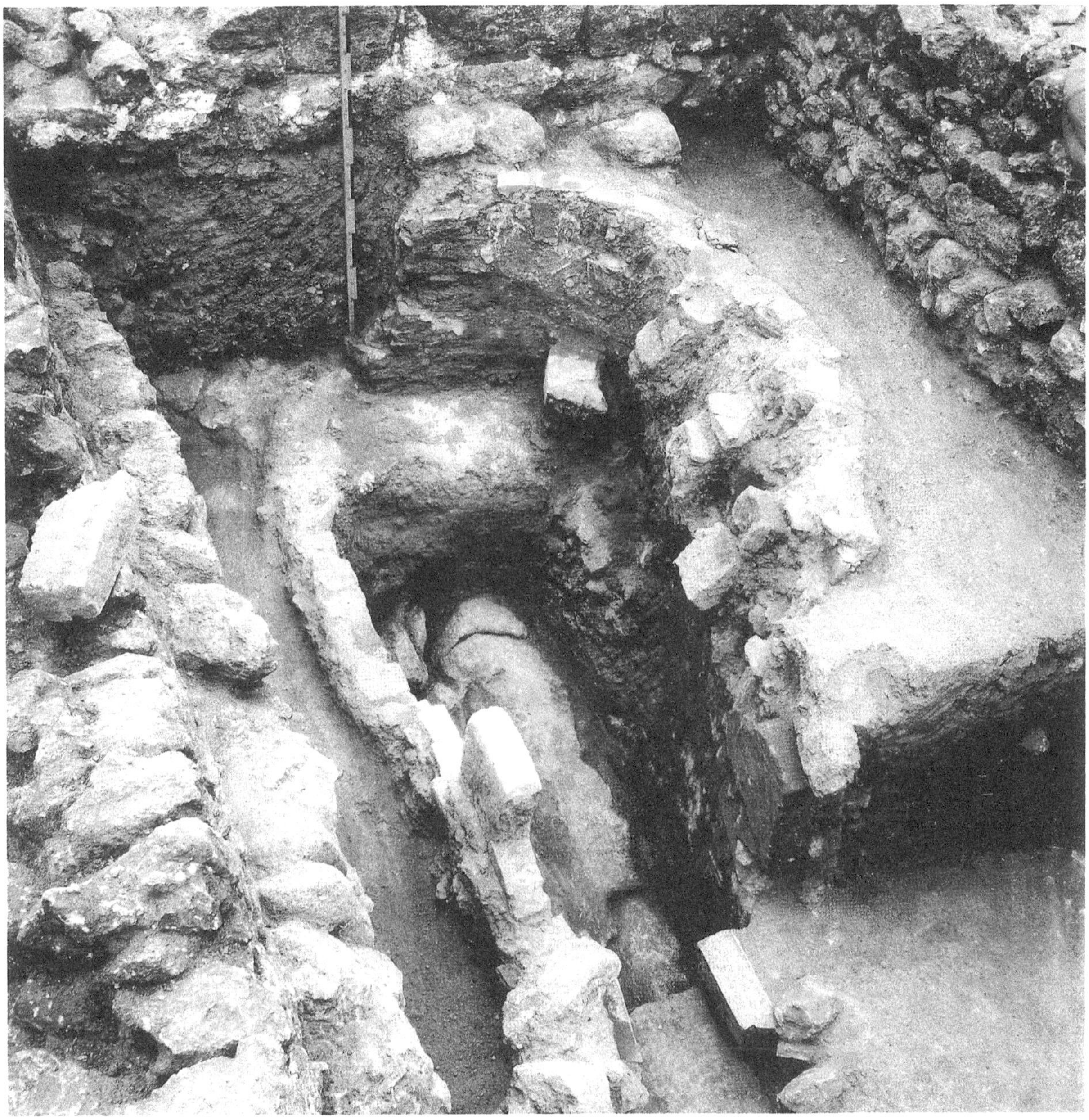

III officina, fornace 7. Sono visibili sul lato destro della fornace gli attacchi dei tre archi che sorreggevano il piano forato, e verso il centro il gradino arrotondato che si addossa alla parete di fondo della camera di combustione (foto: 1956)

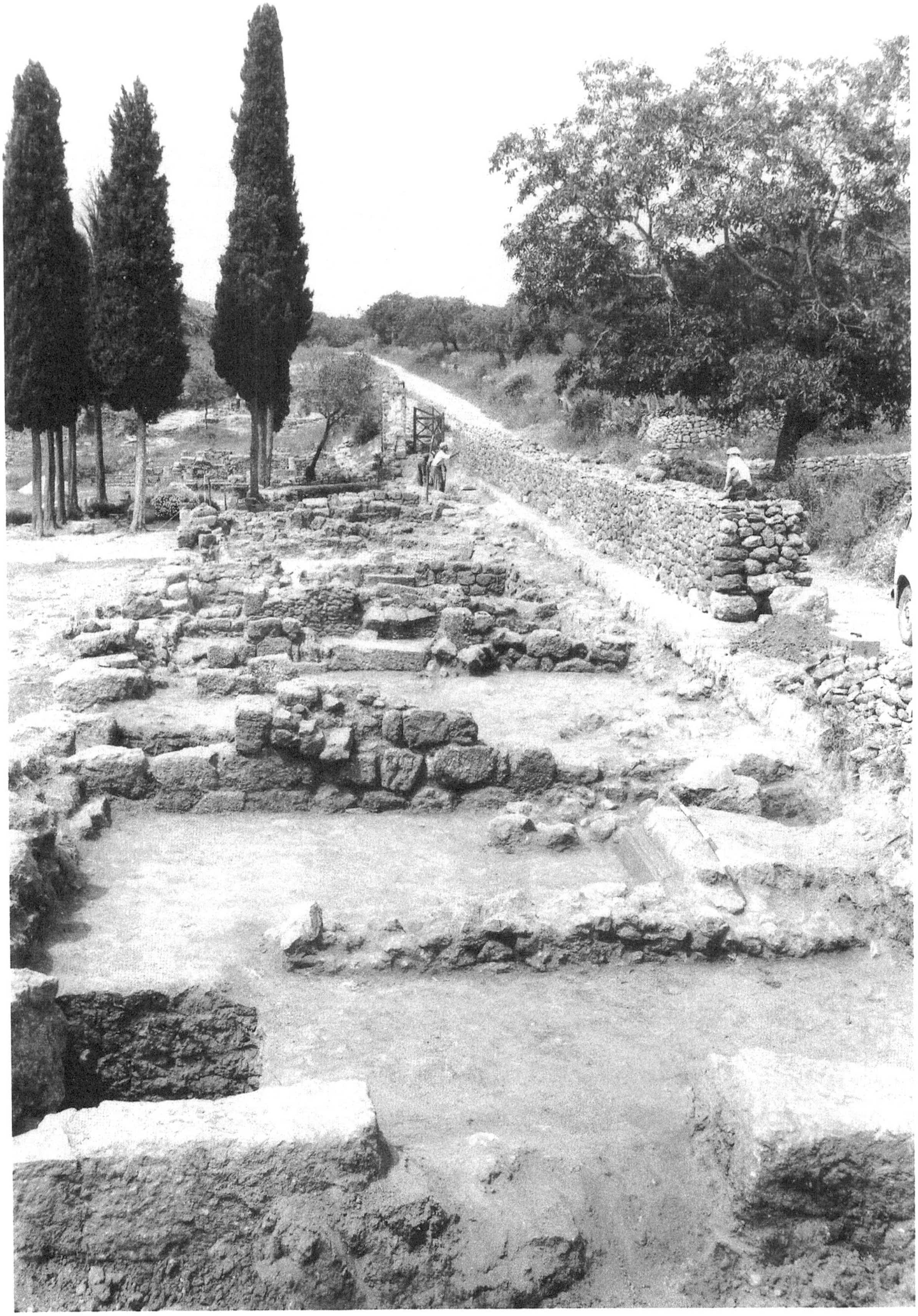

IV officina. La Stoà Nord, vista da est; verso il centro i vani occupati dall'officina da vasaio, con i resti delle attrezzature per la lavorazione dell'argilla (foto: 1963)

TAV. 16

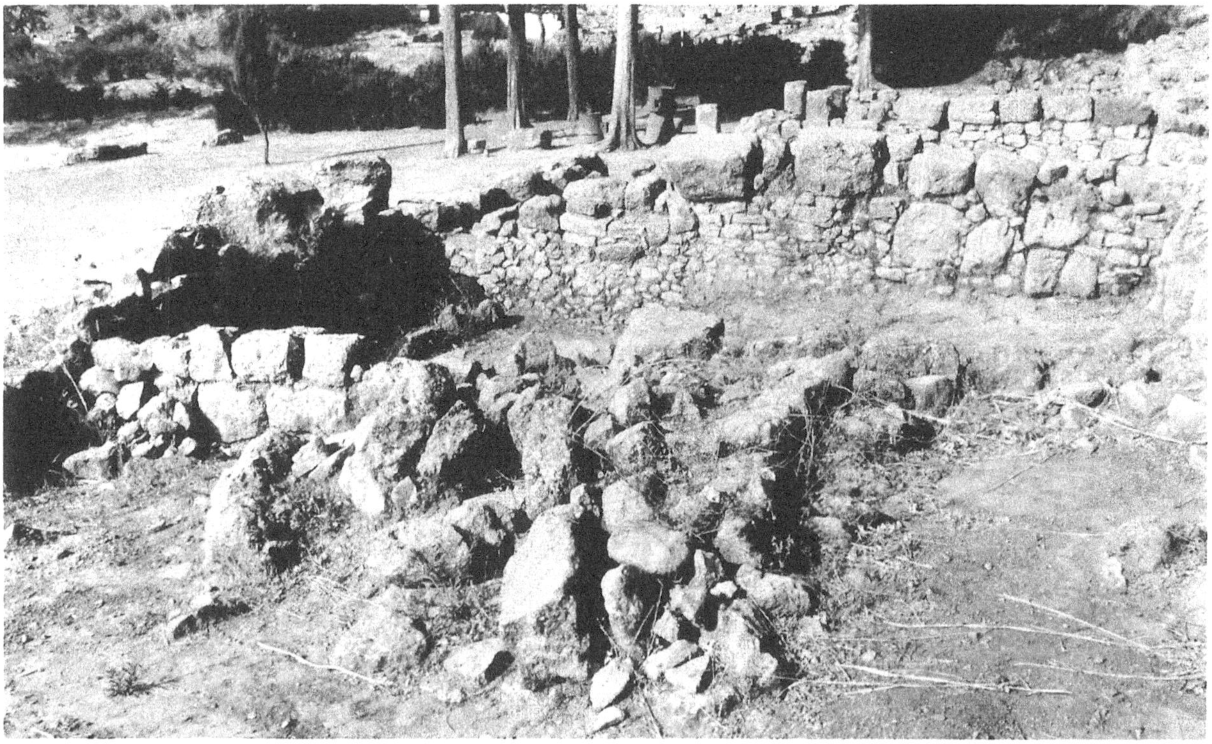

a. IV officina, fornace 8. A destra, i resti della fornace e una congerie di pietrame arrossata dal fuoco, addossati al muro del vano-deposito adiacente (foto: 1963)

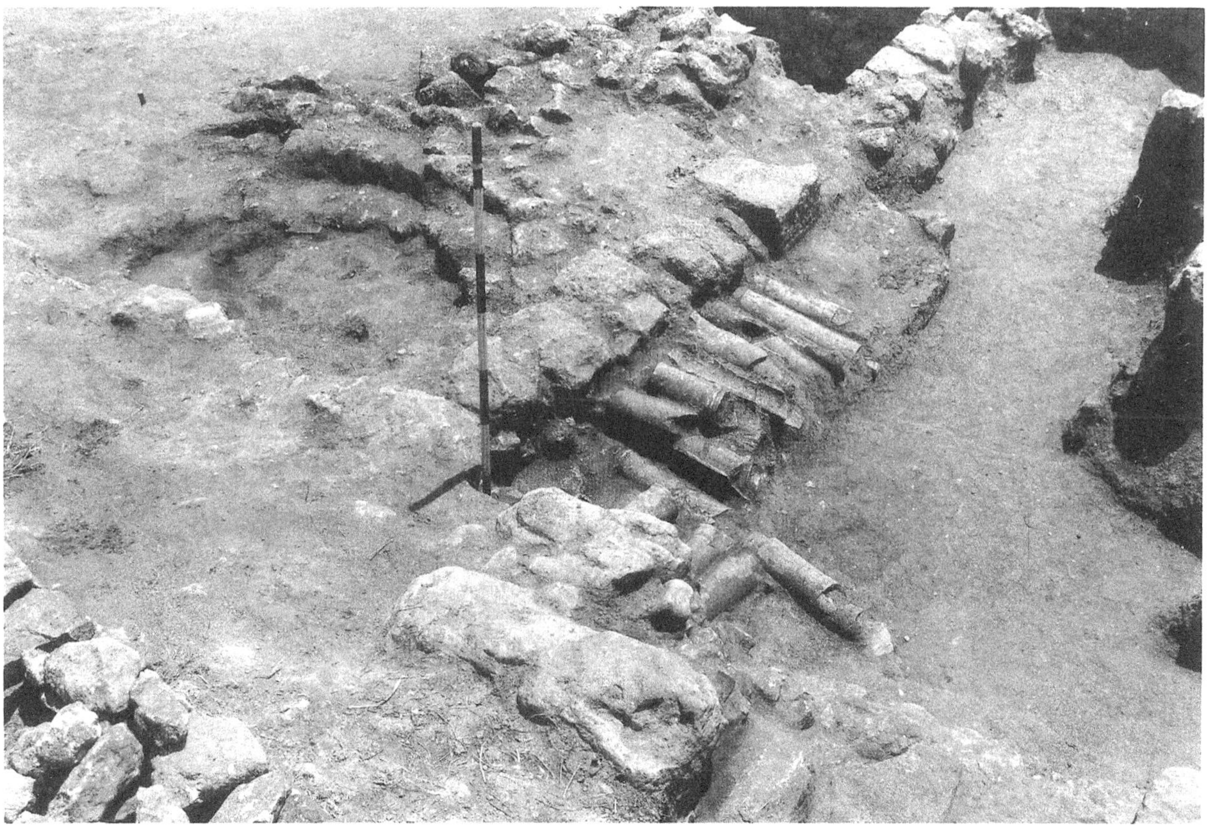

b. IV officina. Nel vano-deposito sono visibili al centro i condotti idrici ritrovati impilati ordinatamente contro il muro; a sinistra, in alto, si intravvedono i resti della fornace 8 (foto: 1963)

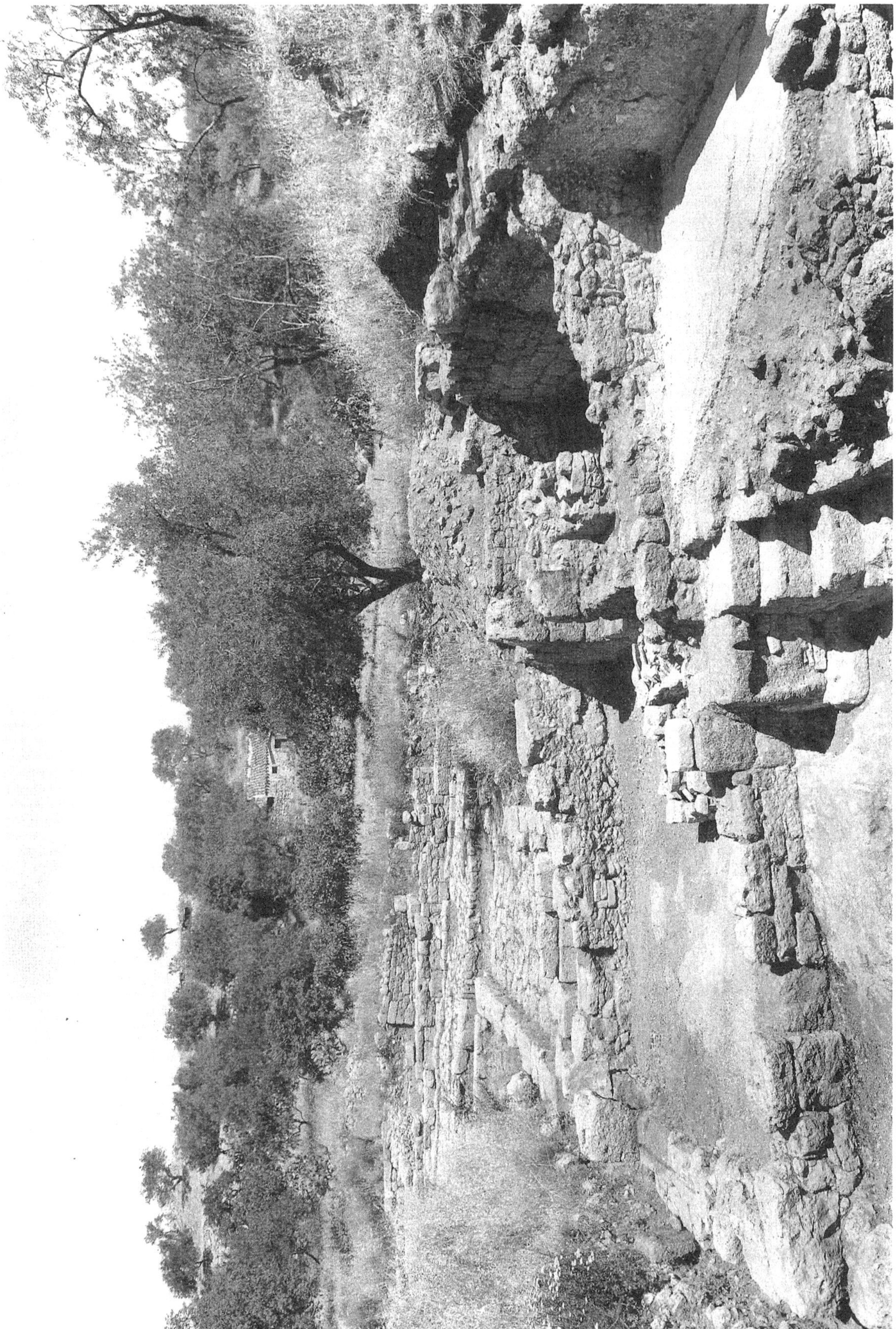

V officina, Stoà Est. Veduta generale dell'officina vista dal lato della Stoà Est

TAV. 18

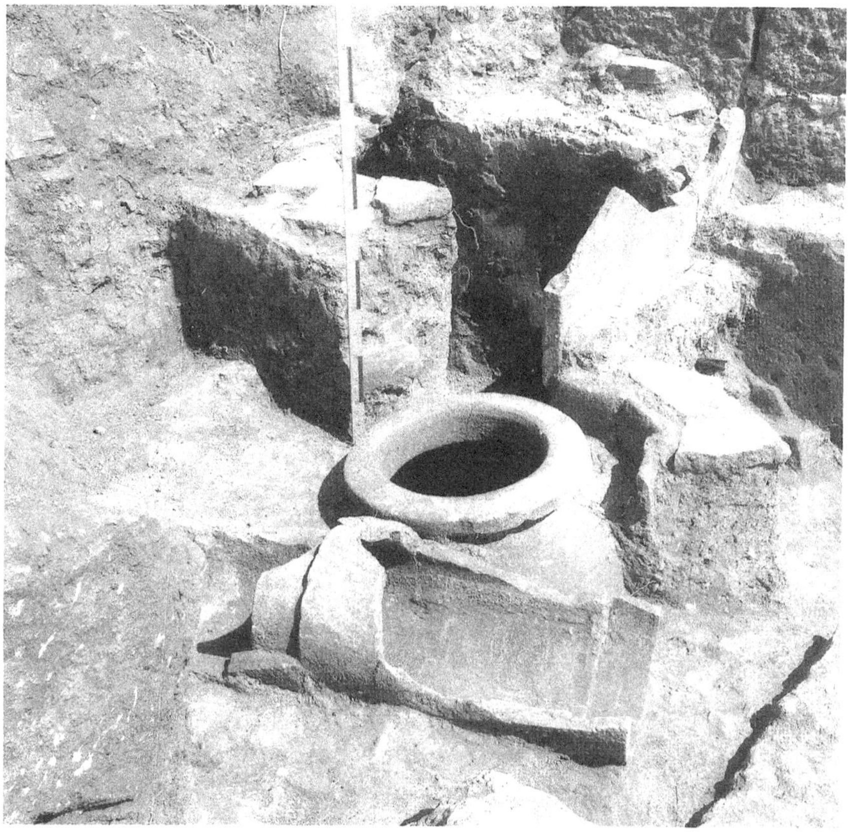

a. (sinistra) V officina. *Pithos* riportato alla luce nelle vicinanze del ripiano di cui alla foto successiva, la cui funzione era presumibilmente legata alla lavorazione dell'argilla (foto: 1956)

b. (sotto) V officina. Nello spazio esterno che separa l'estremità nord della stoà dalla grande fontana ellenistica a due vasche, è visibile un ripiano pavimentato con grossi frammenti di tegolame, con ogni probabilità utilizzato per lavorare l'impasto argilloso

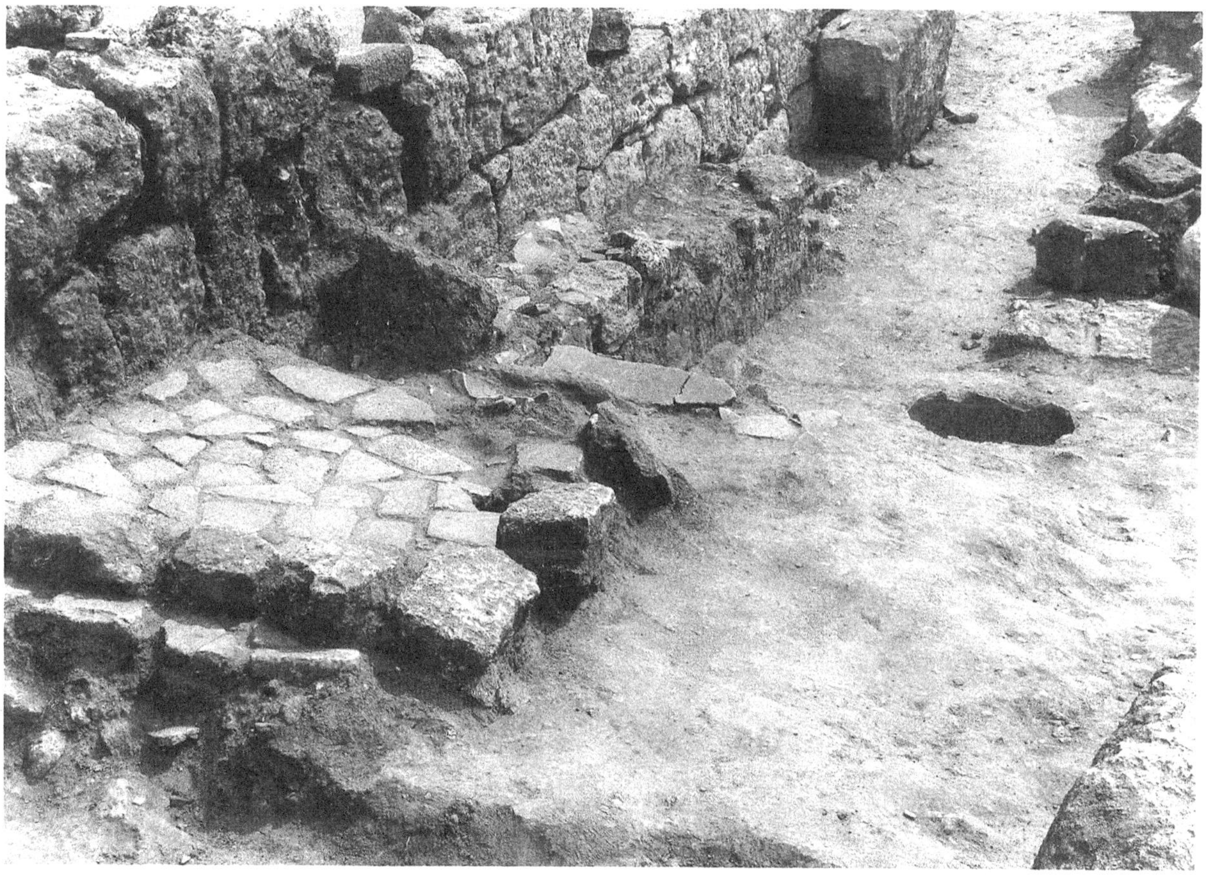

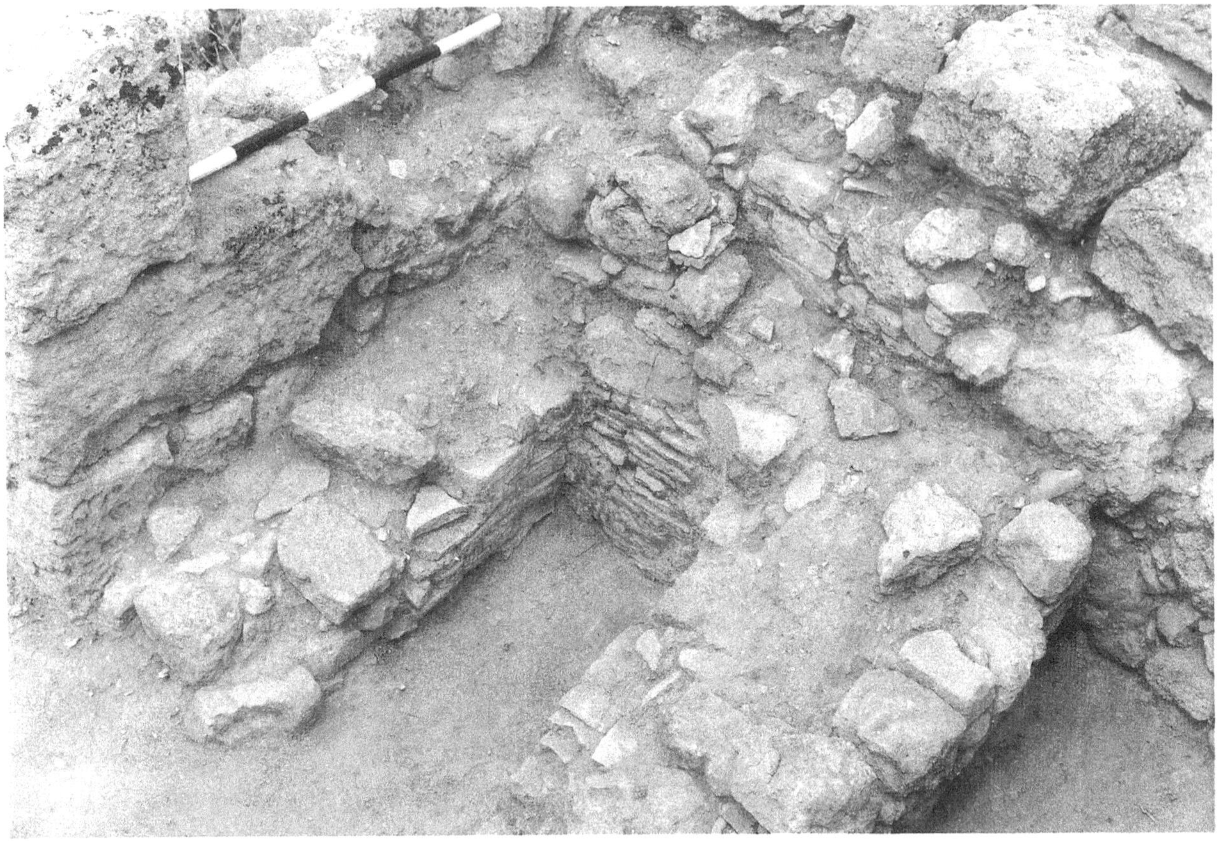

a. (sopra) V officina, fornace 9. Sono visibili i resti del prefurnio e della camera di combustione, la cui parete è rivestita con frammenti di mattoni e tegolame

b. (destra) V officina, fornace 9. I resti della fornace, qui visti dall'alto, sono contornati da una congerie di cocciame ed argilla che si addossa ai muri del vano che ospita l'officina del vasaio

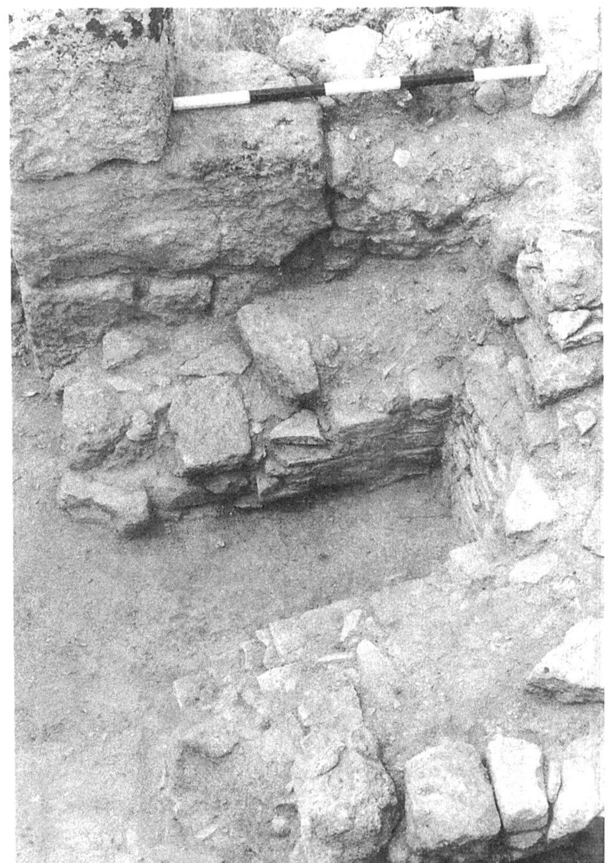

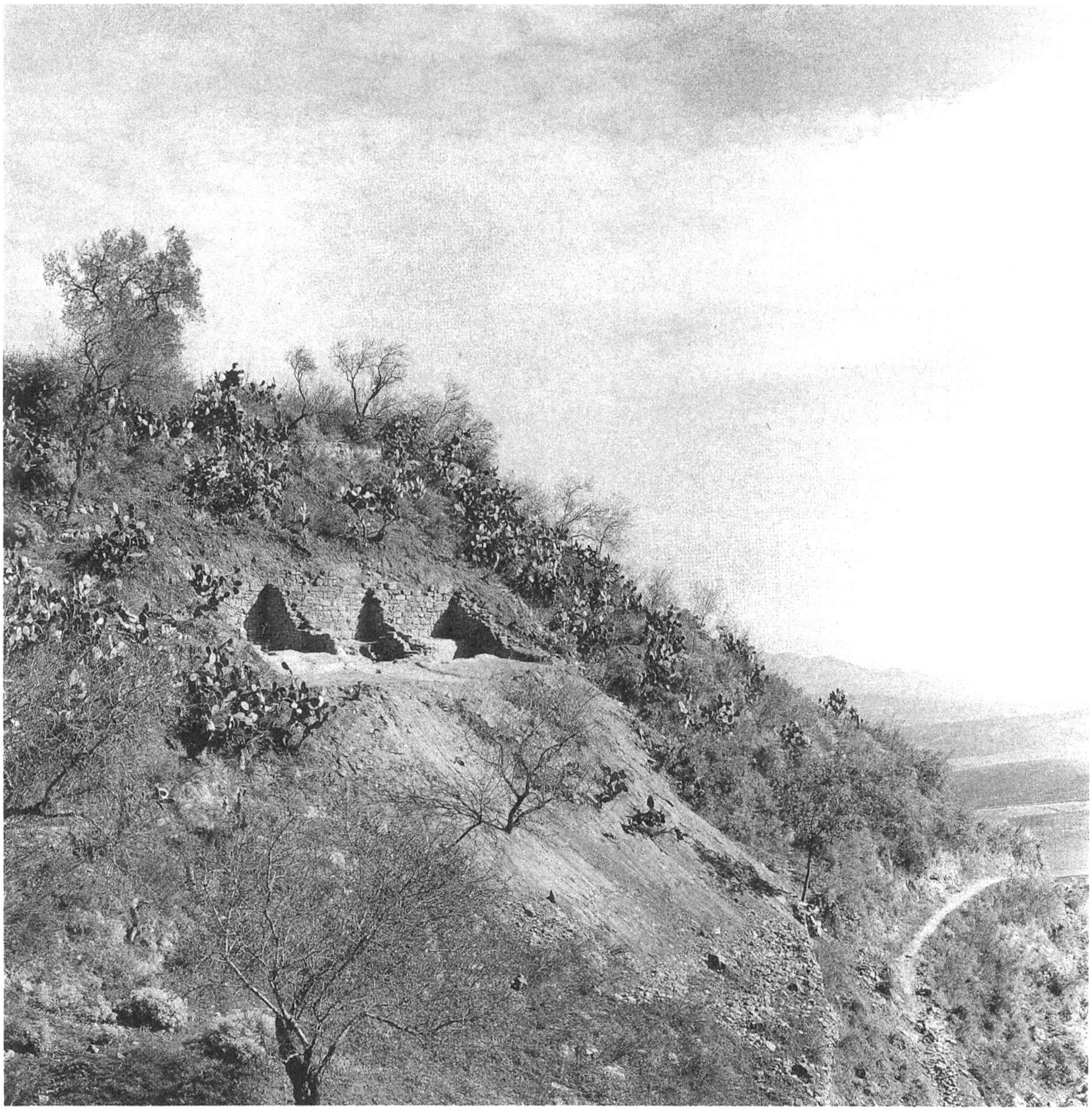

VI officina. Gli scavi del 1955 riportano alla luce i resti dei muri dell'edificio che si appoggiava alle fortificazioni e che conteneva la fornace 10, sul ciglio del pendio che scende ripido verso la sottostante vallata (foto: 1955)

a. (destra) VI officina, fornace 10. Le mura di fortificazione su cui si appoggiano ortogonalmente i muri, oggi diroccati, dell'edificio che conteneva la fornace (foto: 1955)

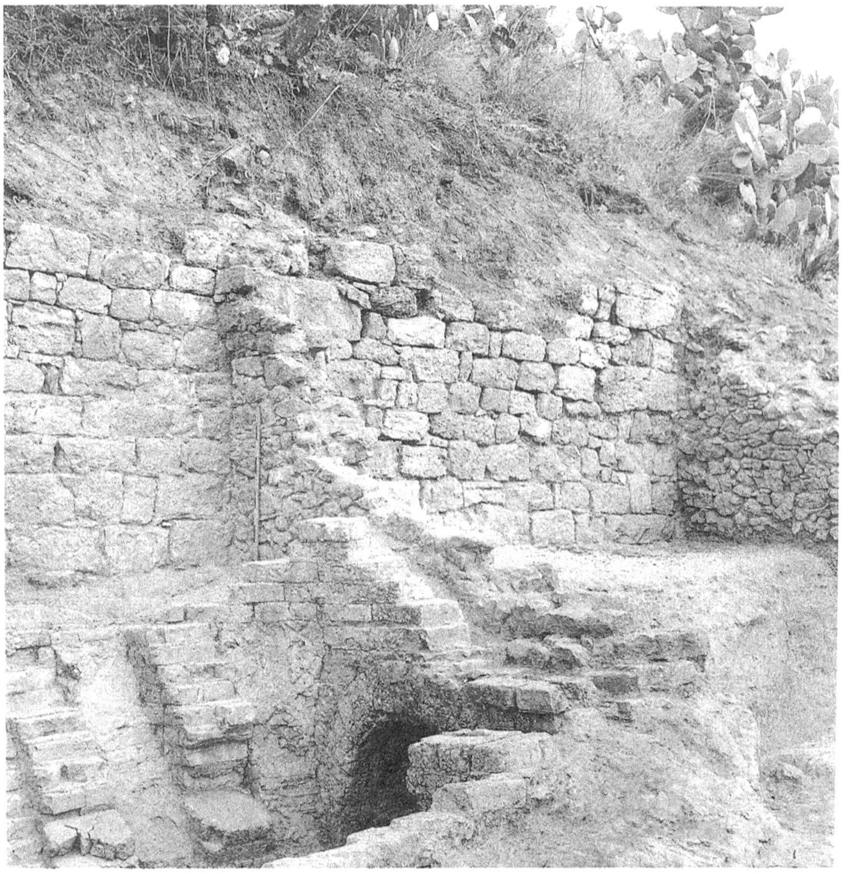

b. (sotto) VI officina, fornace 10. Veduta ravvicinata di due muri ortogonali alle fortificazioni, in corrispondenza del prefurnio sud (foto: 1955)

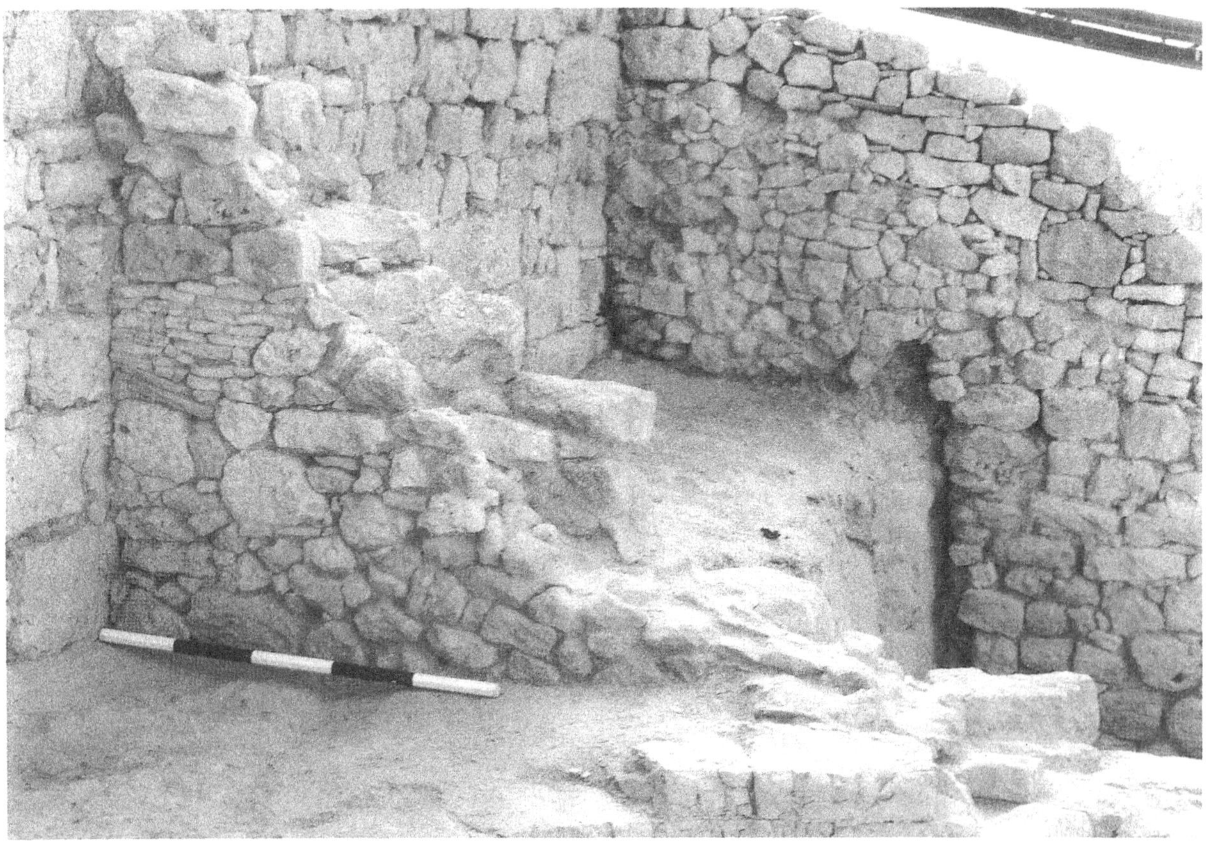

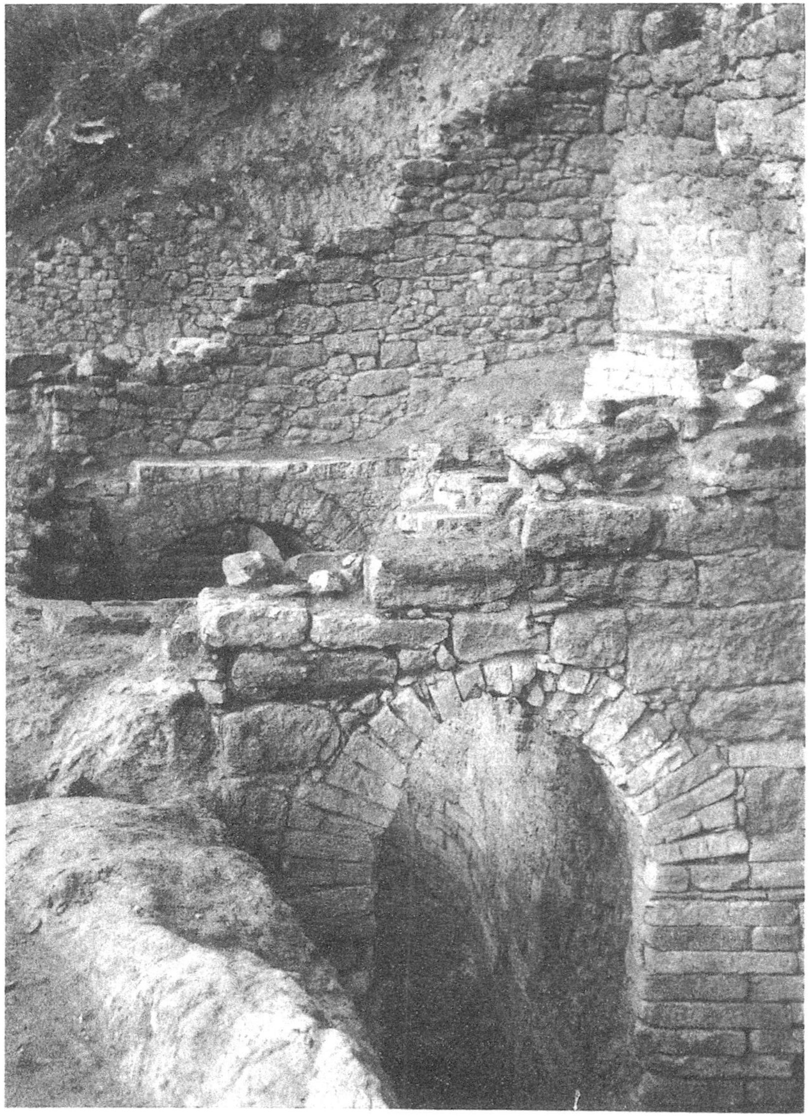

a. VI officina, fornace 10. Veduta d'insieme della fornace, interrata dentro il fossato lungo le mura di fortificazione, munita di due prefurni contrapposti (foto: 1955)

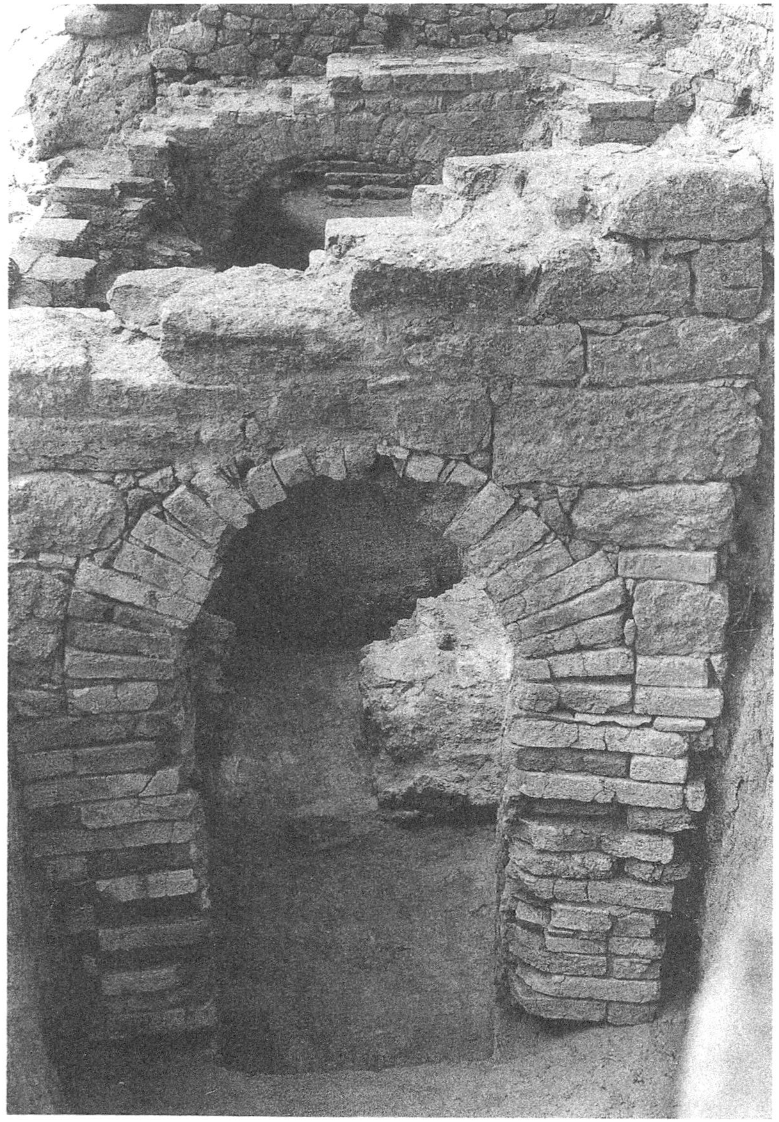

b. VI officina, fornace 10. La fornace ha una struttura allungata ed articolata in più parti poste in fila: in primo piano il prefurnio sud, al centro la camera di combustione, verso il fondo il prefurnio nord

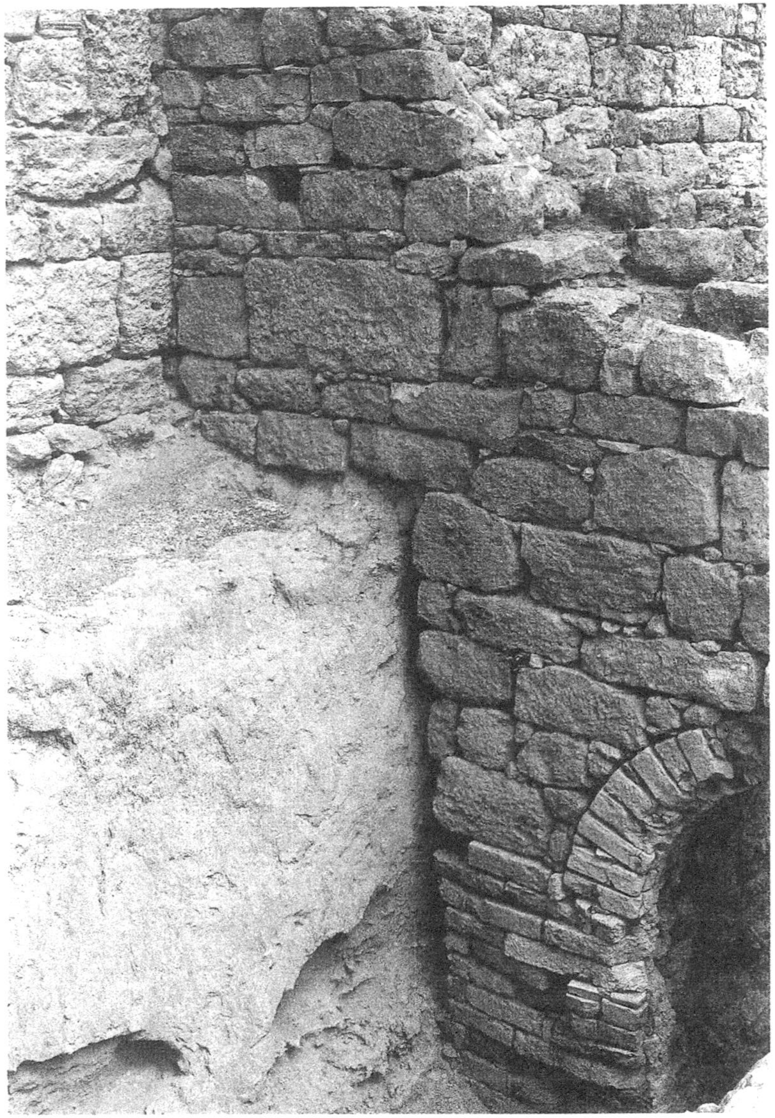

a. VI officina, fornace 10. Sopra il fossato nord si eleva uno dei muri, oggi diroccati, dell'edificio che si appoggiava alle fortificazioni e che proteggeva sia la fornace sia i tratti di fossato antistanti i due prefurni (foto: 1955)

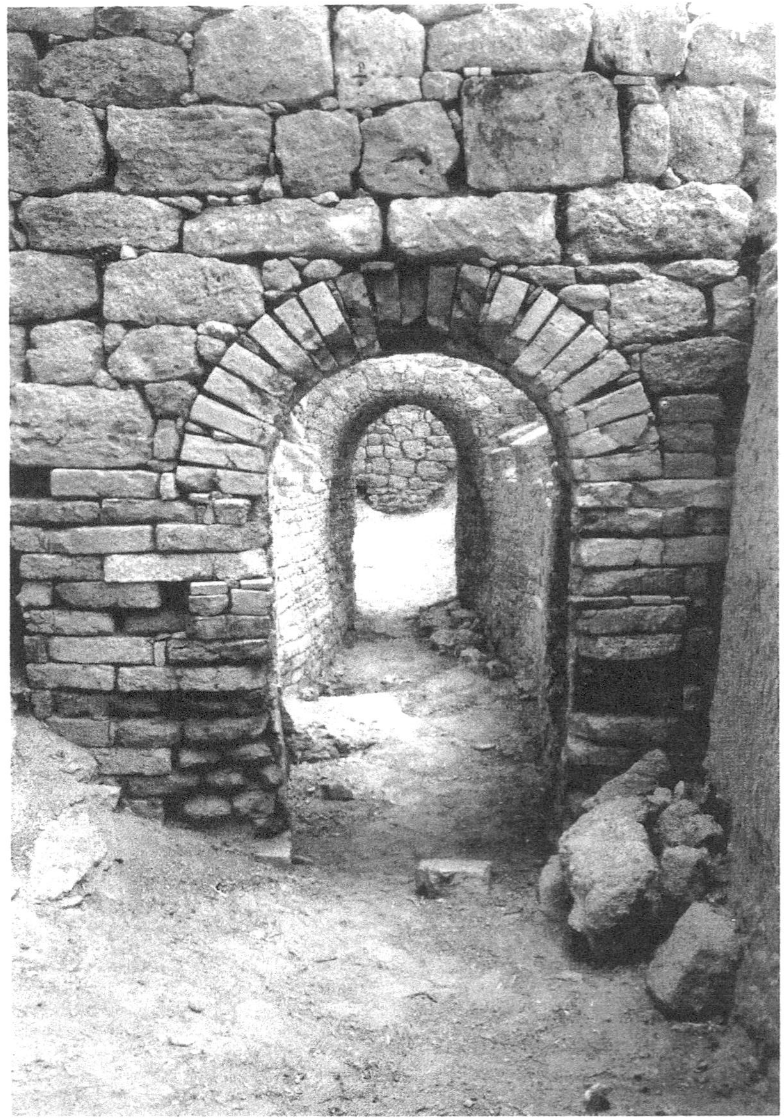

b. VI officina, fornace 10. Il prefurnio nord visto dall'esterno; sul fondo si vede il prefurnio sud, ubicato in posizione contrapposta

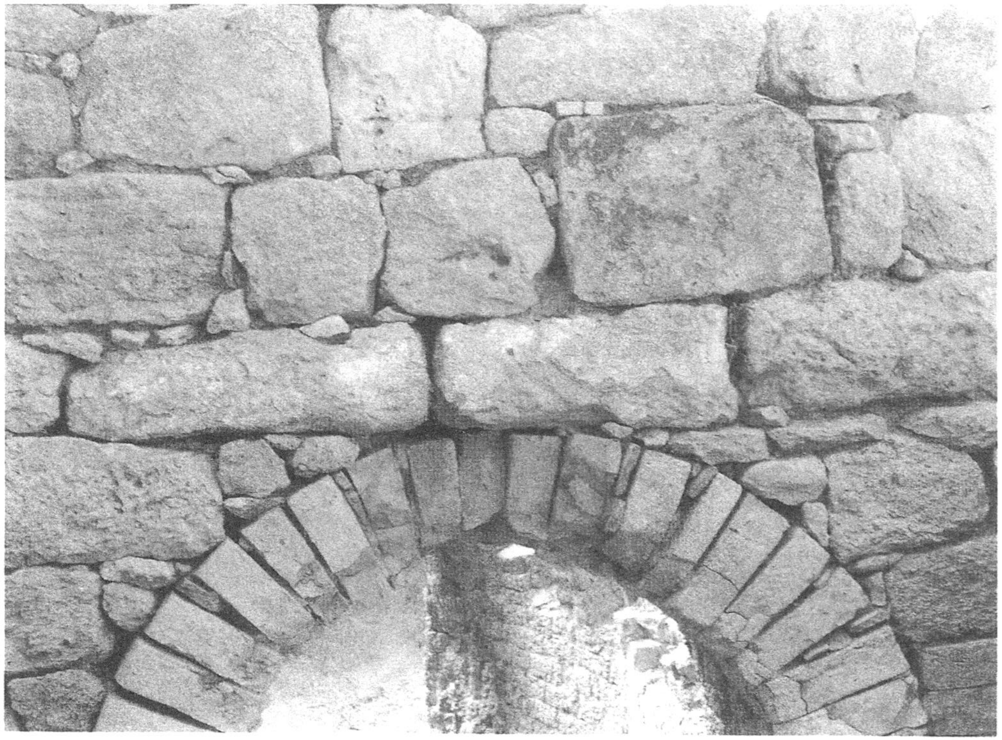

a. VI officina, fornace 10. Prefurnio nord, veduta ravvicinata dei mattoni cuneiformi che formano l'arco, aventi tutti altezza uguale

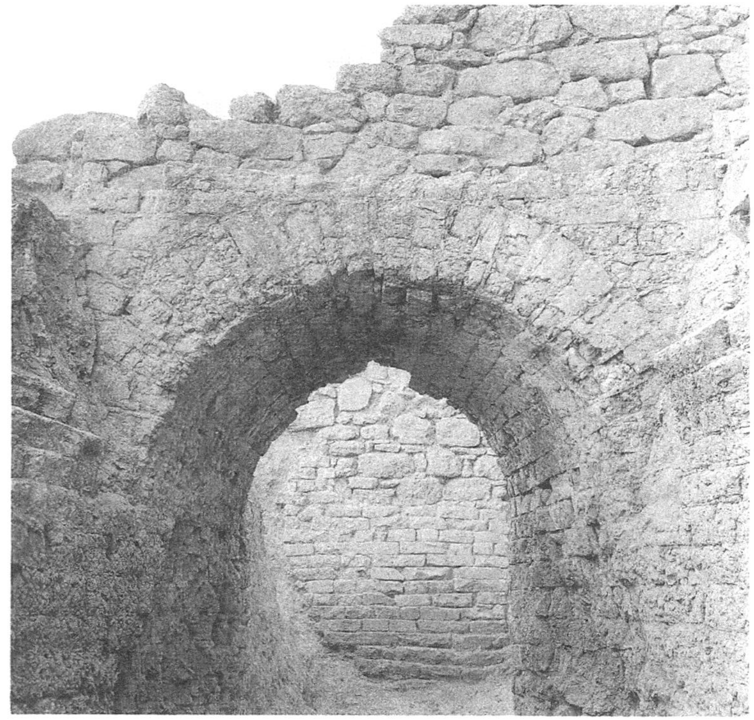

b. VI officina, fornace 10. Il prefurnio nord visto dall'interno della camera di combustione; i mattoni hanno superficie rugosa e corrosa dal fuoco (foto: 1955)

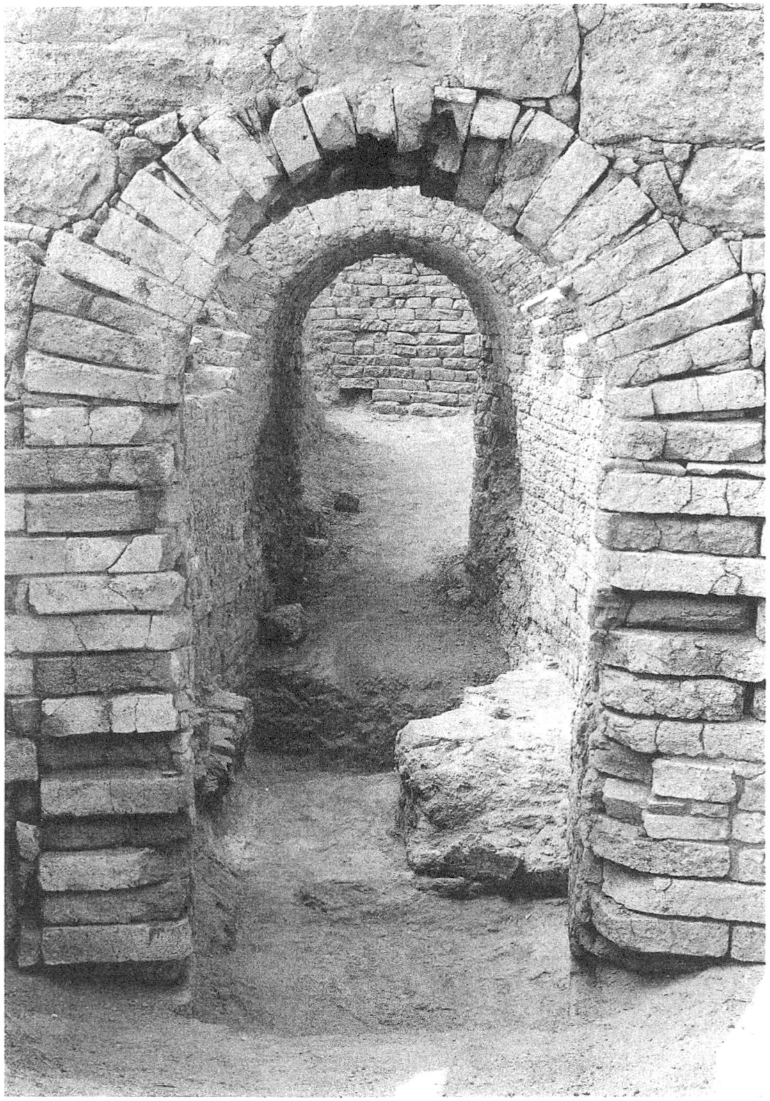

a. VI officina, fornace 10. Il prefurnio sud visto dall'esterno. Sul fondo si vede il prefurnio nord, ubicato in posizione contrapposta; al centro, in basso, due corpi di roccia calcarenitica fuoriescono dalle pareti della camera di combustione, in senso trasversale (foto: 1955)

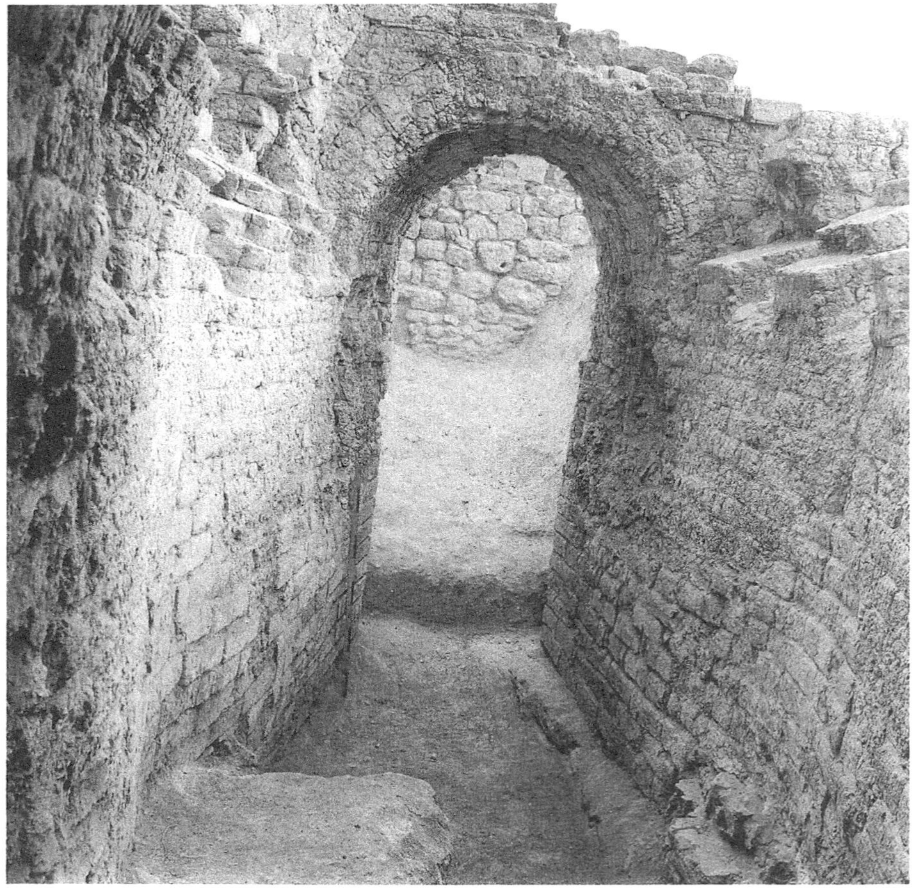

b. VI officina, fornace 10. Il prefurnio sud visto dall'interno della camera di combustione che ha le pareti formate da filari orizzontali di grossi mattoni, legati da forte spessore di malta calcarea

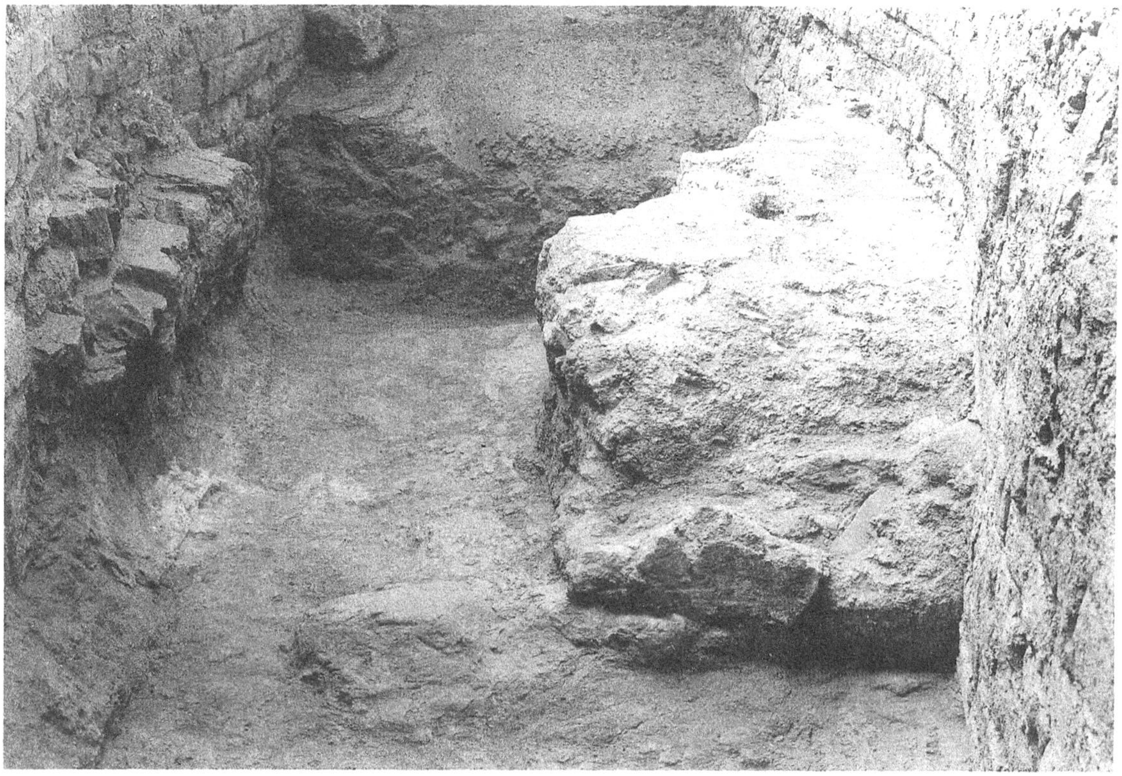

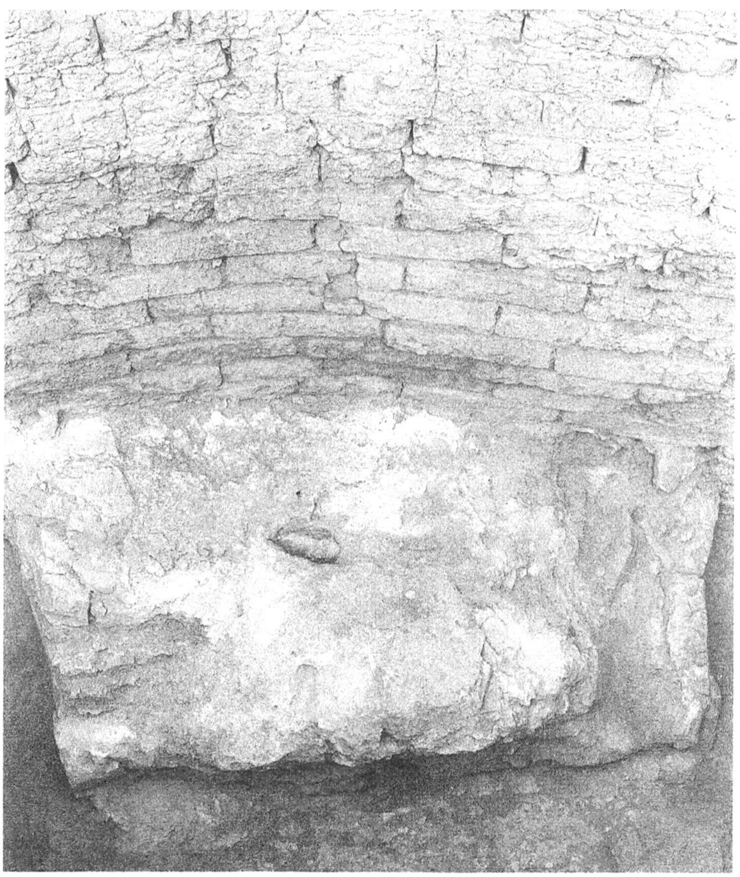

a. (sopra) VI officina, fornace 10. In basso, dalle pareti della camera di combustione fuoriscono due corpi di roccia calcarenitica, rivestiti lateralmente con mattoni, che si presume costituissero un ingegnoso accorgimento per migliorare il tiraggio della fornace (foto: 1955)

b. (sinistra) VI officina, fornace 10. Visti dall'alto, i due corpi di roccia, oggi ridotti a due monconi irregolari, che in origine formavano presumibilmente una "piattaforma" sopra la quale erano collocati dei tegoloni contrapposti a doppio spiovente con funzione di spartifiamma (foto: 1955)

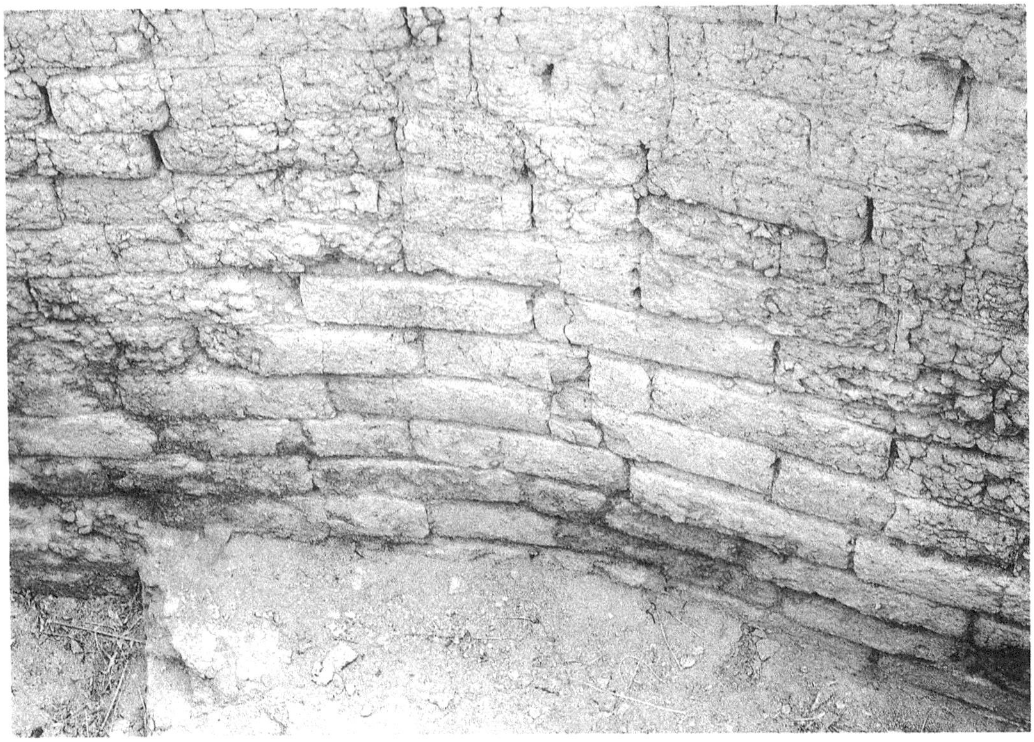

a. VI officina, fornace 10. Sulle pareti della camera di combustione, una zona a forma di triangolo (la cui base poggia sopra la "piattaforma" di cui a Tavv. 27:a e 27:b) é stata risparmiata dal fuoco e potrebbe corrispondere all'area protetta dai tegoloni disposti a forma di V rovesciata, secondo l'ipotesi che attribuisce alla "piattaforma" la funzione di spartifiamma

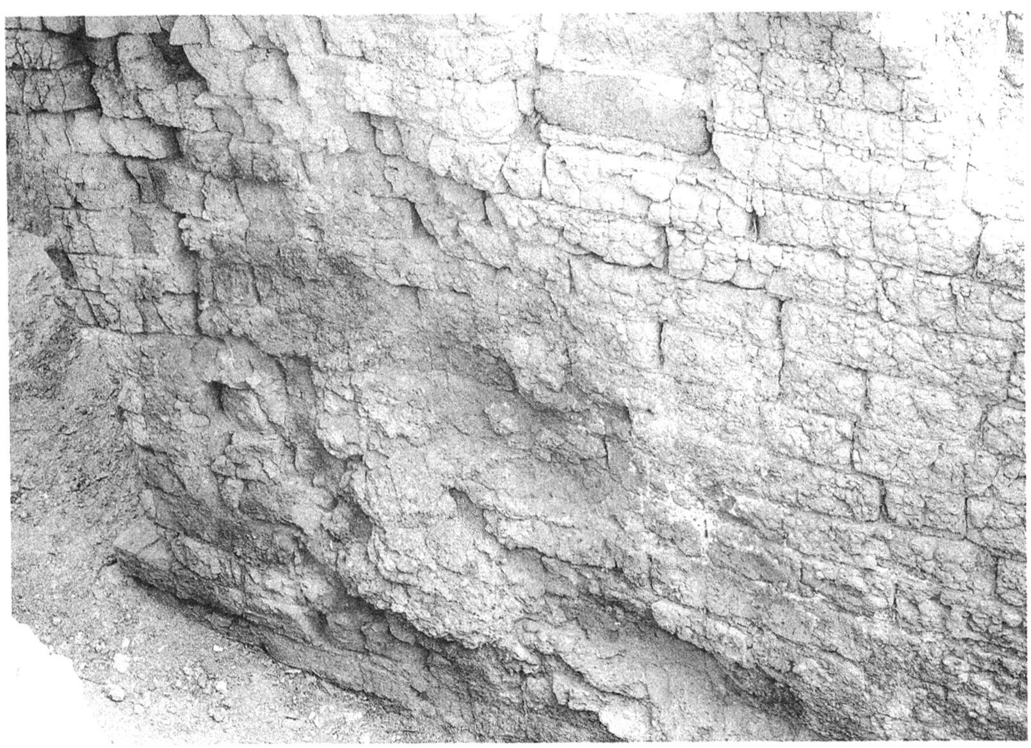

b. VI officina, fornace 10. Erosioni e vetrificazioni provocate dal violento attacco del fuoco: i mattoni delle pareti dei due prefurni sono percorsi da fessurazioni e in alcuni punti si sono agglomerati in una massa fusa da cui si sono staccate grosse scaglie, formando profondi incavi

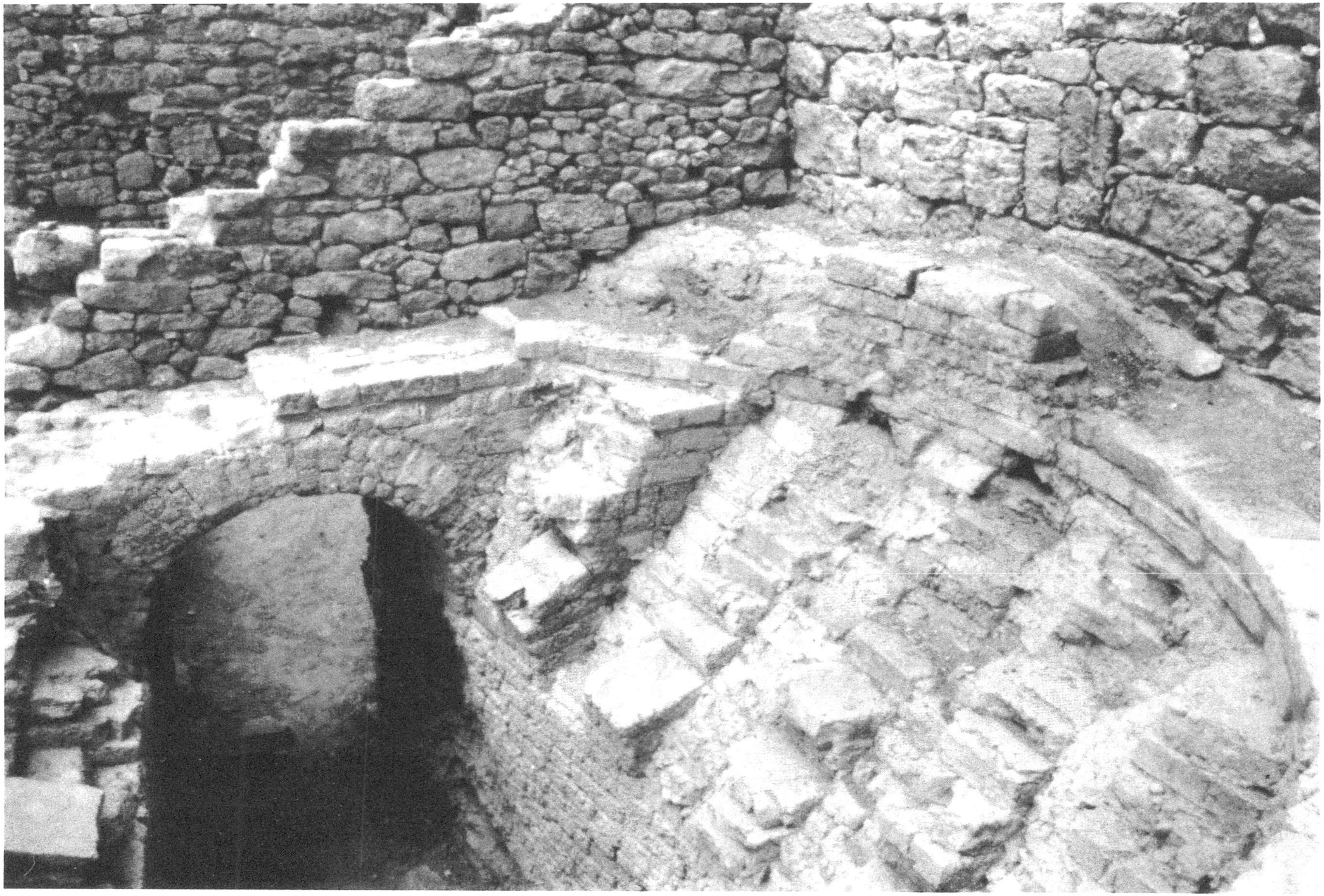

VI officina, fornace 10. La camera di combustione, vista dall'alto, con i resti dei setti di muro che costituivano la fiancata degli archi (cinque in totale) che sostenevano il piano forato, ora mancante; i setti di muro sono intervallati da intercapedini (sei in totale) dal fondo inclinato; attorno alla parte superiore della camera di combustione, sono visibili i resti del muro perimetrale della camera di cottura (foto: 1955)

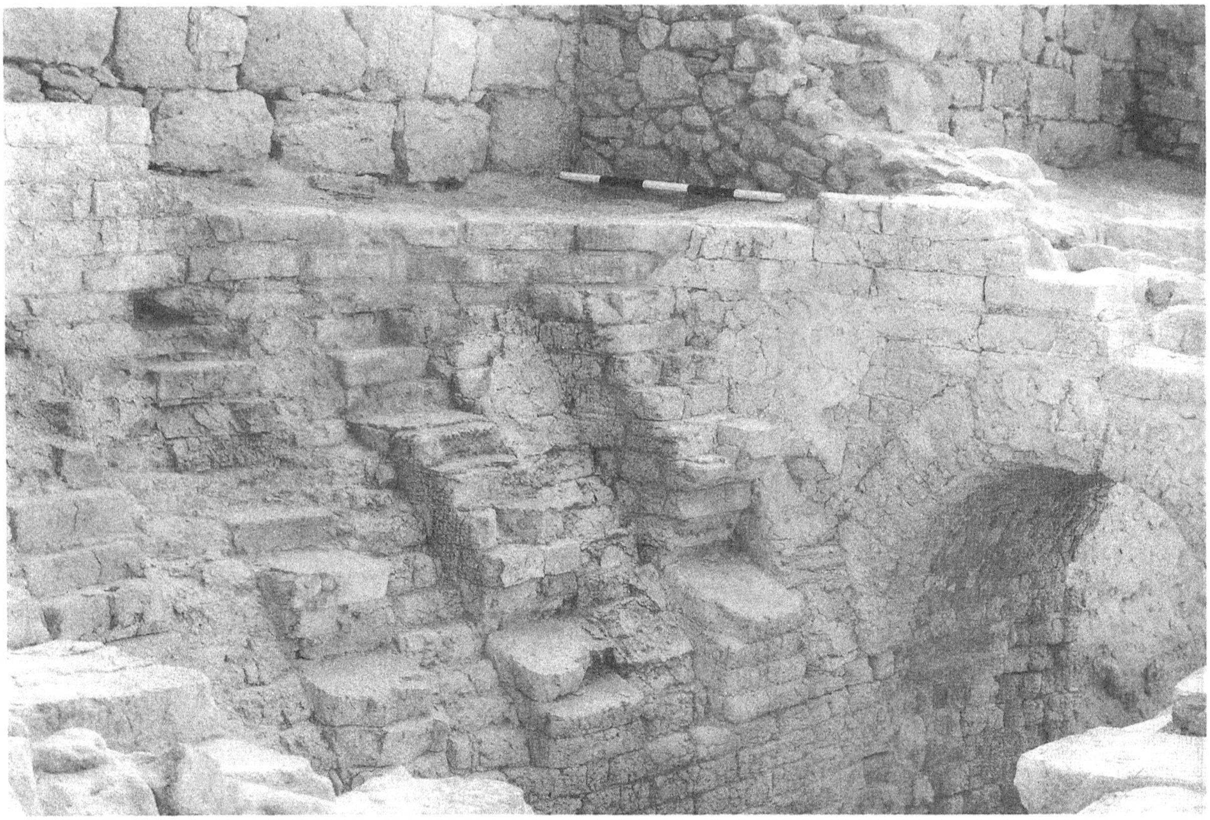

a. (sopra) VI officina, fornace 10. L'interno della camera di combustione, con una veduta ravvicinata dei resti dei setti di muro, formato da grossi mattoni quadrati, legati da forti spessori di malta; sulla destra si trova il prefurnio sud visto dal lato interno

b. (sinistra) VI officina, fornace 10. Particolare dell'interno della camera di combustione: è possibile vedere l'inizio della curvatura degli archi che sostenevano il piano forato, formati da grossi mattoni posti scalarmente (foto: 1955)

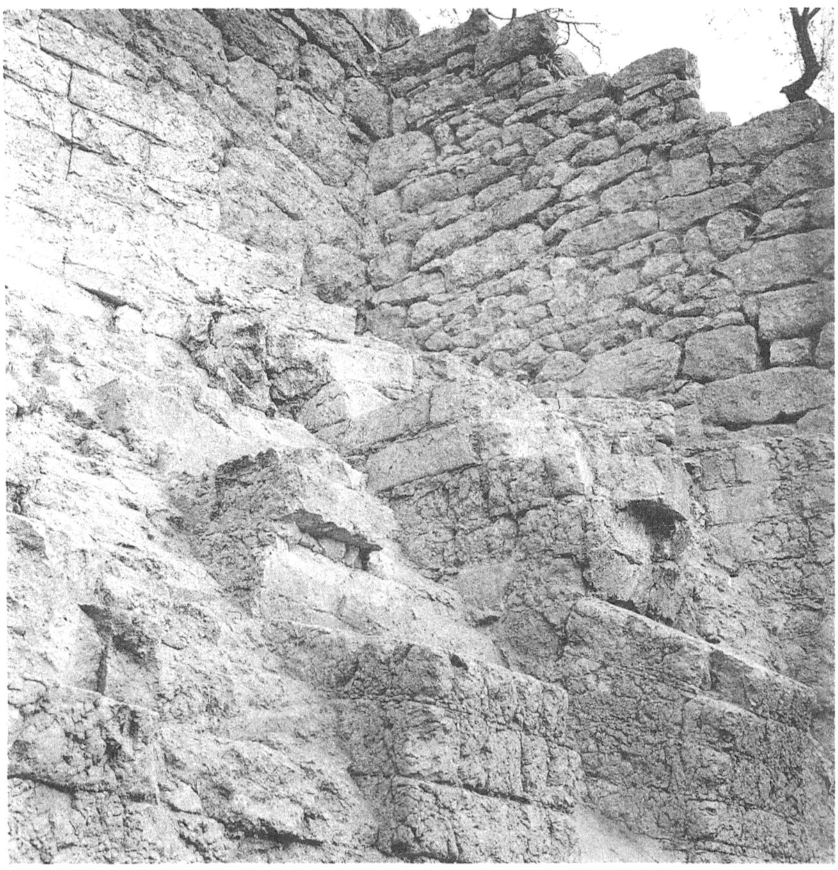

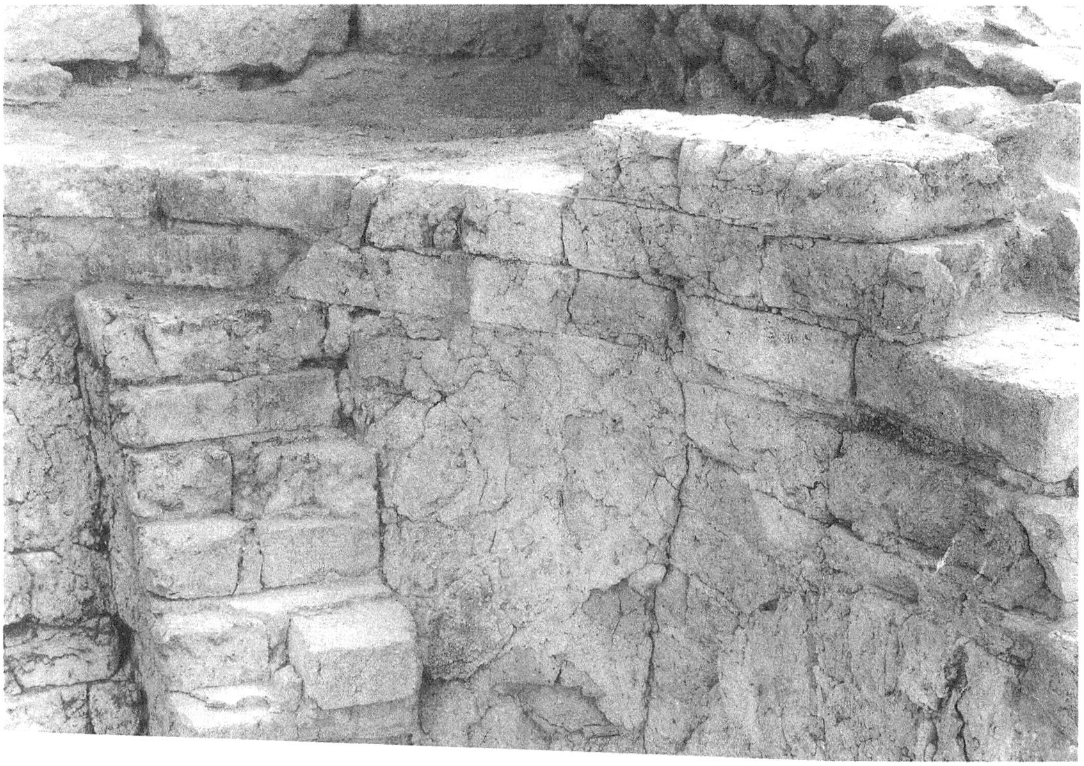

a. VI officina, fornace 10. Un altro particolare della camera di combustione: ai lati di uno degli archi semidistrutti sono visibili le intercapedini dal fondo molto inclinato, in forte ascendenza verso la parete perimetrale; si noti lo strato di intonaco che copre l'intercapedine verso destra

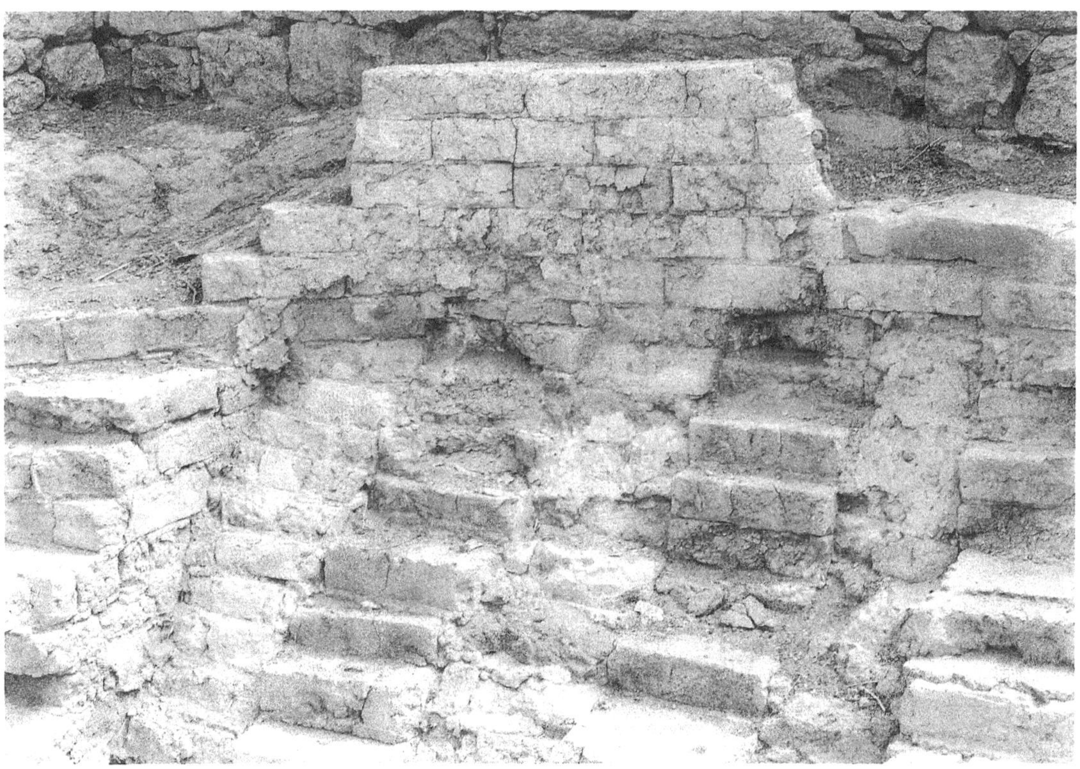

b. VI officina, fornace 10. Camera di cottura, resti del muro perimetrale, formato da mattoni sovrapposti

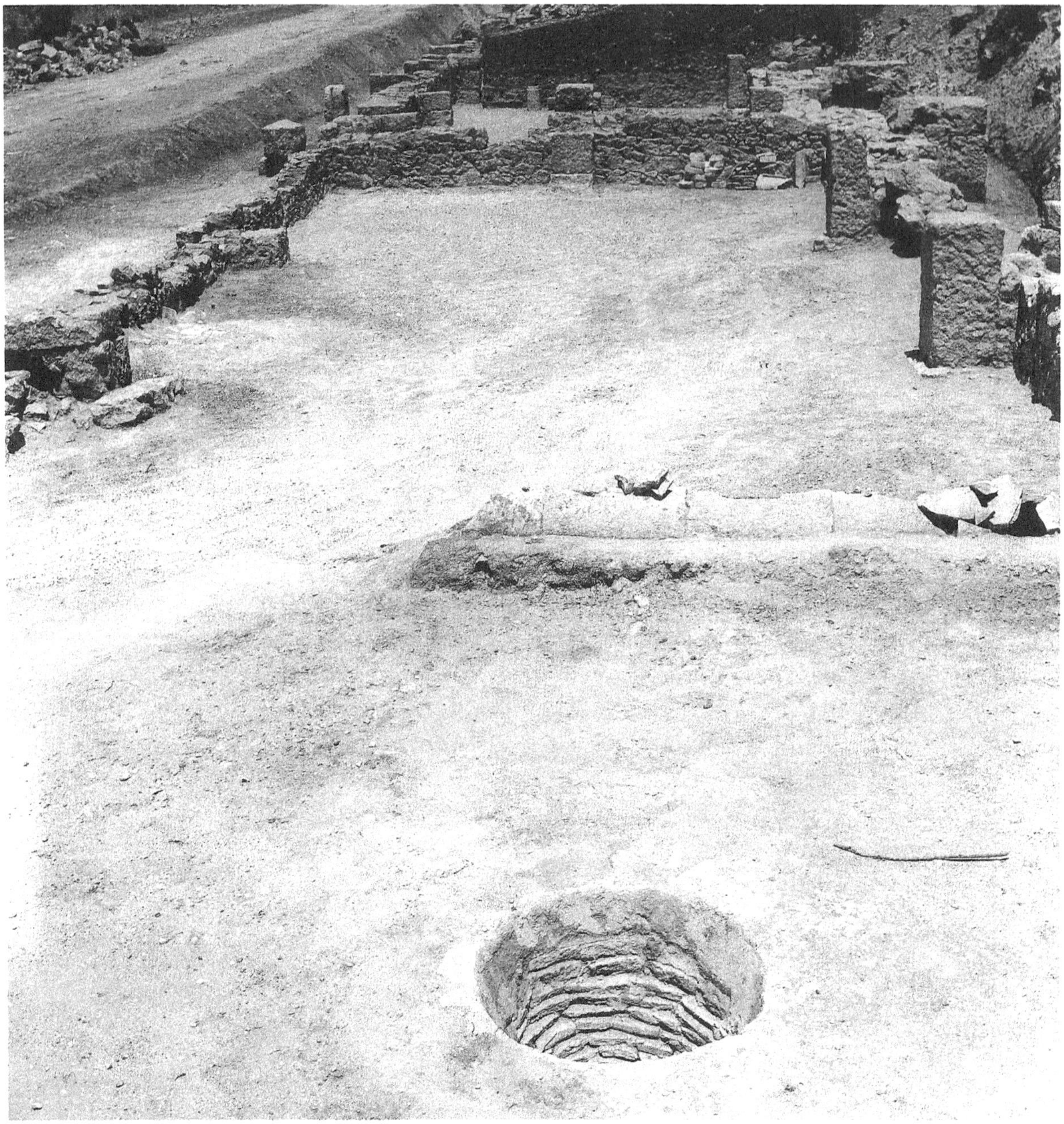

Granaio Est. Il pozzetto troncoconico e i resti della conduttura idrica siti all'estremità sud del Granaio Est (foto: 1960)

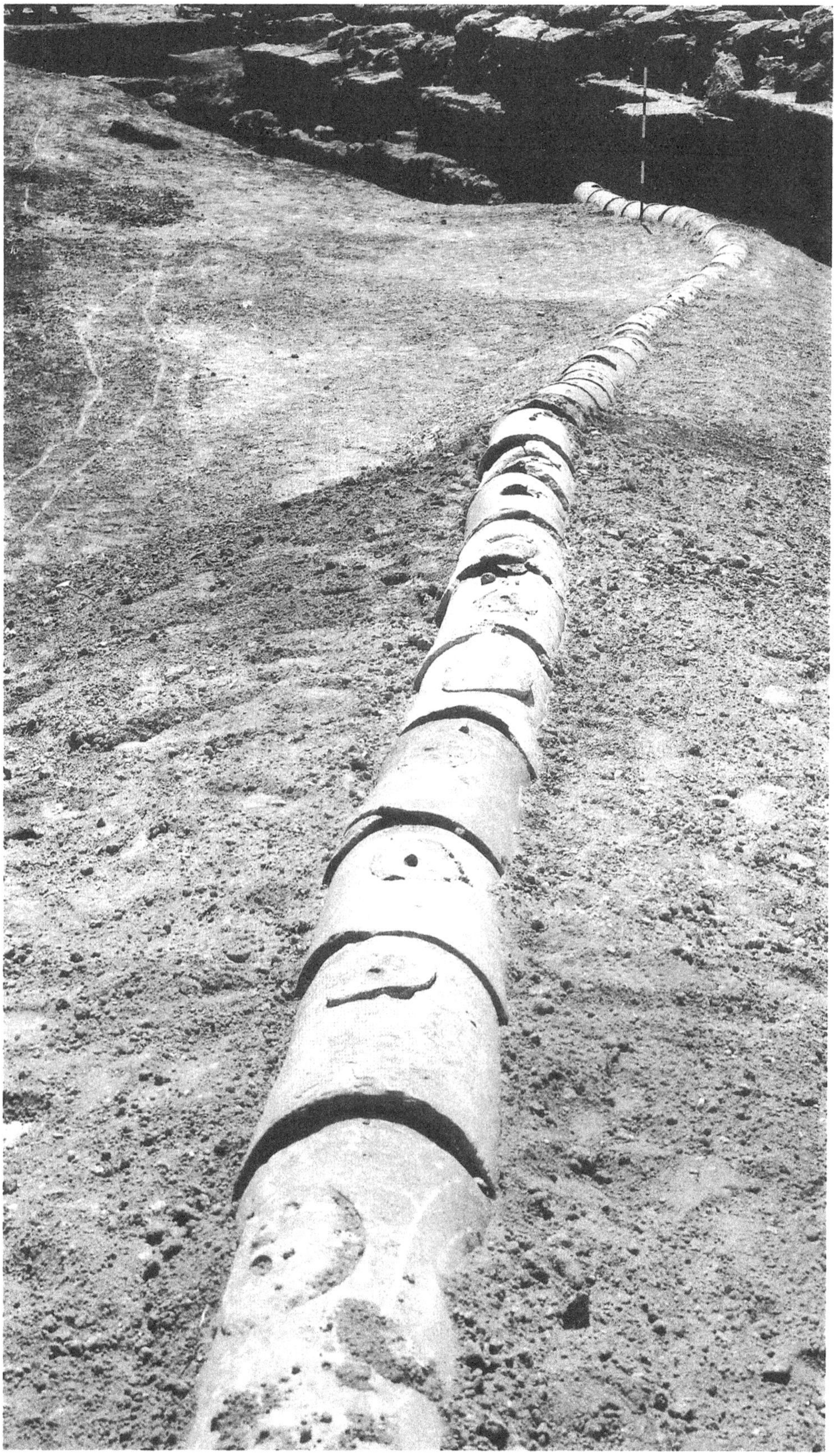

Conduttura idrica sul lato ovest dell'agorà, qui nel tratto che corre tra il teatro e il Santuario Centrale; i grossi condotti sono muniti di *operculum* (foto: 1961)

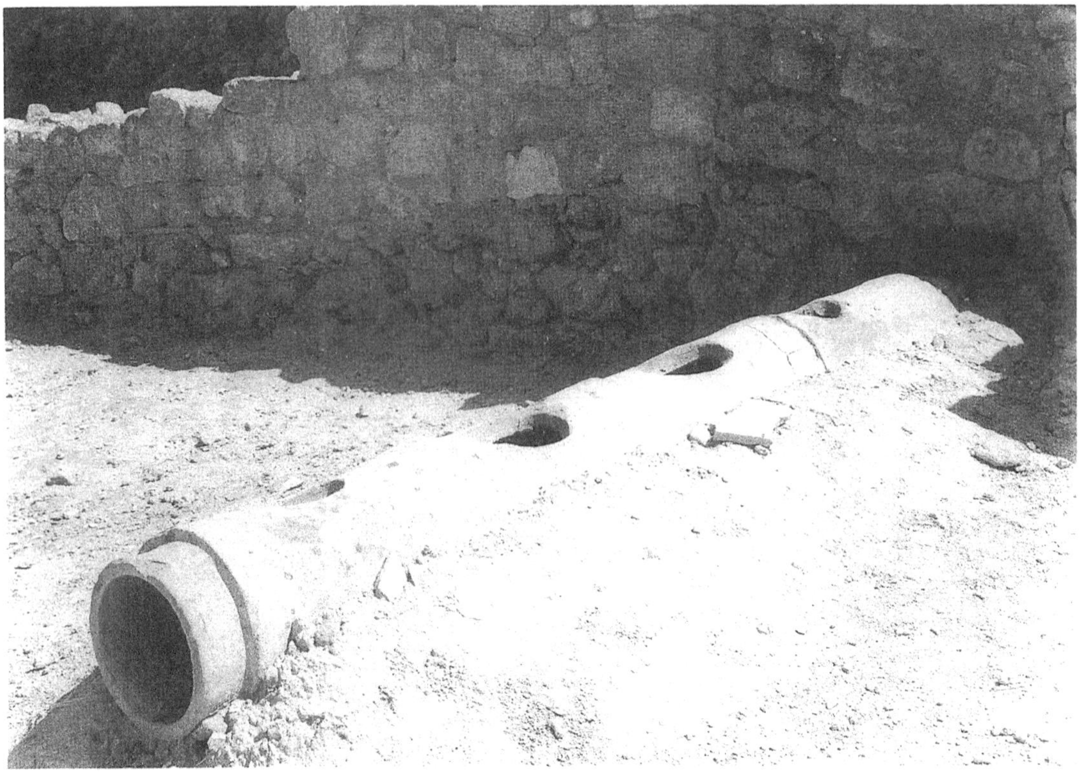

a. Resti di conduttura idrica sita all'estremità sud del Granaio Est; si noti il lungo collarino del condotto in primo piano e le bocchette dei condotti, ora mancanti degli *opercula*

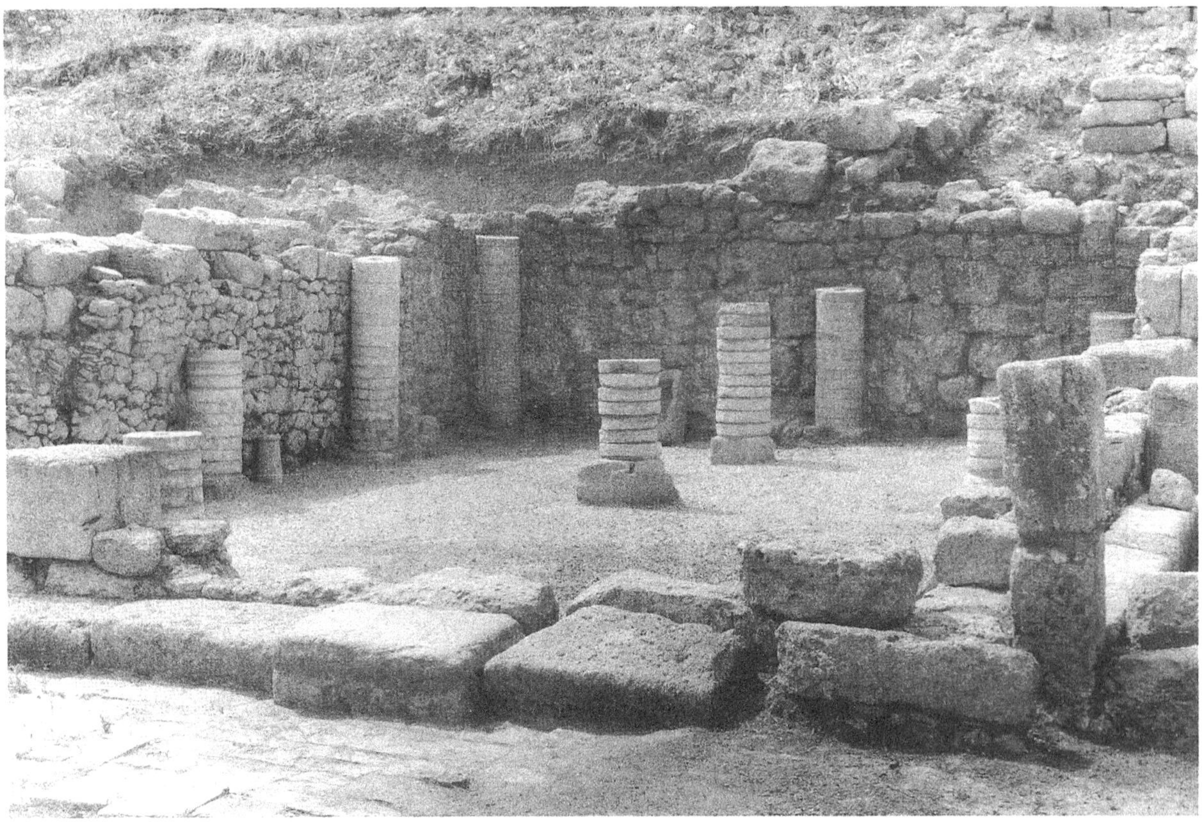

b. Agorà superiore. Peristilio adorno di colonne formate da rocchi di terracotta sovrapposti

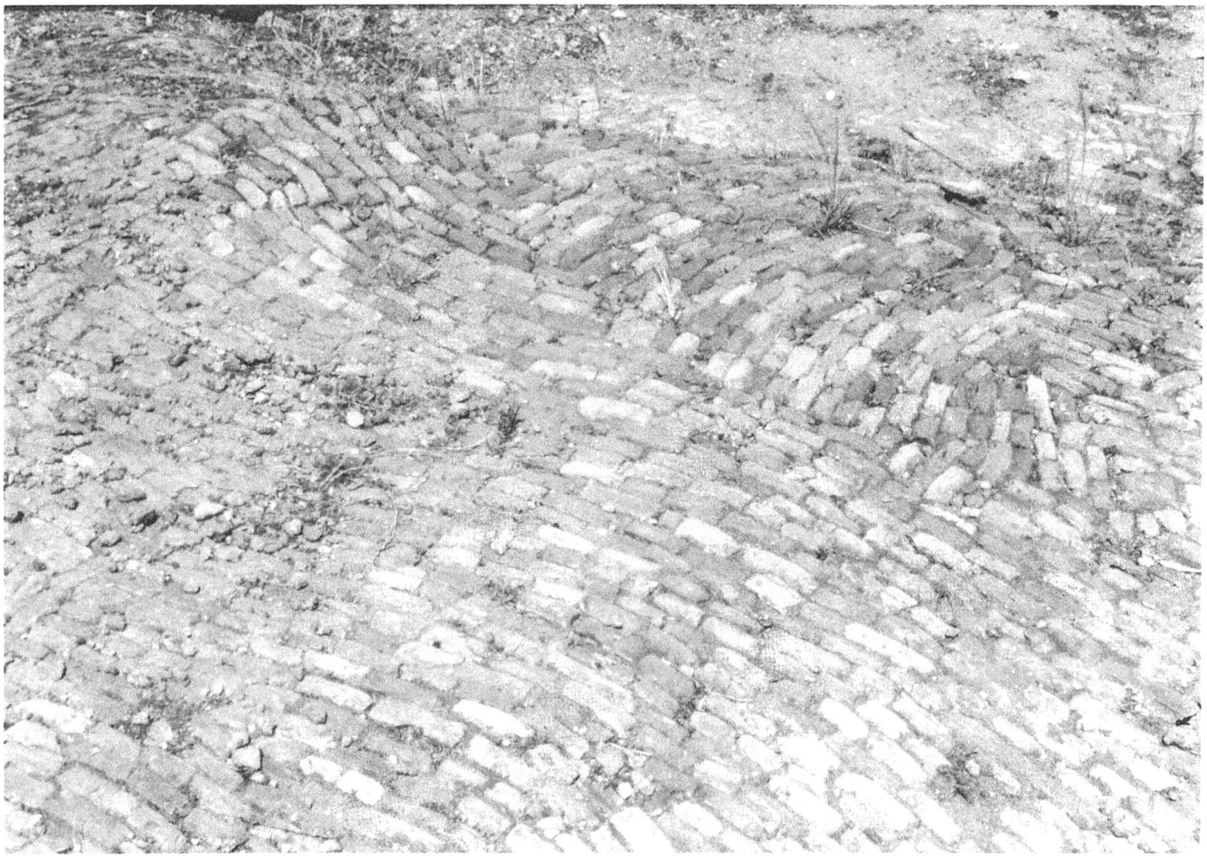

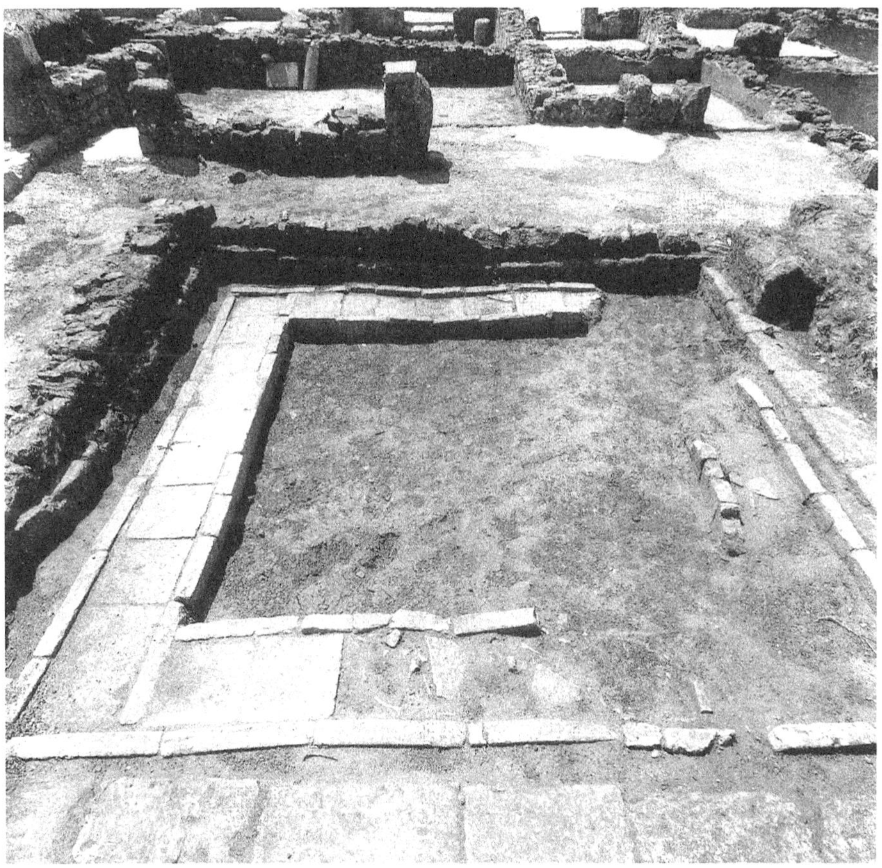

a. (sopra) Casa del Palmento (Collina Ovest). Tratto di pavimentazione in *opus spicatum*, formato da mattoncini posti di costa

b. (sinistra) Casa dei Capitelli Tuscanici (Collina Ovest). Cortile contornato da mattoni e larghe mattonelle quadrate (foto: 1958)

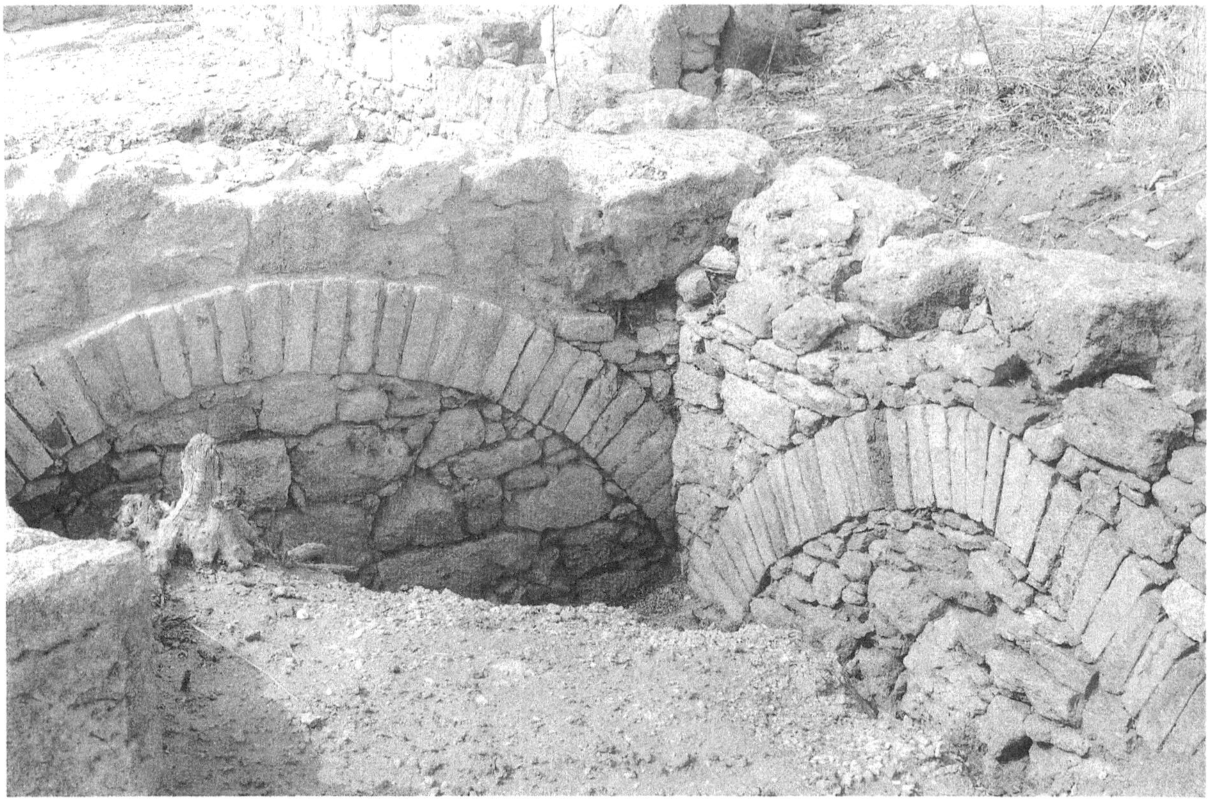

a. (sopra) Casa Pappalardo (Collina Ovest). Due archi in laterizio sono inseriti nelle pareti della stanza con cisterna

b. (destra) Casa della Cisterna ad Arco (Collina Ovest). Puteale a forma di lastra rettangolare di terracotta per chiudere l'imboccatura della cisterna

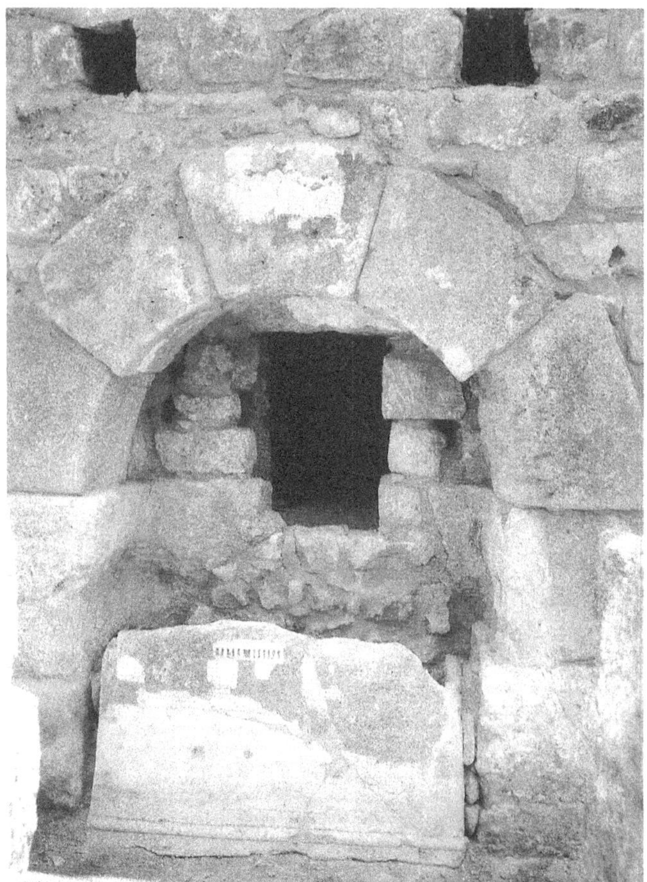

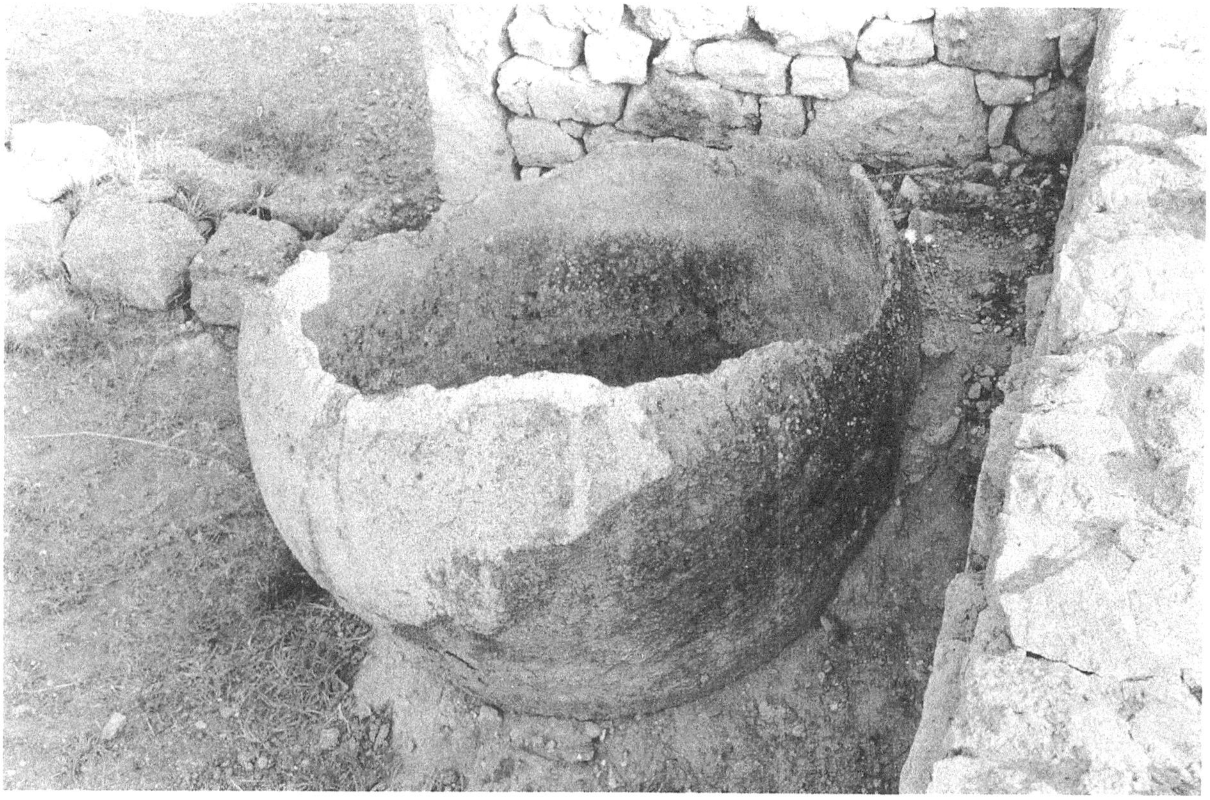

a. Casa della Cisterna ad Arco (Collina Ovest). Resti di un grande *pithos* nell'ambiente 22

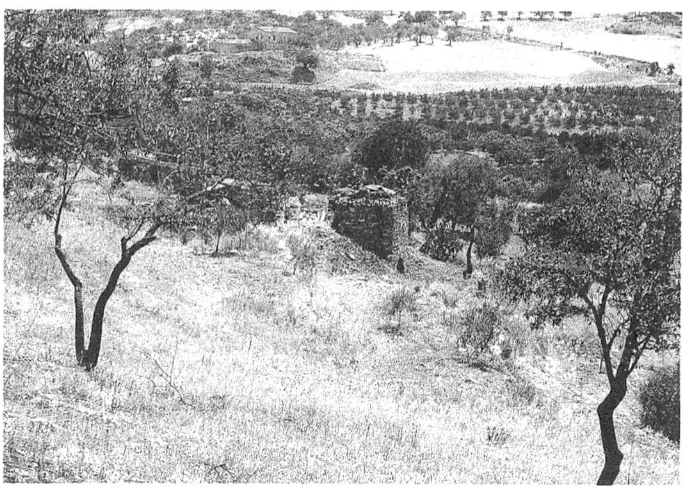

b. Vallata sottostante Morgantina, Contrada Fondacaccio. Fornace per laterizi del tardo Ottocento

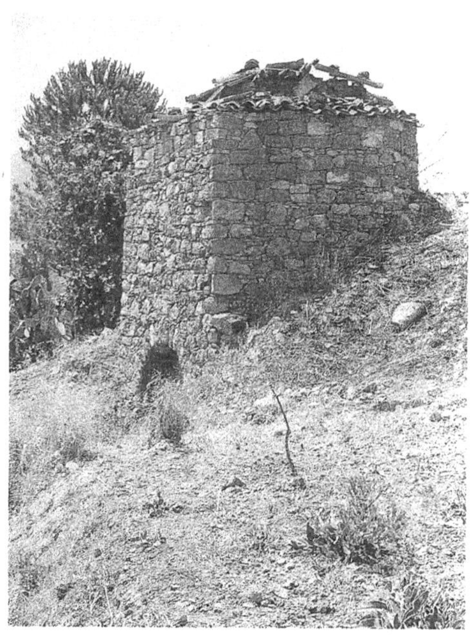

c. *Idem*, vista ravvicinata

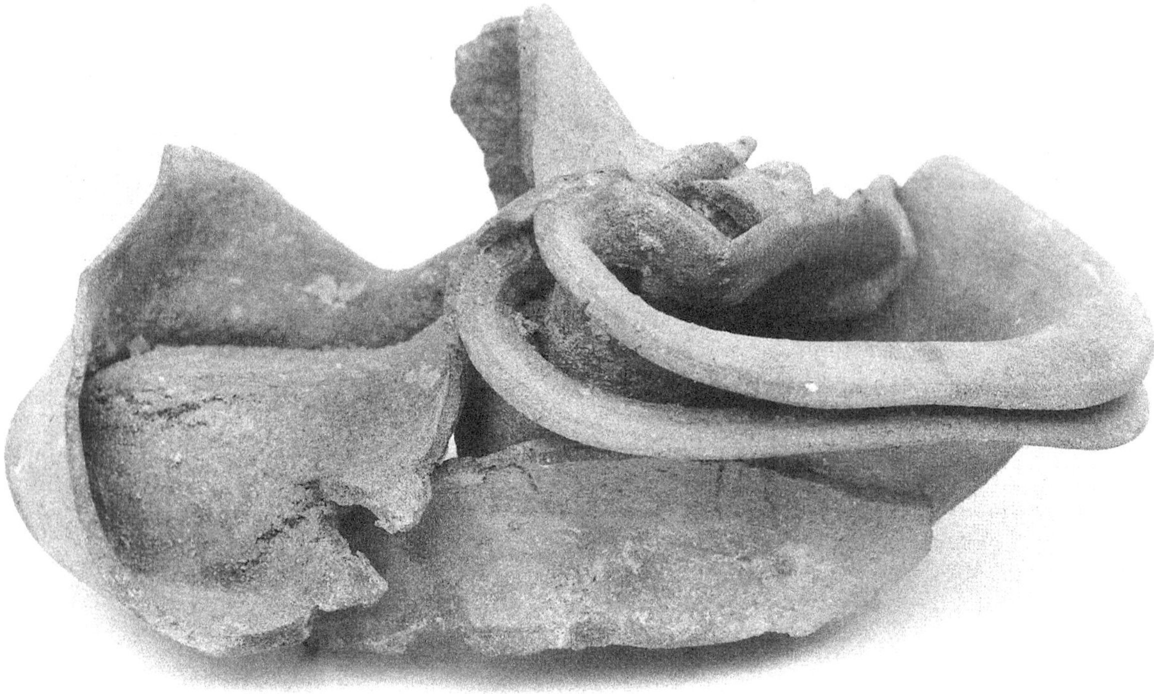

a. Ipercotti: tre coppette (inv. 62-585)

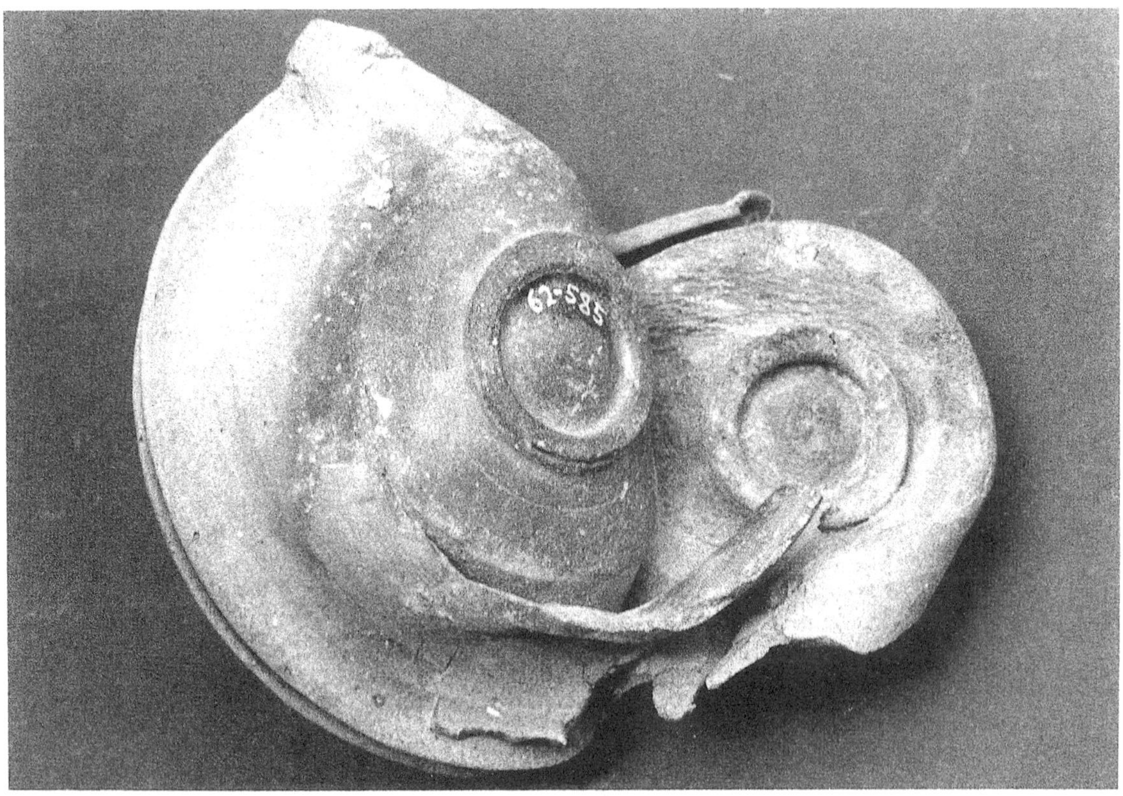

b. *Idem*, capovolti

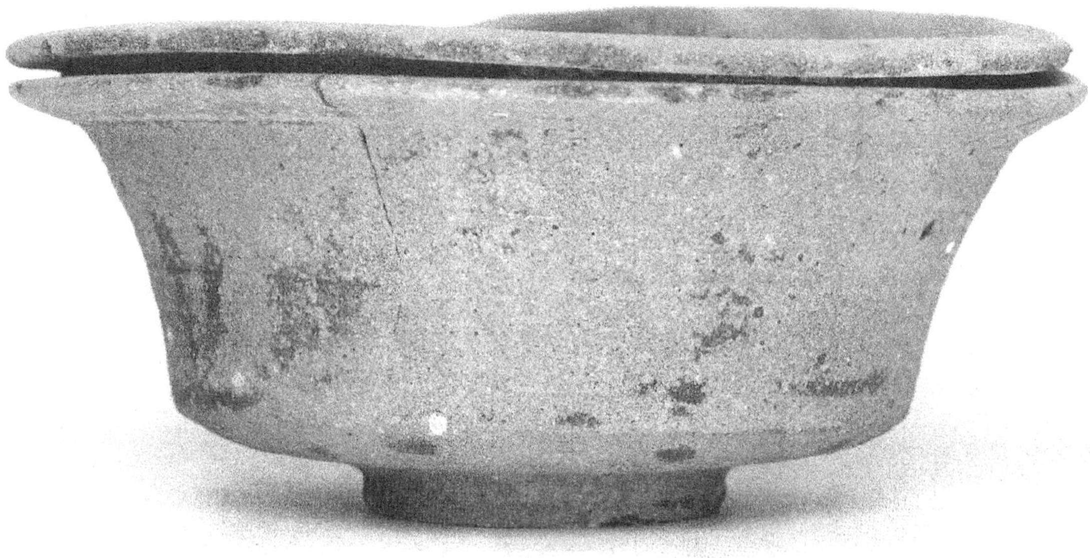

a. Ipercotti: due coppette (inv. 62-486)

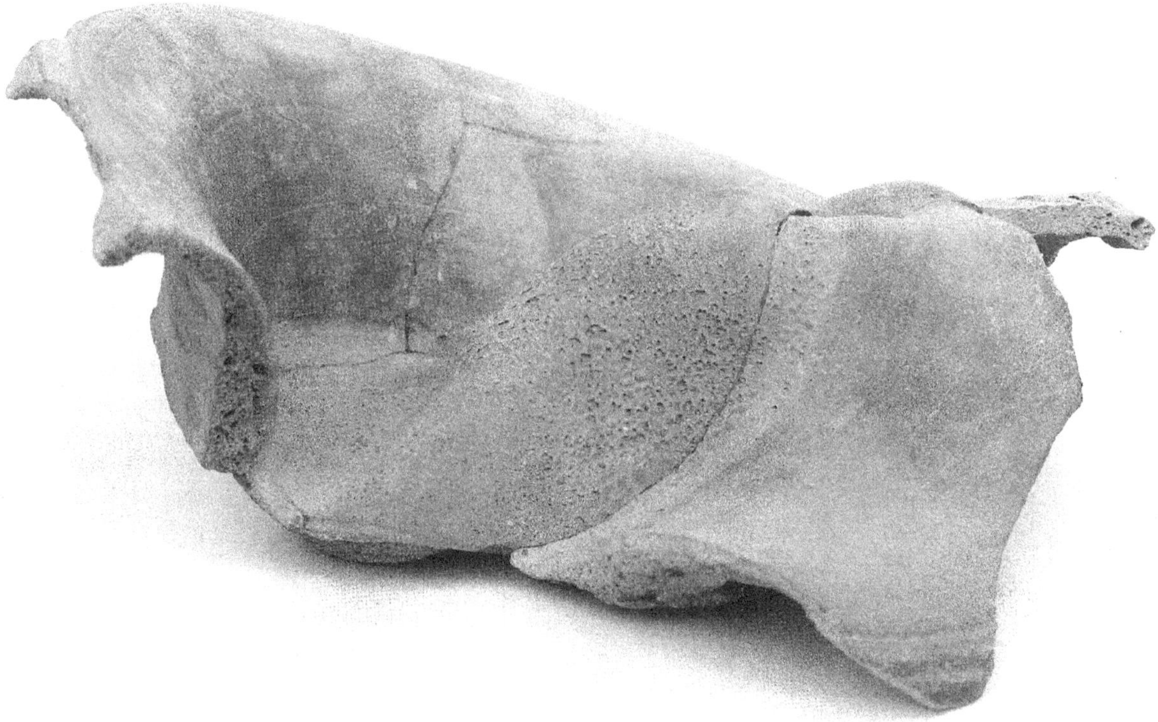

b. Ipercotto: coppetta (inv. 62-554)

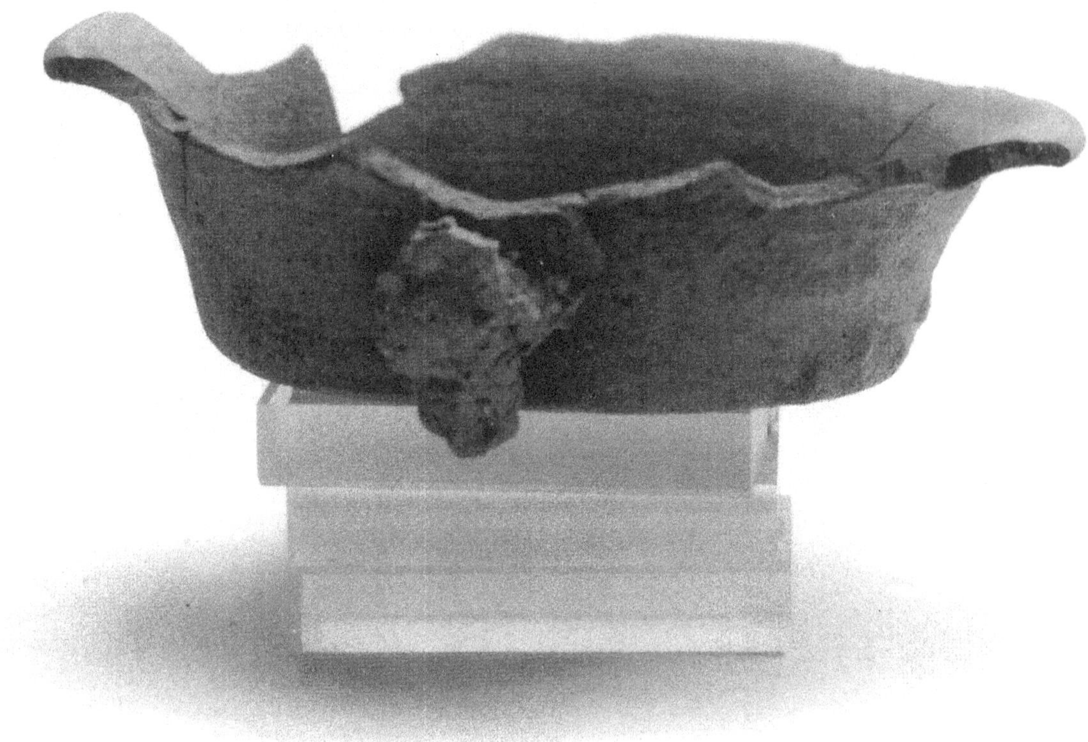

a. Ipercotto: coppetta (inv. 62-597)

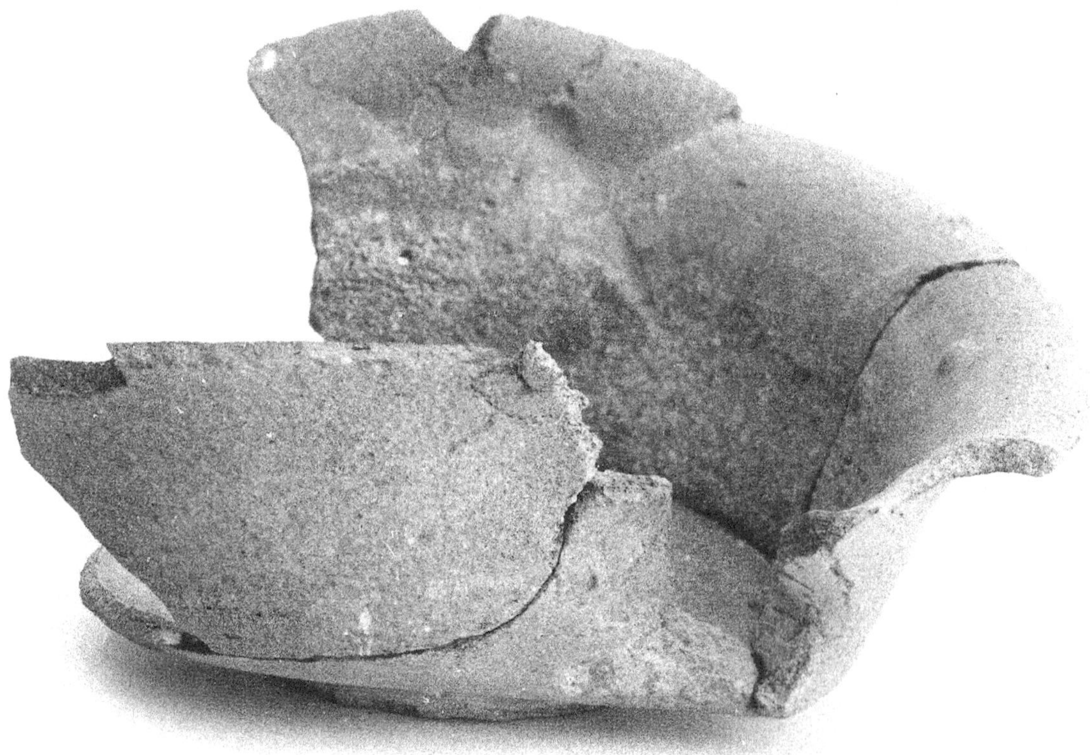

b. Ipercotto: coppetta (inv. 62-598)

TAV. 40

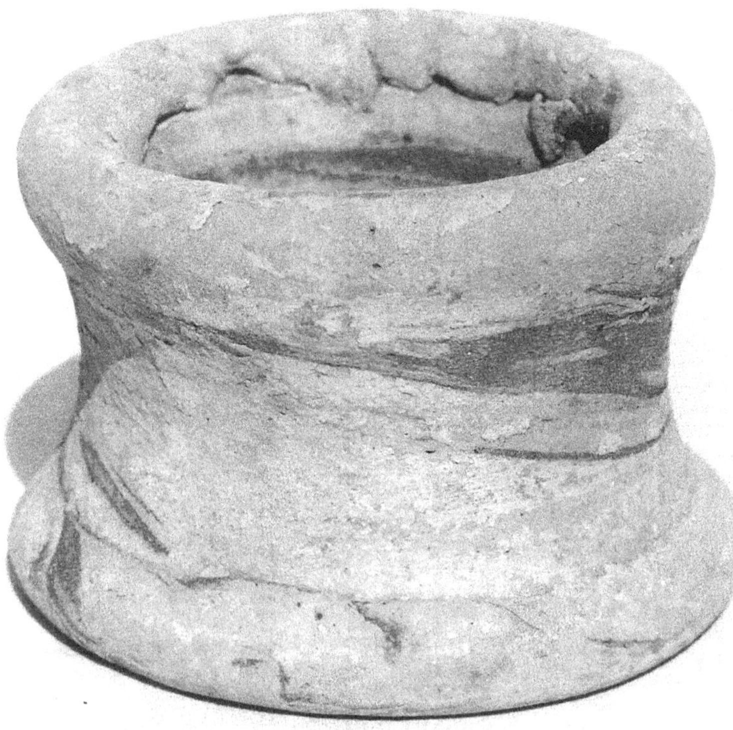

a. Ipercotto: supporto ad anello (inv. 63-154)

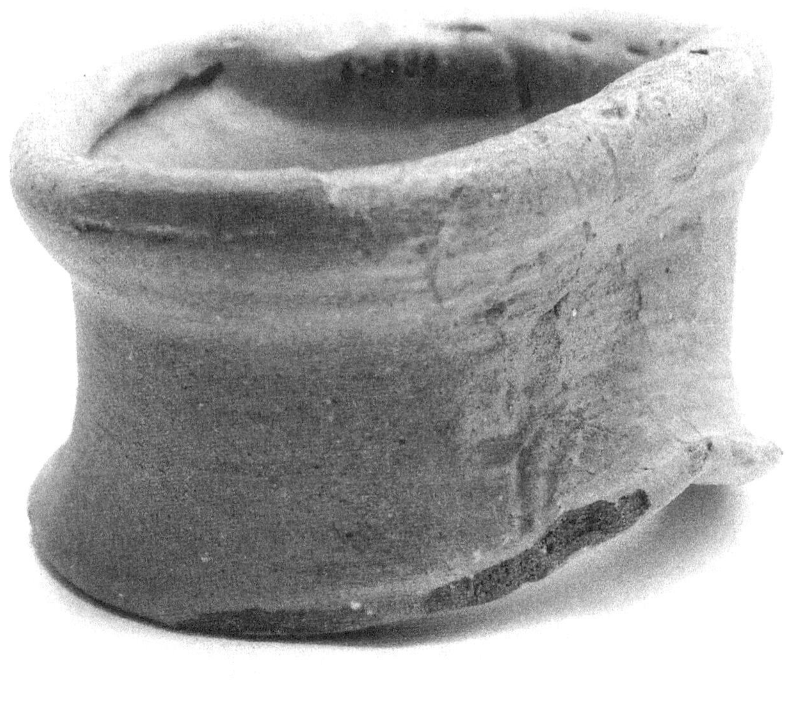

b. Ipercotto: supporto ad anello (inv. 62-530)

TAV. 41

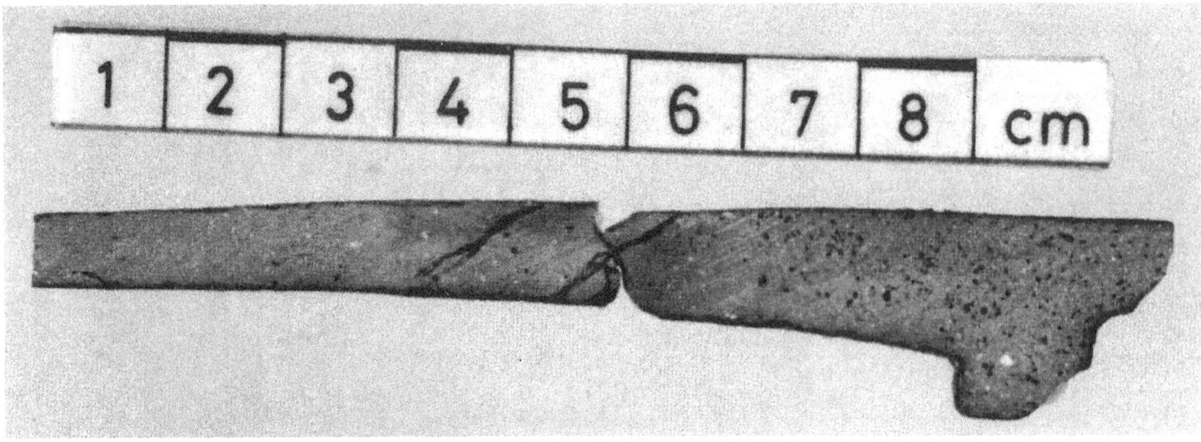

a. VN-6, piatto in campana C, tagliato per l'esame stereoscopico, con minerali vulcanici addensati nella zona del piede (App. 3, gruppo 3, p. 159)

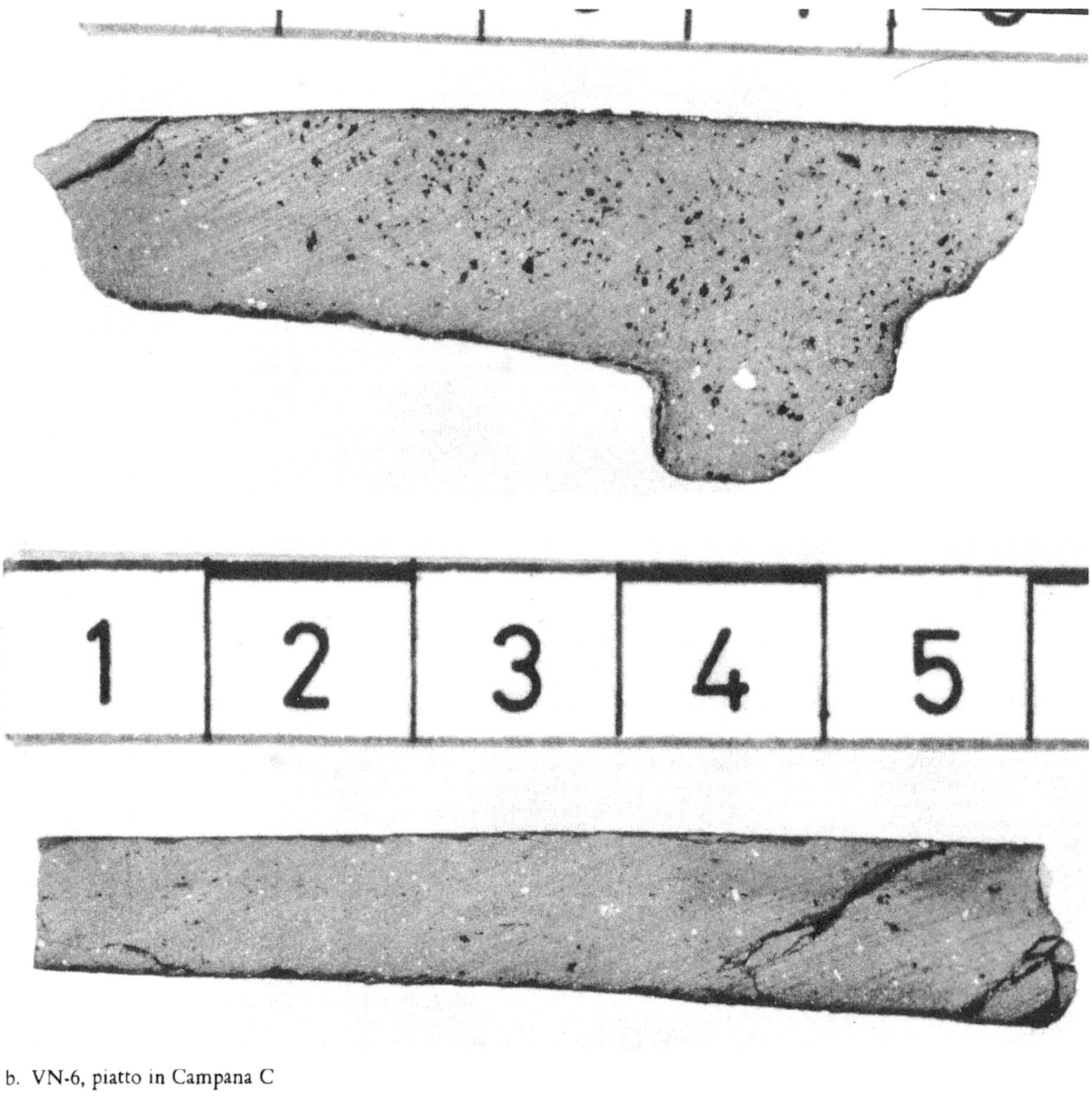

b. VN-6, piatto in Campana C

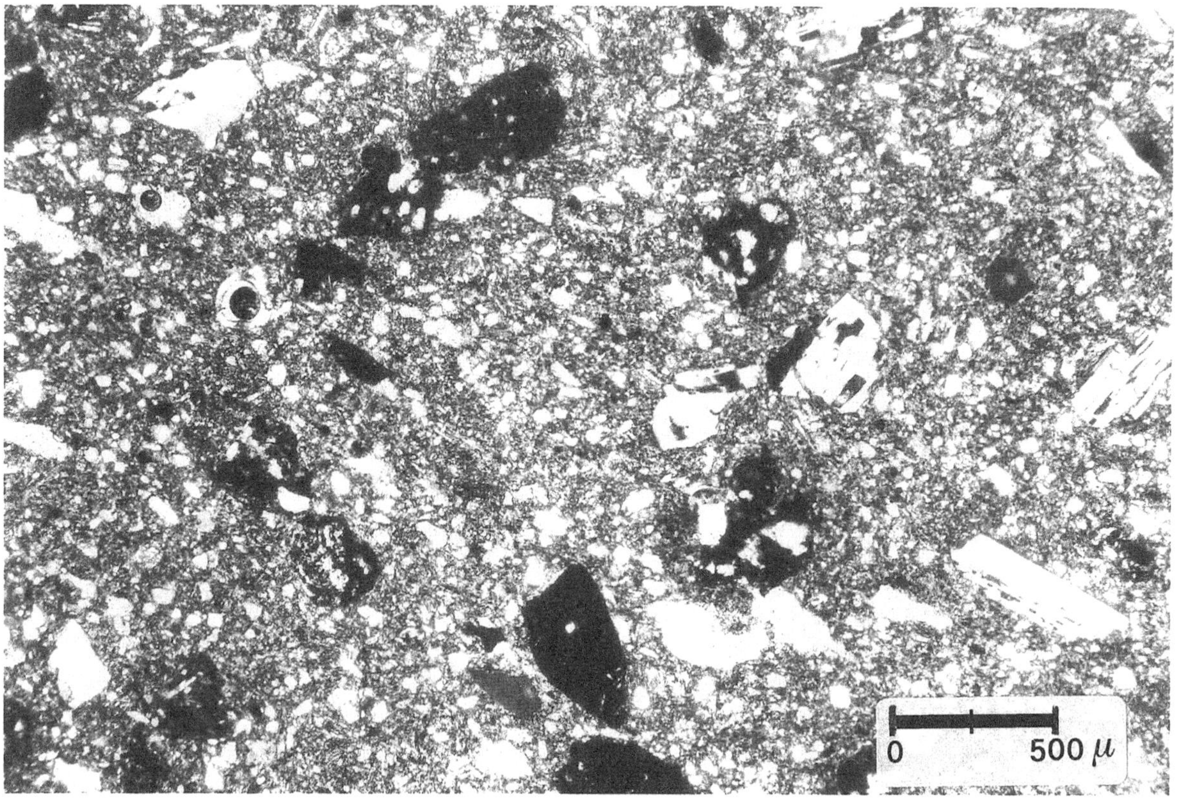

a. Microfotografia NX, SS VN-1 piatto in campana C, piede (App. 3, gruppo 3, p. 159)

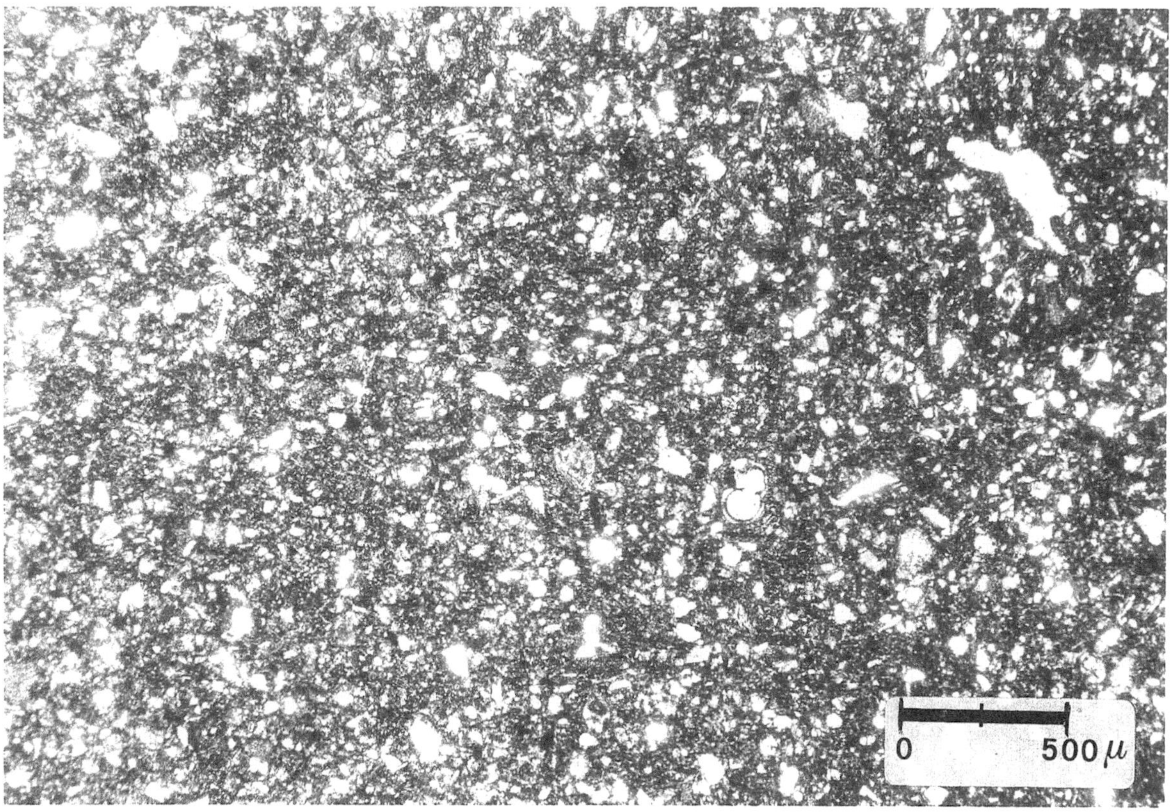

b. Microfotografia NX, SS VN-1. Le due microfotografie (Tavv. 43:a, Tav. 43:b) ritraggono due differenti zone della stessa sezione sottile VN-1

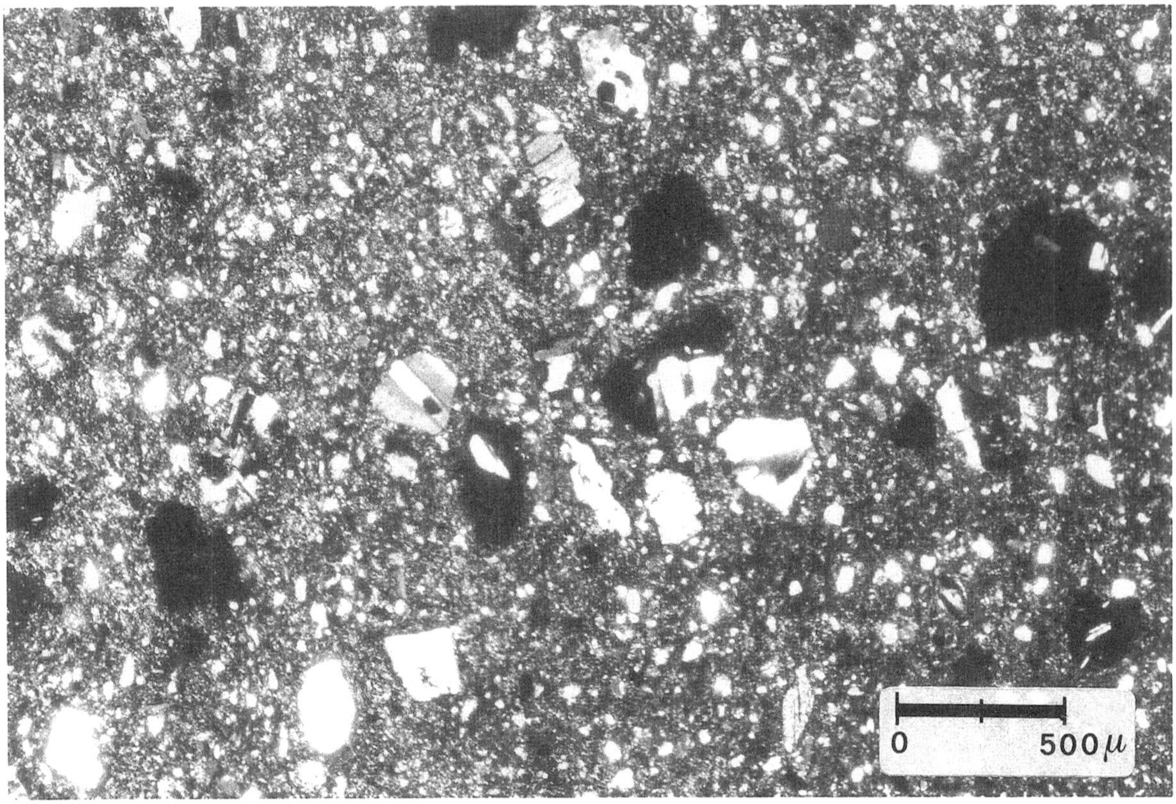

a. Microfotografia NX, SS VN-6, piatto in campana C, piede (App. 3, gruppo 3, p. 159)

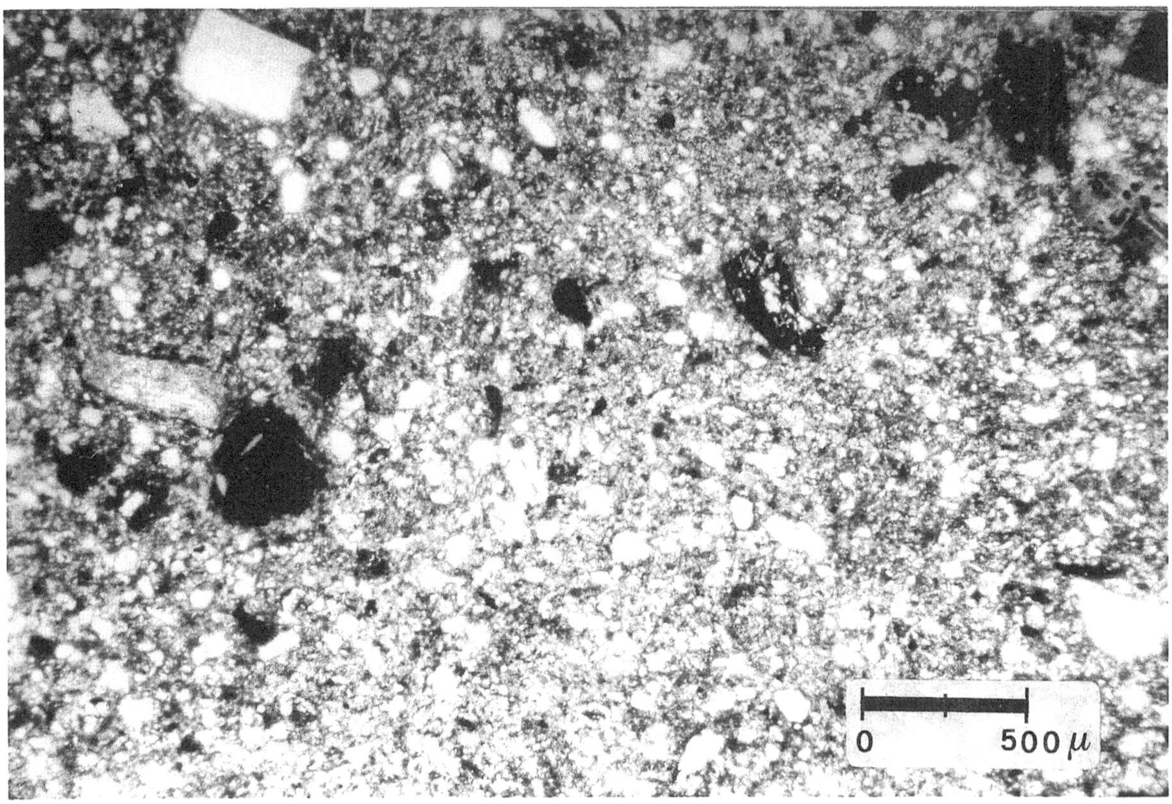

b. Microfotografia NX, SS VN-6

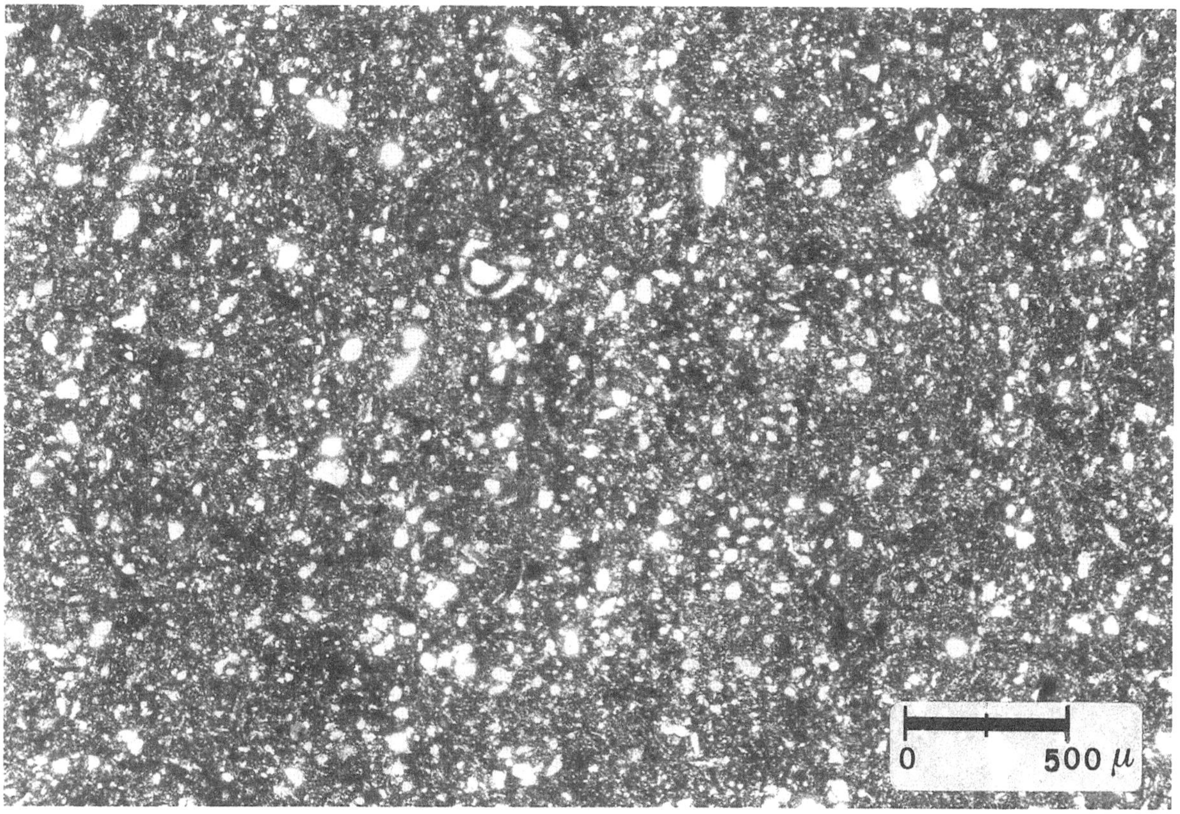

a. Microfotografia NX, SS VN-6. Le tre microfotografie (Tavv. 44:a, 44:b, 45:a) ritraggono tre differenti zone della stessa sezione sottile VN-6

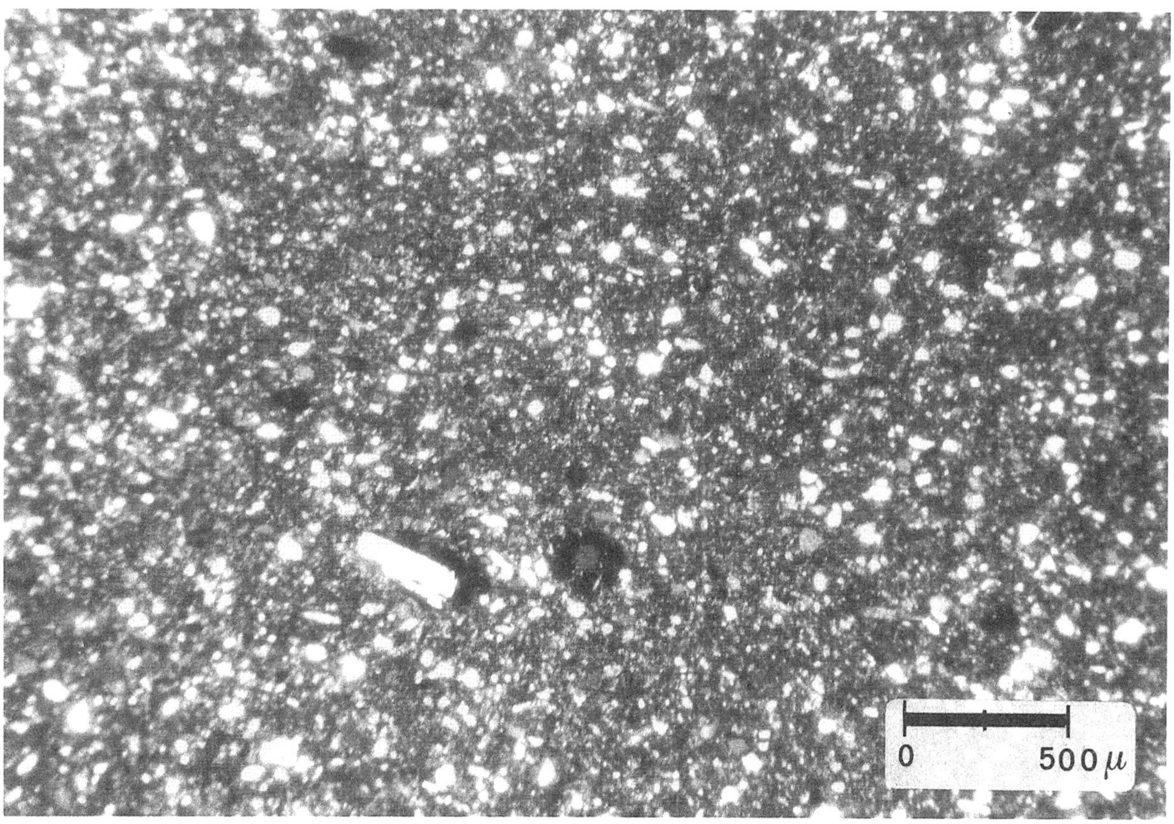

b. Microfotografia NX, SS VN-4, piatto in campana C, piede (App. 3, gruppo 3, p. 159)

TAV. 45

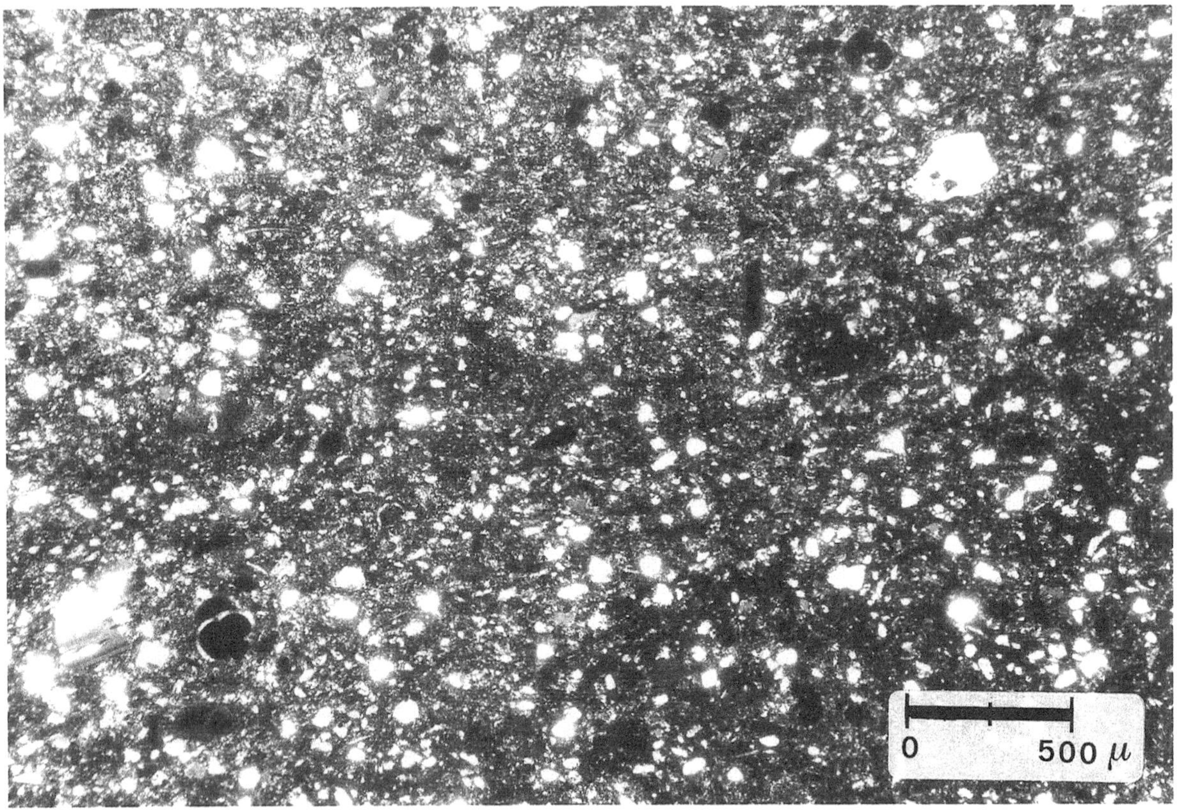

a. Microfotografia NX, SS VN-5, piatto in campana C, orlo (App. 3, gruppo 3, p. 159)

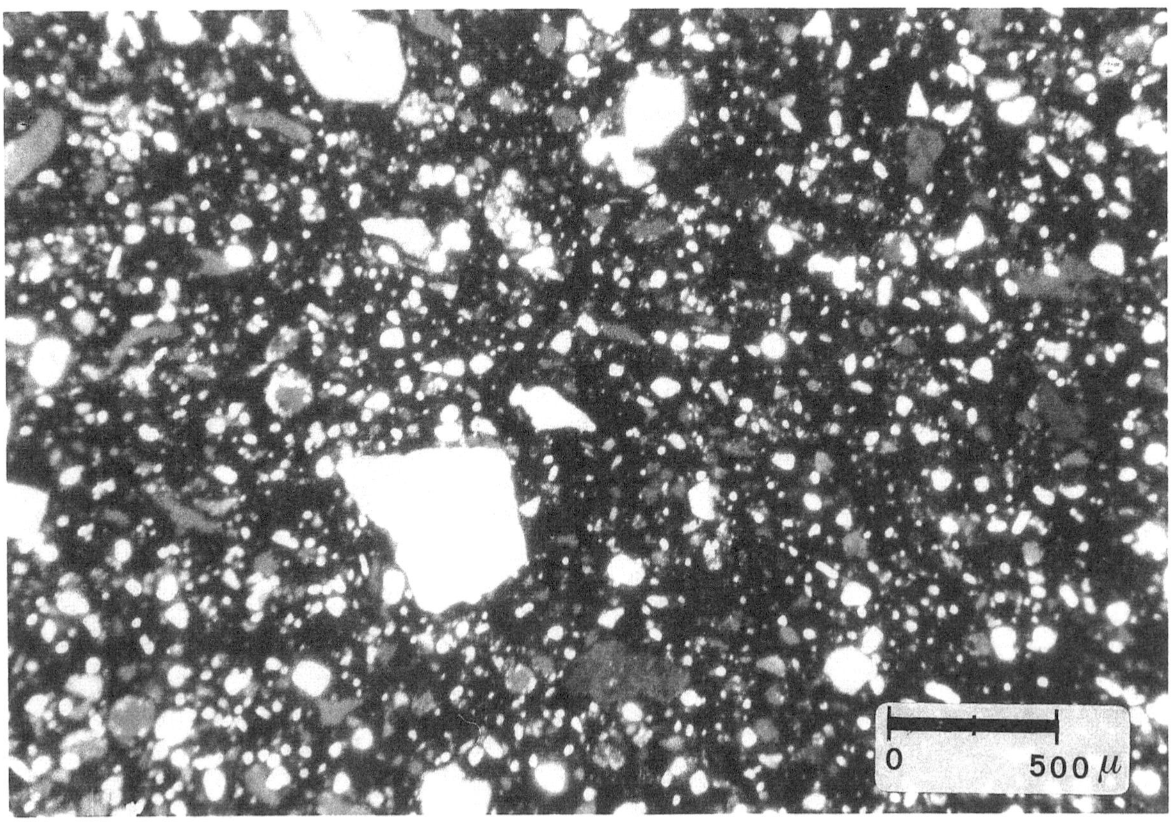

b. Microfotografia NX, SS VN-2, piatto in campana C, orlo (App. 3, gruppo 3, p. 159)

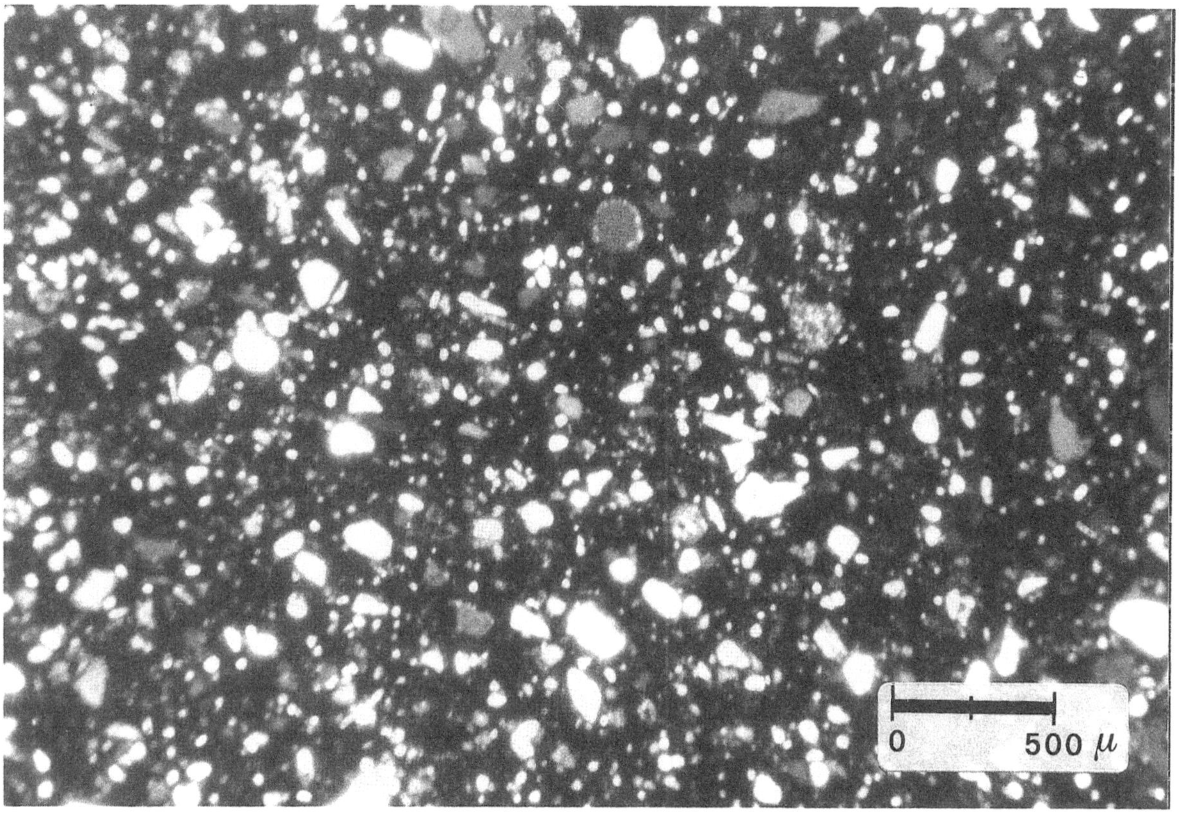

a. Microfotografia NX, SS VN-2. Le due microfotografie (Tavv. 46:b, 47:a) ritraggono due differenti zone della stessa sezione sottile VN-2

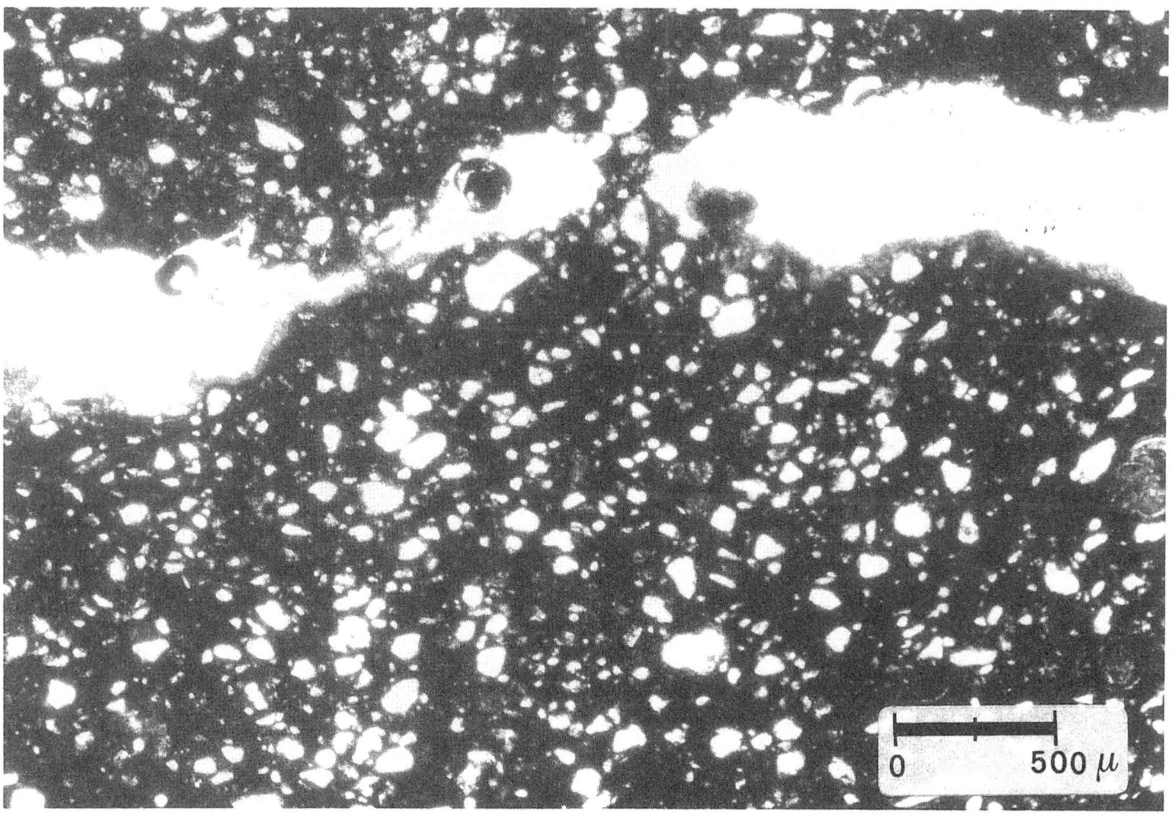

b. Microfotografia 1N, SS F-85, ipercotto (App. 3, gruppo 2i, p. 157)

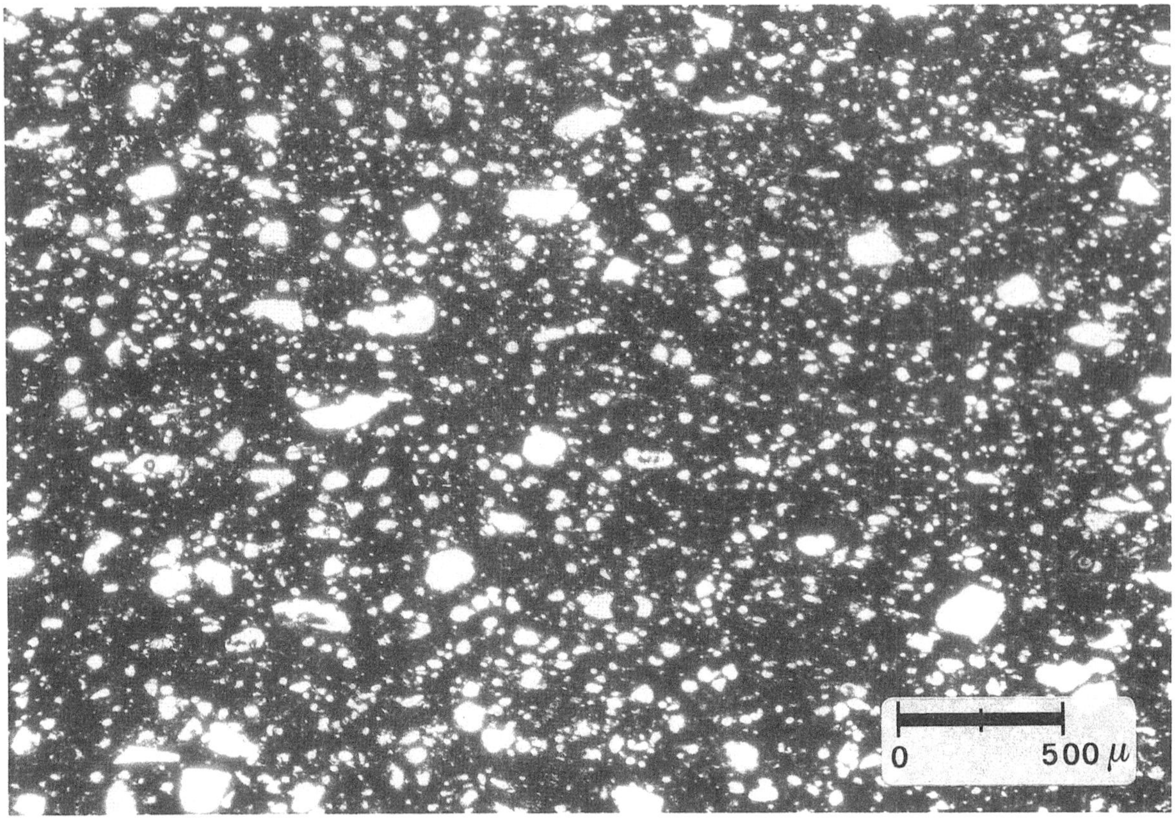

a. Microfotografia 1N, SS F-86, ipercotto (App. 3, gruppo 2i, p. 157)

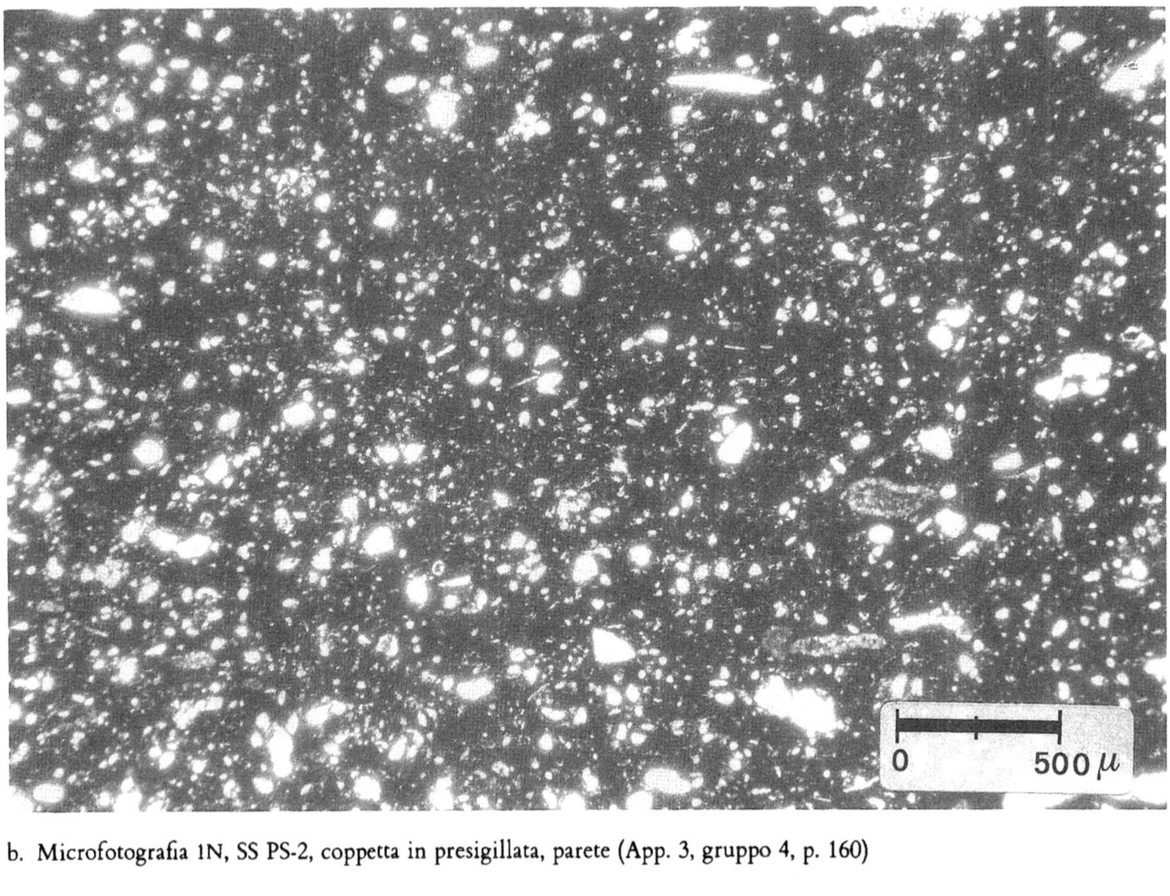

b. Microfotografia 1N, SS PS-2, coppetta in presigillata, parete (App. 3, gruppo 4, p. 160)

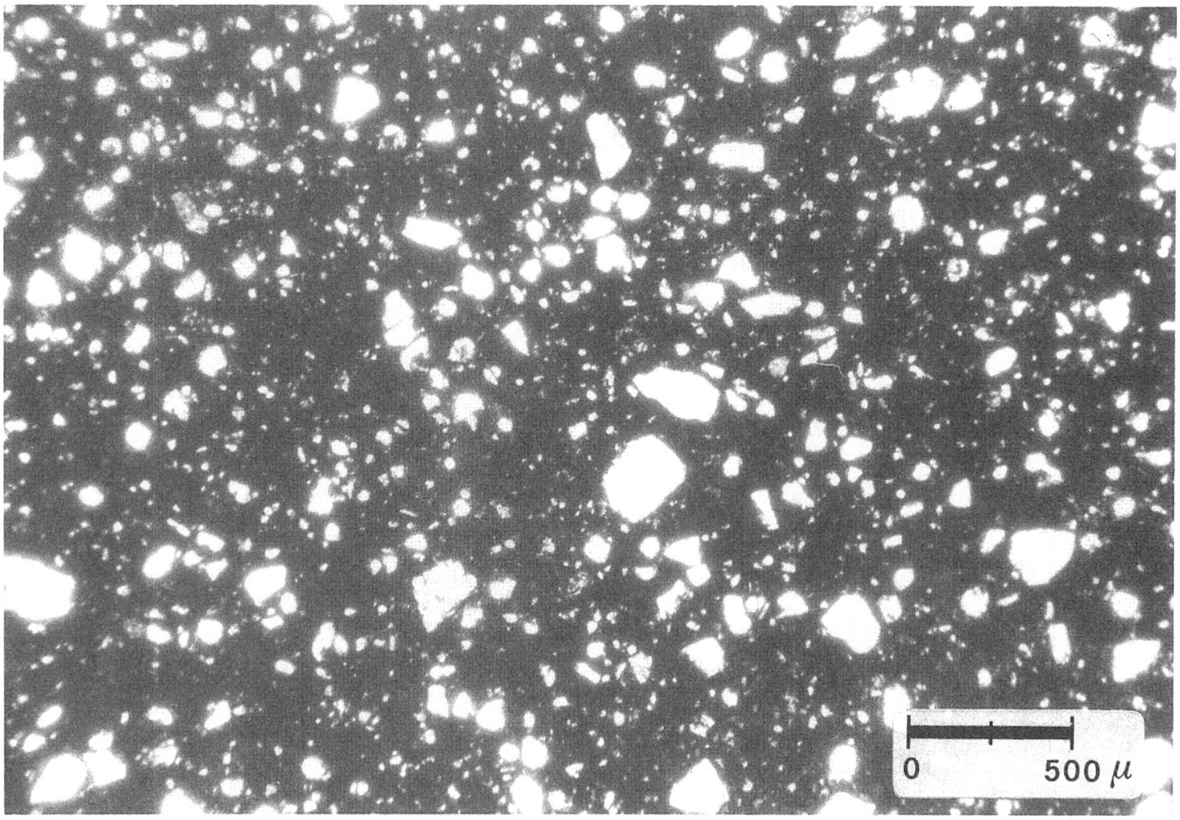

a. Microfotografia 1N, SS SOTT-1, bicchiere a pareti sottili, fondo (App 3, gruppo 5, p. 160)

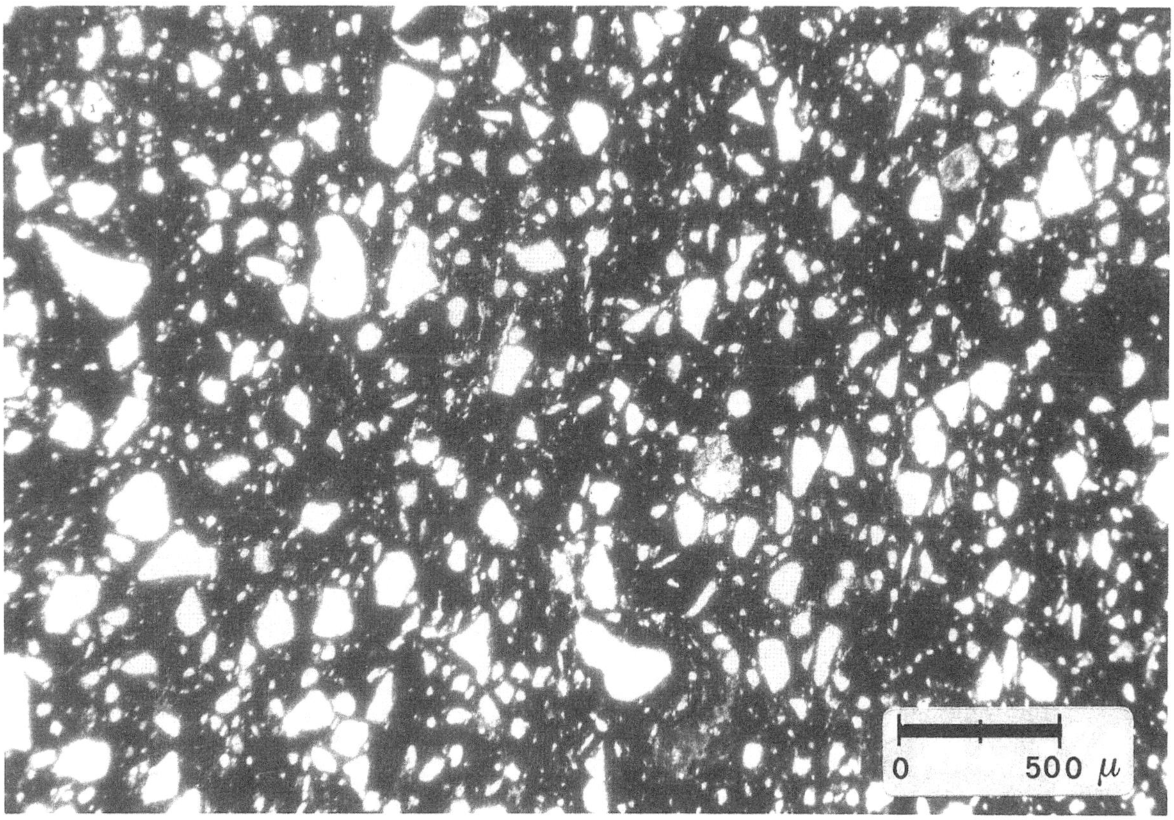

b. Microfotografia 1N, SS KW-9, ceramica da fuoco (App. 3, gruppo 7, p. 162)

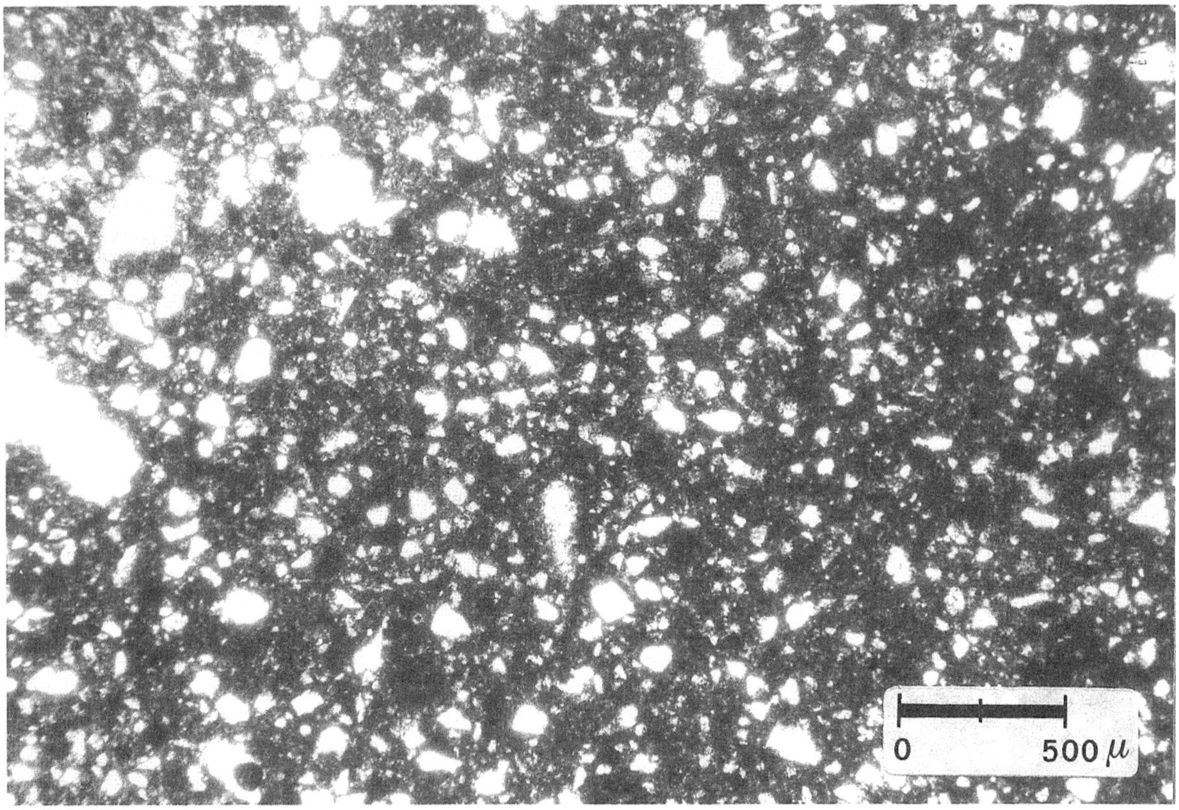

a. Microfotografia 1N, SS F-31, mattone cuneiforme (App. 3, gruppo 2d, p. 152)

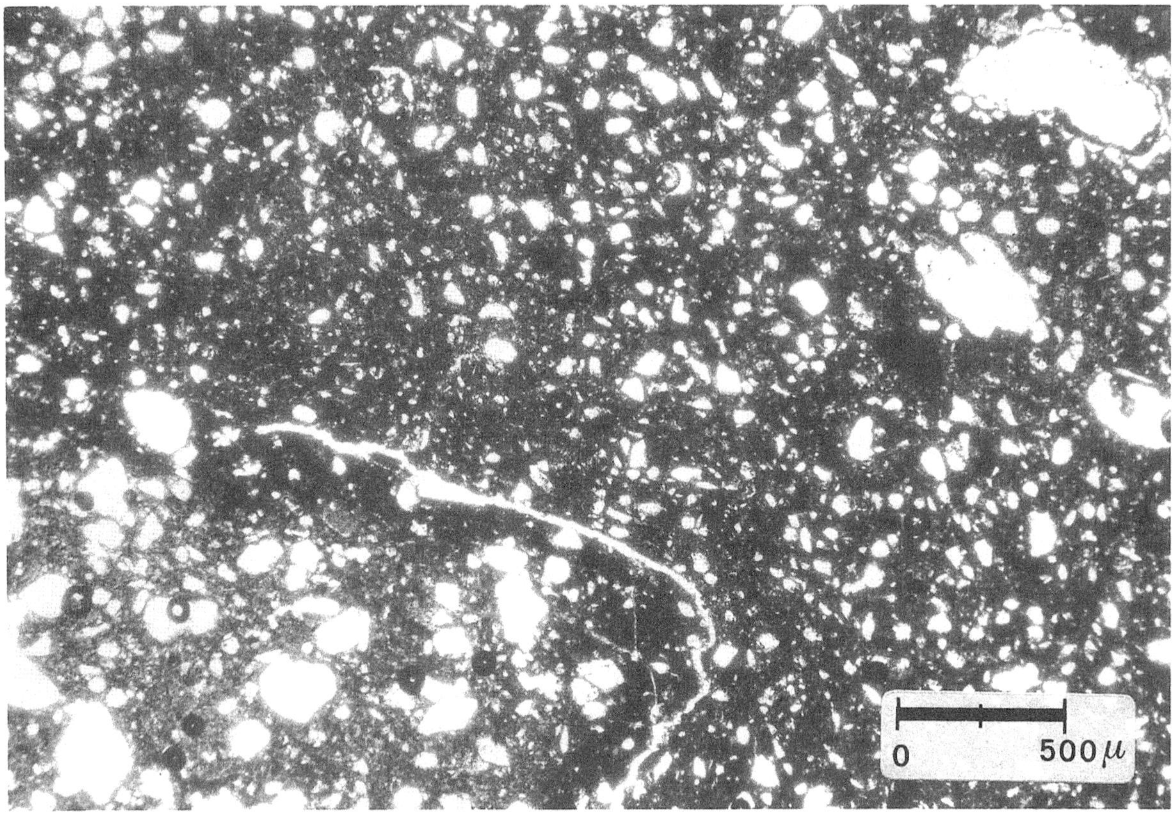

b. Microfotografia 1N, SS F-49, mattone contenente chamotte (App. 3, gruppo 2d, p. 152)

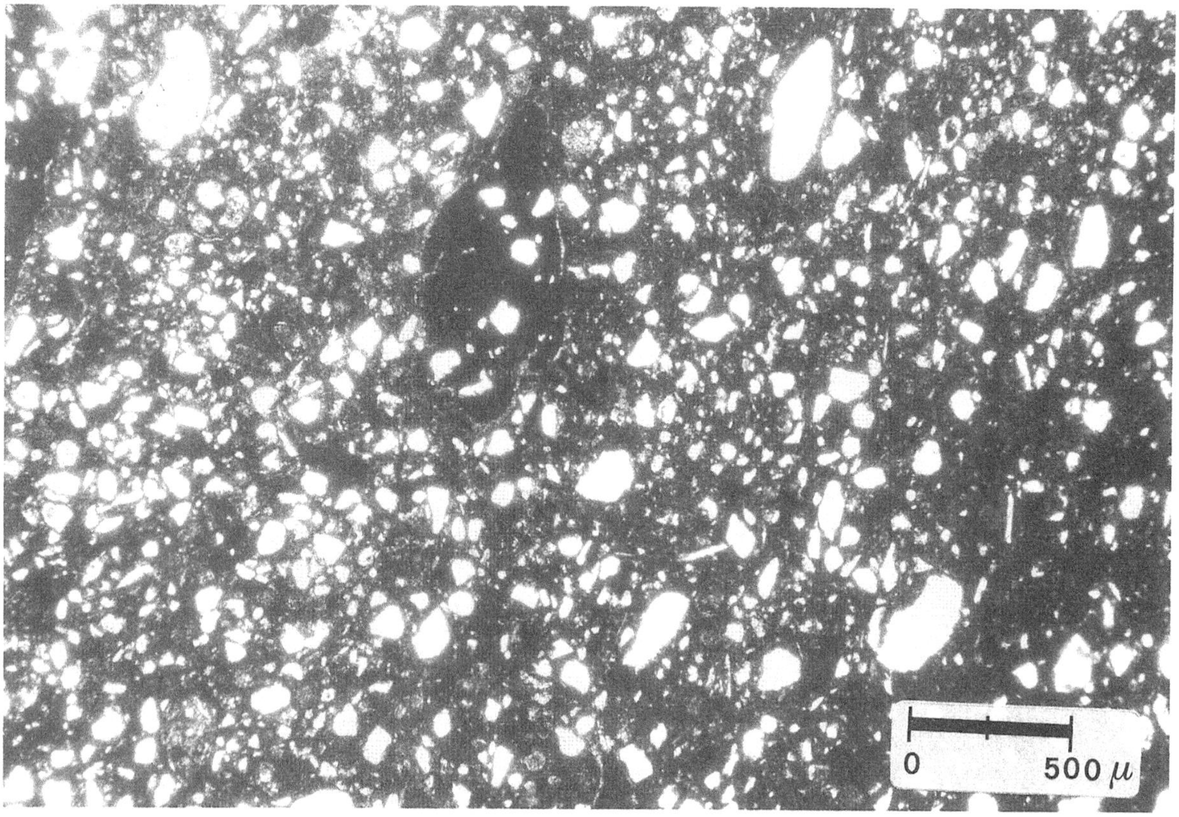

a. Microfotografia 1N, SS F-58, rocchio di colonna (App. 3, gruppo 2g, p. 156)

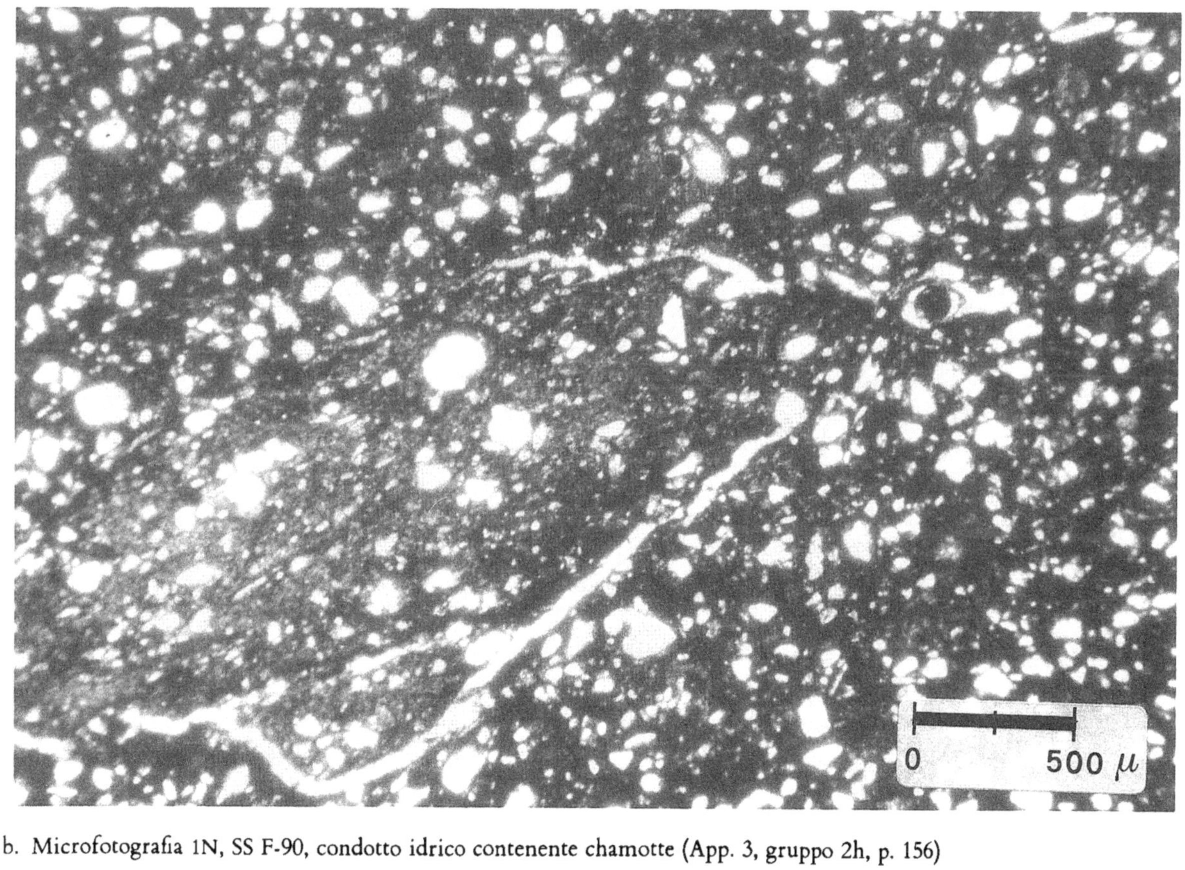

b. Microfotografia 1N, SS F-90, condotto idrico contenente chamotte (App. 3, gruppo 2h, p. 156)

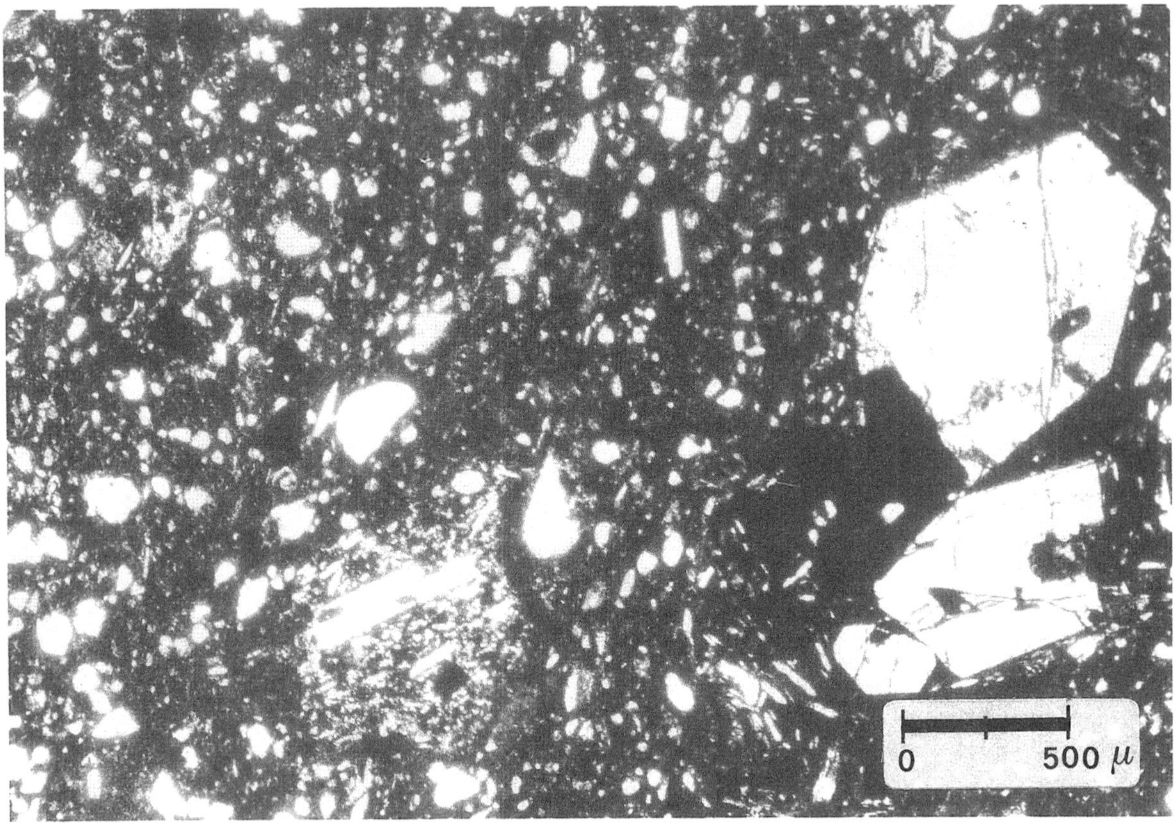

a. Microfotografia 1N, SS PT-2, *pithos* (App. 3, gruppo 9, p. 166)

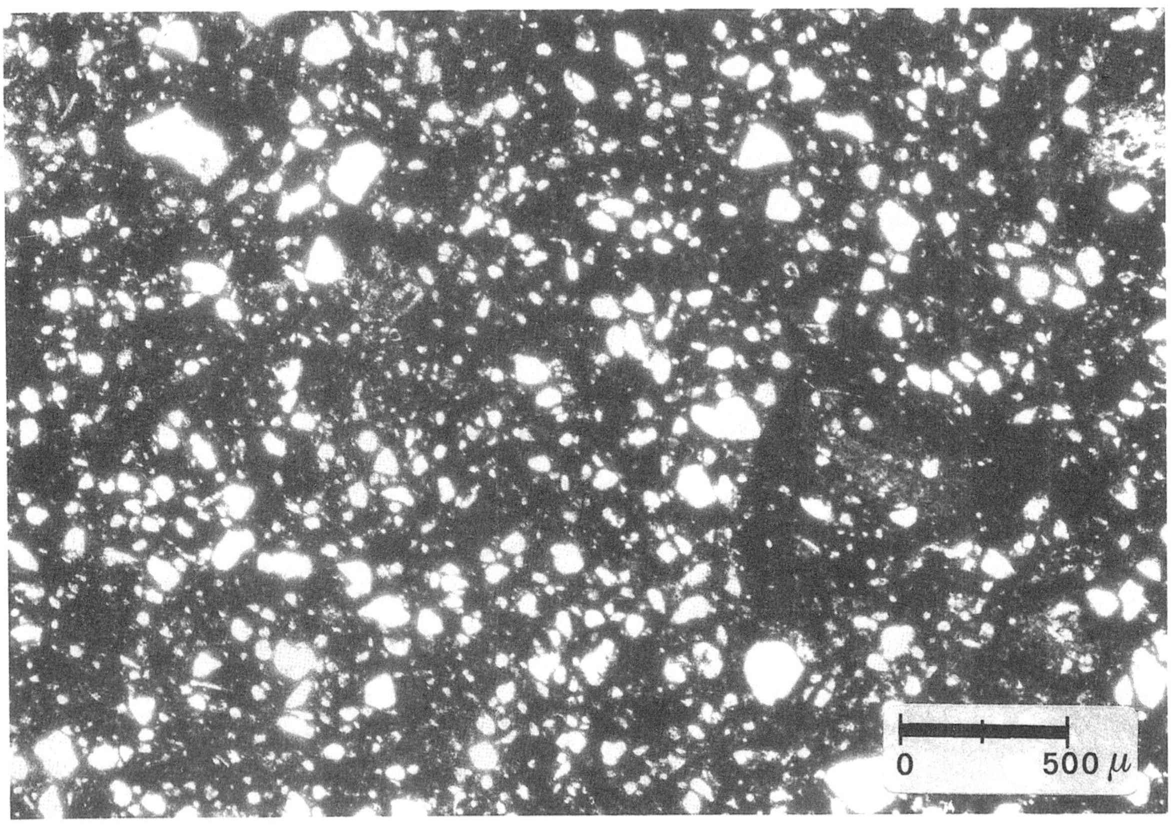

b. Microfotografia 1N, SS PT-4, *pithos* (App. 3, gruppo 9, p. 166)

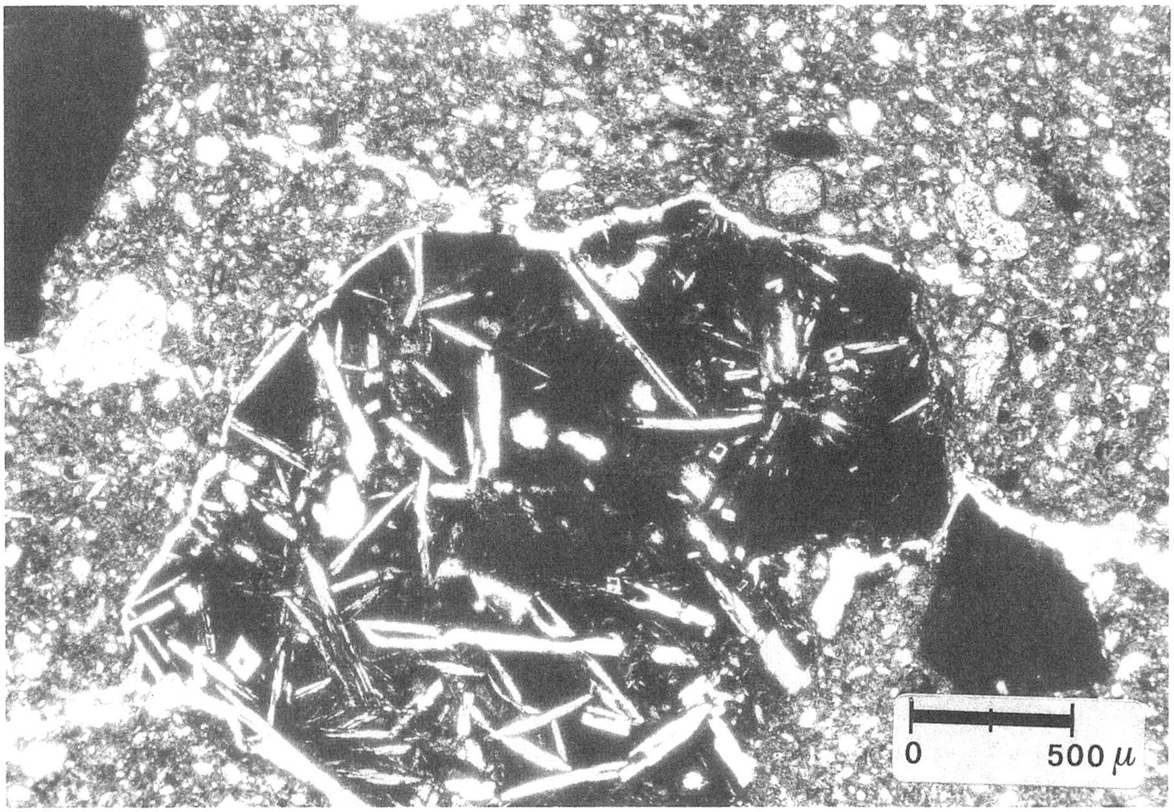

a. Microfotografia 1N, SS VV-4, puteale (App. 3, gruppo 10, p. 167)

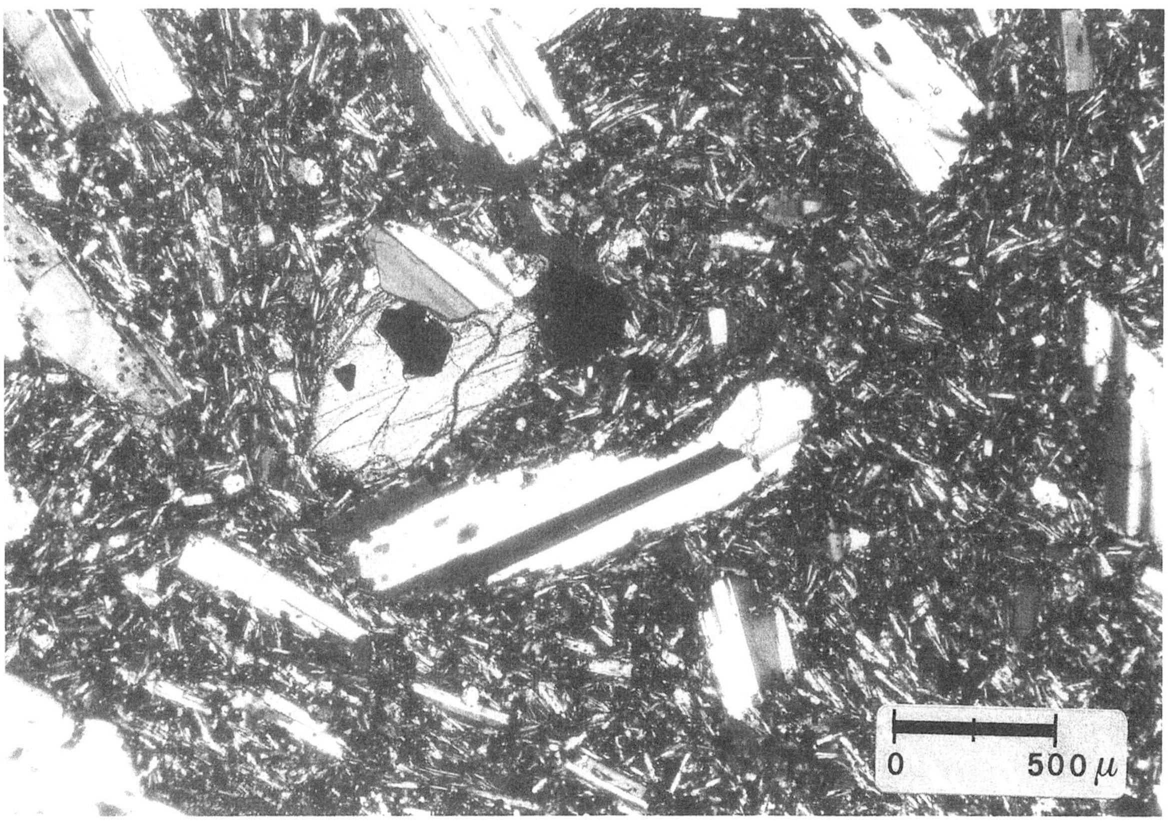

b. Microfotografia NX, SS VV-1, lava monte Etna (App. 3, gruppo 10, p. 167)

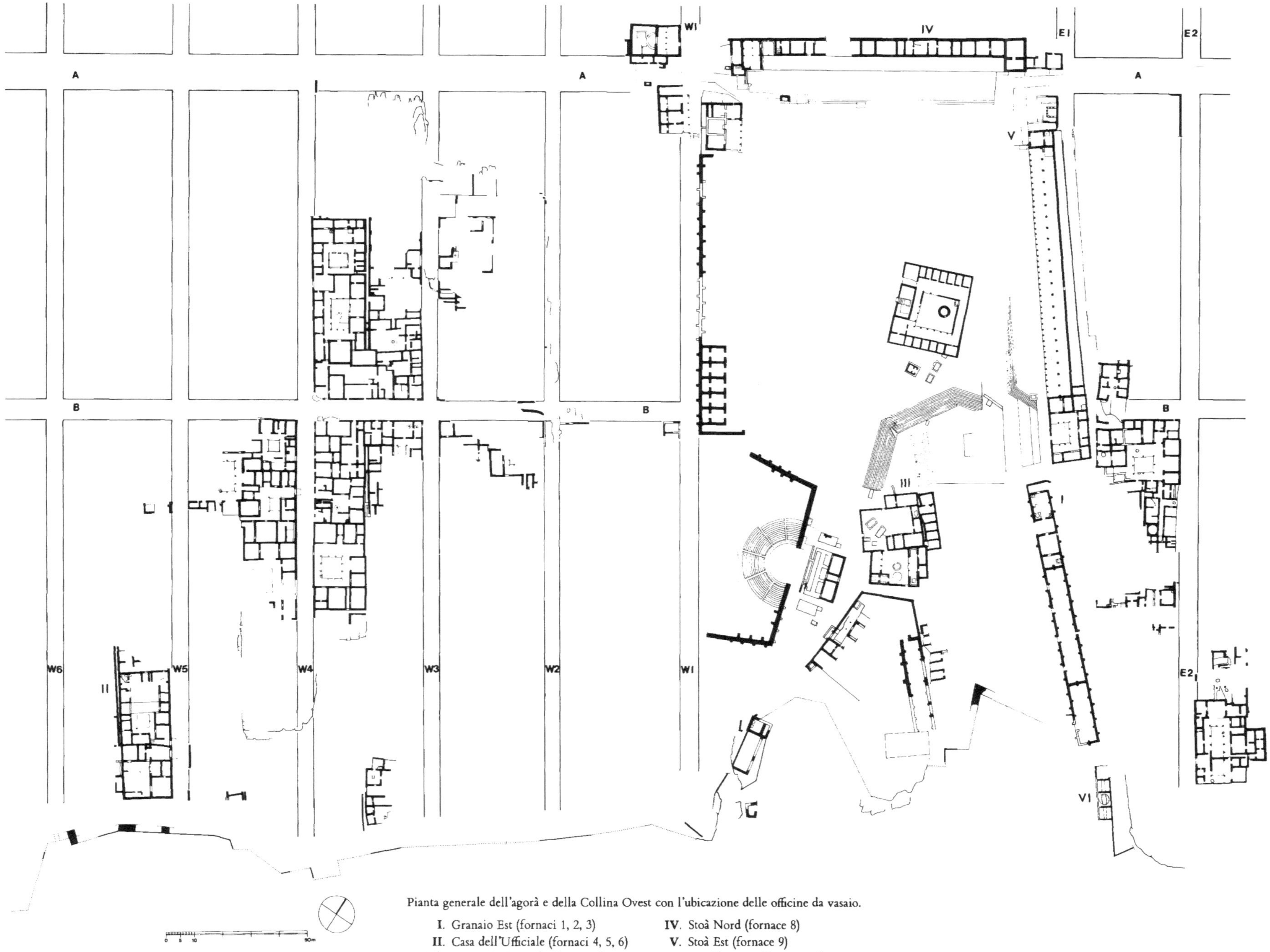

Pianta generale dell'agorà e della Collina Ovest con l'ubicazione delle officine da vasaio.

I. Granaio Est (fornaci 1, 2, 3)
II. Casa dell'Ufficiale (fornaci 4, 5, 6)
III. Santuario Centrale (fornace 7)
IV. Stoà Nord (fornace 8)
V. Stoà Est (fornace 9)
VI. Fortificazione (fornace 10)

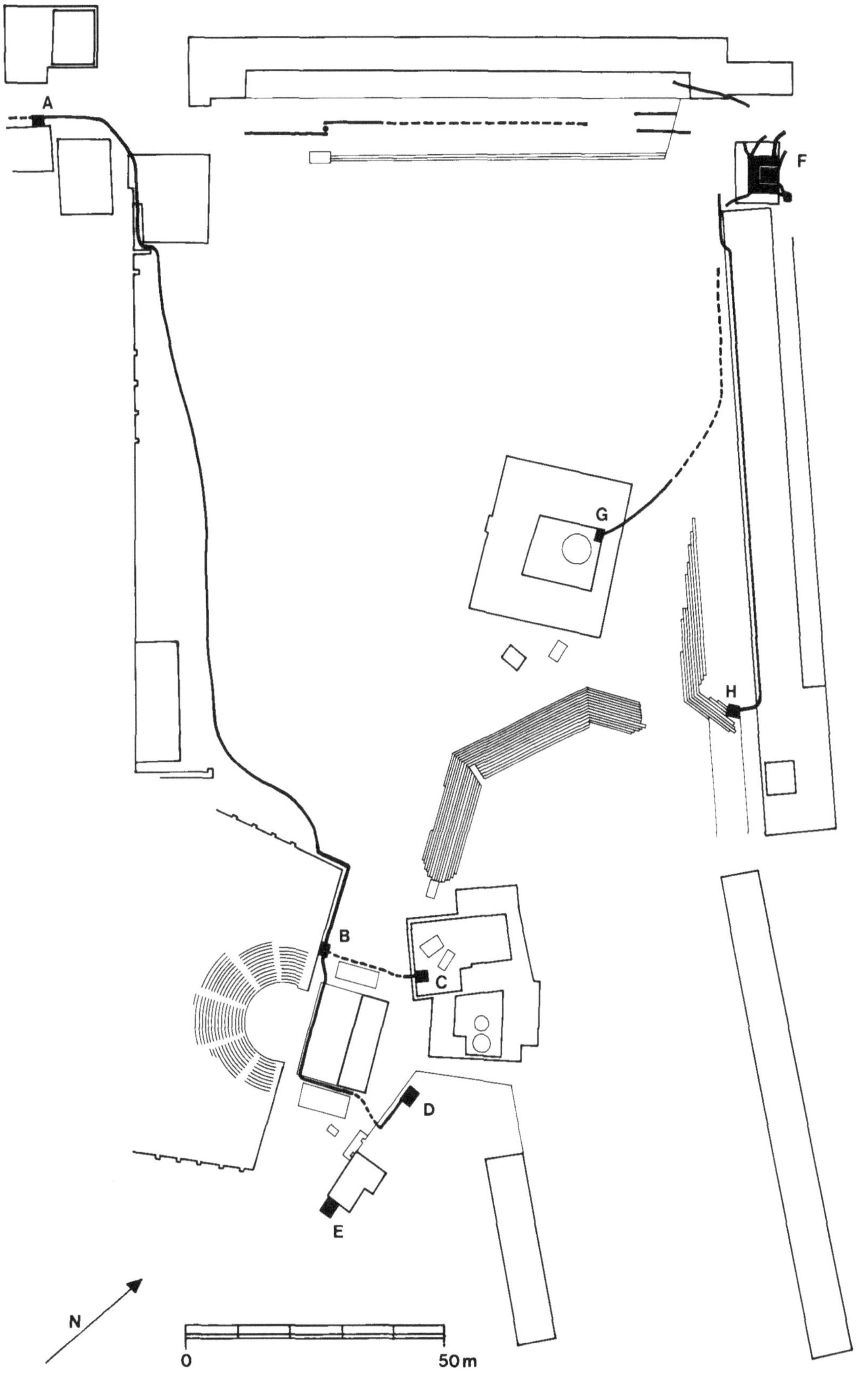

Condutture idriche nell'agorà di Morgantina. **A**. vasca sita nella *plateia* A; **B**. vasca presso il teatro; **C**. vasca nel Santuario Centrale; **D**. vasca nel Santuario del Teatro; **E**. vasca sud-ovest; **F**. grande fontana ellenistica a due vasche situata nell'angolo nord-est dell'agorà superiore; **G**. vasca nel *Macellum*; **H**. vasca presso la Stoà Est (da BELL 1986, tav. 33)

TAV. 55

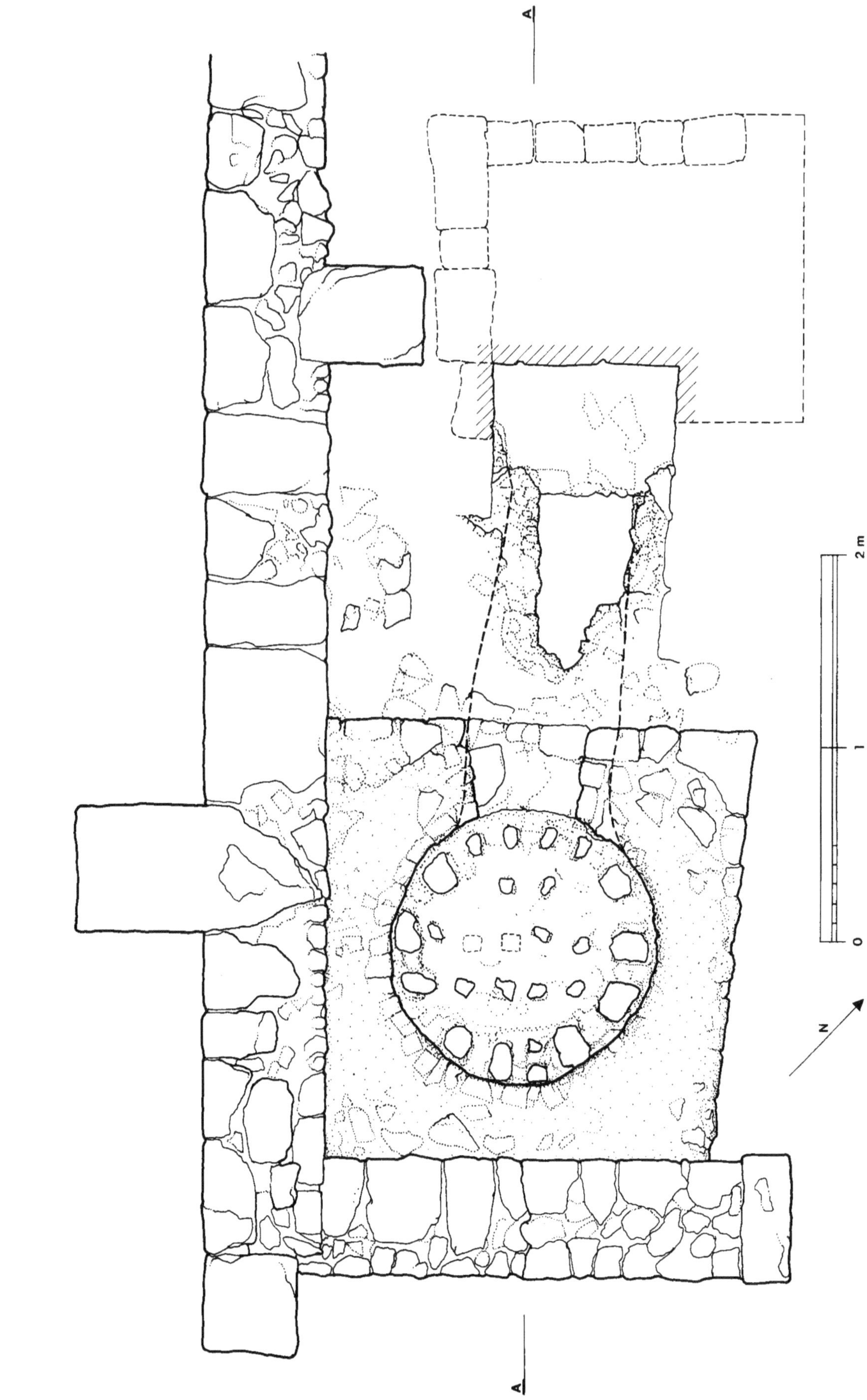

I officina: fornace 1, pianta

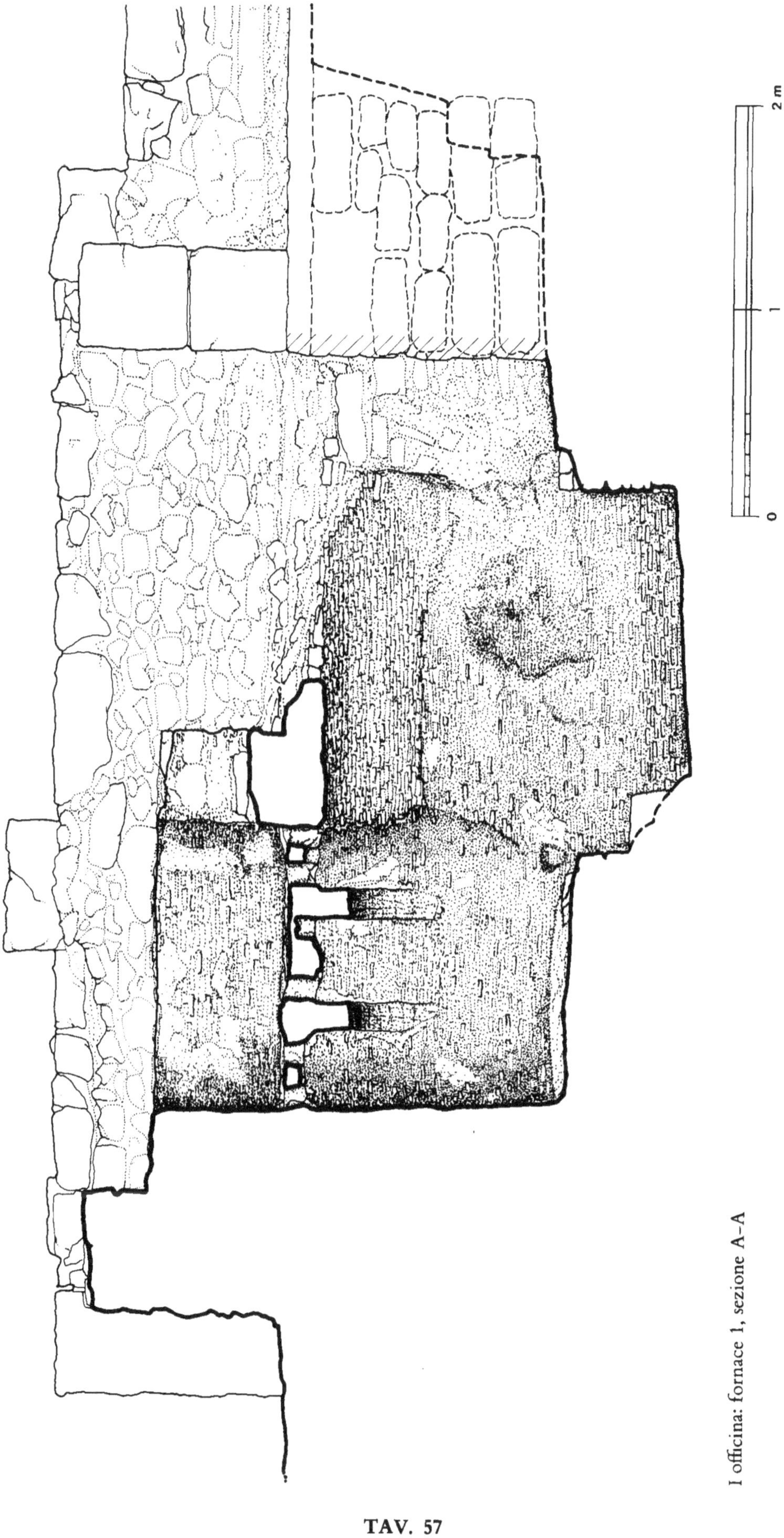

I officina: fornace 1, sezione A–A

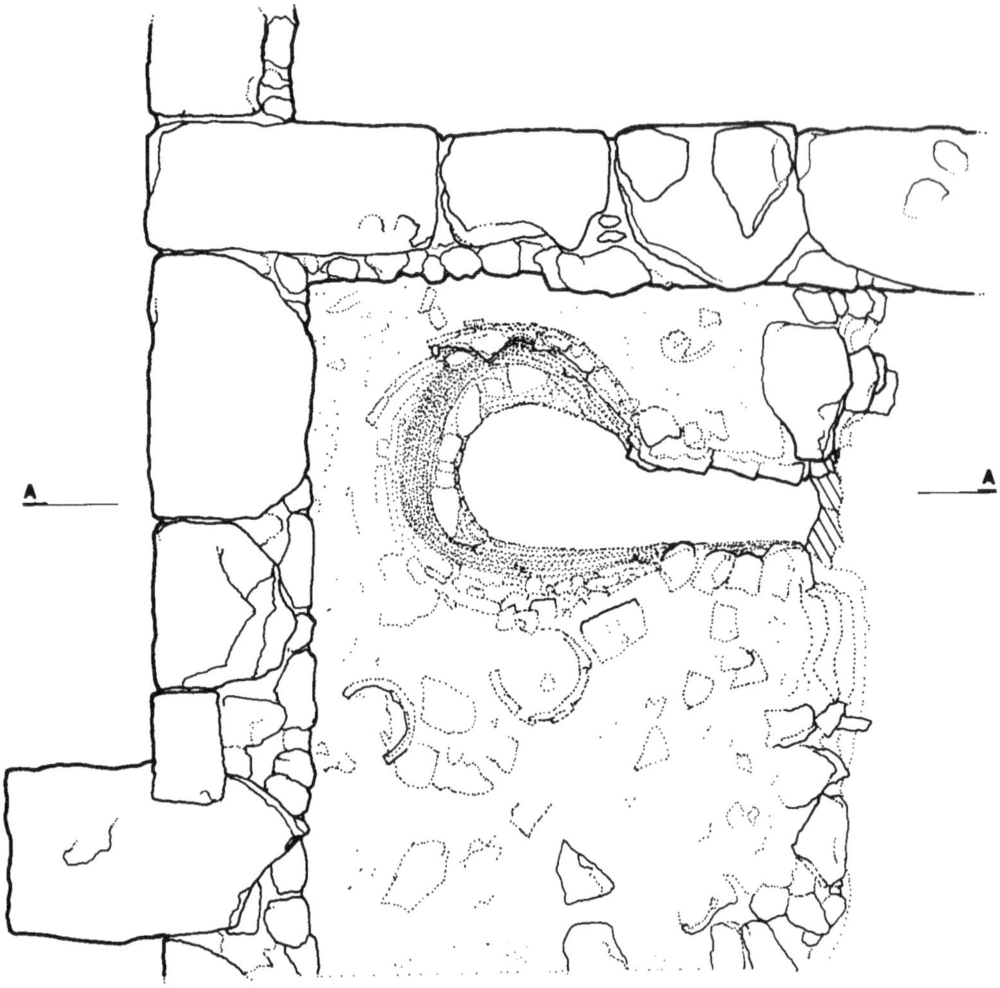

a. I officina: fornace 2, pianta

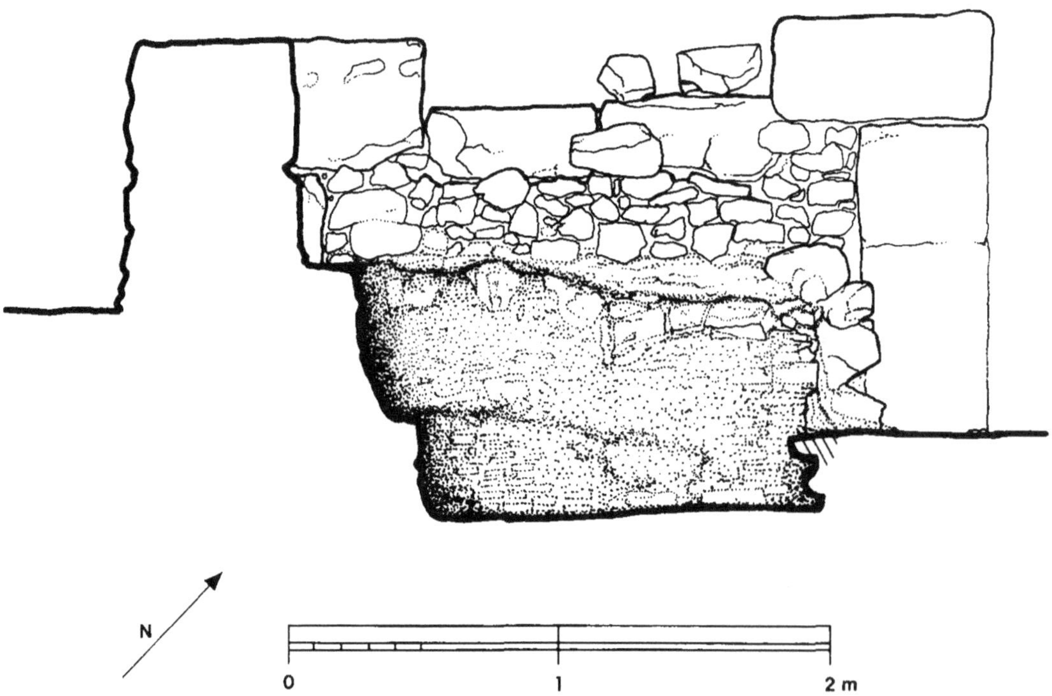

b. I officina: fornace 2, sezione A-A

TAV. 58

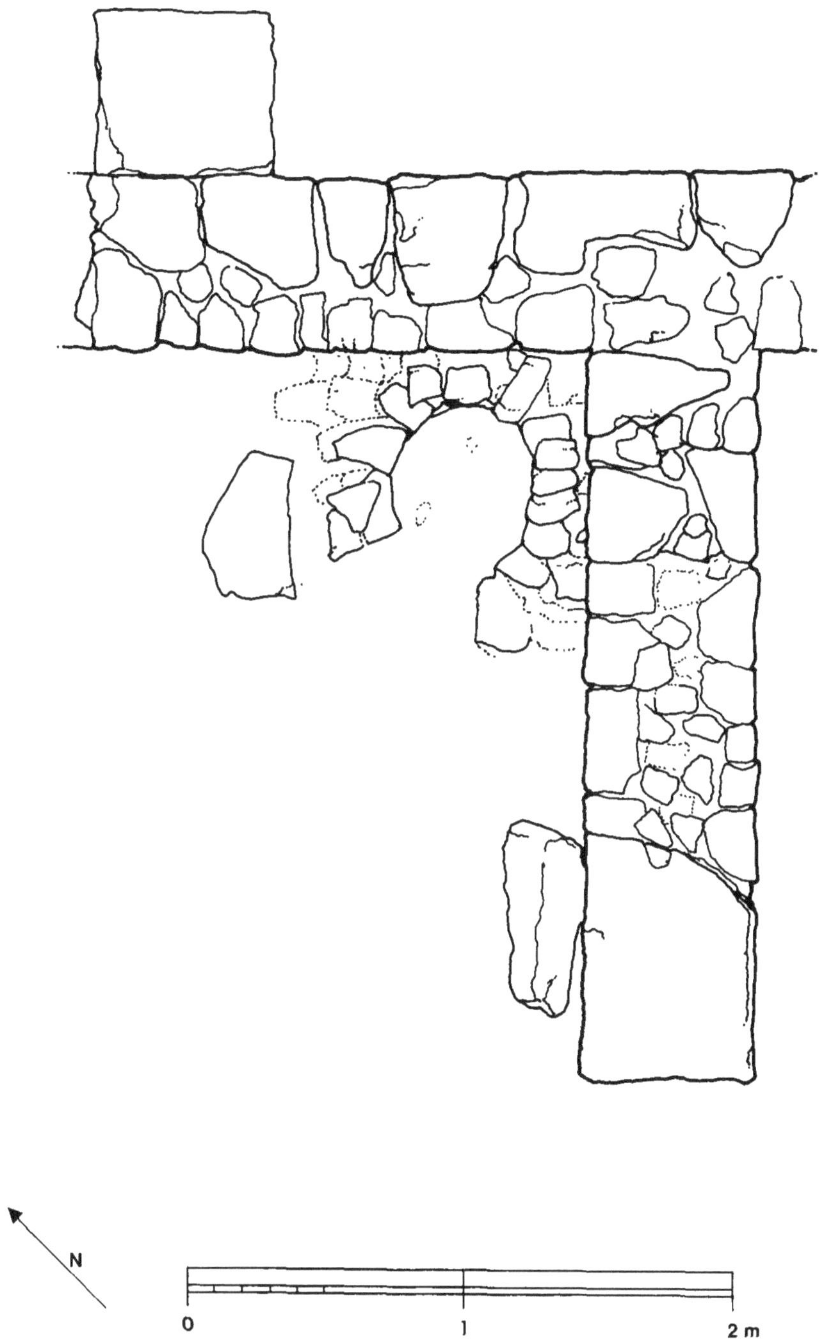

I officina: fornace 3, pianta

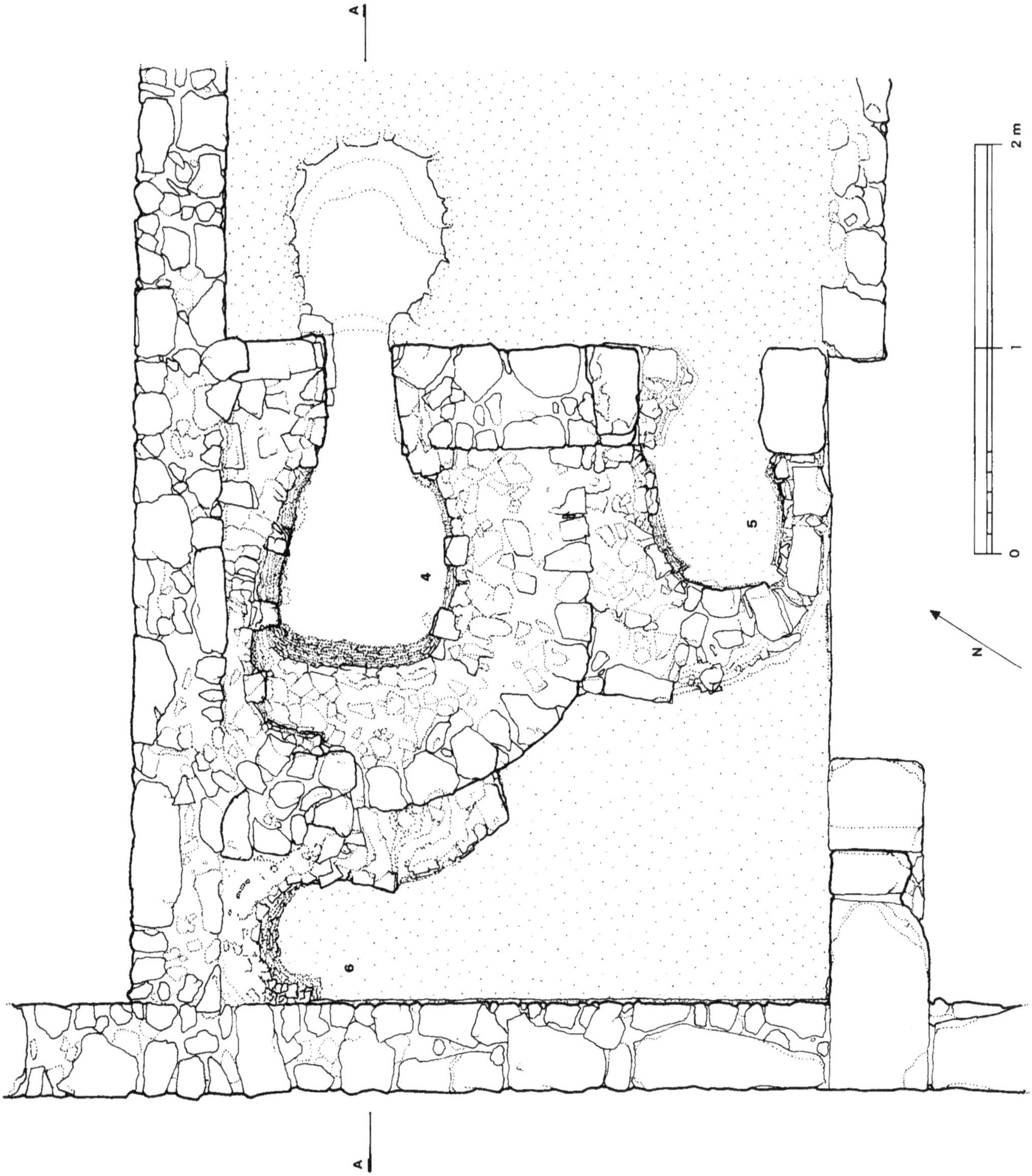

II officina: fornaci 4-5-6, pianta

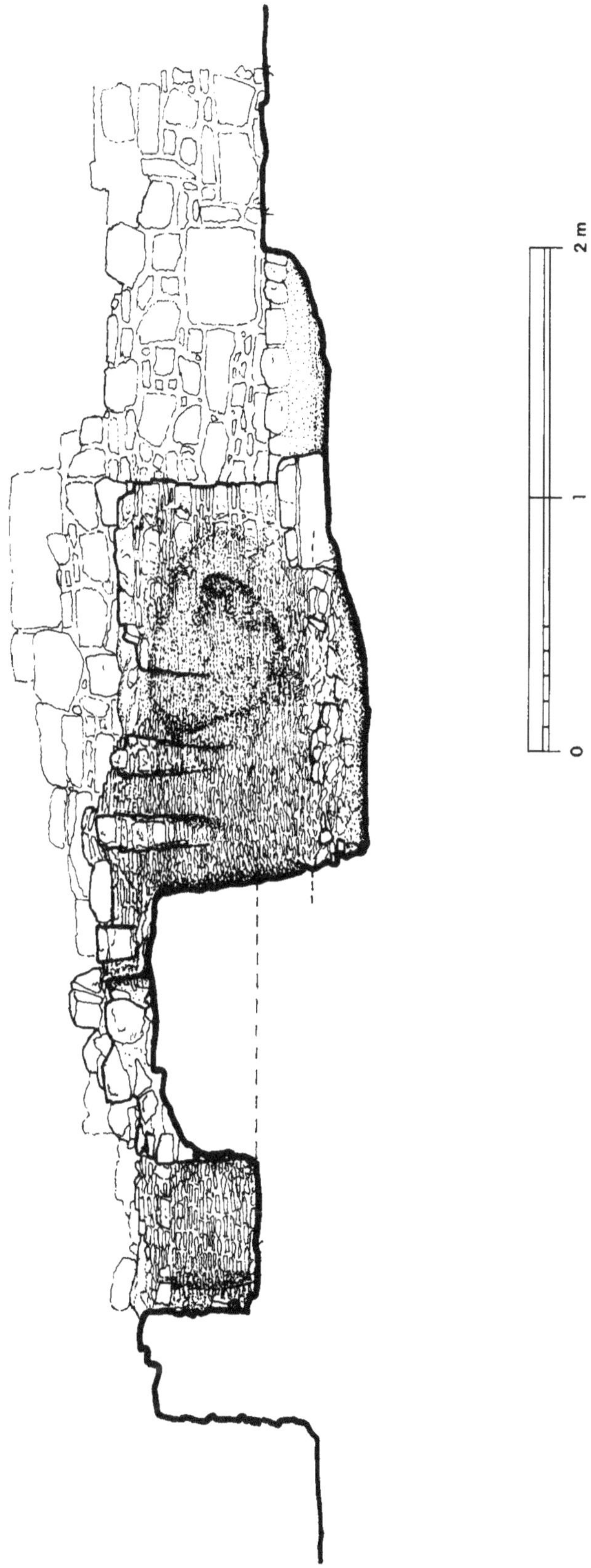

II officina: fornaci 4 e 6, sezione A–A

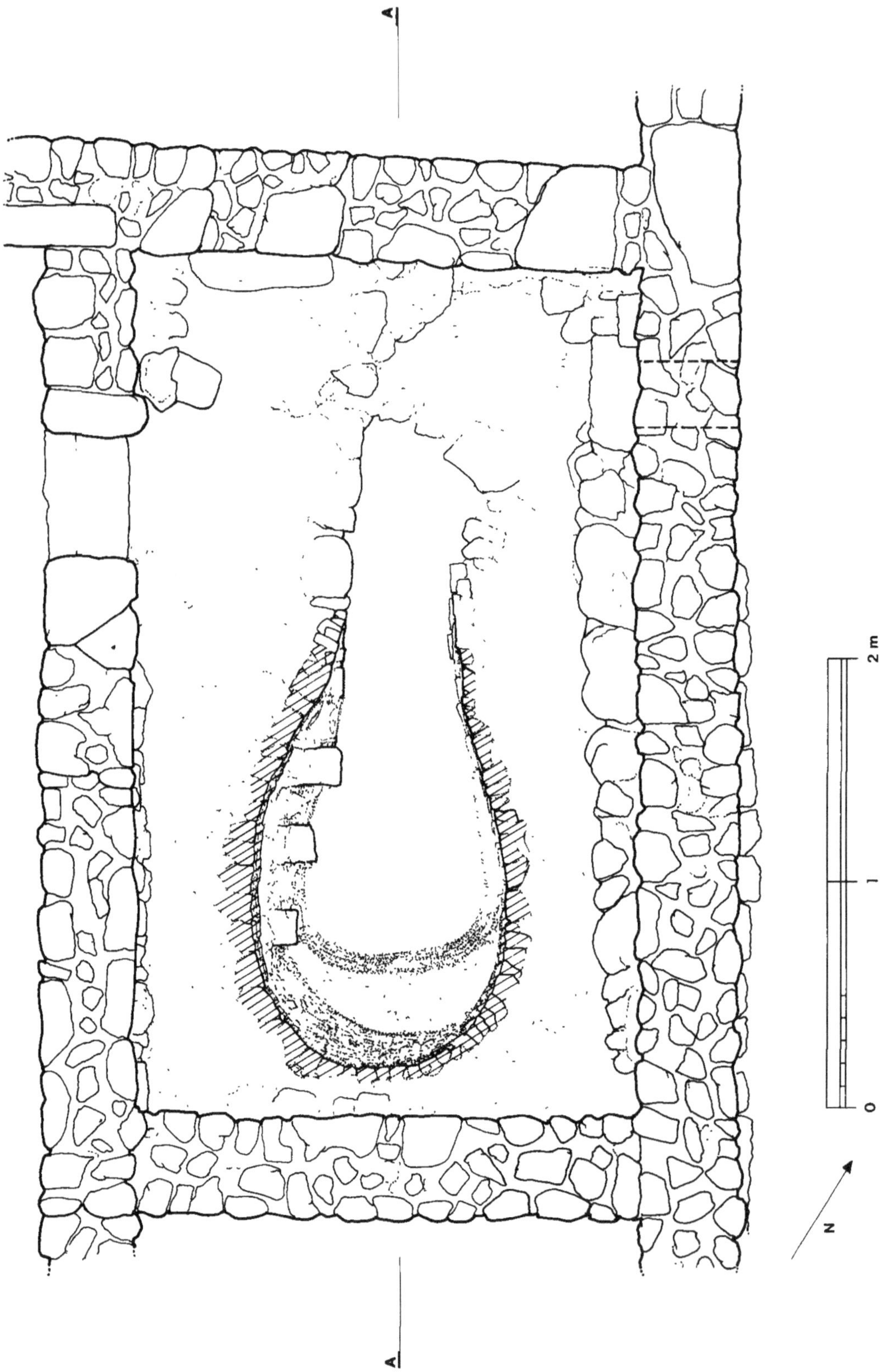

III officina: fornace 7, pianta

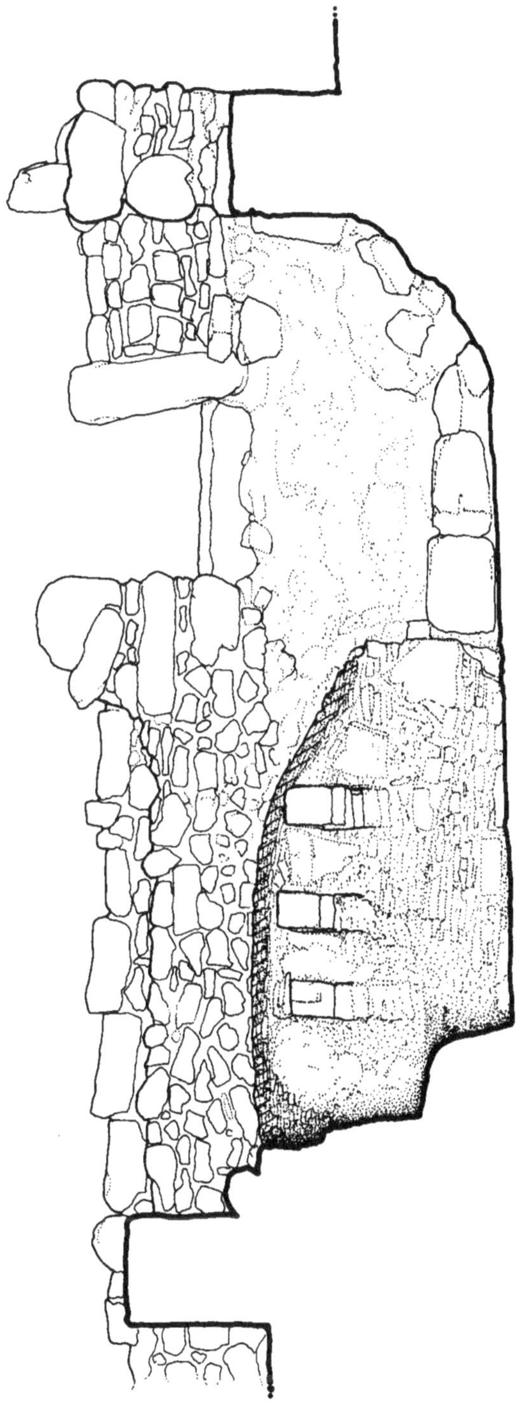

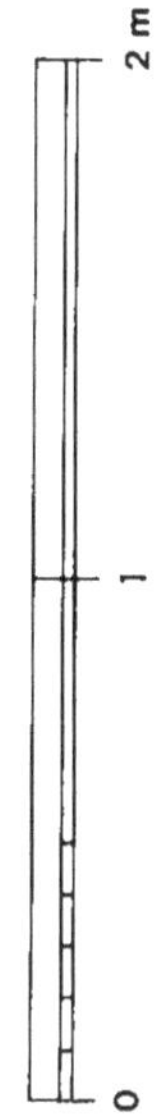

III officina: fornace 7, sezione A–A

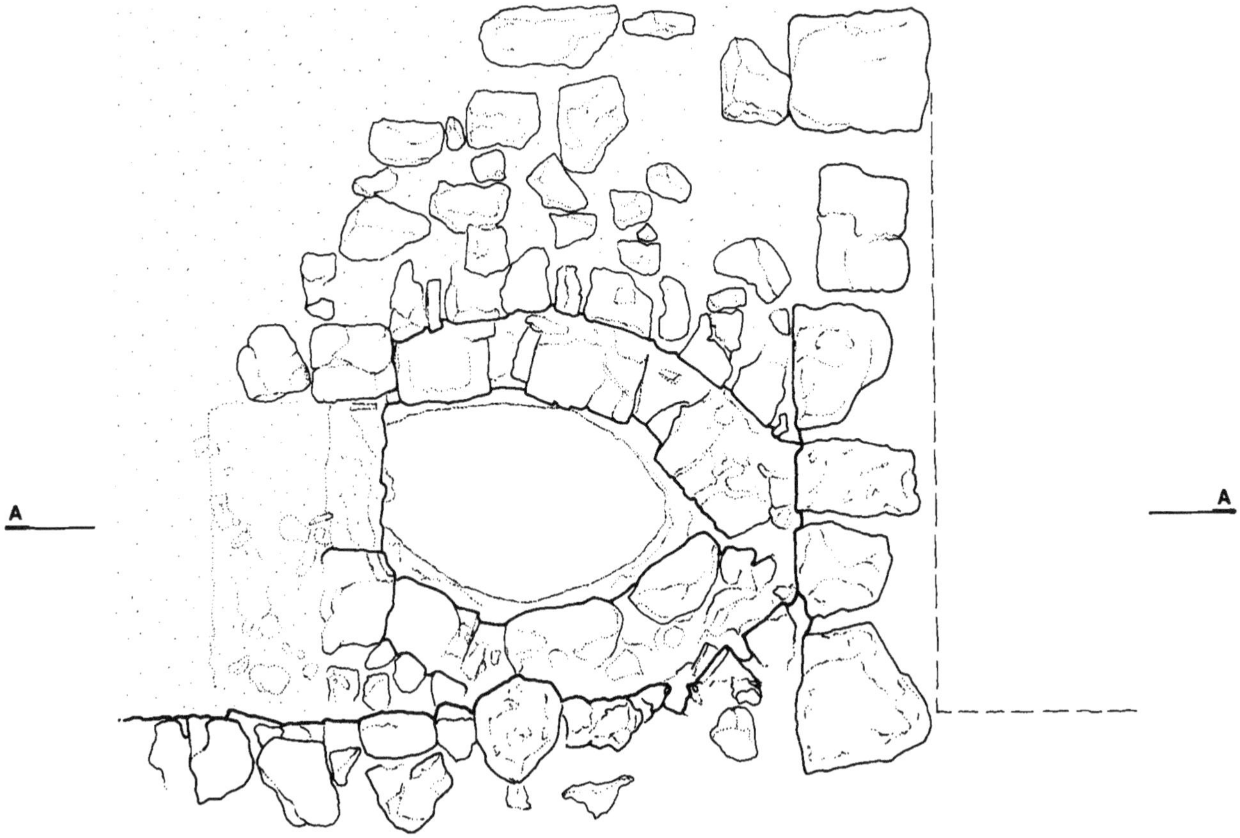

IV officina: fornace 8, pianta

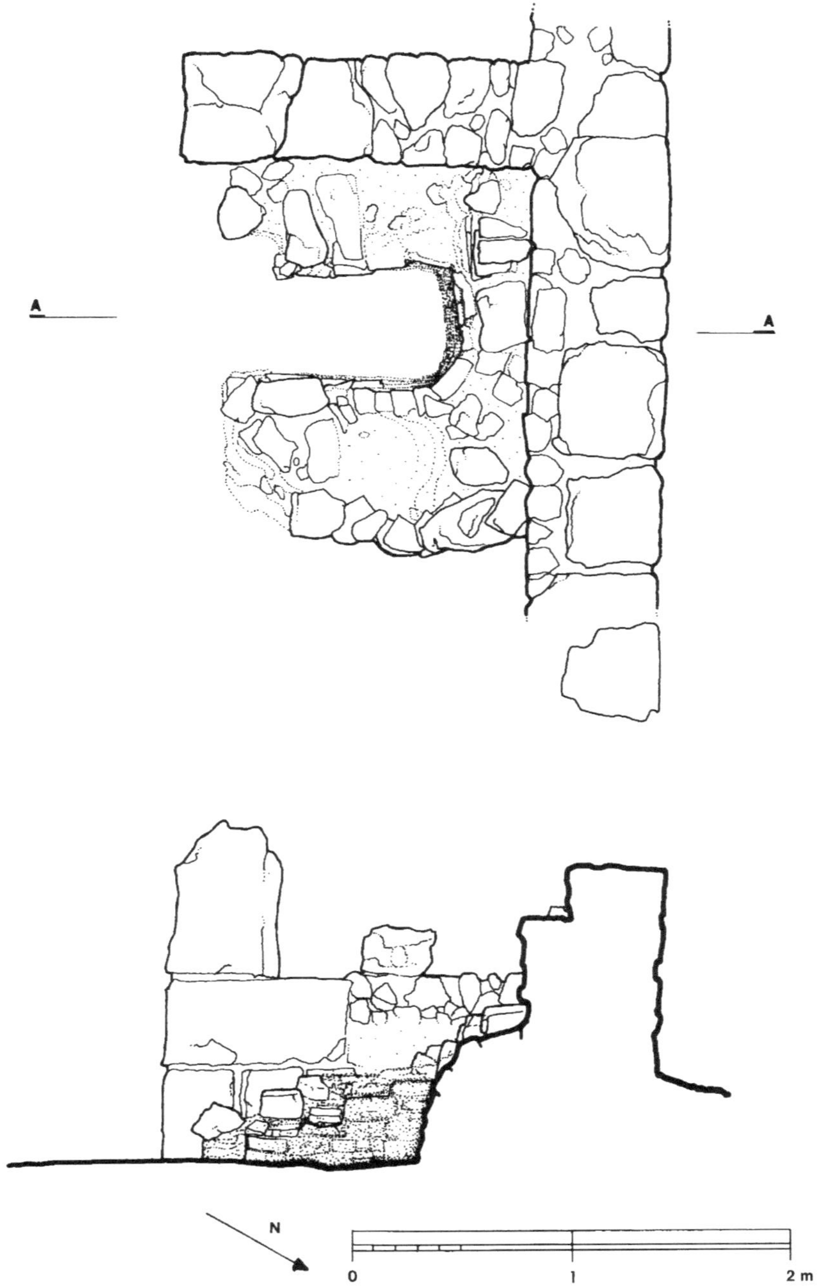

b. V officina: fornace 9, sezione A–A

TAV. 65

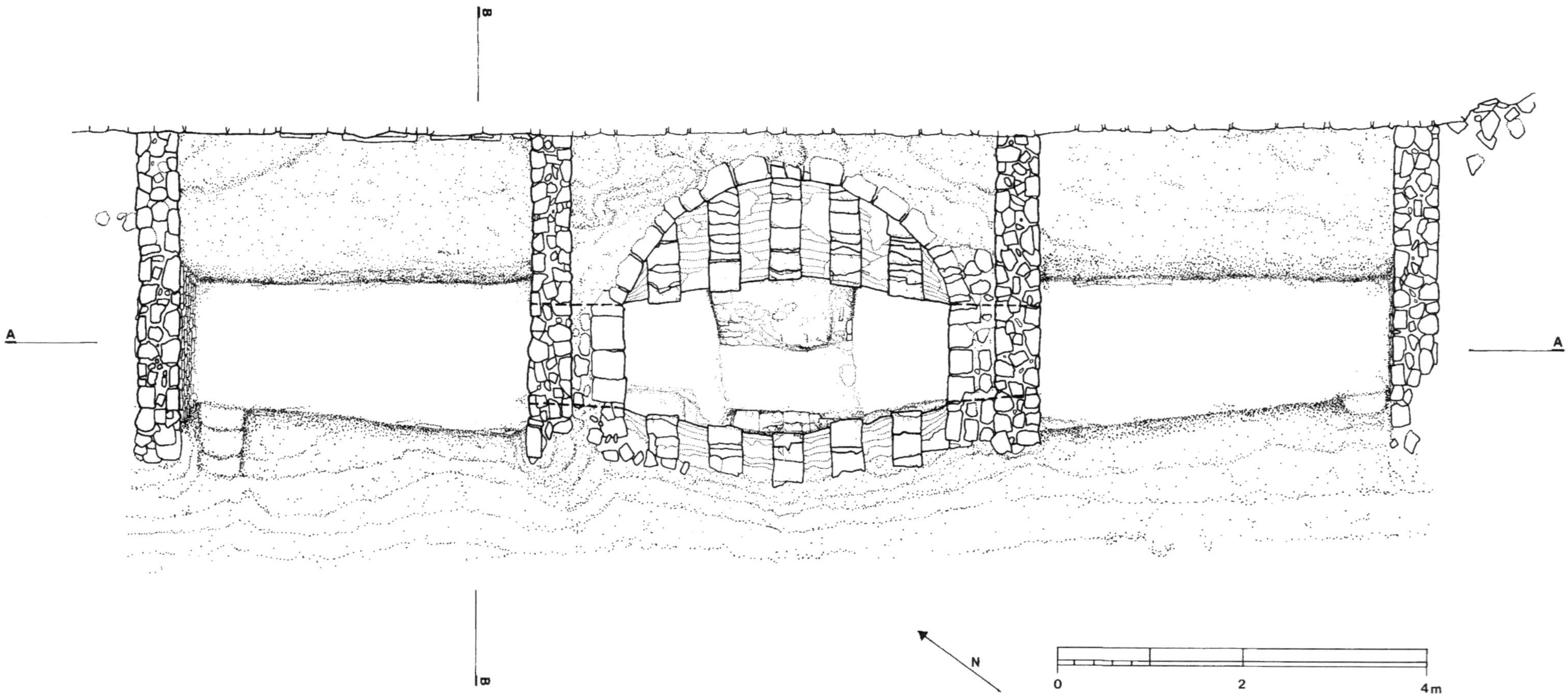

VI officina: fornace 10, pianta

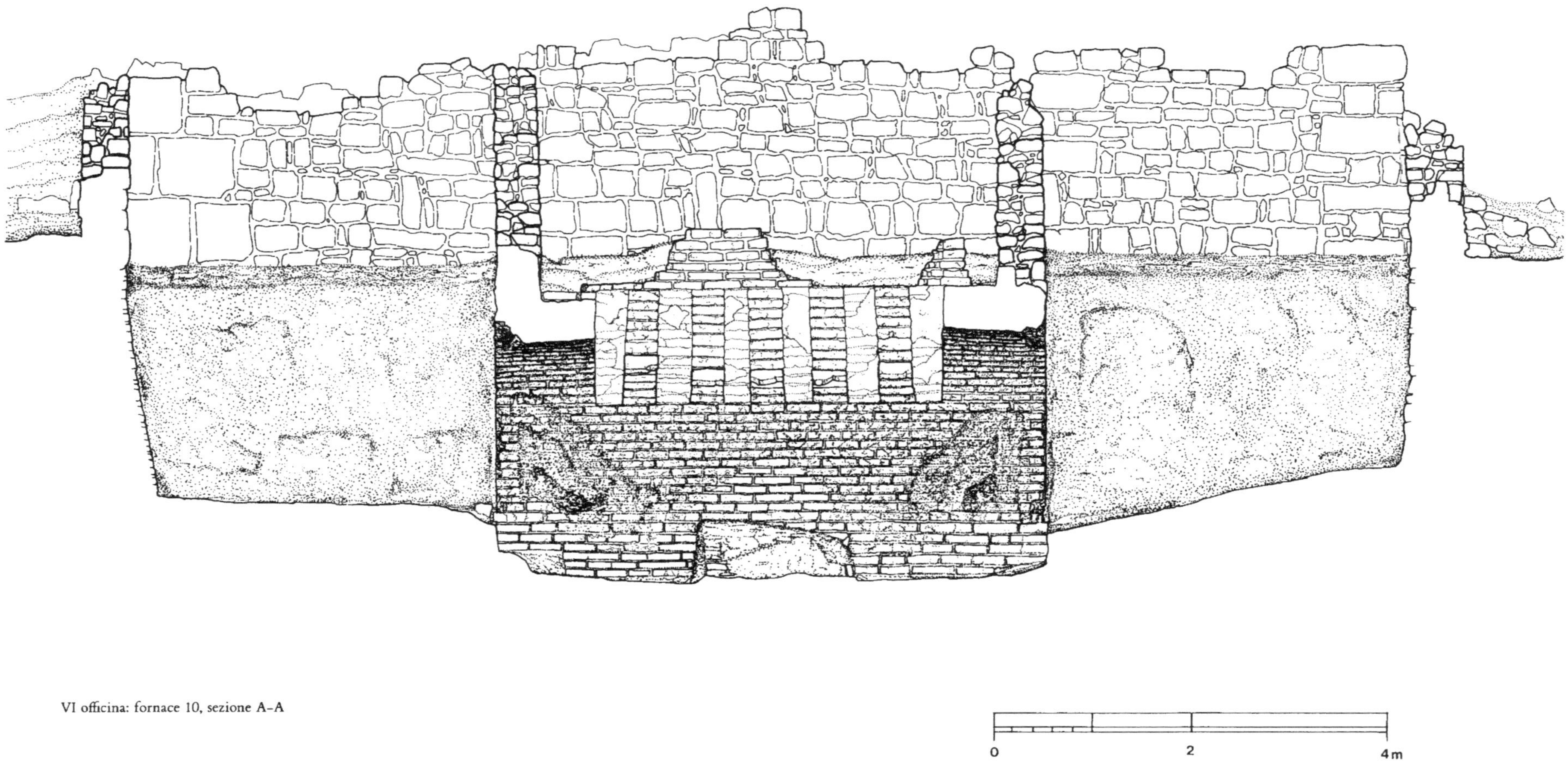

VI officina: fornace 10, sezione A–A

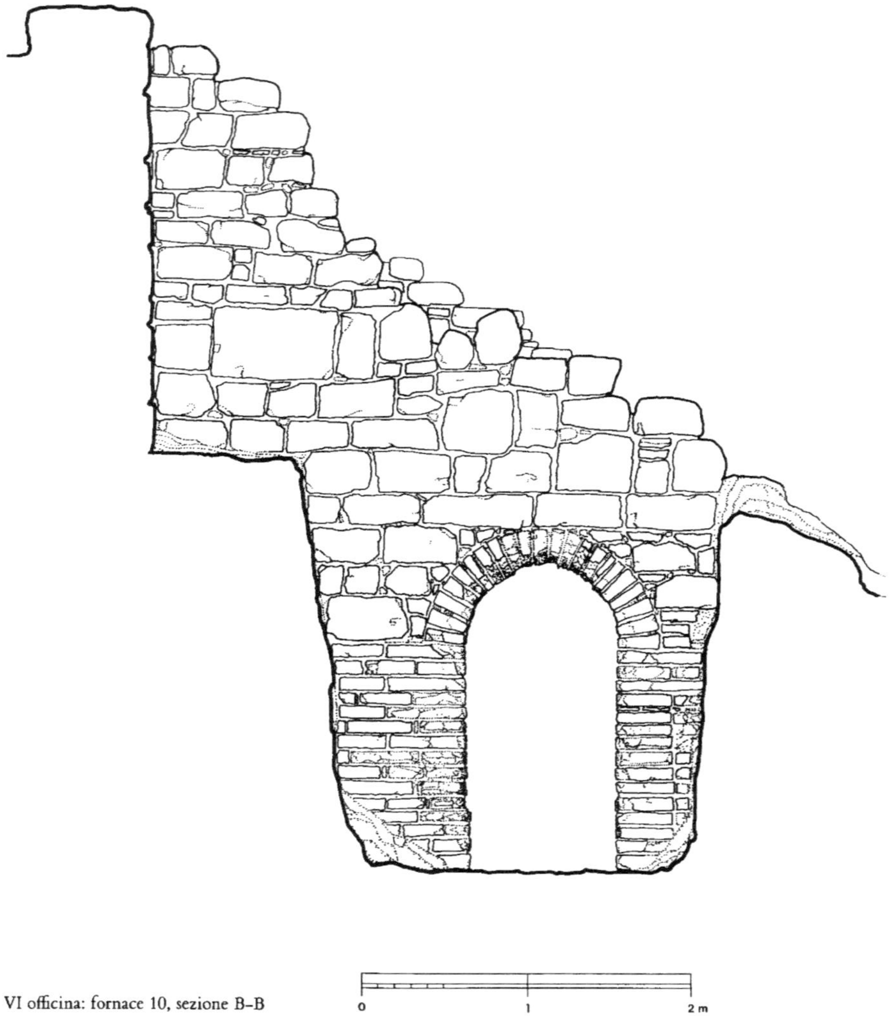

VI officina: fornace 10, sezione B–B

TAV. 68

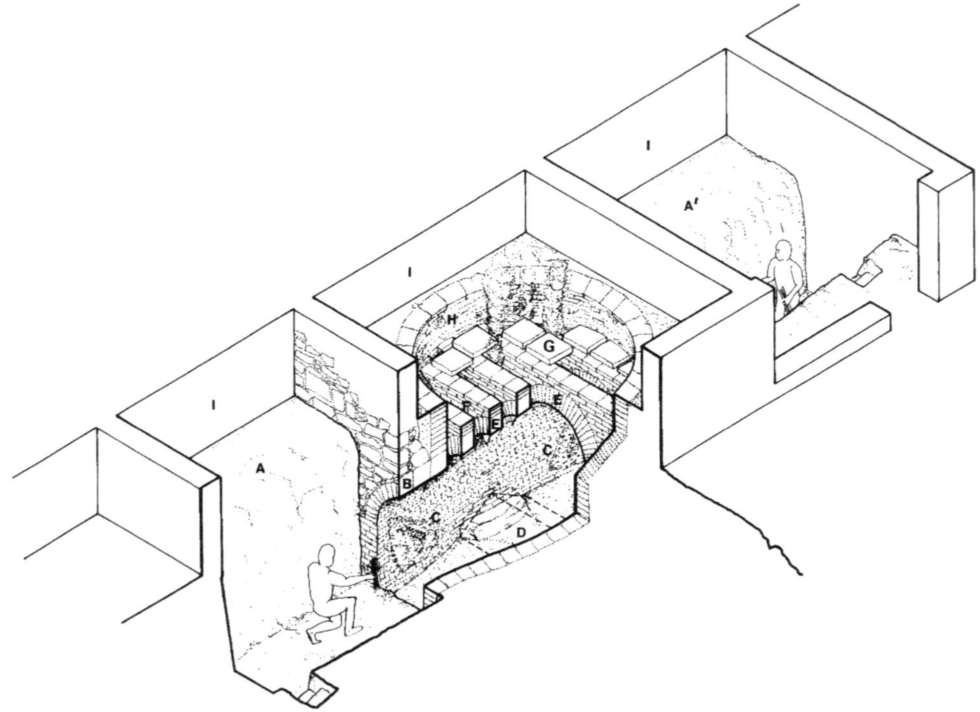

VI officina: ricostruzione

A. fossato nord
A′. fossato sud
B. prefurnio nord
C. camera di combustione
D. piattaforma
E. archi
F. intercapedini tra gli archi
G. piano forato
H. parete della camera di combustione
I. fortificazione

TAV. 69

GPSR Authorized Representative: Easy Access System Europe - Mustamäe tee
50, 10621 Tallinn, Estonia, gpsr.requests@easproject.com

www.ingramcontent.com/pod-product-compliance
Lightning Source LLC
LaVergne TN
LVHW080647011026
849160LV00014B/1353
* 9 7 8 0 6 9 1 6 0 5 1 6 6 *